教育部高等学校电子信息类专业教学指导委员会规划教材

高等学校电子信息类专业系列教材·新形态教材

移动通信

宫淑兰　许鸿奎　编著

清华大学出版社

北京

内 容 简 介

本书详细介绍移动通信的基本概念、基本原理、基本技术、典型移动通信系统及无线网络的规划和优化,较充分地反映了通信工程设计及新技术。全书共 8 章,内容包括移动通信概述、移动通信信道、抗衰落技术、2G/3G/4G/5G 移动通信系统、无线网络规划与优化及下一代移动通信系统。本书力求将移动通信的理论知识和应用系统相结合,注重实用性,力争做到内容全面新颖、语言通俗易懂。

本书可作为通信工程、电子信息工程、物联网工程等专业的教材,也可作为相关工程技术人员的参考书。

图书在版编目(CIP)数据

移动通信/宫淑兰,许鸿奎编著.—北京:清华大学出版社,2023.2(2025.1重印)
高等学校电子信息类专业系列教材·新形态教材
ISBN 978-7-302-62692-3

Ⅰ.①移⋯　Ⅱ.①宫⋯②许⋯　Ⅲ.①移动通信－通信技术－高等学校－教材　Ⅳ.①TN929.5

中国国家版本馆 CIP 数据核字(2023)第 023824 号

责任编辑:崔　彤
封面设计:李召霞
责任校对:李建庄
责任印制:刘　菲

出版发行:清华大学出版社
　　　网　　　址:https://www.tup.com.cn,https://www.wqxuetang.com
　　　地　　　址:北京清华大学学研大厦 A 座　　邮　　编:100084
　　　社 总 机:010-83470000　　　　　　　　邮　　购:010-62786544
　　　投稿与读者服务:010-62776969,c-service@tup.tsinghua.edu.cn
　　　质量反馈:010-62772015,zhiliang@tup.tsinghua.edu.cn
　　　课件下载:https://www.tup.com.cn,010-83470236
印 装 者:涿州汇美亿浓印刷有限公司
经　　销:全国新华书店
开　　本:185mm×260mm　　印　张:23.25　　　　字　　数:567 千字
版　　次:2023 年 4 月第 1 版　　　　　　　　印　　次:2025 年 1 月第 2 次印刷
印　　数:1501～2000
定　　价:69.00 元

产品编号:095122-02

高等学校电子信息类专业系列教材

序
FOREWORD

我国电子信息产业占工业总体比重已经超过 10%。电子信息产业在工业经济中的支撑作用凸显，更加促进了信息化和工业化的高层次深度融合。随着移动互联网、云计算、物联网、大数据和石墨烯等新兴产业的爆发式增长，电子信息产业的发展呈现了新的特点，电子信息产业的人才培养面临着新的挑战。

（1）随着控制、通信、人机交互和网络互联等新兴电子信息技术的不断发展，传统工业设备融合了大量最新的电子信息技术，它们一起构成了庞大而复杂的系统，派生出大量新兴的电子信息技术应用需求。这些"系统级"的应用需求，迫切要求具有系统级设计能力的电子信息技术人才。

（2）电子信息系统设备的功能越来越复杂，系统的集成度越来越高。因此，要求未来的设计者应该具备更扎实的理论基础知识和更宽广的专业视野。未来电子信息系统的设计越来越要求软件和硬件的协同规划、协同设计和协同调试。

（3）新兴电子信息技术的发展依赖于半导体产业的不断推动，半导体厂商为设计者提供了越来越丰富的生态资源，系统集成厂商的全方位配合又加速了这种生态资源的进一步完善。半导体厂商和系统集成厂商所建立的这种生态系统，为未来的设计者提供了更加便捷却又必须依赖的设计资源。

教育部 2020 年颁布了新版《高等学校本科专业目录》，将电子信息类专业进行了整合，为各高校建立系统化的人才培养体系，培养具有扎实理论基础和宽广专业技能的、兼顾"基础"和"系统"的高层次电子信息人才给出了指引。

传统的电子信息学科专业课程体系呈现"自底向上"的特点，这种课程体系偏重对底层元器件的分析与设计，较少涉及系统级的集成与设计。近年来，国内很多高校对电子信息类专业课程体系进行了大力度的改革，这些改革顺应时代潮流，从系统集成的角度，更加科学合理地构建了课程体系。

为了进一步提高普通高校电子信息类专业教育与教学质量，推动教育与教学高质量发展，教育部高等学校电子信息类专业教学指导委员会开展了"高等学校电子信息类专业课程体系"的立项研究工作，并启动了《高等学校电子信息类专业系列教材》（教育部高等学校电子信息类专业教学指导委员会规划教材）的建设工作。其目的是为推进高等教育内涵式发展，提高教学水平，满足高等学校对电子信息类专业人才培养、教学改革与课程改革的需要。

本系列教材定位于高等学校电子信息类专业的专业课程，适用于电子信息类的电子信息工程、电子科学与技术、通信工程、微电子科学与工程、光电信息科学与工程、信息工程及其相近专业。经过编审委员会与众多高校多次沟通，初步拟定分批次建设约 100 门核心课程教材。本系列教材将力求在保证基础的前提下，突出技术的先进性和科学的前沿性，体现创新教学和工程实践教学；将重视系统集成思想在教学中的体现，鼓励推陈出新，采用"自顶向下"的方法编写教材；将注重反映优秀的教学改革成果，推广优秀的教学经验与理念。

为了保证本系列教材的科学性、系统性及编写质量，本系列教材设立顾问委员会及编审委员会。顾问委员会由教指委高级顾问、特约高级顾问和国家级教学名师担任，编审委员会由教育部高等学校电子信息类专业教学指导委员会委员和一线教学名师组成。同时，清华大学出版社为本系列教材配置优秀的编辑团队，力求高水准出版。本系列教材的建设，不仅有众多高校教师参与，也有大量知名的电子信息类企业支持。在此，谨向参与本系列教材策划、组织、编写与出版的广大教师、企业代表及出版人员致以诚挚的感谢，并殷切希望本系列教材在我国高等学校电子信息类专业人才培养与课程体系建设中发挥切实的作用。

吕志伟 教授

前 言
PREFACE

近年来，随着移动通信技术突飞猛进的发展和5G的商用，移动通信改变着人们的生活、学习和工作，影响着社会的发展。随着移动通信的发展，各种新技术、新规范相继出现。社会需求是大学人才培养的导向，教材作为人才培养的基石，需要不断跟踪新技术发展，适应信息与通信工程学科的长足发展，实现专业人才的培养目标。

本书从移动通信的基本原理、相关技术及不同的移动通信系统展开探讨，在编写过程中力求对经典理论进行精简，避免复杂的数学分析推导，尽量用图表突出重点。本书以移动通信的基本原理为主线，把握技术主流，立足学生本位，力争使教材易教易学。全书共8章，其中第1～3章重点阐述移动通信系统设计的各种原理和技术，是学习后面章节的理论基础。第1章是移动通信概述，内容主要包括移动通信的发展历程、基本技术、组网技术；第2章是移动通信信道，内容主要包括无线电波的传播特性、信道特性、电波传播损耗预测模型；第3章是抗衰落技术，内容包括分集接收技术、均衡技术、信道编码技术、多载波调制技术、扩频技术及MIMO技术。根据3GPP的演进路线；第4章简单介绍了2G/3G系统的网络结构和相关技术；第5章较详细地介绍了LTE系统有关基本概念(协议栈、系统消息、网络标识、UE的工作模式与状态和承载)、无线接口、EPC网络、LTE和LTE-A关键技术；第6章详细介绍了5G系统的网络演进、关键性能、无线接入网、核心网、物理层过程和关键技术。对2G/3G、4G、5G移动通信系统的内容安排各有不同，目的是既保证知识的连贯性又满足工程的实践性；第7章无线网络规划与优化，较详细地介绍了无线网络规划流程、覆盖规划、容量规划、无线小区参数设计、单站优化、簇优化、覆盖优化、网络结构优化和智能优化，满足工程实践的需要；第8章简单介绍了下一代移动通信系统、关键性能指标和关键技术。

本书第1～6章和附录由宫淑兰编写，第7、8章由许鸿奎编写。宫淑兰负责初稿的修改和定稿，并统编全书。

感谢使用本书的老师和同学们的厚爱和鼓励，感谢清华大学出版社崔彤编辑的支持。在本书的编写工程中，得到了李俊策、曹建荣、孙雪梅、马路娟、马翔雪、庄华伟、郝丽丽、田长彬等老师的帮助，在此一并感谢。

由于时间仓促，书中难免存在不妥之处，请读者原谅，并提出宝贵意见。

编 者

2023 年 3 月

视 频 清 单

视 频 名 称	时长/分钟	位 置
第 1 集 移动通信概述	5	第 1 章章首
第 2 集 什么是移动通信	6	1.1 节节首
第 3 集 移动通信发展史	19	1.2 节节首
第 4 集 扩频技术和自适应编码技术	21	1.3.3 节(4)处
第 5 集 多载波技术	23	1.3.3 节(6)处
第 6 集 干扰	16	1.4.2 节节首
第 7 集 FDMA 与 TDMA	12	1.4.2 节的 1.FDMA 节首
第 8 集 CDMA 与 SDMA	14	1.4.2 节的 3.CDMA 节首
第 9 集 OFDMA	14	1.4.2 节的 5.OFDMA 节首
第 10 集 频率复用	12	1.5.3 节节首
第 11 集 多信道共用技术	15	1.5.4 节节首
第 12 集 同频干扰与信道容量	14	1.5.5 节节首
第 13 集 蜂窝小区容量改善方法	11	1.5.6 节节首
第 14 集 无线电波传播特性	11	2.2 节节首
第 15 集 多径传播特性	6	2.3.1 节节首
第 16 集 多径信道参数描述	10	2.3.2 节节首
第 17 集 电波传播预测模型预备知识	8	2.4 节节首
第 18 集 电波传播预测模型	12	2.4.1 节节首
第 19 集 MIMO 信道模型	7	2.5 节节首
第 20 集 抗衰落技术概述	6	第 3 章章首
第 21 集 分集技术	13	3.1.1 节节首
第 22 集 自适应均衡技术	8	3.2 节节首
第 23 集 RAKE 接收和发射分集技术	13	4.4.2 节中的 7 节首
第 24 集 TD-LTE 的网络结构	17	5.2.1 节节首
第 25 集 4G 接口与协议	7	5.2.2 节节首
第 26 集 4G 网络标识	8	5.2.4 节节首
第 27 集 EPS 承载	8	5.2.6 节节首
第 28 集 4G 空口协议栈	17	5.3.1 节节首
第 29 集 4G 移动性管理	6	5.4.2 节的 2 节首
第 30 集 4G 切换	6	5.4.2 节的 4 节首
第 31 集 4G 更新和寻呼	9	5.4.2 节的 5 节首
第 32 集 4G 附着流程	12	5.4.2 节的 6 节首
第 33 集 4G 关键技术	13	5.5 节节首
第 34 集 5G 演进及组网方式	13	6.1.1 节节首
第 35 集 5G 网络架构	14	6.1.4 节节首
第 36 集 5G 物理层	9	6.2.1 节节首
第 37 集 5G 关键技术 1	16	6.5 节节首
第 38 集 5G 关键技术 2	13	6.5 节节首

目 录

CONTENTS

第1章

CHAPTER 1

移动通信概述

学习重点和要求

本章主要介绍移动通信的基本原理和概念。内容包括移动通信的特点,移动通信的发展历程,移动通信的基本技术(信源编码、信道编码、调制技术、双工技术),蜂窝移动通信的组网技术(网络结构、多址接入技术、频率复用技术、信道共用技术等)。要求:

- 掌握移动通信的概念及特点;
- 了解移动通信的发展历程;
- 理解移动通信的基本技术;
- 掌握蜂窝移动通信的组网技术。

1.1 移动通信的特点

随着社会的进步和技术的飞速发展,移动通信在全球取得了突飞猛进的发展:从模拟移动通信系统到数字移动通信系统,从语音业务为主到数据业务为主,从低速数据业务到高速数据业务,进而支持多业务多数据融合。移动通信改变着人们的生活,影响着社会的发展。

移动通是指通信双方中至少有一方处于运动中进行信息交换的通信方式,包括移动体与移动体之间的通信、移动体和固定点之间的通信,如图 1-1 所示。

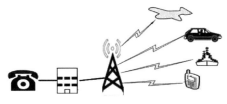

图 1-1　移动通信示意图

与其他通信方式相比,移动通信主要有以下特点。

(1)移动通信的运行环境复杂。

移动通信基站至用户之间必须依靠无线电波来传送信息。电波在传播过程中不仅会随着传播距离的增加而发生弥散损耗,并且会受到地形、地物的遮挡产生阴影效应,同时在传输过程中会经过多条路径到达接收地点,这些信号相互叠加后会产生衰落和时延扩展。此外,随着人们工作和出行方式的改变,移动通信通常会在快速移动中进行,如乘坐高铁、驾驶汽车等环境中的通信,这通常会引起多普勒频移。因此,在进行移动通信系统设计时,通常要进行综合考虑。

(2)移动通信环境干扰复杂。

移动通信系统中的干扰比较复杂多样。除了一些常见的外部干扰,如天电干扰、工业干扰和信道噪声外,系统本身和系统之间也会有不同的干扰。因此,在移动通信系统设计中必须采用相应的抗干扰技术。

(3)移动通信可用的频谱资源有限。

如何提高通信系统的通信容量,始终是移动通信发展面临的问题。尽管电磁波的频谱很宽,但是受到频谱使用政策、技术和可使用的无线电设备的限制,用于无线电通信的频谱有限。目前工作在10GHz以下的移动通信业务,如广播、电视、导航、定位、军事、科学实验、医疗卫生等业务占用了大部分频率资源。为了满足不断增长的需求,在移动通信的发展中,一方面要开辟和启用新的频段,另一方面要研究各种新技术和新措施,如窄带化、多载波技术、多输入多输出技术、认知无线电技术等,这些可以为合理利用频谱资源保驾护航。

(4)移动通信系统的网络结构多样,网络管理和控制系统必须准确高效。

根据通信地区的不同需要,移动通信网络可以组成带状网(如铁路或公路沿线)、面状网(如覆盖一城市或地区)或立体状网(如地面通信设施与中、低轨道卫星通信网络的综合系统)等。这些网络可以单网运行,也可以多网并行运行并实现互连互通。

(5)移动通信设备(主要是移动台)必须适于在移动环境中使用。

对移动通信设备的主要要求是体积小、重量轻、省电、操作简单和携带方便。车载台、机载台及海量类机器设备等除要求操作简单和维修方便外,还应保证在震动、冲击、高低温变化等恶劣环境中正常工作。

第3集

1.2 移动通信的发展历程

现代移动通信的发展是从20世纪20年代开始的,在这不长的时间里,移动通信给人们的工作和生活带来了翻天覆地的变化。到目前为止,移动通信的发展大约经历了以下8个阶段。

(1)第1阶段从20世纪20年代到40年代。美国底特律市警察使用的车载无线电系统诞生于20世纪20年代(1921年),该系统工作频率为2MHz,后来陆续出现了改进系统,工作频率增加,到20世纪40年代工作频率提高到40MHz。这一时期可以认为是现代移动通信的起步阶段,特点是用于专用系统、工作频率较低,采用一个基站覆盖整个服务区,并且这一阶段的移动终端体积大、重量大,与现在的手机相差甚远,难以公用化。

(2)第2阶段从20世纪40年代中期到60年代初期。具有里程碑意义的通信系统是1946年贝尔实验室在美国圣路易斯建立的世界第一个公用汽车电话系统,该系统工作在150MHz,且采用人工接续方式。它标志着专用移动通信系统向公用移动通信系统过渡,为移动通信开辟了一个崭新的发展空间。

(3)第3阶段从20世纪60年代中期到70年代中期。随着民用移动通信用户数量的增加和业务范围的扩大,改进的移动电话系统很快饱和了。有限的频谱供给与可用频道数需求递增之间的矛盾日益尖锐,人们不得不寻求新的出路。这一时期采用大区制、中小容量系统,实现了无线频谱自动选择并接续到公用电话网中。

（4）第4阶段从20世纪70年代中期到80年代中期。事实上,真正推动移动通信广泛商用化并按照"第几代"描述的,还应该从20世纪70年代末贝尔实验室推出的蜂窝移动通信系统算起,也就是通常所说的第一代（1G）移动通信系统（以下简称1G系统）,这一阶段的通信系统为模拟蜂窝移动通信系统。蜂窝移动通信系统的诞生为个人电话梦想的实现奠定了基础。

为了提高系统的用户数,1968年美国贝尔实验室的科学家借鉴蜂窝的结构,提出了蜂窝小区的概念。即将服务覆盖区分为若干小区,每个小区中设置基站,负责本小区移动用户的无线通信;利用电波传播损耗特性,在相隔一定距离的另一个小区重复使用相同的频率。这样既有效避免了频率冲突,又可让同一频率多次使用,节省了频率资源。这一方法巧妙地解决了高密度用户需求量与频率资源紧缺的矛盾。1978年年底,美国贝尔实验室成功研制出先进移动电话系统（AMPS）,建成了蜂窝状移动通信网,这是第一个真正意义上具有随时随地通信能力的大容量移动通信网。1985年,英国开发出全接入通信系统（TACS）,瑞典等北欧四国于1980年开发出北欧移动电话（NMT）移动通信网并投入使用。这一阶段的通信业务主要为话音业务。中国的1G系统于1987年11月18日在广东第六届全运会上开通并正式商用,采用的是TACS制式。

1G系统有效地解决了当时的常规移动通信系统所面临的频谱利用率低、容量小及业务服务质量差等问题,在商业上取得了很大的成功。但是,1G系统在技术和体制上也存在诸多局限。一方面,尽管不同制式的1G系统具有很多相似的特征,但是并没有发展成一个全球的共同标准,各个国家和地区的系统制式和通信频段不同,无法实现地区性或全球漫游;另一方面,1G系统由于是模拟通信系统,还存在着系统安全保密性差、数据承载业务难以展开、设备成本高等缺陷,为了解决这些问题,第二代（2G）移动通信系统（以下简称2G系统）应运而生。

（5）第5阶段从20世纪80年代中期到90年代末。这一阶段是第二代数字蜂窝移动通信系统发展和成熟阶段。以欧洲为例,当时多种不同制式的模拟蜂窝移动通信系统在欧洲得到应用,结果市场呈现出四分五裂的态势,严重制约了规模经济的形成。欧洲电信管理部门（CEPT）在1982年成立了欧洲移动通信特别小组,开始制定适用于泛欧各国的一种数字移动通信系统的技术规范。经过6年的研究、实验和比较,于1988年确定了包括时分多址接入（TDMA）技术和电路交换技术在内的技术规范,并制订出实施计划。1991年,开通第一个全球移动通信系统（GSM）,取得了意想不到的成功。GSM走向全球,在某种程度上实现了"全球通",成为当时全球最大的移动通信网。1995年,美国推出了窄带码分多址（CDMA）系统,即IS-95 CDMA。这一阶段的通信业务主要为话音和短消息业务。然而,随着数据业务（尤其是多媒体业务）需求的不断增长,2G系统在系统容量、频谱效率等方面的局限性也日益显现,难以适应多媒体业务的需要。

（6）第6阶段从20世纪90年代末到21世纪初。为了有效应对2G系统所面临的主要问题,同时满足人们对分组数据传输及频谱利用率的更高要求,人们在2G商用化的同时,开始进行第三代（3G）移动通信系统（以下简称3G系统）的研究。

1985年,国际电信联盟（ITU）提出了未来公共陆地移动通信系统（FPLMTS）的概念。1996年,FPLMTS更名为IMT-2000,其中2000的含义是系统工作频率在2000MHz、速率

2000kb/s、2000年实现商用。1999年,ITU最终确定了3G的三种主流标准,包括欧洲国家和日本提出的宽带码分多址(WCDMA)、美国提出的码分多址2000(CDMA2000)和中国提出的时分同步码分多址(TD-SCDMA)。2001年,多个国家相继开通了3G商用网,标志着3G移动通信时代的到来。3G系统与2G系统有本质的不同,3G系统采用码分多址方式和分组交换技术,而不是2G系统通常采用的时分多址方式和电路交换技术。与2G系统相比,3G系统将支持更多的用户,实现更高的传输速率(如室内低速移动场景下的数据速率达2Mb/s)。这一阶段的通信业务主要为话音、短消息和多媒体数据业务。

3G系统虽然具有低成本、优质服务质量、高保密性及良好的安全性能,但3G系统仍然存在一些不足,如3种制式之间存在相互不兼容问题、频谱利用率较低及支持速率不够高等。与此同时,微波存取全球互通(WiMAX)(又称为802.16无线局域网)是一种为企业和家庭用户提供"最后一公里"宽带无线接入方案。在2007年10月19日,WiMAX被正式纳入3G标准。

(7)第7阶段从21世纪初开始。进入21世纪后,面对移动用户上网需求的迅猛增加,以及随之而来的可靠高效的高速数据传输诉求,人们发现原有3G系统的设计指标已无法顺应信息化社会的发展。因此,在推动3G系统产业化和规模商用化的同时,世界各国已把研究重点转至第四代(4G)移动通信系统。2008年,ITU确定了3种方案为4G的备选方案,分别是第三代合作伙伴计划(3GPP)的长期演进(LTE)系统、第三代合作伙伴计划2(3GPP2)的超移动宽带(UWB)及电气和电子工程师协会(IEEE)的WiMAX。其中最被看好的是LTE。LTE并不是真正意义上的4G技术,而是3G技术向4G技术发展过程中的一个过渡技术,也被称为3.9G的全球化标准。

2012年,LTE-Advanced(LTE的演进)正式被国际电信联盟确定为4G移动通信统标准,命名为IMT-Advanced。我国主导制定的TD-LTE Advanced也同时成为IMT-Advanced的国际标准。LTE包括TD-LTE和LTE-FDD两种制式。这一阶段的通信业务主要为话音、短消息和富媒体数据业务。

IMT-Advanced技术需要实现更高的数据速率和更大的系统容量,能够提供基于分组传输的先进移动业务,显著提升了要求高质量的多媒体应用能力,满足多种环境下用户业务的需求,支持从低到高的移动性应用和很宽的数据速率,在低速移动、热点覆盖场景下的数据速率可以达到1Gb/s以上,在高速移动和广域覆盖场景下可以达到100Mb/s。为了满足各种需求,在此阶段通常采用正交频分复用(OFDM)技术、智能天线技术、发射分集技术、联合检测技术相结合的方式来实现。

(8)第8阶段从2010年开始。这一阶段主要是第五代(5G)移动通信系统的发展阶段。5G网络的主要优势是数据传输速率高,最高可达10Gb/s,比有线互联网要快,比LTE蜂窝网络速率快100倍。另一个优点是具有较低的网络延迟,可以低于1ms,而4G的延迟为30~70ms。

5G的准备工作从2013年开始,2017年2月,国际通信标准组织3GPP宣布了5G的官方Logo。在5G阶段,3GPP组织把5G无线接入网(RAN)和5G核心网(CN)拆开,要各自独立演进到5G时代,这是因为5G不仅是为移动宽带设计,它要面向增强型移动宽带(eMBB)、超可靠低时延通信(URLLC)、大规模机器通信(mMTC)三大场景。5G阶段网络特点包括:①双模,指5G网络的部署方式为非独立组网(NSA)和独立组网(SA)两种模式;

②双载波,指 5G 的两个频段区间,一种是 6GHz 以下,又称 Sub 6GHz(指 450MHz~6000MHz 频段),跟目前 2G/3G/4G 差不多在一个频段,另一种是在 24GHz 以上的高频毫米波(mmWave)。

1.3　移动通信的基本技术

移动通信系统是在数字通信系统模型基础上构建的,通信系统示意图如图 1-2 所示。为了保证移动通信系统高效可靠地运行,需要相应的技术来保障。移动通信系统通常采用的基本技术有信源编码技术、信道编码技术、调制技术、双工技术等。

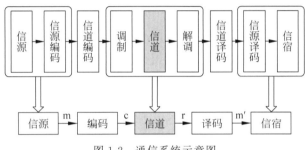

图 1-2　通信系统示意图

1.3.1　信源编码技术

在移动通信系统中,从第二代数字式移动通信系统开始,就应用了信源编码技术,但主要是语音编码,而在第三代移动通信系统中除话音业务外,还有数据和图像业务,因此信源编码也有图像和视频编码的内容。

1. 语音编码

语音编码主要是利用语音的统计特性,解除语音的统计关联、压缩码率,从而提高通信系统的有效性。移动通信对于语音编码的具体要求:编码速率要适合在移动信道内传输,应低于 16kb/s,编解码总时延不能超过 65ms,算法复杂程度要适中,易于大规模电路集成且功耗要低,话音质量要高,复原话音后保真度要高,等等。

2. 语音质量评价

在语音编码技术中,对语音质量的评价是一个很重要的问题,通常分为客观评价和主观评价两种。客观评价方法是用客观测量的手段来评价语音编码的质量,常用方法有信噪比、加权信噪比等,都是建立在度量均匀误差的基础上,其特点是计算简单,但不能完全反应人对语音质量的感觉,此评价方法适用于速率高于 16kb/s 的编码方案。主观评价方法更加注重人类听语音通信时对语音质量的感觉,是实际应用的具体表现,在语音评价领域应用广泛,主要分为 5 级,如表 1-1 所示。

表 1-1　语音主观评价等级

质 量 等 级	分　　数	收听注意力等级
优	5	可完全放松,不需要注意力
良	4	需要注意力,但不需要明显集中注意力

续表

质 量 等 级	分 数	收听注意力等级
中	3	需要中等程度的注意力
差	2	需要集中注意力
劣	1	即使努力去听,也很难听懂

3. 语音编码的分类

语音编码分类方法不同,也就有不同的编码方式。按照编码速率来分,有低速率编码器(低于 4.8kb/s)、中速率编码器(4.8～32kb/s)和高速率编码器(高于 32kb/s);如果按照编码对象来分,有波形编码、参量编码及混合编码方式。

GSM 语音编码器采用线性预测编码-长期预测编码-规则脉冲激励编码器(LPC-LTP-RPE 编码器);WCDMA 系统语音编码器采用自适应多速率编码器(AMR)、LTE 系统中的 VoLTE 语音编码器采用宽带自适应多速率编码器(AMR-WB)。3GPP TS38.212 中只定义了 5G 系统的复用与信道编码而没有定义信源编码。

1.3.2 不同系统中的信道编码技术

信道编码是在数据传输/存储中所采用的降低系统差错率,提高系统可靠性的一种数字处理技术。实际信道中存在着噪声、衰落和干扰等影响,使得信源发送的码字与经信道传输后所接收的码字之间存在差错。为了减少差错,信道编码器对传输的信息码元按照一定的规则增加一定数量的多余码元,使原来彼此相互独立、没有关联的信息码元,经过变换后产生某种规律性或相关性,从而在接收端可根据这种规律性来检查、纠正传输序列中的差错,提高数据传输的可靠性。即信道编码利用增加信息冗余来降低差错概率。

常见的移动通信系统使用的信道编码如下。

(1) 第一代通信系统是模拟通信系统,业务信道采用模拟信号传输,控制信道传输数字信令并进行信道编码与数字调制操作。以英国 TACS 系统为例,基站与终端信道编码采用不同的 BCH 编码(一种有限域中的线性分组码,具有纠正多个随机错误的能力),编码后重复 5 次发送以提高衰落信道的性能。

(2) 第二代移动通信系统中的 GSM 和 IS-95 系统的信道编码主要采用卷积码、Fire 码以及卷积码和 RS 的级联码。

(3) 3G 与 2G 相比要提供更高的传输速率、更多形式的数据业务。3G 移动通信的三大主流技术(WCDMA、cdma2000、TD-SCDMA)都采用了卷积码和 Turbo 码两种纠错编码。在高速率、对译码时延要求不高的数据链路中使用 Turbo 码有利于纠错;考虑到 Turbo 码译码的复杂度和时延,在语音和低速率、对译码时延要求比较苛刻的数据链路中使用卷积码,在其他逻辑信道中也使用卷积码。

(4) LTE 移动通信系统的信道编码采用了卷积码与 Turbo 码作为纠错编码方案,其中卷积码用于控制信道,Turbo 码用于数据信道。LTE 卷积编码采用 1/3 码率的咬尾卷积码(TBCC),约束长度为 7;Turbo 码采用 1/3 码率的并行级联码。

(5) 5G 中的新空口(NR)中定义了新的应用场景,对系统带宽、吞吐率、时延和可靠性的需求较 4G 大大提升,因此需要重新设计信道编码方案。在 3GPP 的 R15(主要针对

eMBB 和 URLLC 两大场景定义)规范中,业务信道采用了低密度奇偶校验码(LDPC),控制信道采用了 Polar 编码。

1.3.3 调制技术

调制技术是把基带信号变换成传输信号的技术,模拟信号经过抽样、量化、编码后的基带信号以二进制数字信号"1"或"0"控制高频载波的参数(振幅、频率和相位),使这些参数随基带信号而变化。移动通信系统采用调制技术的目的是使所传送的信息能更好地适应移动通信信道特性,以达到最有效和最可靠的传输。移动通信系统的调制技术包括用于第一代移动通信系统的模拟调制技术和用于数字蜂窝移动通信系统的数字调制技术。模拟调制包括幅度调制(AM)、频率调制(FM)和相位调制(PM)等;数字调制的基本类型包括振幅键控(ASK)、频移键控(FSK)、相移键控(PSK)等。

由于移动信道带宽有限且存在严重的干扰、衰落和噪声,移动通信对调制方式的选择主要有三点要求:①可靠性,即抗干扰性能,要求选择具有低误比特率的调制方式,保证其功率谱密度集中于主瓣内;②有效性,主要选取具有高效的频谱效率的调制方式,特别是多进制调制;③工程上易于实现,选取具有恒包络与峰均比低的调制方式。

常见移动通信系统所使用的主要调制方式有以下几种。

(1) 线性调制技术。在线性调制技术当中,传输信号的幅度随调制信号的变化呈线性。线性调制技术的带宽效率高,非常适用于在有限带宽内要求容纳尽可能多的用户的无线通信系统。由于这类调制技术产生的调制信号包络不恒定,发射端要求功率放大器的线性度要高,这将增加设备的制造成本和难度,但其可以获得较高的频谱效率。目前,移动通信系统使用的最普遍的线性调制技术有 QPSK、OQPSK 和 π/4QPSK。

(2) 恒包络调制技术。许多实际的移动无线通信系统都使用非线性调制方式,目的是不管调制信号如何变化都要保证载波的振幅是恒定的,即恒包络调制。其主要包括最小频移键控(MSK)、平滑调频(TFM)、高斯最小频移键控(GMSK)等,GSMK 用于 GSM 中。恒包络调制是为了消除相位突变带来的峰均功率比增加和带宽扩展,它具有以下优点:极低的旁瓣能量;可使用高效率的 C 类放大器;容易恢复用于相干解调的载波;已调信号峰均比低。但是恒包络调制具有占用带宽比线性调制大且实现困难等缺点。

(3) 线性和恒包络相结合的调制技术。同时改变发射载波的包络和相位(或频率)是现代调制技术常用的方法。由于包络和相位(或频率)有两个自由取值,二者结合起来会获得比单独使用幅度或相位调制更高的频谱效率,如多进制 QAM。相同进制 QAM 调制信号的功率谱和带宽效率与 PSK 调制是相同的,而在功率效率方面,相同进制数 QAM 优于 PSK 调制。

(4) 扩频调制技术。扩频是指用来传输信息的信号带宽远远大于信息本身带宽的一种传输方式。频带的扩展由独立于信息的码元来实现,在接收端用同步接收实现解扩和数据恢复。扩频具有选择地址(用户)的能力、较好的隐蔽性且功率污染较小、比较容易进行数字加密、强的抗干扰能力等特性,可以在较低的信噪比条件下保证系统的传输质量,具有强的抗衰落能力及多用户共享相同的信道的能力,在进行网络规划时无须进行频率规划等特点,主要用于第三代蜂窝移动通信系统中,包括直接序列扩频(DSSS)、跳频扩频(FHSS)及跳时扩频(THSS)。

第 4 集

（5）自适应调制编码（AMC）技术，如可变速率自适应格状编码调制（ATCQAM）。ATCQAM 通过改变码率与调制的星座图来动态地与信道进行适配。通信系统的接收端将估计的信道信息通过反馈链路发送到发送端，发送端在信道条件好时，将提高 QAM 的电平数，相反则降低 QAM 的电平数以增强差错保护能力，同时系统的吞吐量也将随之下降。

（6）多载波调制技术，如正交频分复用技术（OFDM）。这种调制技术的基本原理是把高速数据流串并变换为多个低速率数据流，在多个子载波上并行传输，这样并行子载波上的符号周期变长，从而多径时延扩展相对变小，减少了码间干扰的影响。通过采用循环前缀作为保护间隔，无线 OFDM 系统中理论上可以完全消除符号干扰（ISI，ISI 是由无线电波传输多径与衰落及抽样失真引起的，指同一信号由于多径传播在接收处导致相互重叠而产生的干扰）和信道间干扰（ICI，OFDM 系统对符号的正交性要求很高，如果符号间的正交性被破坏，则会影响接收信号的解调，产生信道间干扰），与普通多载波方式不同的是，OFDM 的各个子载波相互正交，调制后的信号频谱可以相互重叠，提高了频谱利用率。

1.3.4 基本的双工技术

双工通信是指通信双方可同时进行信息传输，通信的双方在通话时收发信机均同时工作，目前的公众移动通信系统采用的双工方式可以分为频分双工（FDD）、时分双工（TDD）及同频同时全双工（CCFD）。FDD 是指收发信机用不同的频段但时间上连续收发，频分双工的系统需要两个独立的信道，一个信道用来发送信息，另一个信道用来接收信息。两个信道之间存在一个保护频段，用来防止邻近的发射机和接收机之间产生相互干扰。对于只有单天线的移动终端来说，当采用 FDD 工作方式时需要通过一个天线双工器来完成这种功能。TDD 是指收发信机使用同一频段，但通过不同时间段进行收发信息的方式。FDD 和 TDD 的工作方式如图 1-3 所示。

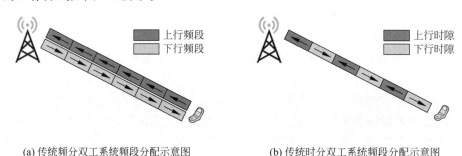

(a) 传统频分双工系统频段分配示意图   (b) 传统时分双工系统频段分配示意图

图 1-3 双工方式

同时同频全双工技术是指设备的发射机和接收机占用相同的频率资源同时进行工作，使得通信双方在上、下行可以在相同时间使用相同的频率，如图 1-4 所示。与传统的 FDD 和 TDD 模式相比，理论上同频同时全双工可以将频谱效率提高一倍，是 5G 移动通信系统实现双向通信的关键技术之一。由于同时同频全双工技术的收发同时同频，CCFD 发射机的发射信号会对本地接收机接收信号产生干扰，使用 CCFD 的首要工作是抑制强自干扰。在 CCFD 系统中，自干扰消除能力的好坏将直接影响其通信质量。

在 2G、3G 和 4G 网络中主要采用 FDD 或 TDD 双工方式，且每个网络只能用一种双工模式。在 5G 的部分应用场景中会使用同时同频全双工方式。

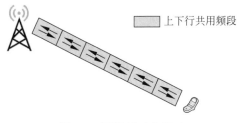

图 1-4 同频同时全双工

1.4 移动通信中的噪声与干扰

1.4.1 噪声

噪声的种类很多,也有多种分类方式。若根据噪声的来源进行分类,一般可以分为三类:内部噪声、人为噪声和自然噪声。

1. 内部噪声

内部噪声是指通信设备本身产生的各种噪声。它来源于通信设备的各种电子器件、传输线、天线等。理论分析和实测表明,从直流到微波的频率范围内,内部噪声功率谱密度为一常数,故又称为白噪声。

内部噪声又可分为两类:①有源霰弹噪声,主要来自于通信设备中有源器件,如电子管、晶体管及各类大规模集成电路中载流子的起伏变化;②无源热噪声,主要来自一切无源器件,如电阻、电容、电路板的分子热运动所引起的噪声。

2. 人为噪声

人为噪声是指人类活动所产生的对通信造成干扰的各种噪声。其中包括工业噪声和无线电噪声。工业噪声来源于各种电气设备,如开关接触、工业的点火辐射及荧光灯干扰等。无线电噪声来源于各种无线电发射机,如外系统电台干扰、宽带干扰等。

3. 自然噪声

自然噪声是指自然界存在的各种电磁波源所产生的噪声,如雷电、磁暴、太阳黑子、银河系噪声、宇宙射线等。可以说整个宇宙空间都是自然噪声的来源。

自然噪声和人为噪声被称作外部噪声,它们属于随机噪声,是真正对移动通信影响较大的噪声。这些噪声来源不同,频率范围和强度也不同,因此对移动通信的影响也不相同。

美国国际电话电报公司(ITT)公布的数据将噪声分为六种:大气噪声、太阳噪声、银河噪声、郊区人为噪声、市区人为噪声和典型接收机的内部噪声。其中,前五种均为外部噪声。有时将太阳噪声和银河噪声统称为宇宙噪声。大气噪声和宇宙噪声属自然噪声。在30MHz~1000MHz 频率范围内,大气噪声和太阳噪声(非活动期)很小,可忽略不计;在100MHz 以上时,银河噪声低于典型接收机的内部噪声(主要是热噪声),也可忽略不计。因而,除海上、航空及农村移动通信外,在城市移动通信中不必考虑宇宙噪声。因此,人为噪声是外部噪声的主体。此外,人为噪声源的数量和集中程度随时间和地点而异,只能用统计测试方法来表示,噪声强度随地点的分布近似服从对数的正态分布。

第 6 集

1.4.2　干扰

在移动通信系统中,基站或移动台接收机必须能在其他通信系统产生的众多较强干扰信号中检测出较弱的有用信号。基站在接收远距离移动台信号时,往往不仅受到各种噪声的干扰,而且还受到系统内附近其他基站及系统外电台的干扰。移动通信与固定有线通信相比,对干扰的限制更为严格,对收、发信机设备的抗干扰特性要求更高。

在移动通信网中,干扰一般包括同频干扰、邻道干扰、互调干扰、阻塞干扰、近端对远端的干扰、多径干扰及多址干扰等。如何解决通信系统中的干扰问题,是移动通信网设计中的一个难题,通常可以通过对移动通信网进行合理设计,来削弱这些干扰。

1. 同频干扰

第 7 集

同频干扰是指所有落在接收机通带内与有用信号频率相同的无用信号干扰,也称同道干扰或共道干扰。这是因为在移动通信系统中,为了提高频率利用率,相隔一定距离之外重复使用相同的频率,这种方法称作同频道再用(或叫频率复用)。频率复用在提高频率利用率的同时,也带来同频道干扰问题。复用距离越近,同频道干扰越大;复用距离越远,同频道干扰越小,但频率利用率也会降低。实际上,随着移动通信系统规模不断扩大,频率复用率必然增加,因此同频道干扰的产生概率也会大大增加。此外,在移动信道中,还存在着其他各种各样的干扰信号,凡是与有用信号具有相同频率的无用信号(如多径传输形成的多径信号)或者与有用信号具有不同频率但频率之差不大且能进入同一接收机通带的无用信号,都能产生同频道干扰。因此,在进行移动通信网络规划时,若频率分配管理或系统设计不当,就会造成同频干扰。同频干扰会影响通信链路性能、影响频率复用方案的选择以及会限制系统的容量。只要在接收机输入端存在同频干扰,接收系统就无法滤除和抑制它,所以,在进行实际系统设计时,要确保同频小区在物理上隔开一定距离,为电波传播提供充足的隔离。可以通过调整基站发射机功率大小或天线高度,使重叠区落在人烟稀少的地区,或采用定向天线、使用频率偏置及小区干扰消除等技术来改善同频干扰对移动通信系统的影响。

2. 邻道干扰

所谓邻道干扰,是指相邻的或邻近频道信号间相互干扰。通常情况下,邻道干扰主要是由于调频信号中含有无穷多个边频分量,而频道间隔是有限的,某些边频分量落入邻道接收机的通带内造成的。

对于广泛使用甚高频(VHF)、特高频(UHF)的系统来说,虽然移动通信系统都有一定的频道间隔,但是由于系统的调频信号频谱是很宽的,因此调频信号含有无穷多个边频分量,当其中某些边频分量落入邻道接收机的通带内,而邻道接收机的滤波性能又不够好时,就会造成邻道干扰。

通常邻道干扰可以通过精确的滤波设计和合理的信道分配达到最小。如可以通过降低发射机落入相邻频道的干扰功率,也就是减小发射机带外辐射;提高接收机的邻频道选择性;在网络设计中,避免相邻频道在同一小区或相邻小区内使用。

3. 互调干扰

1)产生的原因

互调干扰是由发射机中的非线性电路产生的,是指两个或多个信号作用在通信设备的非线性器件上产生的许多组合频率信号,其中一部分与有用信号频率相近且可能落到接收

第 8 集

机通带内,从而对通信系统构成干扰的现象。在移动通信系统中,互调干扰主要包括发信机互调干扰、接收机互调干扰和发信机变频滤波器及天线馈线等插接件接触不良引起的互调干扰。

高阶互调的强度一般都小于低阶互调分量的强度,即通常五阶互调干扰的影响小于三阶互调干扰的影响,因而在一些实际系统的设计中,常常只考虑三阶互调干扰,至于七阶以上的互调干扰,因为其影响更小,故一般都不予考虑。

发射机的互调干扰是基站使用多部不同频率的发射机所产生的特殊干扰。通常为了获得更大的功率放大倍数,发射机末级功率放大器工作在非线性状态,所以,这种互调干扰通常发生在末级功率放大器中。例如,当多部不同频率的发射机设置在同一地点时,它们的信号可能通过电磁耦合或其他途径窜入其他发射机中。在发射机非线性器件的作用下,会产生许多谐波和组合频率分量,其中与接收机所需信号频率相邻近的组合频率分量会顺利地进入接收机而形成干扰。近年来,移动通信发展迅猛,频段使用越来越高,并且各运营商间竞争日趋激烈,为提高竞争力,扩大覆盖范围,必然要增加发射机数量,并且天线架设越来越密集,互调干扰不可避免。三阶互调产物难于用频率选择性电路滤除,容易构成对有用信号干扰。为此在实际移动通系统中着重考虑如何降低三阶互调干扰。

在多信道系统中,信道使用是随机的,落入信道的互调干扰也是随机的。在组网设计中采用等间隔信道分配方案时,对于多信道共用系统来说,n 个等间隔信道间的三阶互调干扰(频率关系)可以表示为

$$f_x = 2f_i - f_j \qquad (i \neq j) \tag{1-1}$$

$$f_x = f_i + f_j - f_k \quad (i \neq j \neq k) \tag{1-2}$$

式(1-1)和式(1-2)中,f_x、f_i、f_j、f_k 分别为 x、i、j、k 信道的载波频率。若有两个信道频率满足式(1-1)或三个信道频率满足式(1-2)的关系,就会产生三阶互调干扰。

2) 无三阶互调信道组的选择

(1) 差值列阵法。工程上常采用差值列阵法来判断信道间是否存在三阶互调干扰,以选择无三阶互调信道组进行信道配置。可以根据信道序号表示三阶互调公式进行判断,在多信道系统中,若任意两个信道序号之差等于任意另外两个信道序号之差(无三阶互调干扰信道分配方案一般适用于信道数不多的系统),就构成三阶互调。还可以通过图表法判断是否存在三阶互调干扰,依次排列信道序号并按规律依次计算相邻信道序号差值,写在两信道序号间。计算每隔一个信道的序号差值,然后计算每隔二个信道的序号差值,之后查看三角阵中是否存在相同数值。若有,则存在三阶互调;若没有,则不存在三阶互调。

例如,给定 1,3,4,11,17,22,26 信道,问这些信道间是否存在三阶互调干扰?

根据三阶互调公式,其信道序号差值如图 1-5 所示,无相同数值,表示无三阶互调干扰。

当选用无三阶互调信道组时,三阶互调产物依然存在,只是不落入本系统的工作频道之内,本系统内各工作信道没有三阶互调干扰,但可能对其他系统产生干扰。同时,由于选用无三阶互调信道组时,所占用频道中只使用了一部分频率,频率利用率低;并且选用频道数量越大,信道利用率越低,在需要信

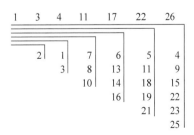

图 1-5 信道序号差值

道数较多时不适用。

（2）信道的分区分组分配法。在小区制系统中,若每个小区使用的信道数较少,则可采用信道的分区分组分配法来提高频段利用率。假设系统有 25 个信道包括 6 个小区,可以使用试探法来选取有用信道组。

① 第一信道组选取信道序号为 1、2、5、11 的 4 个信道,其差值序列为 1、3、6。

② 第二信道组仍采用差值序列 1、3、6,但信道序号从第 6 信道算起,则可得到信道序号为 6、7、10、16 的 4 个信道。

③ 第三信道组取差值序列 1、9、2,信道序号从第 3 信道算起,则可得信道序号为 3、4、13、15 的 4 个信道。

④ 第四信道组取差值序列 4、6、7,信道序号从第 8 信道算起,则可得信道序号为 8、12、18、25 的 4 个信道。

⑤ 第五信道组取差值序列 1、3、8,信道序号从第 21 信道算起,且序号从大到小排列,则可得信道序号为 21、20、17、9 的 4 个信道。

⑥ 第六信道组取差值序列 1、3、5,信道序号从第 23 信道算起,序号从大到小排列,则可得 23、22、19、14 的 4 个信道。

（3）等频距分配法。等频距分配法是按等频距来配置信道的。假设有 160 个信道,共分成 10 个信道组,每个信道组有 16 个信道。采用这样分配的方案,会有可能存在三阶互调干扰。

例如,中国移动 GSM,上行频段为 890MHz～915MHz,下行频段为 935MHz～960MHz,采用等间隔分配频率。

3）减小发射机互调干扰的措施

（1）尽量增大基站发射机之间的耦合损耗。当各发射机分用天线时,要增大天线间的空间隔离度,在发射机的输出端接入高质量的带通滤波器,增大频率隔离度,避免馈线相互靠近和平行敷设。

（2）改善发射机非线性器件的性能,提高其线性动态范围。

（3）在共用天线系统中,各发射机与天线之间加入单向隔离器或高质量的谐振腔。

接收机的互调干扰是指两个或多个信号同时进入接收机高频放大器或混频器,只要它们的频率满足一定的关系,则由于接收机中器件的非线性特性,就有可能形成互调干扰。就一般移动通信系统而言,以两信号三阶互调干扰的影响最大。接收机的互调干扰,可折算为同频道干扰来估算对通信的影响。在专网和小容量网中,互调干扰可能成为设台组网需要关心的问题。

4）减小接收机互调干扰的措施

（1）提高接收机的射频互调抗拒比（互调抗拒比是指接收机对与有用信号的频率有特定关系的两个或更多个无用信号的抑制能力）,一般要求优于 70dB。

（2）移动台发射机采用自动功率控制,减少基站接收机的互调干扰。

（3）减小无线小区半径,降低最大接收电平。

（4）尽量选用无三阶互调信道组。

4. 阻塞干扰

阻塞干扰是指当外界存在一个与接收机工作频率较远,但能进入接收机并作用于其前端电路的强干扰信号时,由于接收机前端电路的非线性,而造成对有用信号增益降低或噪声升高,使接收机灵敏度下降的现象。阻塞干扰会导致信号严重失真,克服阻塞干扰的方法是增加接收机的带外抑制度或增加与干扰源的隔离度。

5. 近端对远端的干扰

第9集

近端对远端的干扰是指基站同时接收从两个移动台发来的信号时,距离近的信号功率要明显要大于距离远的信号功率。若二者频率相近,则距基站近的移动台对距基站远的移动台造成干扰,甚至淹没远端移动台的有用信号的现象。近端对远端的干扰也叫远近效应,如图 1-6 所示。

图 1-6 中,d_1、d_2 表示移动台距离基站的距离,若 $d_1/d_2=10$,则移动台接收信号功率比 P_1/P_2 将达近 40dB(设衰减因子为 4),也就是远的有用信号有可能被近的干扰信号淹没。

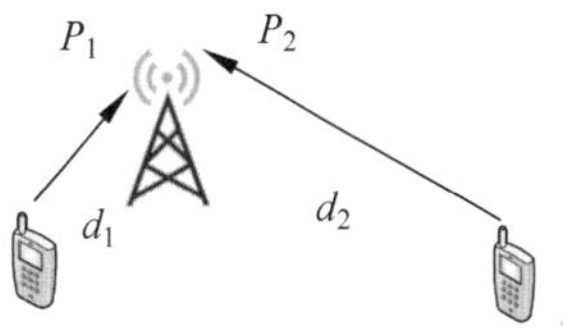

图 1-6　远近效应示意图

减少远近效应方法有以下两种。

(1) 让两个同时通信的移动终端具有足够大的信号隔离度,可以通过使用时分双工方案或扩频方案来实现。

(2) 移动台具有自适应控制发送功率的能力,这可以通过闭环功率控制技术实现。在实际移动通信网络中,一般都采用功率控制来抑制远近效应。通常情况下,时分双工系统的远近效应相对不太严重,因此可以降低功率控制的要求,采用开环功率控制就可以满足系统对功率控制的要求。

功率控制通常分为反向功率控制和正向功率控制。

(1) 反向功率控制(也称上行链路功率控制)。要求使任一移动台无论处于什么位置上,其信号在到达基站的接收机时都具有相同的电平,而且刚刚达到信干比要求的门限值。反向功率控制又分为开环功率控制和闭环功率控制。

所谓开环功率控制,是指在移动台接收并测量基站发来的信号强度,并估计正向传输损耗,然后根据这种估计来调节移动台的反向发射功率。若接收信号增强,就降低其发射功率;若接收信号减弱,就增加其发射功率。开环功率控制的原则是当信道的传播条件突然改善时,功率控制应做出快速反应(例如在几微秒时间内),以防止信号突然增强而对其他用户产生附加干扰;相反,当传播条件突然变坏时,功率调整的速度可以相对慢一些。也就是说,宁愿单个用户的信号质量短时间恶化,也要防止许多用户都增大背景干扰。

所谓闭环功率控制,是指由基站检测来自移动台的信号强度,并根据测得的结果形成功率调整指令,并通知移动台使其调节发射功率。

(2) 正向功率控制(也称下行链路功率控制)。正向功率控制要求调整基站向移动台发射的功率,使任一移动台无论处于小区中的任何位置上,收到基站的信号电平都刚刚达到信干比所要求的门限值。这样做的目的是可以避免基站向距离近的移动台辐射过大的信号功率,也可以防止或减少由于移动台进入传播条件恶劣或背景干扰过强的地区而发生误码率增大或通信质量下降的现象。

6. 多径干扰

多径干扰主要是由于电波传播的开放性和地理环境的复杂性而引起的多条传播路径之间的相互干扰,其实质上是一类自干扰。在数字与数据通信情况下,主要表现为码间干扰及高速数据的符号间干扰。多径干扰的强度取决于多径时延宽度与码元宽度的比值,而不是受干扰的绝对值。多径干扰对于码分多址系统尤为严重。

7. 多址干扰

多址干扰是由于在移动通信网中同时进行通信的多个用户信号之间的正交性保证不了而所引起的。对于频分多址移动通信系统,不同用户使用不同的频段,如果滤波器隔离度做得好,就能很好地保证其正交;对于时分多址系统,不同用户使用不同的时隙,如果主要时间选通隔离度做得好,也能很好地保证正交;而码分多址系统,小区内的用户使用相同的频段,相同的时隙,不同用户的隔离靠扩频码来区分,而扩频码往往很难完全正交,所以多址干扰在码分多址系统中表现尤为突出。

1.5 蜂窝移动通信的组网技术

要实现移动用户在更大范围内有序地通信,必须解决组网的问题。移动通信网是承载移动通信业务的网络,主要完成移动用户之间、移动用户与固定用户之间、移动用户与物体之间、物与物之间的信息交换。将移动通信系统中的各个独立功能网元组成一个高效可靠协同工作的移动通信网络,主要涉及以下技术问题。

(1) 对于基站给定的无线资源,多个移动台如何共享使用以使得有限的资源能够传输更大的容量信息?

(2) 由于传播损耗的存在,基站和移动台之间的通信距离是有限的,为了使用户在某一服务区的任意位置都能接入网络,需要在该服务区内设置多少基站?

(3) 对于给定的频率资源,如何在这些基站之间进行信道分配以满足用户容量的要求?

(4) 移动通信网络结构复杂,包括的功能实体众多,如何实现移动通信网中各功能实体协同有效地工作?

(5) 基站和移动台之间交互信息的方式,如何将呼叫接续到被叫移动台?用户在通信状态下跨越小区移动,如何保持通信不中断?

1.5.1 基本的网络结构

目前,数字移动通信系统经历了从 2G、3G、4G 到 5G 的发展过程,业务从低速语音业务到高速多媒体业务及多场景多业务发展的过程。数字蜂窝移动通信系统的主要组成部分可分为移动台、基站子系统和网络子系统。典型的蜂窝移动通信系统网络结构如图 1-7 所示。

图 1-7(a)中,网络子系统(NSS)包括操作维护管理中心(OMC,对全网进行监控与维护,例如系统的故障诊断与处理、话务量统计、计费等)、移动交换中心(MSC,完成话音的接续即交换功能、用户识别、支持位置登记和更新、配合基站控制器完成越区切换和漫游服务、计费功能、网络维护等)、公共交换电话网络(PSTN)、归属位置寄存器(HLR,存储用户的基本信息,如 SIM 卡的卡号、手机号码、签约信息等;动态信息,如当前的位置、是否已经关机等)、访问位置寄存器(VLR,用来保存用户的动态信息和状态信息,以及从 HLR 下载的用户的签约信息)、鉴权中心(AUC,其作用是可靠地识别用户的身份,只允许有权用户接入网络并获得服务)等。基站子系统(BSS)包括基站收发信机(BTS,一个完整的 BTS 包括无线发射/接收设备、天线和所有无线接口特有的信号处理部分,BTS 可看作一个无线调制解调

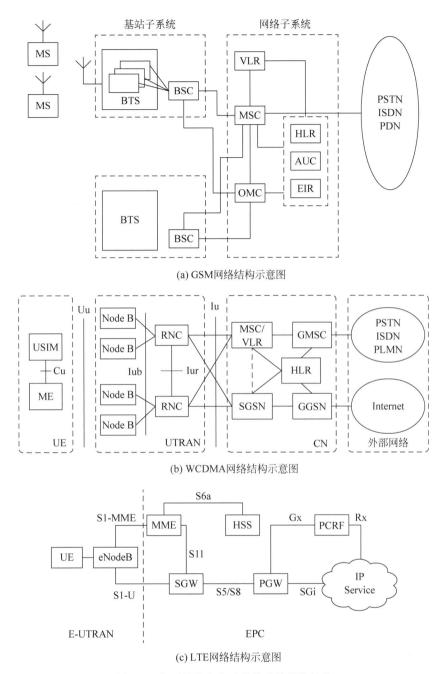

(a) GSM网络结构示意图

(b) WCDMA网络结构示意图

(c) LTE网络结构示意图

图 1-7 典型的蜂窝移动通信系统网络结构

器,负责移动信号的接收和发送处理)与基站控制器(BSC,是基站子系统的控制和管理部分,位于 MSC 和 BTS 之间,负责完成无线网络管理、无线资源管理及无线基站的监视管理,控制移动台与 BTS 无线连接的建立、持续和拆除等管理)。通常移动通信中的一次呼叫是由基站子系统和交换子系统共同完成的。基站子系统提供并管理移动台和 NSS 之间的无线传输信道,原籍移动交换中心与访问移动交换中心通过 7 号信令交互。移动通信网通过接口与公众通信网互联。

图 1-7(b)中的 WCDMA 系统主要由三部分组成,包括核心网(CN)、陆地无线接入网(UTRAN)和用户装置(UE)。UTRAN 中包括基站(Node B,作用与 BTS 相似,主要由接口电路、基带处理单元、射频前端和控制单元部分组成,为小区内的移动用户提供无线收发服务,实现 RNC 和无线信道之间信息传输格式的变换)和基站控制器(RNC,作用与 BSC 相似,主要完成连接建立和断开、切换、宏分集合并和无线资源管理控制等功能)。CN 与 UTRAN 的接口定义为 Iu 接口,UTRAN 与 UE 的接口定义为 Uu 接口,又称空口。基站和 RNC 之间的接口定义为 Iub 接口,电路交换域(CS)和 RNC 之间的接口定义为 Iu-CS。分组交换域(PS)和 RNC 之间的接口定义为 Iu-PS 接口。CS 域用来处理语音业务,PS 域用来处理数据业务。RNC 和 RNC 之间的接口称为 Iur 接口,该接口主要是在跨 RNC 间切换中使用。网关移动交换中心(GMSC)是 CS 域与外部网络之间的网关节点,承担路由分析、网间接续、网间结算等功能;服务 GPRS 支持节点(SGSN)是 PS 域功能节点,提供 PS 域的路由转发、移动性管理、会话管理、鉴权和加密等功能;网关 GPRS 支持节点(GGSN)是 PS 域功能节点,提供数据包在 WCDMA 移动网和外部数据网之间的路由和封装。

图 1-7(c)LTE 系统由演进的分组核心网(EPC)、基站(eNodeB,也叫演进的节点 B)和用户设备(UE)三部分组成。其中 eNodeB 负责接入网部分(E-UTRAN 只包含一个节点 eNodeB,eNodeB 具有 3GPP 的 Node B 功能和大部分的 RNC 功能,包括物理层功能、MAC、无线链路控制(RLC)、无线资源控制(RRC)、调度、测量、移动性管理(MM)等);EPC 负责核心网部分,EPC 信令处理部分称为移动管理实体(MME),数据处理部分称为服务网关(S-GW)。eNodeB 与 EPC 通过 S1 接口连接,eNodeB 间通过 X2 接口连接,UE 与 eNodeB 通过 Uu 接口连接。在 LTE 网络中,eNodeB 相比 3G 中的 NodeB,集成了部分 RNC 的功能,减少了通信时协议的层次。策略与计费规则功能单元(PCRF)是业务数据流和 IP 承载资源的策略与计费控制策略决策点,它为策略与计费执行功能单元选择并提供可用的策略和计费控制决策。归属用户服务器(HSS)是 EPC 中用来存储用户信息的数据库,其作用与地位类似于 2G、3G 核心网中的 HLR。

从不同移动通信系统的结构示意图中会发现,伴随着移动通信从 2G、3G 到 4G 发展,网络结构的变化主要体现在核心网的变化。在标准 LTE 网络架构下,所有用户只接入分组域。核心网演进示意图如图 1-8 所示。

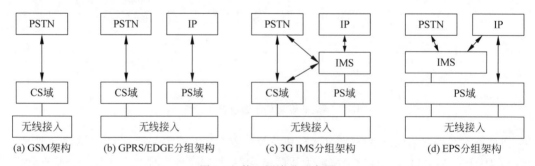

图 1-8 核心网演进示意图

GSM 架构和 GPRS/EDGE(通用无线分组业务/GSM 演进的增强数据速率)分组架构的核心网通常采用 TDM(时分复用模式)/ATM(异步传输模式)/IP 链路承载,控制面和用户面合在一起;3G IMS(3G IP 多媒体子系统)分组架构的核心网进行部分控制和承载分离且全 IP 承载；EPS（演进分组系统）分组架构的核心网采用扁平化网络架构，控制与承载分离且全 IP 承载。

相对 WCDMA 的网络结构而言，LTE 的网络结构进行了大幅度简化，具有以下特点。

（1）网络扁平化，系统延时短，网元数目减少，网络部署更加简单，网络稳定性高。

（2）全 IP 的网络架构，支持多种 3GPP、非 3GPP 等无线系统的接入。

（3）eNodeB 实现了接入网的全部功能，取消了 RNC 集中控制，可避免单点故障。

3GPP 版本 Rel-6 与 3GPP LTE 中定义的网络结构如图 1-9 所示。

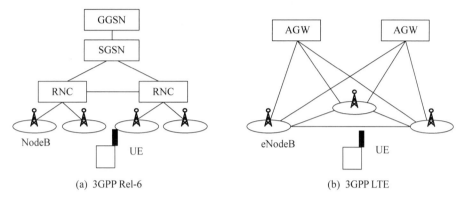

(a) 3GPP Rel-6　　　　　　　　　　(b) 3GPP LTE

图 1-9　3GPP Rel-6 与 3GPP LTE 网络结构

为了达到简化信令流程、缩短延迟和降低成本的目的，LTE 舍弃了 UTRAN 的 RNC、SGSN、GGSN，完全由网元 AGW（接入网关）和 eNodeB（演进型基站）组成。

在移动通信系统的网络架构从 4G 到 5G 的演进中，核心网的变化更加明显。在 5G 的网络结构中，将 5G 网络的网元功能虚拟化（NFV），也就是在硬件上直接采用 x86 平台通用服务器，目前以刀片服务器为主。软件上，设备商基于开源平台，开发自己的虚拟化平台，把以前的核心网网元"种植"在这个平台之上。5G 网络架构基于软件定义网络（SDN）和 NFV 技术实现了云化，通常由控制云、接入云和转发云共同组成，它们之间不可分割，协同配合。

5G 网络是一个可依业务场景灵活部署的融合网络。控制云将完成全局的策略控制、会话管理、移动性管理、策略管理、信息管理等，并支持面向业务的网络能力开放功能，实现定制网络与服务，满足不同新业务的差异化需求，并扩展新的网络服务能力；接入云将支持用户在多种应用场景和业务需求下的智能无线接入，并实现多种无线接入技术的高效融合，无线组网可基于不同部署条件要求，进行灵活组网并提供边缘计算能力；转发云将配合接入云和控制云，实现业务汇聚转发功能，基于不同新业务的带宽和时延等需求，转发云在控制云的路径管理与资源调度下，实现增强移动宽带、海量连接、高可靠和低时延等不同业务数据流的高效转发与传输，保证业务端到端质量要求。基于 SDN/NFV 的云网络架构如图 1-10 所示。

图 1-10 中，D-RAN 指分布式无线接入网，C-RAN 指集中式无线接入网，M-CDN 指内容分发网络。

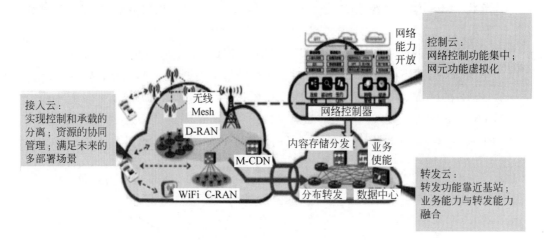

图 1-10　基于 SDN/NFV 的云网络架构

1.5.2　不同的多址接入技术

多址接入技术主要解决众多用户如何高效共享给定频谱资源问题。通信系统是以信道来区分通信用户的,传统通信系统的每个信道只能容纳一个用户进行通信,许多同时通话的用户需要用不同的信道来区分,这样的多个信道叫作多址,相应的技术称作多址接入技术。常规的多址方式有频分多址(FDMA)、时分多址(TDMA)、码分多址(CDMA)、空分多址(SDMA)及它们的组合等。

目前传统主流的多址接入技术采用正交多址方式,其数学基础是正交原理。基于正交原理的多址接入技术要求不同用户的无线电信号之间必须满足正交特性。信号的正交性是通过信号正交参量来实现的。当正交参量仅考虑时间、频率和码型时,无线电信号可以表示为

$$s(c,f,t)=c(t)s(f,t) \tag{1-3}$$

式中,$c(t)$ 是码型函数,$s(f,t)$ 是时间 t 和频率 f 的函数。$s(c,f,t)$ 函数要求各信号特征彼此独立(或正交),也就是说两个信号之间互相关函数为 0(或接近 0)。

多址技术与多路复用技术原理有些相似,都属于信号的正交划分与设计。但多址技术与多路复用有所不同。多路复用的目的是区分多个通路,通常在基带和中频上来实现;而多址划分的目的是用来区分不同的用户地址,往往需要利用射频频段辐射的电磁波寻找动态的用户地址来实现。

多址方式的设计关系到系统容量、小区构成、频谱和信道利用效率及系统复杂性等多方面问题。多址接入可以实现移动通信系统中所有移动用户共享有限的频谱资源并且实现不同用户在不同地点同时通信的功能要求。常见多址方式如图 1-11 所示。

图 1-11 中,c 代表码字,f 代表频率,t 代表时间。

1. FDMA

FDMA 方式是指将给定的频谱资源划分为若干个等间隔的频道(或称信道)供不同的用户使用。在呼叫的整个过程中,其他用户不能共享这一频段。为了使得同一部电台的收发之间不产生干扰,收发频率间必须保持一定的间隔并且收发频率间隔必须大于一定的数

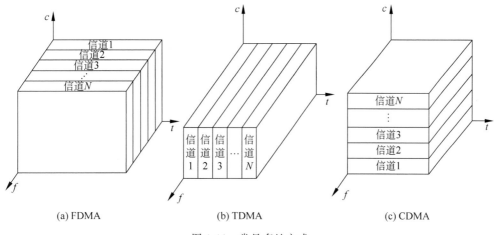

图 1-11　常见多址方式

值,FDMA 是第一代模拟蜂窝移动通信中使用的多址接入技术。例如,在 800MHz 频段,收发频率间隔通常为 45MHz。一个典型频分双工 FDMA 系统如图 1-12 所示。

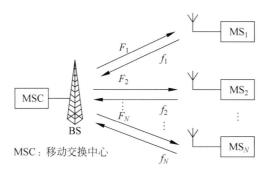

MSC:移动交换中心

图 1-12　典型频分双工 FDMA 系统

FDMA 系统主要特点如下。

(1) 每个信道占用一个载频,即采用每载波单个信道设计,相邻载频之间的间隔应满足传输信号带宽的要求。

(2) 符号时间远大于时延扩展,码间干扰小,不需要均衡技术。

(3) 基站需要重复设置收发信机设备,同时需要使用天线共用器,功率损耗较大,且易产生信道间的互调干扰。

(4) 越区切换较为复杂和困难,在越区切换时需要瞬时中断传输,以保证通信从一个频率切换到另一个频率,对于数据传输有可能带来数据的丢失。

2. TDMA

TDMA 方式是在一个宽带的无线载波上,把时间分成周期性的帧,每一帧再分成不同的时隙,每个时隙就是一个物理信道,TDMA 系统示意图如图 1-13 所示。移动通信系统根据一定的时隙分配原则,使各个移动台在每帧内只能按指定的时隙向基站发射信号(也叫突发信号),在满足定时和同步的条件下,基站可以在各时隙中接收到各移动台的信号而互不干扰。同时,基站发向各个移动台的信号都按顺序安排在预定的时隙中传输,各移动台只要在指定的时隙内接收,就能在合路的信号中把发给它的信号区分出来。第二代数字蜂窝移动通信 GSM 中使用的就是频分多址和时分多址相结合的多址接入技术。

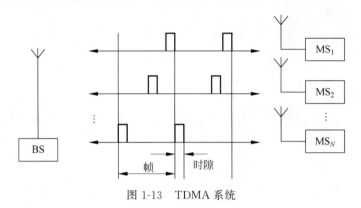

图 1-13   TDMA 系统

TDMA 系统主要特点如下。

(1) 多个用户共享一个载波频率,不同系统的每帧时隙数不同,时隙数取决于有效带宽和调制技术等。

(2) 发射信号速率随时隙数 N 的增大而提高,如果达到 100kb/s 以上,码间串扰就将加大,必须采用自适应均衡技术,以补偿传输失真。

(3) TDMA 系统用不同的时隙来发射和接收,因此不需要双工器。

(4) TDMA 系统的基站复杂性较 FDMA 系统减小,N 个时分信道共用一个载波且占用相同的带宽,只需要一部收发信机,互调干扰小。

(5) TDMA 系统较 FDMA 系统抗干扰能力强,频率利用率高,系统容量较大。

(6) 越区切换较 FDMA 系统简单。在 TDMA 系统中,移动台是不连续的突发式传输,切换可以利用空闲时隙检测其他基站,越区切换可以在无信息传输时进行,不会引起通信中断。

3. CDMA

CDMA 方式是指为每个用户使用不同的地址码字,利用公共信道来传输信息。CDMA 系统要求不同码字间应具有良好的正交性,用于区别不同的地址,而在频率、时间、空间上可以重叠。CDMA 方式是第三代蜂窝移动通信系统普遍采用的多址技术。在码分多址蜂窝系统中,用户之间的信息传输也是由基站转发和控制的。为了实现双工通信,正向传输和反向传输各使用一个频率,也就是所谓的频分双工,CDMA 系统示意图如图 1-14 所示。

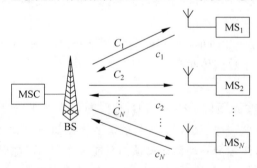

图 1-14   CDMA 系统示意图

在 CDMA 系统中,地址码的设计直接影响到 CDMA 系统的性能。为了提高抗干扰能力,地址码要使用伪随机码。常采用的地址码有 m 序列伪随机码、GOLD 序列、正交的 Walsh 码等。在实际通信系统中,CDMA 方式经常与 TDMA、FDMA 一起使用,这样系统就能在同时、同频的无线资源上传输多个用户的数据,多个用户的数据靠不同的码字序列进行区分,提高了系统的通信容量。

CDMA 系统主要特点如下。

(1) CDMA 系统的许多用户共享同一频率,系统设计时,频率规划较简单。

(2) 通信容量较 FDMA、TDMA 系统大,CDMA 系统是自干扰系统,任何可以降低干扰的技术都可以提高系统容量。

(3) 具有软容量特性,FDMA、TDMA 系统的容量是固定的,而 CDMA 系统中每多增加一个用户只会使系统的通信质量略有下降。

(4) 信号被扩展在一个较宽频谱上,可减小多径衰落。

(5) 信道数据速率较 TDMA 系统高,并且采用 RAKE 接收技术,可获得最佳的抗多径衰落效果。

(6) 可以实现软切换和有效的宏分集。

CDMA 系统虽然有以上优点,但存在着两个重要的问题。

(1) 多址干扰。非同步 CDMA 系统中的不同用户的扩频序列不完全正交,这种扩频码集合的非零相关系数会引起用户间的相互干扰,在异步传输信道及多径传播环境中,多址干扰尤为严重。

(2) 远近效应。由于移动用户所在位置处于动态的变化中,基站接收到的各用户信号功率可能相差很大,即使各用户到基站距离相等,由于存在深度衰落也会使到达基站的信号各不相同。因此,会存在强信号对弱信号有着明显的抑制作用,会使弱信号的接收性能很差甚至无法通信,在大多数 CDMA 系统中采用功率控制技术来克服这种现象。

4. SDMA

SDMA 方式是通过空间的正交分割来区别不同用户的,它利用天线的方向性波束将小区划分成不同的子空间来实现空间的正交隔离。在移动通信中,采用自适应阵列天线是实现空间分割的基本技术,它可在不同用户方向上形成不同的波束。SDMA 方式使用不同的天线波束为不同区域的用户提供相应的接入。相同的频率(在 CDMA 系统中)或不同的频率(在 FDMA 系统中)用来服务于被天线波束覆盖的这些不同区域。实际上,蜂窝系统中广泛使用的多扇区划分可看作 SDMA 方式的一种雏形。在极限情况下,自适应阵列天线具有极小的波束和无限快的跟踪速度(类似于激光束),它可以实现最佳的 SDMA 方式。SDMA 系统如图 1-15 所示。

在蜂窝移动通信系统中,空分多址的反向链路设计比较困难,主要原因有两个:①每一用户和基站间无线传播路径的不同,从每一用户单元出来的发射功率动态控制较为困难;②发射功率受到用户单元电池能量的限制,因此也限制了反向链路上对功率的控制程度。通常情况下,用在基站的自适应天线,可以解决反向链路的一些问题,其具有无穷小的波束宽度和无穷大的快速搜索能力,可以实现最理想的 SDMA,提供了在本小区内不受其他用户干扰的唯一信道。尽管上述理想情况是不可能实现的,因为它需要无限多个天线阵元,但如果采用适当数目的阵元,也可以获得较大的系统增益,可以适当克服多径干扰和同信道干

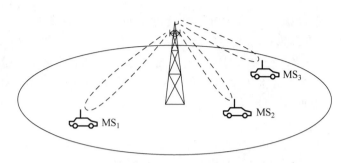

图 1-15　SDMA 系统

扰。在实际通信系统中,SDMA 方式很少单独使用,一般情况下将处于同一波束覆盖范围的不同用户与 FDMA、TDMA 和 CDMA 相结合,来提高系统的容量。

5. OFDMA

正交频分复用多址接入(OFDMA)方式通过为每个用户提供部分不同的子载波来实现多用户接入,也就是每个用户分配一个 OFDM 符号中的一个子载波或一组子载波,以子载波频率的不同来区分用户。与传统的 FDMA 相比,OFDMA 不用在各个用户频率之间使用保护频段去区分不同的用户,大大提高了系统的频率利用率。同时,基站通过调整子载波数量,可以根据用户的不同需求来传输不同的速率。OFDMA 方式是第四代蜂窝移动通信系统的下行多址方式。OFDMA 接入方式示意图如图 1-16 所示。

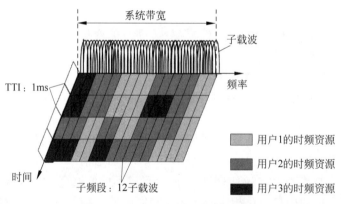

图 1-16　OFDMA 接入方式示意图

图 1-16 中的 TTI 为传输时间间隔,也就是调度周期,TD-LTE 系统中的 TTI 为 1ms。

给用户分配子载波有很多方法,使用最广泛的有两种。一种是分组子载波,这种方式简单,用户间干扰较小,但是受传输中信道衰落的影响比较大;另一种是间隔扩展子载波,每个用户分配的子载波是有间隔的,用户使用的子载波扩展到整个系统带宽,其特点是通过频域扩展,增加频率分集,从而减少了信道衰落的影响,它的缺点是受用户间干扰影响较大,对同步要求高。两种分配方式如图 1-17 所示。

OFDMA 系统主要特点如下。

(1) 可以不受小区内的干扰影响。

(2) 可以灵活地适应带宽的要求。

(3) 可以与动态信道分配技术相结合,以支持高速率的数据传输。

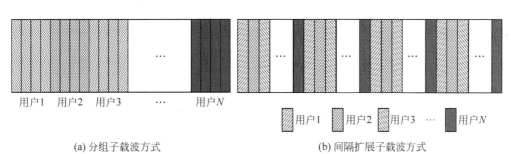

(a) 分组子载波方式　　　　　　　　(b) 间隔扩展子载波方式

图 1-17　分配子载波方法

6. NOMA

非正交多址接入(NOMA)技术通过功率复用或特征码设计,允许不同用户占用相同的频谱、时间和空间等资源。

4G 移动通信系统的下行信道采用 OFDMA 技术。OFDMA 技术具有减少小区间干扰,抗多径干扰,可降低发射机和接收机实现的复杂度,以及与多天线 MIMO 技术兼容等优点。但到了 5G 时代,多种应用场景不但要考虑抗多径干扰及与 MIMO 的兼容性等问题,还对频谱效率、系统吞吐量、延迟、可靠性、可同时接入的终端数量、信令开销、实现复杂度等提出了新的要求。NOMA 方案成为 5G 的多址方式之一。

非正交多址技术的基本思想是在系统的发送端采用非正交方式发送,在接收端通过串行干扰消除(SIC)接收机实现正确解调。虽然采用 SIC 技术的接收机复杂度有一定的提高,但可以更好地提高频谱效率。非正交多址技术的实现包含两个关键点:一是非正交,二是串行干扰消除技术。非正交接入相对正交接入能有更高的节点"过载率",在相同频谱下可以支持更多的接入。串行干扰消除技术的基本思想是采用逐级消除干扰策略,在接收信号中对用户逐个进行判决,进行幅度恢复后,将该用户信号产生的多址干扰从接收信号中减去,并对剩下的用户再次进行判决,如此循环操作,直至消除所有的多址干扰。

需要指出的是,NOMA 指的是非正交多址,而不是非正交频分,即 NOMA 的子信道传输依然采用 OFDM 技术,子信道之间正交且互不干扰,但是一个子信道不再只分配给一个用户,而是多个用户共享,同一子信道上不同用户之间非正交传输(即非正交多址),这样就会产生用户间干扰问题,这也是在接收端要采用 SIC 技术进行多用户检测的目的。在发送端,对同一子信道上的不同用户采用功率复用技术进行发送,不同用户的信号功率按照相关的算法进行分配,这样到达接收端的每个用户信号功率都不一样。SIC 接收机再根据不同用户信号功率大小按照一定的顺序进行干扰消除,实现正确解调,同时也达到区分用户的目的。

1.5.3　频率复用技术与蜂窝小区

无线电波的传输损耗是随着距离的增加而增加的,并且与地形环境密切相关,因而移动台与基站之间的通信距离是有限的。在早期的 FDMA 系统中,通常每个信道有一部对应的收信机。由于电磁兼容等因素的影响,在同一地点可以同时工作的收发信机数目是有限制的。因此,用单个基站覆盖一个服务区(通常称为大区制)可容纳的用户数是有限制的,无法满足移动通信系统大容量的需求。

第 10 集

　　大区制是指一个基站覆盖一个较大的服务区,由它负责移动通信的联络和控制,基站天线设置较高,发射功率很大(通常 50～200W),覆盖半径达 50km。大区制覆盖如图 1-18(a)所示。

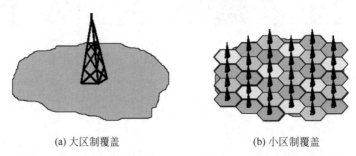

(a) 大区制覆盖　　　　　　　　　(b) 小区制覆盖

图 1-18　区制覆盖

　　大区制覆盖范围受以下因素的影响。

(1) 地球曲率造成的视距;

(2) 山丘、树林、建筑物造成的阴影;

(3) 移动台接收机性能及其天线系统的效率;

(4) 系统容量的限制。

1. 频率复用

　　为了使移动通信系统达到无缝覆盖,提高系统的通信容量,需要采用多个基站来覆盖给定的服务区域。通常情况下,每个基站的覆盖区域称为一个小区。如果给移动通信系统覆盖区域内的每个小区分配不同的频率资源,就需要大量的频率资源,并且频谱利用率也会很低。在移动通信组网设计时,为了减少对频谱资源的需求并提高频率利用率,在相隔一定距离后,可以重复使用相同的频率,只要使用相同频率的小区(也叫同频小区)之间的干扰足够小即可,即频率复用。虽然频率复用可以极大地提高频率利用率,但如果系统设计不好,将产生严重同频道干扰。

2. 大容量的小区制

　　小区制是指利用频率复用技术,把整个服务区域划分为若干个小区,通常一个基站覆盖一个小区,用来负责本区域移动通信系统的信息传递和控制,小区制覆盖如图 1-18(b)所示。小区制移动通信系统的频率复用和覆盖方式通常有两种,即带状服务覆盖区和面状服务覆盖区。

1) 带状服务覆盖区

　　带状服务覆盖区组成的通信网络有时也叫带状网,其主要用于覆盖条状的区域,如公路、铁路、海岸等。如果基站天线采用定向天线(定向天线是指在水平方向图上表现为一定角度范围辐射,也就是平常所说的有方向性。同全向天线一样,波瓣宽度越小,增益越大。定向天线在通信系统中一般应用于通信距离远,覆盖范围小,目标密度大,频率利用率高的环境),其覆盖区域形状呈椭圆形,如图 1-19(a)所示;基站天线若用全向天线辐射(全向天线是指在水平方向图上的 360°都均匀辐射的天线,也就是平常所说的无方向性。一般情况下波瓣宽度越小,增益越大。全向天线在通信系统中一般应用于距离近、覆盖范围大的环境),其覆盖区形状则呈圆形,如图 1-19(b)所示。一般情况下,带状网宜采用定向天线,使每个无线小区呈椭圆形。为防止同频干扰,相邻小区不能使用同一频率,可采用二频组(采用不同频道组的两个小区组成一个区群)、三频组(采用不同频道组的三个小区组成一个区群)或四频组(采用不同频道组的四个小区组成一个区群)的频率配置进行组网设计。

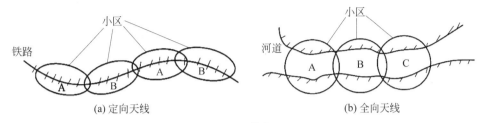

图 1-19 带状网

为了保证通话的质量,要求设计时应考虑两个相邻区域的连接处要有适当纵深的重叠区。但为了防止越区干扰,必须设计适当的重叠区,否则会产生覆盖干扰。

假设重叠区的深度为 a,小区半径为 r。那么,干扰最严重的地方出现在区域的边缘处。对于不同的情况,可得到不同的载干比(C/I),分别用式(1-4a)、式(1-4b)和式(1-4c)表示

二频组
$$\frac{C}{I} = 40\lg\left(\frac{3r-2a}{r}\right)\text{dB} \tag{1-4a}$$

三频组
$$\frac{C}{I} = 40\lg\left(\frac{5r-3a}{r}\right)\text{dB} \tag{1-4b}$$

N 频组
$$\frac{C}{I} = 40\lg\left[\frac{(2n-1)r-na}{r}\right]\text{dB} \tag{1-4c}$$

式中,C 为载波功率,I 为干扰功率。

假设传播损耗近似与传播距离的四次方成正比,则在最不利的情况下可得到相应的干扰信号比(I/S),如表 1-2 所示。

表 1-2 带状网的同频干扰

重叠区深度	双 频 制	三 频 制	多 频 制
$a=0$	-19dB	-28dB	$40\lg\left(\frac{1}{2n-1}\right)\text{dB}$
$a=r$	0dB	-12dB	$40\lg\left(\frac{1}{n-1}\right)\text{dB}$

对于要求输出载干比在 20dB 左右时,双频组方式还是可行的。在实际系统中为了减少同频干扰,宜采用三频组来进行组网设计。如果采用更高的频组进行组网设计,虽然系统性能会有所提高,但同时系统的复杂性也将加大,造价也将提高,在实际组网时会折中考虑。

2）面状服务覆盖区

面状服务覆盖区所形成的网络叫蜂窝网。在进行移动通信系统区域覆盖组网规划设计时,若基站采用全向天线,理论上其覆盖区域为圆形。为了进行无缝覆盖整个服务区并且因覆盖环境中地形地物的不同,各个圆形覆盖区间必定会产生交叠。因此,在实际组网时,每个基站实际的有效覆盖区域为多边形。根据覆盖区交叠情况的不同,其理论的几何形状通常有三种,正三角形、正方形和正六边形,如图 1-20 所示。

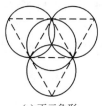

(a) 正三角形

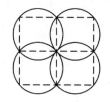
(b) 正方形

(c) 正六边形

图 1-20　理论的几何形状

假设不同形状小区的辐射半径 r 相同,根据几何理论可以计算出三种形状小区的邻区距离、小区面积及交叠区域面积,如表 1-3 所示。

表 1-3　三种形状小区的比较

小 区 形 状	正 三 角 形	正 方 形	正 六 边 形
邻区距离	r	$\sqrt{2}\,r$	$\sqrt{3}\,r$
小区面积	$1.3r^2$	$2r^2$	$2.6r^2$
交叠区面积	$1.2\pi r^2$	$0.73\pi r^2$	$0.35\pi r^2$

在实际组网设计时,采用何种方式来进行区域覆盖,主要考虑以下几个因素。

(1) 相邻小区的中心间隔;

(2) 单位小区的面积;

(3) 重叠区宽度;

(4) 重叠区面积;

(5) 所需要的最少频率个数。

考虑以上因素,又由表 1-3 可知,在服务区面积一定的情况下,正六边形小区的形状最接近理想的圆形,并且交叠区域面积最小,用它覆盖整个服务区所需的基站数量也最少,因此在实际组网时,通常采用正六边形小区。正六边形小区组成的网络形状很像蜂巢,因此将小区为正六边形的小区制移动通信网称为蜂窝网,小区称为蜂窝小区。通常采用一个较低功率的发射机服务一个蜂窝小区,在较小的区域内设置相当数量的用户。由于地形地貌、传播环境、衰落形式的多样性,小区的实际无线覆盖是一个不规则的形状小区形状,如图 1-21 所示。

(a) 理论小区形状

(b) 理想小区形状

(c) 实际小区形状

图 1-21　小区覆盖形状

根据小区半径的大小,蜂窝小区的类型分为以下几种。

(1) 超小区,小区半径 $r > 20\text{km}$,适于人口稀少的农村地区;

(2) 宏小区,小区半径 r 为 1～20km,适于高速公路和人口稠密地区;

（3）微小区，小区半径 r 为 0.1～1km，适于城市繁华区段；

（4）微微小区，小区半径 r＜0.1km，适于办公室、家庭等移动应用环境；

（5）皮蜂窝（Pico Cell），小区半径 r＜400m，适于高层建筑；

（6）分层蜂窝（由多种蜂窝组成）；

（7）多维小区（垂直切换），主要用于异构网络。

3）区群

为了减少对有限频谱资源的需求并提高频率利用率，在组网设计时会采用频率复用技术，频率复用将产生同频干扰。为了降低同频干扰，提高系统性能，相邻小区不能使用相同频率。为了保证一定的同频小区距离，通常一个小区相邻的若干个小区都不能使用与此小区相同的频率。这些使用不同频率的小区所覆盖的区域被称为一个区群（或称簇）。簇中的小区数量称为区群大小或频率复用因子。整个可用无线频谱被划分成频率组，分配给小区簇的各小区使用，用来减小系统干扰以提高系统容量。极限情况下，如果基站密度设置很大，可以使系统容量达到无限大。但实际上，网络容量会受网络负载、信号负载、越区切换次数和速率、基础设施和网络规划成本等因素的限制。影响频率复用系数的因素有：一个区群（簇）中小区的个数（区群的大小）、小区的大小及形状等。只有不同区群对应的小区才可以使用频率复用，即同一个区群内的小区要使用不同的频率。七小区频率复用如图 1-22 所示，相同数字的小区表示使用相同的频率。

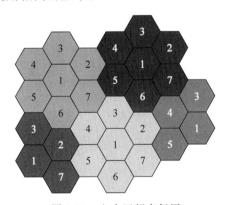

图 1-22　七小区频率复用

在实际组网时，并不是任意的小区间都可形成区群，通常区群的组成需要满足两个条件：一是区群之间可以邻接，且无缝隙无重叠进行覆盖；二是邻接后的区群应保证各个相邻信道小区间的距离相等。能同时满足上述两个条件区群的形状与区群内小区的数量不是任意的。理论上可以证明，组成区群的小区数 N 应满足式（1-5）的要求。

$$N = i^2 + j^2 + ij \tag{1-5}$$

式中，i、j 为正整数，且不能同时为零。由式（1-5）计算出区群中的小区数 N 的可能取值，如表 1-4 所示，相对应的区群形状如图 1-23 所示。

表 1-4　区群小区数 N 的取值

i	j				
	0	1	2	3	4
1	1	3	7	13	21

续表

i	j				
	0	1	2	3	4
2	4	7	12	19	28
3	9	13	19	27	37
4	19	21	28	37	48

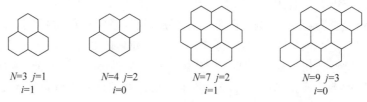

$N=3\ j=1$ $N=4\ j=2$ $N=7\ j=2$ $N=9\ j=3$
$i=1$ $i=0$ $i=1$ $i=0$

图 1-23　不同区群数的组成

由图 1-23 可见,区群内的小区数 N 越大,同频小区间的距离越大,同频干扰越小;N 越小,一个系统可以有更多的区群覆盖,频谱利用率就高,意味着有更多的系统容量,但同频干扰就大。在实际组网时,通常会根据不同要求进行折中考虑。如果只从提高频谱利用率的角度考虑,在满足通信质量的前提下,N 的取值越小越好。在蜂窝移动通信系统中,通常区群内小区数 N 的取值为 3 或 4 或 7。

频率复用是蜂窝通信系统中解决频谱资源地区性分配的重要技术。采用 OFDM 技术的 4G 通信系统采用了软频率复用(SFR)技术,并结合了 2G/3G 频率复用技术的特点,进一步提高了小区频谱的利用率,增加了小区的容量。

软频率复用是传统频率复用技术的进一步发展。与传统频率复用技术不同的是,在软频率复用技术中,一个频率在一个小区中不再定义为用或者不用,而是用发射功率门限的方式定义该频率在多大程度上被使用,系统的等效频率复用因子可以在 $1\sim N$ 之间平滑过渡。软频率复用的主要原则如下。

(1)可用频带分成 N 个部分,对于每个小区,一部分作为主载波,其他作为副载波,主载波的功率门限高于副载波。

(2)相邻小区的主载波不重叠。

(3)主载波可用于整个小区,副载波只用于小区内部。

(4)通过调整副载波与主载波功率门限的比值,可以适应负载在小区内部和小区边缘的分布。

与部分频率复用(FFR)相比,软频率复用没有机械地将频谱割裂成两个部分,而是用功率门限规定了其使用程度,因此无论在小区边缘还是在小区内部,都可以获得更大的带宽和频谱效率。软频率复用的另外一个特点是,通过调整副载波与主载波功率门限的比值,可以适应负载在小区内部和小区边缘的分布,可以进一步提高频谱效率。软频率复用在 LTE、WiMAX 系统中得到广泛应用。

4)同频小区的距离

从某个小区 A 出发,先沿垂直于六边形边的方向前进 i 个小区,之后逆时针方向旋转 60° 再沿边的垂线越过 j 个小区,到达的小区即为 A 的同频小区。蜂窝系统定位同频小区的方法如图 1-24 所示。显然,根据正六边形的几何关系,同频小区之间的距离 D 满足式(1-6)。

$$D^2 = (i\sqrt{3}r)^2 + (j\sqrt{3}r)^2 - 2(ij)(\sqrt{3}r)^2\cos\frac{2}{3}\pi \tag{1-6}$$

$$= 3r^2(i^2 + ij + j^2)$$

同频距离与小区数的关系满足式(1-7)。

$$D = \sqrt{3N}r \tag{1-7}$$

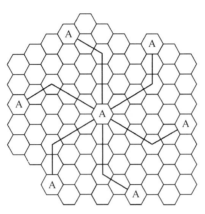

图 1-24　蜂窝系统定位同频小区的方法

如果在给定的基站 BS 周围有 J_s 个干扰基站 BS,则信号干扰比的一般表达式记为

$$S_r = \frac{d_0^n}{\sum\limits_{i=1}^{J_s} d_i^n} \tag{1-8}$$

式中,d_0 是移动台 MS 到给定基站 BS 的距离;d_i 是移动台 MS 到第 i 个干扰基站 BS 的距离;在城市陆地移动通信中,通常取衰减因子系数 $n = -4$。

在六边形蜂窝结构系统中信号干扰比记为

$$S_r \approx \frac{R^{-4}}{J_s D_L^{-4}} = 1.5K^2 \tag{1-9}$$

式中,D_L 为 MS 到各同频基站 BS 的距离;K 为频率复用因子(系统载波数除以小区载波数)。

常见系统中的 K 取值如下:

- AMPS:$K = 9 \sim 11$;
- GSM:$K = 4 \sim 7$;
- CDMA:$K = 1$;
- OFDM:$K = 1 \sim 3$(软频率复用)。

为了分析简单,假定各基站与各移动台的设备参数相同,地理条件也是理想的。同频道再用距离与以下因素有关。

(1)调制方式。为达到规定的接收信号质量,对于不同调制方式,所需的射频防护比是不同的。

(2)电磁波特性。

(3)基站覆盖范围或小区半径 r。

（4）通信工作方式，可分为同频单工通信和异频双工通信。

（5）要求的可靠通信概率。

5）系统容量与区群关系

假设考虑一个共有 S 个可用信道的蜂窝系统，若每个小区都分配 k 个信道（$k<S$），并且 S 个信道在 N 个小区中分为各不相同的、各自独立的信道组，每个信道组有相同的信道数目，那么可用无线信道的总数记为

$$S=kN \tag{1-10}$$

如果区群在系统中共复制了 M 次，则系统信道的总数为 C，可以表示为

$$C=MkN=MS \tag{1-11}$$

从式（1-11）中发现，系统容量 C 与复制次数 M 成比例关系，如果 N 减少而总小区数目不变，则 M 增加，从而获得更大的容量。其中，N 的取值必须满足通信质量要求，因此在保证通信质量的前提下，N 值大小体现出移动台或基站承受干扰能力的大小。实际上，N 取可能最小值是最好的，这样可以提高覆盖范围上的最大容量。

6）射频防护比

射频防护比是指达到主观上限定的接收质量时，接收机输入端的有用信号与同频道干扰信号之比。在移动通信中，为避免同信道干扰，必须保证接收机输入端的信号与同信道干扰信号之比大于或等于射频防护比。有用信号和干扰信号的强度不仅取决于通信距离，而且与调制方式、电波传播特性、要求的可靠通信概率、无线小区半径 r、选用的工作方式等因素有关，工程上可以表示为

$$\varGamma=\frac{S}{I} \tag{1-12}$$

以 dB 计，得

$$[\varGamma]=10\lg\frac{S}{I}=10\lg S-10\lg I=[S]-[I]\text{dB} \tag{1-13}$$

式中，$\varGamma$ 为射频防护比，S 为有用信号功率，I 为干扰信号功率。

对于模拟蜂窝移动通信网，射频防护比指标在静态条件下（不考虑快衰落和慢衰落及其他各种干扰的影响）要达到三级语音质量，并且可通率为 90% 时，射频防护比应大于或等于8dB；要达到四级语音质量，射频防护比应大于或等于12dB。在动态条件下，则应在此基础上加上衰落和干扰余量。一般来说，对于三级语音质量，射频防护比应取 25dB 左右；而对于四级语音质量，应取 30dB 左右。

对于数字蜂窝移动通信网，因为采用先进的语音编码技术及调制技术等，与模拟系统相比，在语音质量和可通率要求相同的情况下，所需的载干比可以降低。例如，对于 GSM，在采用跳频时，射频防护比取 9dB；无跳频情况下，取 11dB 就可以满足语音质量要求。

1.5.4　多信道共用技术

第 11 集

多信道共用是指网络内的大量用户共享若干个无线信道，使许多用户能够合理地选择信道，提高信道的使用效率并解决频谱资源有限的问题，其原理是利用信道被占用的间断性。多信道共用技术实现的基本思路是按需分配，当用户提出服务要求时，系统为其分配信道；当用户不需要服务时，信道被释放。

多信道共用技术可以根据用户的统计特性来设计合适的系统容量。在同样多的用户和信道情况下,使用多信道共用技术,可以使用户通话的阻塞概率明显下降;当然在同样多的信道和阻塞概率情况下,多信道共用技术较独立信道使用技术可使用户的数目显著增加。但用户数目的增加也不是无止境的,否则将使阻塞率增加影响通信质量。在实际组网时,通常需要在信道数量和呼叫阻塞概率之间进行折中来进行设计。

多信道共用技术可以用抽象出的数学模型来表示,如果 M 表示用户数,L 表示信道数,若无空闲信道,则当 $M{\leqslant}L$ 时,系统不存在阻塞;当 $M{>}L$ 时,系统存在阻塞。

1. 电信业务流量

电信业务流量可以用来定量表示通信系统中各种设备或通道承受的负荷,定量地表示用户对通信系统的通信业务需求的程度。电信业务分为话音业务和非话音业务两大类,话音业务的大小通常采用话务量来度量;非话音业务的大小通常采用信息流量或业务流量来度量。

影响通信系统负载能力的因素主要有以下三点。

(1) 呼叫强度。单位时间里,用户为实现通信而发起的呼叫次数越多,业务流量越大,通常用平均呼叫强度来表示。

(2) 呼叫占用时长或服务时间。在呼叫强度一定的条件下,用户每次通信的时间越长或传输每个信息的时间越长,则呼叫占用设备或系统的时间越长,在通信系统中表现为电信业务流量越大,通常用平均占用时长或平均服务时间来表示。

(3) 时间区间。在呼叫强度和占用时间一定的条件下,考察的一个时间区间也会影响业务流量。

上述三个因素对通信系统综合作用的结果,表现为通信系统繁忙程度。

1) 话音业务

系统容量(用户数)由业务量和信道数决定。在话音通信中,业务量的大小用话务量来度量。话务量 A 是指用户占用信道的时间比率,即单位时间内(1 小时)进行的平均电话交换量,单位为爱尔兰(Erlang,占线时长为小时,简称 Erl),可以表示为

$$A = \lambda \times S \tag{1-14}$$

式中,λ 是单位时间内平均发生的呼叫次数,S 是每次呼叫平均占用信道时间。

一个在一小时内被占用了 30 分钟的信道的话务量为 0.5Erl。

在话音通信中,话务量分为流入话务量和完成话务量。用户在观察时间 T 小时内,共完成 C 次通话,则每小时完成的呼叫次数 λ 可以表示为

$$\lambda = \frac{C}{T} \tag{1-15}$$

单个用户的话务量 A_u 可以表示为

$$A_u = \lambda \times S = \frac{C}{T} \times S \tag{1-16}$$

U 个用户的系统产生的总话务量 A 可以表示为

$$A = UA_u \tag{1-17}$$

对于 n 个信道的系统,每个信道平均产生的话务量可以表示为

$$A_n = UA_u/n \tag{1-18}$$

例 1-1 某系统有 50 个用户,每个用户平均每小时发出 2 次呼叫,每次呼叫平均保持 3 分钟,则每个用户的话务量是多少?

解:

$$A_u = \lambda \times S = 2 \times \frac{3}{60} = 0.1\text{Erl}$$

此系统中平均每个用户每小时占用信道的时间为 0.1 小时。如果单从一个信道来看,在 1 小时内不间断地进行通信,它所能完成的最大话务量也就是 1Erl。

系统总的话务量为

$$A = UA_u = 50 \times 0.1 = 5\text{Erl}$$

表示 50 个用户在该系统中产生的总话务量为 5Erl。

2)非话音业务

在非话音业务中,一个呼叫就是一个信息或一个报文,占用时间是一个信息或一个报文传送时间。非话音业务的业务流量 A 可以表示为

$$A = \frac{\lambda}{\mu C} T \tag{1-19}$$

式中,λ 是信息到达率(信息/s),$1/\mu$ 是平均信息的长度(b/信息),C 是信道容量(b/s),$\lambda/(\mu C)$ 是传输一条信息所需的时间。

事实上,不是所有的通信系统都能百分之百地满足用户的通信需求。对于电路交换系统来说,在通信繁忙时,将拒绝为部分到达的用户提供服务,没有得到服务的用户就退出系统,需要再重新进入系统得到服务,这样的通信系统称为损失系统;对于数据通信系统,信息到达系统后,通过排队,经历不同的时间延迟后就会得到服务,这样的通信系统称为等待系统。

流入的业务量强度表示用户对通信需求的程度,在数值上等于到达的呼叫都能得到服务时完成的业务流量强度。在呼叫损失系统中,流入的业务强度总是大于或等于完成的业务流量强度;在呼叫等待系统中,流入的业务强度总是等于完成的业务流量强度。

2. 呼损率 B

在信道共用的情况下,通信系统无法保证每个用户的所有呼叫都能成功,必定会存在少量的呼叫失败(也称作损失话务量)。由话务量公式(1-16),可以得出完成话务量 A_0 可以表示为

$$A_0 = \lambda_0 \times S \tag{1-20}$$

式中,λ_0 是单位时间内平均发生的成功呼叫次数。

损失话务量(流入话务量与完成话务量之差)占流入话务量的比率称作呼损率 B,可以表示为

$$B = \frac{A - A_0}{A} \tag{1-21}$$

从式(1-21)可以看出,呼损率 B 越低,呼叫成功率越高,用户越满意。因此,B 也称作服务等级(GOS)。在信道数一定的情况下,系统容量(用户数)越小,服务等级越高。

对于有 n 个信道的多信道共用系统,呼损率 B、系统的共用信道数 n 和流入话务量 A 之间的定量关系可以用爱尔兰 B 公式计算。爱尔兰 B 公式(也叫阻塞呼叫爱尔兰呼损公式)为

$$B = \frac{A^n/n!}{\sum_{i=0}^{n}(A^n/i!)} \tag{1-22}$$

由式(1-22)可以得出以下结论。

（1）在 B 给定的条件下，可计算共用 n 个信道所能承受的流入话务量 A。

（2）给定流入话务量 A，可计算达到某一服务等级 B 应取的共用信道数 n。

（3）给定共用信道数 n，可算出各种流入话务量 A 时的服务等级 B。

由于式(1-22)计算呼损率过于复杂，工程上一般采用查表的方式，即查阅爱尔兰呼损表，如表 1-5 所示。表 1-5 中表示出呼损率和话务量与信道数及信道利用率的关系，若已知 n、A、B 当中的任意两个，都可以通过查表得到第三个值。

表 1-5　呼损率和话务量与信道数及信道利用率的关系

| B | 1% | | 2% | | 5% | | 10% | | 20% | | 25% | |
n	A	$\eta(\%)$	A	$\eta(\%)$	A	$\eta(\%)$	A	$\eta(\%)$	A	$\eta(\%)$	A	$\eta(\%)$
1	0.0101	1.0	0.020	2.0	0.053	5.0	0.111	10.0	0.25	20.0	0.33	25.0
2	0.1536	7.6	0.224	11.0	0.38	18.1	0.595	26.8	1.00	40.0	1.22	47.75
3	0.456	15.0	0.602	19.7	0.899	28.5	1.271	38.1	1.930	51.47	2.27	56.75
4	0.869	21.5	1.092	26.7	1.525	36.2	2.045	46.0	2.945	53.9	3.48	65.25
5	1.360	26.9	1.657	32.5	2.219	42.2	2.881	51.9	4.010	64.16	4.58	68.70
6	1.909	31.5	2.326	38.3	2.960	46.9	3.758	56.4	5.109	68.12	5.79	72.38
7	2.500	35.4	2.950	41.3	3.738	50.7	4.666	60.0	6.230	71.2	7.02	75.21
8	3.128	38.7	3.649	44.7	4.534	53.9	5.597	63.0	7.369	73.69	8.29	77.72
9	3.783	41.6	4.454	48.5	5.370	56.7	6.546	65.5	8.522	75.75	9.52	79.32
10	4.461	44.2	5.092	49.9	6.216	59.1	7.511	67.6	9.685	77.48	10.78	80.85
11	5.160	46.4	5.825	51.9	7.076	61.1	8.487	69.4	10.85	78.96	12.05	82.16
12	5.876	48.5	6.587	53.8	7.950	62.9	9.474	71.1	12.036	80.24	13.33	83.31
13	6.607	50.3	7.401	55.8	8.835	64.4	10.470	72.5	13.222	81.37	14.62	84.35
14	7.352	52.0	8.200	57.4	9.730	66.0	11.474	73.8	14.413	82.36	15.91	85.35
15	8.108	53.5	9.0009	58.9	10.623	67.2	12.484	74.9	15.608	83.24	17.20	86.00
16	8.875	54.9	9.828	60.1	11.544	68.5	13.500	75.9	16.807	84.03	18.49	86.67
17	9.652	56.2	10.656	61.4	12.461	69.6	14.422	76.9	18.010	84.75	19.79	87.31
18	10.437	75.4	11.491	62.6	13.385	70.6	15.548	77.7	12.216	85.40	21.20	88.33
19	11.230	58.9	12.333	63.6	14.315	71.5	16.579	78.5	20.424	86.00	22.40	88.42
20	12.031	59.5	13.181	64.6	15.249	72.4	17.163	79.3	21.635	86.54	23.71	88.91

在不同呼损率 B 的条件下，信道的利用率 η 也是不同的，信道利用率可以用每小时每信道完成的话务量来度量，可以表示为

$$\eta = \frac{A_0}{n} = \frac{A(1-B)}{n} \tag{1-23}$$

由表 1-5 可见，在维持 B 一定的条件下，随着 n 的增长，A 不断增长。当信道数 $n<3$ 时，A 随 n 的增长接近指数规律增长；当信道数 $n>6$ 时，A 随 n 的增长接近线性规律增长。另外，在维持 B 一定的条件下，η 随 n 的增大而增长，当在信道数 $n>8$ 之后，增长很慢。因此，在实际组网设计时，同一基站可以使用的共用信道数不宜过多。

3. 每用户忙时话务量

每用户忙时话务量是指在一天中最忙的那个小时的每个用户的平均话务量,用 a 表示,是一个统计平均值,可以表示为

$$a = CTK\frac{1}{3600} \tag{1-24}$$

式中,C 表示用户每天平均呼叫的次数,T 表示每次呼叫平均占用信道的时间(秒/次),K 表示集中系数(忙时话务量与全日话务量之比,一般取 10%~15%)。

当每个用户忙时的话务量 a 确定后,每个信道所能容纳的用户数 m 与 A 的关系就可以确定。用户总数 M 可以表示为

$$M = A/a \tag{1-25}$$

每个信道所能容纳的用户数 m 可以表示为

$$m = \frac{A/n}{a} = \frac{A/n}{(CTK/3600)} \tag{1-26}$$

例 1-2 某移动通信系统,每天每个用户平均呼叫 3 次,每次占用信道平均时间 120 秒,忙时集中率 $K=0.1$,试计算用户忙时话务量。

解:由题知,$C=3$ 次/天,$T=120$ 秒/次,$K=0.1$,则

$$a = CTK\frac{1}{3600} = 3 \times 120 \times 0.1 \times \frac{1}{3600} = 0.01\text{Erl}$$

例 1-3 某移动通信系统中,平均每天有 1000 次电话,平均每次通话时间为 3 分钟,忙时集中率为 30%,现要求在忙时提供的服务等级为 0.10,问应该设多少信道才能满足系统要求?

解:由题可得,忙时话务量为

$$a = CTK\frac{1}{3600} = 1000 \times 3 \times 60 \times 0.3 \times \frac{1}{3600} = 15\text{Erl}$$

因要求 $B=0.10$,故从爱尔兰呼损表 1-5 中查出,当 $n=18$ 时,话务量 $A=15.548\text{Erl}$,故需要 18 个信道。

当采用 18 个信道,$B=0.10$ 时,可提供 15.548Erl,因此实际完成的话务量 A_0 为

$$A_0 = (1-B) \times A = (1-0.1) \times 15.548 = 13.99\text{Erl}$$

上述多信道共用的信道利用率可表示为

$$\eta = \frac{A_0}{n} = \frac{13.99}{18} = 78\%$$

采用单信道共用系统,当 $n=1$,$B=0.10$ 时,查爱尔兰呼损表,可得话务量 $A=0.111\text{Erl}$,则信道利用率可表示为

$$\eta = \frac{A_0}{n} = \frac{0.111}{1} = 11\%$$

通过上述计算得知,在相同的信道数和相同的呼损率条件下,多信道共用与单信道共用系统相比,信道利用率显著提高。因此,多信道共用技术是在移动通信组网时提高系统信道利用率的一种重要手段。

1.5.5 干扰和信道容量

干扰是限制蜂窝移动通信系统性能的主要因素,影响系统容量的主要干扰是同频干扰

和邻道干扰。

1. 同频干扰和系统容量

为了提高系统的容量,蜂窝移动通信系统采用频率复用技术。为了减小同频干扰,同频小区必须在物理上隔开一个最小的距离,为移动通信信号的可靠传播提供充分的隔离。如果每个小区的大小都差不多,基站也都发射相同的功率,则同频干扰比例与发射功率无关,而变为小区半径 r(正六边形外接圆的半径)和相距最近的同频小区中心间距离 D(频率复用距离)的函数,频率复用距离示意图如图 1-25 所示。增加 D/r 的值,同频小区间的空间距离就会增加,从而来自同频小区的射频能量减小而使同频干扰减小。根据蜂窝系统的几何关系,设区群中的小区数为 N,从图 1-25 可以计算出

$$\begin{aligned} D &= \sqrt{3}\,r\sqrt{(j+i/2)^2 + (\sqrt{3}\,i/2)^2} \\ &= \sqrt{3(j^2+ij+i^2)}\,r \\ &= \sqrt{3N}\,r \end{aligned} \tag{1-27}$$

式中,$\sqrt{3}\,r$ 为邻区中心之间的距离。

假设蜂窝系统的每个区群共有 7 个小区,基站收发信机采用全向天线,只考虑第一频道组的共道小区干扰,如图 1-26 所示,此时系统的载波干扰比 C/I 计算为

$$C/I = \frac{C}{\sum\limits_{i=1}^{6} I_i + n} \tag{1-28}$$

式中,I_i 为第 i 频道组的同频干扰电平,共有 6 个,n 为环境噪声功率,可以忽略。假设电波传播损耗按距离的 4 次幂规律生成,则接收到的信号功率和干扰功率分别为

$$C = Ar^{-4} \tag{1-29}$$

$$I_i = AD^{-4} \tag{1-30}$$

式(1-29)和式(1-30)中,A 为常数。考虑到上述情况,且假设干扰距离 D_i 都相同,则系统的载干比可以表示为

$$C/I = \frac{r^{-4}}{\sum\limits_{i=1}^{6} D_i^{-4}} = \frac{1}{6}\left(\frac{r}{D}\right)^{-4} = \frac{1}{6}(\sqrt{3N})^4 \tag{1-31}$$

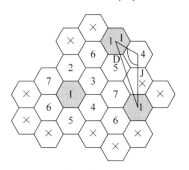
图 1-25　频率复用距离示意图

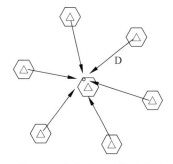
图 1-26　共道小区干扰示意图

如果规定系统的载干比门限为 $(C/I)_s$,那么在组网时只要满足 $(C/I) \geqslant (C/I)_s$,就可

以保证通信质量。

对于上述系统,可得到载干比门限$(C/I)_s$与区群内小区数N的关系为

$$N \geqslant \sqrt{\frac{2}{3}\left(\frac{C}{I}\right)_s} \tag{1-32}$$

N是由$(C/I)_s$决定的,其中$(C/I)_s$为规定系统的载干比门限,而系统的载干扰比C/I又是由系统所选用的调制方式和带宽来确定的。如果所要求的$(C/I)_s$越小,则N值越小,那么每个小区可用信道数就越多,系统容量也会越大。一般模拟移动通信系统要求$(C/I)_s>18$dB,根据式(1-32)可得出簇N的最小值为7;在数字移动通信系统中,一般要求$(C/I)_s$为7~10dB,则可采用较小的N值,如3或4。

如果用参数Q表示同频复用比例(也叫同频干扰抑制因子或同频复用系数),其值的选取与区群的大小有关。对于六边形蜂窝系统来说,Q可表示为

$$Q = \frac{D}{r} = \sqrt{3N} \tag{1-33}$$

Q值越大,区群内小区数N就越大,同信道小区的距离就越远,抗同频干扰的性能也就越好;Q值越小,一个区群中的小区数越小,通过频率复用可以提高系统容量,但同频干扰就越大。实际组网时,并不是区群内小区数N越大越好。当N大了以后,每个小区内分得的频点数少了,结果会导致小区的容量下降。因此,在实际蜂窝系统组网设计时,需要对Q和N这两个目标进行协调和折中处理。

2. 邻道干扰对系统容量的影响

邻道干扰是因接收滤波器不理想,使得相邻频率的信号泄漏到传输带宽内而引起的。邻道干扰可以通过提高收发信机的频率稳定度、控制瞬时频偏不超过最大允许值等措施来减小。为了保证调制后的信号频偏不超过允许值,必须对调制信号幅度加以限幅。通常在发射机的语音传输电路中,均有设置瞬时频偏控制电路和邻道干扰滤波电路来抑制邻道干扰,提高系统容量。

第13集

1.5.6 蜂窝小区容量改善方法

传统移动蜂窝系统的容量包括两方面的概念,即用户容量和业务容量。用户容量指系统可以同时接纳的用户数目(信道数);业务容量指系统允许同时传输的数据量(满足一定的QoS要求)。本节采用用户容量来表征系统容量,即系统中的信道数。

在每个蜂窝小区中,基站可以设置在小区的中心,用全向天线覆盖成圆形区域,即"中心激励"方式,如图1-27(a)所示;基站也可以设置在正六边形小区间隔的三个顶点之上,每个基站采用三副120°扇形辐射的定向天线,它们分别覆盖三个相邻小区的各三分之一区域,每个小区由三副120°扇形天线分三个扇区来共同覆盖,即"顶点激励"方式,如图1-27(b)所示。

中心激励方式设置简单,但缺点是假如小区内有大的障碍物,会造成阴影区,影响通信系统的性能;而顶点激励方式,因为基站采用120°的定向天线,其所受到的同频干扰功率仅为中心激励采用全向天线时的1/3,因此可减少系统的同频干扰,从而可以减小同频复用距离,提高系统的容量。另外,在不同地点采用多副定向天线可以减少小区内障碍物产生的阴影区,提高系统的性能。

在实际的移动通信网络中,当无线服务需求增多时,可以采用减少同频干扰来提高系统

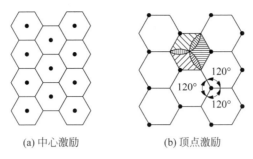

(a) 中心激励　　　　　(b) 顶点激励

图 1-27　两种激励方式

容量。

1. 小区分裂和扇区化

在早期网络规划时,整个服务区中每个区的大小是相同的,但这只能适应用户密度均匀的情况。事实上服务区内的用户密度是不均匀的,例如城市中心商业区的用户密度最高,居民区的用户密度也高,而市郊区的用户密度较低。因此,在用户密度高的市中心区可使小区的面积小一些,在用户密度低的市郊区可使小区的面积大一些。小区分裂是指把高用户密度的小区面积划得更小;将全向覆盖改为定向覆盖,使每个小区的信道数增多。小区一般分为巨型区、宏小区、微小区、微微小区几类,具体指标见表1-6。

表 1-6　小区分裂指标

蜂窝类型	巨 型 区	宏 小 区	微 小 区	微 微 小 区
蜂窝半径/km	$100\sim500$	$\leqslant35$	$\leqslant1$	$\leqslant0.05$
终端移动速度/km·h^{-1}	1500	$\leqslant500$	$\leqslant100$	$\leqslant10$
运行环境	所有	乡村郊区	市区	室内
业务量密度	低	低到中	中到高	高
适用系统	卫星	蜂窝系统	蜂窝系统	蜂窝系统

采用蜂窝小区分裂的方法,可以在有限的频率资源中通过缩小同频复用距离使单位面积的频道数增多,从而提高系统容量。小区分裂的方式通常有重新划分小区(重新设置基站)和小区扇形化(在原基站上分裂)两种方式。在原基站基础上采用方向性天线将小区扇形化,如图1-28(a)～(c)所示。一个全向天线的小区可以分裂成3个120°扇形小区或6个60°扇形小区或一个"三叶草"形无线区。重新设置基站是将小区半径缩小并增加新基站,如图1-28(d)所示,方法是可以将原来较大的小区分裂成4个较小的小区,采用这种方法应适当降低原基站天线高度,减少发射功率,以避免小区间的同频干扰。

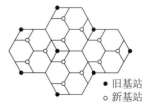

(a) 1:3分裂　　　　(b) 1:6分裂　　　　(c) "三叶草"分裂　　　　(d) 增加新基站的分裂

● 旧基站　○ 新基站

图 1-28　小区分裂方式

在原基站上使用定向天线划分扇区,可以采用120°或60°扇形小区。若采用120°扇形小区,由于小区的扇面太宽会使C/I较低,特别是在边界处难以保证通话质量;若采用60°扇形小区,则C/I较高但覆盖面较小,重叠区较深。在实际组网时需要进行折中处理。重新划分小区的目的是降低小区半径r,根据需要重组小区,把拥塞的小区分为几个更小的小区,分裂后的每个小区都有自己的基站并相应地降低天线高度和减小发射机功率。由于小区分裂能够提高信道的复用次数,因而能提高系统容量。即通过设定比原小区半径更小的新小区和在原有小区间安置这些小区,使得单位面积内的信道数目增加,从而增加系统容量。假设每个小区都按原来小区半径的一半来分裂,则新小区的面积将变成原来小区面积的1/4,理论上容量可以提高4倍。如果用同样的方法,一个小区进行n次分裂,则系统的容量将是原系统的容量的4^n倍。从图1-28中也会发现,小区分裂只是按比例缩小了区群的几何形状,并且增加新小区的前提条件是不改变原系统的频率复用计划。选择小区分裂提高系统容量时应遵循以下原则。

(1)确保已建好的基站可以继续使用。

(2)应保持原频率复用方式的规则性与重复性。

(3)尽量减少或避免重叠区的出现。

(4)确保以后小区分裂的可扩展性。

在原基站上分裂(划分扇区)也叫"扇区化"技术。扇区化是将一个基站分成多个扇区,每个扇区都可以看作一个新的小区。每个小区都有自己的发射和接收天线,相当于一个独立的小区。每个扇区使用一组不同的信道,并采用一副定向天线来覆盖每个扇区。在市区一般采用三个扇区,而在农村一般是全方向性的小区,在覆盖公路的时候则采用两个扇区。基站可以位于小区中央,也可以位于小区的顶点。

扇区化的小区使用特制的定向天线,使该小区发射的无线电波集中在一个特定的方向上。这样做有很多优点,小区发射的无线电波能量集中到了一个更小的区域,如60°、120°或180°,而不是以360°全向天线发射,这样可以获得更强的信号,有利于"室内覆盖";另外,可以更好地防止同信道干扰和邻信道干扰,同频复用距离缩短,在同一地理区域可以有更多的小区,可以支持更多的移动用户。

如4×3频率复用系统,其中4表示4个基站(每个小区一个基站),3表示每基站分成3个扇区。在进行信道分配时,通常要求:①各邻小区禁止使用同频率;②各小区使用的邻频间隔尽可能大,用来降低邻道干扰。

通过上述对重新划分小区与小区扇形化两种分裂方式进行分析比较后,会发现重新划分小区方式中的小区间干扰电平会增大,并且需要建造新的基站,还需要重新进行频率规划,同时切换的次数也增加了,而且随着小区半径的减小,同频干扰会变得严重。而采用小区扇形化方式进行小区分裂时,不需要增加基站的数目,并且载干比C/I值增大了,改善了通信质量;但信道必须在一个小区的不同扇区间划分,增加了越区切换次数,增加了系统的复杂度。在实际组网设计时,应根据具体需要进行相应的选择。

2. 微蜂窝技术

在实际的宏蜂窝系统组网时,通常存在两种特殊的微小区域,即"盲点"与"热点"。盲点是指由于网络漏覆盖或电波在传播过程中遇到障碍物而造成阴影区域等原因,使得该区域的信号强度极弱,通信质量极差;热点是指由于客观存在商业中心或交通要道等业务繁忙区域,造成空间业务负荷的不均匀分布。对于以上两"点"问题,往往通过设置微蜂窝技术直放站、微小区等方法加以解决。

微蜂窝技术是在宏蜂窝的基础上发展起来的一门技术,是解决高话务量地区容量问题行之有效的方法之一。微蜂窝的覆盖半径为 30～300m;发射功率较小,一般在 1W 以下;基站天线置于相对低的地方,如屋顶下方,高于地面 5～10m,传播主要沿着街道的视线进行,信号在楼顶的泄露小。因此,微蜂窝技术可以被用来加大无线电覆盖,消除宏蜂窝中的"盲点"。同时由于低发射功率的微蜂窝基站允许较小的频率复用距离,每个单元区域的信道数量较多,因此系统容量得到了巨大的增长,并且射频干扰很低,将它安置在宏蜂窝的"热点"覆盖区域上,可满足该区域质量与容量两方面的要求。微蜂窝技术在初期一般是为了提高覆盖范围,在容量方面主要应用在零散的"热点"覆盖地区,即话务量比较集中,而且面积较小的地区,此时对容量的提高很有限。随着容量需求增大,高话务量地区由点逐渐连成片时,宏蜂窝已无法满足覆盖要求,微蜂窝技术可以在一定范围内进行连续覆盖,此时提高容量的效果较明显。在实际设计中,微蜂窝技术通常作为无线覆盖的补充,一般用于宏蜂窝覆盖不到又有较大话务量的地点,如地下会议室、地铁、隧道、购物中心、娱乐中心、会议中心、商务楼、停车场等区域。微蜂窝技术组网简单,可直接加入现有系统中,而不需改变现有网络结构。其设备体积小,容易安装,因此应用较灵活,可直接在需要的地方进行建设,从而快速覆盖盲点、热点地区,解决通信质量和容量问题。微蜂窝技术提高系统容量效果是非常明显的,但需要付出较高的经济代价。微蜂窝与宏蜂窝组网结构示意图如图 1-29 所示。

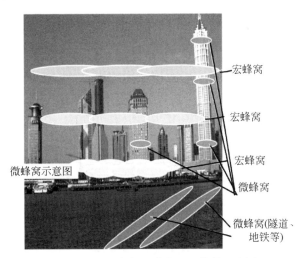

图 1-29 微蜂窝与宏蜂窝组网结构示意图

从图 1-29 中可以看出,微蜂窝和宏蜂窝的关系是宏蜂窝用于全覆盖,而微蜂窝用于吸收话务热点区域的话务量,当通话质量下降时微蜂窝可以作为应急小区(如街角效应)或服务快速移动用户等。

直放站属于同频放大设备,它在无线电传输过程中起到信号增强的作用。直放站在下行链路中,由施主天线从宿主基站提取信号,通过带通滤波器对带通外的信号进行隔离,将滤波信号经功放放大以后,再次发射到待覆盖区域。在上行链路中,覆盖区域内移动台的信号以同样的工作方式由上行放大链路处理后发射到相应基站,从而达到基站与移动台间的信号传递。引入直放站有许多好处,如填补移动通信盲区以实现连续覆盖,室内室外分开覆盖以有利于网络优化,吸收室内话务量,等等,但直放站的使用也会带来新问题,如时延、多径、电路噪声、直放站的自激等。因而,合理规划直放站网络、严格的工程勘测及施工对提高蜂窝移动通信网络的性能是十分必要的。在室外站存在富余容量的情况下,可以通过直放站将室外信号引入室内的覆盖盲区,用来提高通信系统的质量和容量,直放站分布方式如图 1-30 所示。

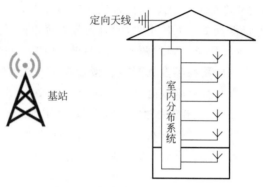

图 1-30 直放站分布方式示意图

微小区技术采用基站顶点激励方式,这样可以减少越区切换次数和小区扇区间的信道划分。假如每个小区有一个基站,但有三个区域站点位于该小区的顶点上,则三个区域站点均可以使用 135°的定向天线作为接收器接收移动台发送出的信号,这样设置后区群的大小减为 3,与 7 小区区群相比容量增加了 2.33,如图 1-31 所示。

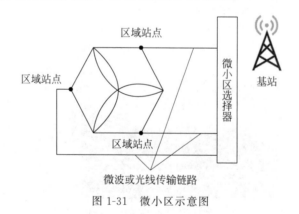

图 1-31 微小区示意图

3. 分层小区技术

分层小区结构(HCS)中至少有两种不同的小区类型(宏小区和微小区或微微小区)相互叠加而工作。宏小区主要保证连续覆盖,微小区主要用于吸纳业务量。低移动性和高容量终端尽量使用微小区,而高移动性和低容量的终端尽量使用宏小区来工作。这样不仅可以减少不必要的切换,而且还可以提高频谱效率和系统的容量。相邻微蜂窝的切换都回到所在的宏蜂窝上,宏蜂窝的广域大功率覆盖可看成宏蜂窝上层网络,并作为移动用户在两个微蜂窝区间移动时的"安全网",而大量的微蜂窝则构成微蜂窝下层网络。设置微蜂窝或微微蜂窝可以提供更多的"内含"蜂窝,形成分层小区结构,从而解决网络内的"盲点"和"热点"

问题,提高移动通信网络容量。在一个分层小区结构中,不同尺寸的小区相互重叠,不同发射功率的基站紧密相邻并同时存在,因此整个通信网络呈现出多层次的结构。在分层小区结构中,每层分配不同的频率段,以保证各层之间独立运作、相不干扰。当有用户接入时,系统会根据所测得的信号强度和各蜂窝的容量为某一呼叫选择恰当的蜂窝(宏蜂窝、微蜂窝或微微蜂窝),分层结构中的层切换与普通的蜂窝切换一样,切换点由系统决定。切换过程还取决于当时各层的容量,如果微蜂窝和微微蜂窝已饱和,业务将切换至更高一层的蜂窝。一个分层小区网络往往是由一个上层宏蜂窝网络和数个下层微蜂窝网络组成的多元蜂窝系统,通常采用三层分级蜂窝结构,分层网络结构示意图如图1-32所示。

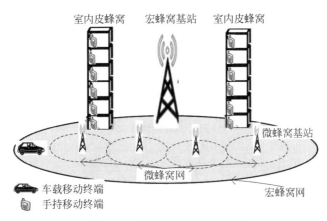

图1-32 分层网络结构示意图

三层分级蜂窝结构包括宏蜂窝、微蜂窝和微微蜂窝。每种蜂窝执行早已定义好的不同功能。将负载按定义进行分层的原因与切换功能有关,因为车载电话在微蜂窝间快速移动会产生频繁切换,加重网络的负担,因此将产生频繁切换的业务转移到较小切换的宏蜂窝上,提高网络效率;慢速移动的车辆,由于它穿过蜂窝边界需花较长的时间,产生切换的可能性较小,因此由微蜂窝来处理这类业务。在实际应用中,分层小区结构中的不同分层可单独或结合使用,也可逐步逐项地加入网络中。在实际网络中,需要根据实际情况切实做好网络的规划和优化,才能充分发挥这些技术的作用。

在分级结构中,可以使用重叠小区方式来降低同频干扰,即宏小区与包含在其内的微小区同时存在,同一个基站同时用于宏小区和微小区(宏小区和微小区信道通过频率复用来实现),重叠小区示意图如图1-33所示。

假设用R_1和D_1表示图1-33中宏小区的覆盖半径和同信道小区之间的距离;用R_2和D_2表示图1-33中微小区的覆盖半径和同信道小区之间的距离,那么在组网设计时,为减少同频干扰,应使$(R_2/D_2) > (R_1/D_1)$。

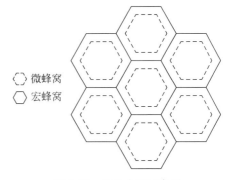

图1-33 重叠小区示意图

除了上述提高系统容量的方法,在实际组网时,还可以通过信道分配技术、功率控制技术和自适应天线技术等常用方法来改善移动通信系统容量。

本章习题

1-1 移动通信有哪些特点？

1-2 移动通信的基本技术有哪些？

1-3 为何会存在同频干扰？同频干扰会带来什么样的问题？

1-4 给定 1，2，4，8，13，21，31 信道，如图 1-34 所示。问是否存在三阶互调干扰？

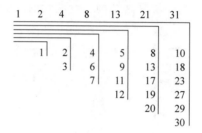

图 1-34 习题 1-4

1-5 什么是同频复用？同频复用系数取决于哪些因素？

1-6 蜂窝小区的 6 个同频干扰分布如图 1-35 所示。MS 处于小区边缘"O"处，要求载干比在最不利的情况下应达到规定的门限值 $(C/I)_s$，试分别计算 $(C/I)_s = 18\text{dB}$ 和 $(C/I)_s = 12\text{dB}$ 时，小区簇数至少为几个？若总频段宽度 $W = 25\text{MHz}$，等效信道间隔 $B = 25\text{kHz}$，试比较不同 $(C/I)_s$ 情况下的通信容量。

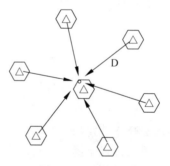

图 1-35 习题 1-6

1-7 某移动通信系统，每天每个用户平均呼叫 10 次，每次占用信道平均时间 80 秒，要求呼损率 10%，忙时集中率 $K = 0.125$，问给定 8 个信道可容纳多少用户？

1-8 某移动通信系统，若系统的服务等级 $B = 0.05$，用户忙时话务量 $a = 0.01\text{Erl}$，问给定 5 个信道可容纳多少用户？若用户数为 700，则需要的信道数是多少？

1-9 什么是中心激励和顶点激励？试分析它们各自的优缺点。

1-10 根据你所学的知识，试分析提高蜂窝通信系统容量的方法有哪些。

第 2 章

移动通信信道

学习重点和要求

任何一个通信系统,信道是必不可少的组成部分。信道特性的好坏将直接影响通信系统的性能。本章主要介绍移动信道的分类、电波传播的方式、移动信道的特性及传播模型。要求:

- 理解无线通信电波传播环境的特点;
- 了解链路分析和传播损耗及其计算方法,了解电波传播损耗预测模型;
- 掌握无线信道的模型、表征及分类;
- 理解无线信道中信号经历多径衰落的基本特性;
- 掌握多径传播与快衰落、阴影衰落、时延扩展与相干带宽的关系;
- 掌握描述信道衰落特性的特征量。

2.1 移动通信信道概述

信道有多种分类方式。按传输媒质的不同,信道分为有线信道和无线信道,架空明线、电缆、光纤等为有线信道,中、长波地表面波传播和短波电离层反射传播等为无线信道。根据信道特性参数随时间变化的快慢,移动通信信道分为恒参信道和随参信道。恒参信道是指信道传输特性随时间变化速度极慢,或在足够长的时间内参数基本不变的信道,如固定电话;随参信道是指信道的传输特性随时间变化较快,是一种随时间、环境和其他外界因素而变化的信道。移动通信信道就是典型的无线随参信道。

在整个移动通信系统中,无线信道处于举足轻重的地位。这是因为无线通信系统性能好坏主要受制于移动通信信道,同时由于移动通信信道具有多样性,即同一个无线空中接口在不同的移动通信信道中的性能有很大的不同。一方面,无线电波从发射机到接收机之间的传播路径非常复杂,通常情况下接收天线将收到来自多条路径的信号,同时移动台处于运动状态,并且周围环境也会不断地发生变化;另一方面,移动通信信道的传播特性还与网络设计相关,如基站天线架设的高度、预测信号的覆盖范围、采用的抗衰落技术等,这些都将影响移动通信系统的性能。

通常采用理论分析、现场电波实测及计算机仿真三种方式来进行移动通信信道的研究。理论分析是指用电磁场理论或统计理论分析电波在移动环境中的传播特性,并用各种数学模型来描述移动信道,其缺陷是数学模型往往过于简化导致应用范围受限;现场电波实测是指在不同的传播环境中,通过电波传播实验来获得测试参数,包括接收信号幅度、时延及其他反映信道特征的参数,其缺陷是费时费力且往往只针对某个特定传播环境;计算机仿真是指利用计算机强大的计算和分析能力,快速灵活地模拟各种移动环境进行建模。随着计算机技术及人工智能的快速发展,计算机仿真方法因能快速模拟出各种移动信道而得到广泛的应用。

因此,移动环境中电波传播特性研究的结果往往通过两种方式给出。一是对移动环境中电波传播特性给出某种统计描述;二是建立电波传播模型,如图表、近似计算公式或计算机仿真模型等。

第 14 集

2.2　无线电波传播特性

无线电波频谱分布及用途如表 2-1 所示。

表 2-1　无线电波频谱分布及用途

波　段		波　长	频　率	主　要　用　途
长波		1km～10km	30kHz～300kHz	—
中波		100m～1km	300kHz～3MHz	调幅无线电广播
短波		10m～100m	3MHz～30MHz	
微波	米波(VHF)	1m～10m	30MHz～300MHz	调频无线电广播
	分米波(UHF)	0.1m～1m	300MHz～3GHz	电视、雷达、导航、移动通信
	厘米波	1cm～10cm	3GHz～30GHz	
	毫米波	1mm～10mm	30GHz～300GHz	

无线电波通过发射天线发送出去,可以沿着不同的途径和方式到达接收天线,这与电波频率和极化方式有关。无线电波在空间中的传播方式主要有直射、反射、折射、穿透、绕射及散射等。

当频率 $f>30\text{MHz}$ 时,典型的传播路径如图 2-1 所示。

图 2-1 中的 1、2、3 分别表示无线电波的三条不同路径。路径 1 表示从发射天线直接到达接收天线的电波,称为直射波,它是 VHF(30～300MHz)、UHF(300～3000MHz)频段传播的主要方式;路径 2 表示从发射天线经地面反射到达接收天线的电波,称为反射射波;路径 3 表示电波沿地球表面传播,称为地表波。由于地表波的损耗随频率的升高而急剧增大,电波的传播距离迅速变短,因此在 VHF、UHF 频段地表波的传播可以忽略不计。

由于无线电波是在复杂开放的空间中进行传播的,空间中存在各种各样的障碍物,所以来自同一波源的电波在空间中的传播途径是多种多样的。多径传播示意图如图 2-2 所示。

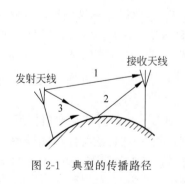

图 2-1　典型的传播路径

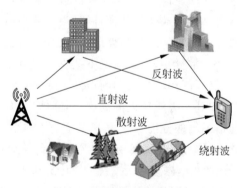

图 2-2　多径传播示意图

早期研究频段主要包括 VHF、UHF。2G/3G/4G 数字蜂窝移动通信系统使用频段主要包括 150MHz、450MHz、900MHz、1.8GHz、2GHz、2.6GHz 等。3GPP 将 5G 的新空口频段分成了两个范围 FR1 和 FR2，FR1 包括 450～6000MHz，FR2 包括 24250～52600MHz。其中，FR 表示频率范围，FR1 的 NR 工作频段如表 2-2 所示。

表 2-2　FR1 的 NR 工作频段

新空口操作频段	上行链路工作频段 BS 接收/UE 发送 $F_{UL\_low} \sim F_{UL\_hight}$	下行链路工作频段 BS 发送/UE 接收 $F_{DL\_low} \sim F_{DL\_hight}$	双 工 模 式
n1	1920～1980MHz	2110～2170MHz	FDD
n2	1850～1910MHz	1930～1990MHz	FDD
n3	1710～1785MHz	1805～1880MHz	FDD
n5	824～849MHz	869～894MHz	FDD
n7	2500～2570MHz	2620～2690MHz	FDD
n8	880～915MHz	925～960MHz	FDD
n12	699～716MHz	729～746MHz	FDD
n20	832～862MHz	791～821MHz	FDD
n25	1850～1915MHz	1930～1995MHz	FDD
n28	703～748MHz	758～803MHz	FDD
n34	2010～2025MHz	2010～2025MHz	TDD
n38	2570～2620MHz	2570～2620MHz	TDD
n39	1880～1920MHz	1880～1920MHz	TDD
n40	2300～2400MHz	2300～2400MHz	TDD
n41	2496～2690MHz	2496～2690MHz	TDD
n51	1427～1432MHz	1427～1432MHz	TDD
n66	1710～1780MHz	2110～2200MHz	FDD
n70	1695～1710MHz	1995～2020MHz	FDD
n71	663～698MHz	617～652MHz	FDD
n75	N/A	1432～1517MHz	SDL
n76	N/A	1427～1432MHz	SDL
n77	3300～4200MHz	3300～4200MHz	TDD
n78	3300～3800MHz	3300～3800MHz	TDD
n79	4400～5000MHz	4400～5000MHz	TDD
n80	1710～1785MHz	N/A	SUL
n81	880～915MHz	N/A	SUL
n82	832～862MHz	N/A	SUL
n83	703～748MHz	N/A	SUL
n84	1920～1980MHz	N/A	SUL
n86	1710～1780MHz	N/A	SUL

表 2-2 中，F_{UL_low} 表示 TDD 模式的上行最低频率，F_{UL_hight} 表示 TDD 模式的上行最高频率，F_{DL_low} 表示 TDD 模式的下行最低频率，F_{DL_hight} 表示 TDD 模式的下行最高频率，SUL 表示补充上行链路，N/A 表示没有定义。FR1 相较于 FR2 的优点是频率低，绕射能力强，覆盖效果好，是当前 5G 的主要使用频谱。FR1 主要作为基础覆盖频段，最大支持100Mb/s 的带宽。其中低于 3GHz 的部分(包括 2G/3G/4G 使用的频谱)，在 5G 建网初期

可以利用旧站址的部分资源实现 5G 网络的快速部署。FR2 的优点是具有超大带宽、频谱干净、干扰较小,会作为 5G 后续的扩展频率。FR2 主要作为容量补充频段,最大支持 400Mb/s 的带宽,很多高速应用会基于 FR2 段频谱实现,5G 高达 20Gb/s 的峰值速率也基于 FR2 的超大带宽。但实际使用中会有针对性的选择,避免基带芯片要支持的频段过多,造成成本过高。目前,我国仅对 FR1 中的频段进行了分配,其中中国移动使用 2515～2675MHz 共 160MHz,频段号为 n41,以及 4800～4900MHz 共 100MHz,频段号为 n79;中国电信使用 3400～3500MHz 共 100MHz,频段号为 n78;中国联通使用 3500～3600MHz 共 100MHz,频段号为 n78。

2.2.1　直射波

直射波传播特性可按自由空间传播来考虑,自由空间是无线电波理想的传播条件。自由空间主要是指天线周围是均匀无损耗的无限大空间,并且大气层是各向同性的均匀媒质,电导率 σ 为 0,相对介电常数 ε 和相对磁导率 μ 均为 1 的空间。电波在自由空间传播时,其能量既不会被障碍物吸收,也不会产生反射或散射现象。实际情况下,只要地面上空的大气层是各向同性的均匀媒质,其相对介电常数和相对导磁率都等于 1,传播路径上没有障碍物阻挡,到达接收天线的地面反射信号场强可以忽略不计,这种情况下,电波可视作在自由空间传播。

自由空间损耗的本质是指球面波在传播过程中,随着传播距离增大,球面单位面积上的能量减小,而接收天线的有效截面积是一定的,故而接收天线所捕获的信号功率减小。自由空间电波传播示意图如图 2-3 所示。

考虑到实际天线的增益及环境的影响,全向天线的辐射能量在水平方向上集中类似于烧饼状,如图 2-4 所示。

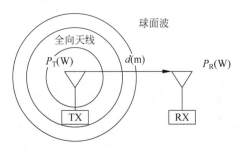
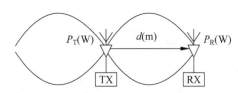

图 2-3　自由空间电波传播示意图　　　　图 2-4　实际全向天线的辐射能量示意图

在图 2-3 和图 2-4 中,TX 表示发射天线;RX 表示发射天线;P_T 为各向同性天线(也称全向天线)的辐射功率,单位为 W;P_R 为接收处的接收功率,单位为 W;d 表示发射天线与接收天线间的距离,单位为 m。

对于直射波传播特性的研究主要采用自由空间传播模型,虽然自由空间的无线电波传播不受阻挡,不会产生反射、折射、绕射、散射和吸收,但当无线电波经过一段路径传播之后,由于辐射能量的扩散,电波能量仍会产生衰减。由电磁场理论可知,若各向同性天线的辐射功率为 P_T,则距辐射源 d 处的天线的接收功率 P_R

$$P_R(d) = \frac{P_T G_T G_R \lambda^2}{(4\pi)^2 d^2 L} \tag{2-1}$$

式中，G_T 表示天线发射天线增益，单位 dB；G_R 表示接收天线增益，单位 dB；λ 为波长，等于光速 c 除以工作频率 f，单位为 MHz，其中光速为 $3\times10^8\,\mathrm{m/s}$；$d$ 为发射机和接收机之间的距离，单位为 m；L 是与传播无关的系统损耗因子。分析式(2-1)可知，自由空间的接收功率与无线电波的频率和传播距离有关，可以得出以下结论。

(1) 接收天线获得的功率与距离的平方成反比，距离越远，衰减越大。

(2) 接收天线获得的功率与波长 λ 的平方成正比(与频率 f 的平方成反比)，频率越高，衰减越大。

(3) 综合损耗 $L(L\geqslant1)$ 通常包含传输线衰减、滤波损耗和天线损耗，$L=1$ 则表明系统硬件中无损耗。

当式(2-1)中的收、发天线增益为 0dB 时，即当 $G_T=1$、$G_R=1$、综合损耗 $L=1$ 时，接收天线获得的功率可以记为

$$P_R(d) = \frac{P_T \lambda^2}{(4\pi)^2 d^2} \tag{2-2}$$

自由空间传播损耗 L_{f_s} 可以定义为

$$L_{f_s} = \frac{P_T}{P_R} = \left(\frac{4\pi d}{\lambda}\right)^2 \tag{2-3}$$

以 dB 计，得

$$[L_{f_s}] = 10\lg\left(\frac{4\pi d}{\lambda}\right)^2 \tag{2-4}$$

或

$$[L_{f_s}] = 32.45 + 20\lg d + 20\lg f \quad \mathrm{dB} \tag{2-5}$$

式(2-3)~式(2-5)中，d 的单位为 km，f 的单位为 MHz。

由式(2-4)和式(2-5)可知，自由空间的传播损耗只与工作频率 f 和传播距离 d 有关。当距离 d 增加一倍时，自由空间的传播损耗增加 6dB，即信号衰减为原来的 1/4；当距离 f 增加一倍时，自由空间的传播损耗增加 6dB，即信号衰减为原来的 1/4。

自由空间传播模型适用范围为接收机和发射机之间是完全无阻隔的视距，仅当视距大于发射天线远场距离时适用。远场距离定义为 $d_f=2D^2/\lambda$(D 为天线的最大物理线性尺寸，λ 为无线电波的波长)，而发射天线的远场通常定义为超过远场距离的地区。在计算路径损耗时，通常会使用近地距离点处接收功率作为参考点的接收功率，而参考距离必须选择在远场区。

针对某一特定地区的传播环境和地形，在进行中值损耗预测时，需要考虑其他影响预测值，通常包括以下内容。

(1) 自然地形(平坦地形、高山、丘陵、平原、水域等)；

(2) 人工建筑的数量、高度、分布和材料特性等；

(3) 植被特征、天气状况、电磁干扰等；

(4) 系统的工作频率和终端的运动情况；

(5) 密集城区、一般城区、郊区、农村等不同的区域。

2.2.2　大气中的无线电波传播特性

在实际移动通信中,无线电波通常在低层大气中进行传播,但低层大气并不是各向均匀介质,它的温度、湿度及气压均随时间和空间的不同而变化,因而会产生折射及吸收现象。在 VHF、UHF 波段折射现象尤为突出,它将直接影响电波视线传播的极限距离(LOS)。

当一束电波通过折射率随高度变化的大气层时,由于不同高度上的电波传播速度不同,从而电波束发生弯曲,其弯曲的方向和程度取决于大气折射率的垂直梯度。这种由于大气折射率垂直梯度不同引起的电波传播方向发生弯曲的现象,称为大气对电波的折射。

大气折射对电波传播的影响,在工程上通常用地球等效半径来表征,即认为电波依然按直线方向行进,只是地球的实际半径 R_0 变成了等效半径 R_e,地球实际半径与地球等效半径之间的关系记为

$$\kappa = \frac{R_e}{R_0} = \frac{1}{1 + R_0(d_n/d_h)} \tag{2-6}$$

式中,κ 称作地球等效半径系数,d_n/d_h 为大气折射率的垂直梯度。标准大气情况下,等效地球半径系数 $\kappa = 4/3$。因为地球实际半径理论上是 6370km,地球等效半径约为 8500km。

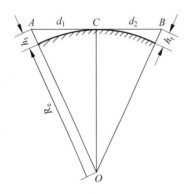

图 2-5　视距传播的极限距离

通过分析可知,大气折射对电波产生的结果是传播距离比极限视距更远了,即所谓的超视距传播,这说明大气折射有利于超视距传播,但在实际通信系统中的视距范围内,因为折射现象所产生的折射波和直射波同时存在,从而会产生多径传播以致引起多径衰落。

在地球的等效半径为 8500km,并且地球的等效半径远大于发射天线和接收天线高度的情况下,视距传播的极限距离如图 2-5 所示。如果发、收天线的高度分别用 h_t、h_r 表示,两副天线顶点的连线用 AB 表示,其与地面相切于 C 点。从图 2-5 中发现,视距传播极限距离 d 为发射天线从 A 点到 C 点的距离 d_1 与从切点 C 到接收天线 B 的距离 d_2 之和,可以证明在标准大气折射情况下,d 表示为

$$d = 4.12(\sqrt{h_t} + \sqrt{h_r}) \tag{2-7}$$

式中,h_t、h_r 的单位为 m,d 的单位为 km。

通常情况下,频率高于 30MHz 的电磁波在大气中传播时将穿透电离层,不能被反射回来。此外,此时的电波沿地面绕射的能力也很小。因此,为了能增大无线电波在地面上的传播距离,最简单的方法就是提升天线的高度。由于视距传输的距离有限,为了达到远距离通信的目的,可以采用无线电中继的办法,这样经过多次转发,也能实现远程通信。

2.2.3　障碍物的影响与绕射损耗

电波传播的实际路径上存在各种障碍物,当无线电波经过障碍物边缘时会发生绕射,即信号能量绕过障碍物传播的机制称为绕射,如图 2-6 所示。由障碍物引起的附加传播损耗称为绕射损耗,通常绕射可以使无线电波覆盖范围增加。

绕射损耗与障碍物的性质、传播路径的相对位置有关。绕射由传播路径上的尖利边缘阻挡产生的次级波传播进入阴影区而形成,阴影区的绕射波场强为围绕阻挡物所有次级波的矢量和与 LOS 的路径差异导致相移而形成的。在实际工程中,通常采用菲涅耳区来表达不同高度障碍物造成的相移。

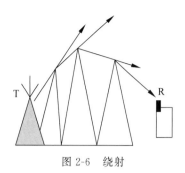

图 2-6 绕射

如图 2-7 所示,x 表示障碍物顶点 P 至直射线 TR 的距离,称为菲涅耳余隙。规定阻挡时余隙为负,如图 2-7(a)所示;无阻挡时余隙为正,如图 2-7(b)所示。障碍物引起的绕射损耗与菲涅耳余隙有关。

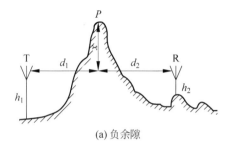

(a) 负余隙

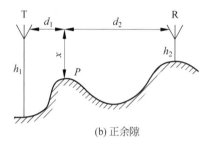

(b) 正余隙

图 2-7 障碍物与余隙

设发射天线为 T,是一个点源天线,接收天线为 R。发射电波沿球面传播。根据惠更斯-菲涅耳原理,对于处于远区场的 R 点来说,波阵面上的每个点都可视为二次波源。菲涅耳区是以收、发天线为焦点并绕长轴旋转的椭圆球球体,直射波与发射波在接收端有一个行程差,以行程差为 $n\lambda/2$ 的(n 表示第 n 个菲涅耳区)发射点所构成的面,称为菲涅耳椭圆球面,菲涅耳区的示意图如图 2-8 所示。菲涅耳区中相邻的同心圆之间的路径差为 $\lambda/2$,则两条路径的相位差为 π。从连续菲涅耳区传播出去的次级波对总的接收信号会交替产生增加和减小合成信号的作用。

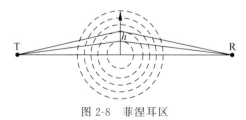

图 2-8 菲涅耳区

第 n 个菲涅耳区同心的半径可表示为

$$X_n = \sqrt{\frac{n\lambda d_1 d_2}{(d_1 + d_2)}} \tag{2-8}$$

式中,X_n 为菲涅耳区同心圆半径,一般取 $n=1$,即第一菲涅耳区半径。d_1 为图 2-7 中发射点到障碍物的距离,d_2 为障碍物到接收点的距离。一般来说,当阻挡体不阻挡第一菲涅耳区时,绕射损失最小,绕射的影响可以忽略不计。工程经验表明,在视距通信链路设计时,只要 55% 的第一菲涅耳区内无阻挡,其他菲涅耳区的情况基本不影响绕射损耗。

由障碍物引起的绕射损耗与菲涅耳余隙的关系如图 2-9 所示。

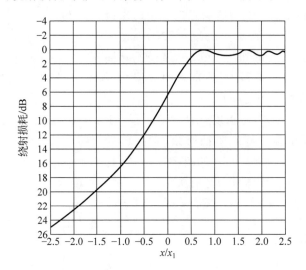

图 2-9　绕射损耗与菲涅耳余隙关系

图 2-9 中,纵坐标为绕射引起的附加损耗,单位为 dB,即相对于自由空间传播损耗的分贝数;横坐标为 x/x_1,其中 x_1 是第一菲涅耳区在菲涅耳椭圆球面的半径。可以通过式(2-9)求得。

$$x_1 = \sqrt{\frac{\lambda d_1 d_2}{d_1 + d_2}} \tag{2-9}$$

由图 2-9 可见,当 $x/x_1 > 0.5$ 时,附加损耗约为 0dB,也就是说此时障碍物对直射波传播基本上没有影响。因此,在选择天线高度时,根据地形尽可能使服务区内各处的菲涅耳余隙 $x/x_1 > 0.5$;当 $x<0$,即直射线低于障碍物顶点时,损耗急剧增加;当 $x=0$ 时,即 T 直射线从障碍物顶点擦过时,附加损耗约为 6dB。

例 2-1　相距 15km 的两个电台之间有一个 50m 高的建筑物,一个电台距建筑物 10km,两电台天线高度均为 10m,电台工作频率为 900MHz,试求电波传播损耗。

解:自由空间的传播损耗为

$$[L_{f_s}] = 32.45 + 20\lg d + 20\lg f = 32.45 + 20\lg 15 + 20\lg 900 = 115.05 \text{dB}$$

菲涅耳余隙

$$x_1 = \sqrt{\frac{\lambda d_1 d_2}{d_1 + d_2}} = \sqrt{\frac{3 \times 10^8 \times (15-10) \times 10^3 \times 10 \times 10^3}{900 \times 10^6 \times (15 \times 10^3)}} \approx 33.3$$

绕射参数

$$\frac{x}{x_1} = \frac{-(50-10)}{33.3} = -1.2$$

查图 2-9 得,附加绕射损耗为 18.5dB,则电波传输的损耗 L 为

$$L = [L_{f_s}] + 18.5 = 115.05 + 18.5 = 133.55 \text{dB}$$

2.2.4　反射波

当电波在移动信道中传播遇到两种不同介质的光滑界面时,如果界面尺寸比电波波长

大得多时,就会产生镜面反射。由于大地和大气是不同的介质,所以入射波会在两者的界面上产生反射,如图 2-10 所示。

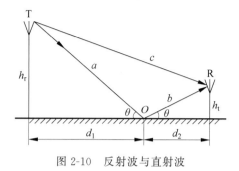

图 2-10 反射波与直射波

通常将平坦地面看作镜面时,将发生全反射,此时按平面波来处理,即电波在反射点的反射角等于入射角。

不同界面的反射特性用反射系数 R 表征,R 定义为反射波场强与入射波场强的比值,如果发生全反射,此时 $R=1$,通常情况下 R 表示为

$$R = |R| e^{-j\varphi} \tag{2-10}$$

式中,$|R|$ 为反射点上反射波场强与入射波场强的振幅比,φ 代表反射波相对于入射波的相移。

在图 2-10 中,由发射点 T 发出的电波分别经过直射路径 TR 及反射路径 TOR 到达接收点,由于两条路径不同,会产生附加相移。由图 2-10 知,反射波与直射波的路径差 Δd 可以记为

$$\Delta d = a + b - c = \sqrt{(d_1 + d_2)^2 + (h_t + h_r)^2} - \sqrt{(d_1 + d_2)^2 + (h_t - h_r)^2}$$

$$= d\left[\sqrt{1 + \left(\frac{h_t + h_r}{d}\right)^2} - \sqrt{1 + \left(\frac{h_t - h_r}{d}\right)^2}\right]$$

$$\tag{2-11}$$

式中,$d = d_1 + d_2$。在实际移动通信信道中,通常 $(h_t + h_r) \ll d$,因此式(2-11)可以将每个根号用二项式定理展开,如果只取展开式中的前两项,反射波与直射波的路径差整理得

$$\Delta d = \frac{2h_t h_r}{d} \tag{2-12}$$

可推导出,由路径差引起的附加相移为 $\Delta \varphi$ 为

$$\Delta \varphi = \frac{2\pi}{\lambda} \Delta d \tag{2-13}$$

式中,$\frac{2\pi}{\lambda}$ 为传播相移常数,λ 为电波的波长。

在直射 TR 距离很大(视距与反射路径相差很小)的情况下,图 2-10 中近似有距离 $c \approx a+b$,此时可以得到发射路径与直射路径的合成场强近似记为

$$|E_T(d)| \approx 2\frac{E_0 d_0}{d} \frac{2\pi h_t h_r}{\lambda d} = \frac{k}{d^2} \tag{2-14}$$

式中,E_0 为距发射机 d_0 处的场强,λ 为波长,k 为与 E_0、天线高度及波长有关的值。当发射

天线与接收天线 TR 间的距离很大时,接收场强幅度随距离的 2 次方衰减,比自由空间的损耗要快得多;同时,接收功率大小与频率无关。因此,在采用固定站址通信时,选择站址时应力求减弱地面反射,或调整天线的位置与高度,尽量使地面反射区离开光滑界面。同时因为实际通信中,直射波与反射波的合成场强会随着反射系数及路径差的变化而变化,严重时会反相抵消,产生信号衰落现象,需要采用相应的抗衰落技术来解决。

2.2.5　散射波

当电波的传播路径上存在小于波长的物体且单位体积内这种障碍物体的数目巨大时,将发生散射现象。通常,散射发生在表面粗糙、小物体或其他不规则物体上,如树叶、街道标志和灯柱等。在实际移动无线环境中,发生散射时接收信号会比单独产生绕射和反射模型预测接收的信号要强,这是因为当电波遇到粗糙表面时,反射能量由于散射而散布于所有方向,给接收机提供了额外的能量。若平面上的最大突起高度小于临界高度,则认为表明光滑,产生反射;反之则认为粗糙表面,发生散射。反射、绕射和散射与阻挡物的关系如表 2-3 所示。

表 2-3　反射、绕射和散射与阻挡物的关系

路　　径	阻　　挡　　物
反射	比传输波长大很多的物体,如地面、建筑墙面
绕射	尖利边缘,如山丘
散射	比传输波长小很多的物体,如树叶、不规则物体

绕射和散射的理论基础都是衍射(衍射是基于惠更斯传播理论,指的是障碍物同电波的波长可以比拟时,电波可以绕过障碍物的阻挡继续传播的现象),不同之处在于绕射是在大尺寸的物体边缘由于衍射引起的信号再传播,而散射是在小尺寸物体的边缘由于衍射引起的信号再传播。

2.3　移动通信信道的多径传播特性

2.3.1　移动环境下无线信号场强特性

第 15 集

移动信道的时变特性是因为电波通过移动信道时,会受到来自不同途径的衰减损耗造成的。移动环境下,无线信号场强将发生相应的变化。传播距离引起场强变化的平均值在数百米或数千米范围内随距离的增加而衰减,即传播损耗;由于地形地物影响而引起场强特性变化曲线中值在数百米波长范围内随时间、地点及移动台的速度呈慢速变化,其衰落周期以秒计,称作阴影慢衰落;多径传播引起场强特性变化曲线的瞬时值在数十米波长范围内呈快速变化。陆地移动传播特性如图 2-11 所示。

因此,无线信号通过移动通信信道会经历不同类型的衰减损耗。接收点的信号功率值 $P(d)$ 可以表示为

$$P(d) = |\bar{d}|^{-n} \times S(\bar{d}) \times R(\bar{d}) \tag{2-15}$$

式中,$\bar{d}$ 表示移动台与基站的距离向量。$|\bar{d}|$ 表示移动台与基站的距离。$|\bar{d}|^{-n}$ 表示传播损耗与弥散损耗,其中路径衰减因子 n 一般取值 3～4,自由空间传播时 $n=2$。$S(\bar{d})$ 表示阴

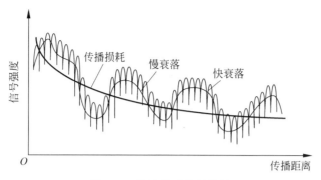

图 2-11 陆地移动传播特性

影衰落,是由于传播环境中的地形起伏、建筑物及其他障碍物对电波遮蔽所引起的衰落。$R(\bar{d})$ 表示多径衰落,是由于移动传播环境的多径传输而引起的衰落。

多径衰落是移动信道特性中最具特色的部分,多径衰落主要表现出三类特性:①随机时变特性,又称时间选择性,或多普勒扩展特性;②时延扩散特性,又称频率选择性;③角度扩展特性,又称空间选择性。所谓选择性是指在不同的时间、不同的频率或不同的空间其衰落特性是不一样的。

在无线通信中,一般把由于距离引起的路径传播损耗和由于地形的遮挡引起的阴影衰落统称为慢衰落,属于大尺度衰落,主要影响无线信号的覆盖范围,可以通过合理设计网络来消除这些影响;多径衰落和由于移动台运动引起的多普勒效应统称为快衰落,属于小尺度衰落。其将会严重影响通信质量,必须采用各种抗衰落技术来减少它们的影响。

2.3.2 多径传输及特性描述

1. 多径传输

第 16 集

通常在移动通信系统中,基站用固定的高天线进行信号辐射,移动台用接近地面的低天线进行信号接收。基站天线发出的信号可能会经过多条路径到达接收点,接收点收到的信号 S 是多条路径受到的信号的叠加,如图 2-12 所示。

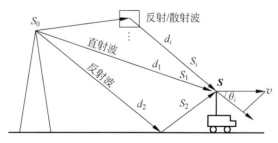

图 2-12 移动通信的多径传播

接收信号 S 为多径信号 S_i 的向量和(i 表示第 i 条路径),由于无线电波经过的各条路径的距离不同,因而各条路径的信号到达的时间不同,相位也就不同,并且不同位置合成信号幅度也不同。不同相位的多个信号在接收端进行叠加,有时同相叠加,合成信号将增强;有时反向叠加,合成信号将减弱。短时间内信号幅度发生急剧变化的现象被称为多径效应,引起的衰落称为多径衰落。影响小尺度衰落的因素主要有多径传播、移动台的运动速度、周围环境物体的运动速度及信号的传输带宽等。

2. 多普勒频移

随着移动物体与基站距离的远近变化，移动物体接收的合成频率会在中心频率产生上下偏移的现象，这种现象称为多普勒效应，如图 2-13 所示。因多普勒效应引起的附加频移称为多普勒频移。产生多普勒频移的原因主要是移动台快速运动所形成的路程差造成接收信号相位变化。

图 2-13 中移动台接收到传播路径长度为 l，由路程差 Δl 造成的接收信号相位变化值 $\Delta \varphi$ 可以表示为

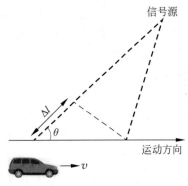
图 2-13 多普勒效应示意图

$$\Delta \varphi = \frac{2\pi \Delta l}{\lambda} = \frac{2\pi v \Delta t}{\lambda}\cos\theta \tag{2-16}$$

由此可得出频率变化值，即多普勒频移 f_d 为

$$f_d = \frac{1}{2\pi} \times \frac{\Delta \varphi}{\Delta t} = \frac{v}{\lambda}\cos\theta = \frac{fv}{c}\cos\theta \tag{2-17}$$

式中，θ 是信号源与移动台运动方向的夹角；v 是移动台的运动速度，单位 km/h；λ 是波长，单位 m；f 是工作频率，单位是 Hz；f_d 是多普勒频移，单位 Hz；c 为光速，单位 m/s。

例 2-2 LTE 的中心频点 f 为 2.6GHz，光速 c 为 3×10^8 m/s，移动终端速度为 350km/h，求多普勒频移。

解： 由题知 $f=2.6$GHz$=2.6\times10^9$ Hz，$c=3\times10^8$ m/s

$$v=350\text{km/h}=(350\times10^3)/3600\text{m/s}$$

当电磁波的到达方向与接收机移动方向的夹角为 $\theta=0$ 或 $\theta=2\pi$ 时，多普勒频移最大相位即 $\cos\theta=1$ 时，将相应数据代入多普勒频移式(2-17)，得

$$f_d = \frac{v}{\lambda}\cos\theta = \frac{vf}{c}\cos\theta = \frac{350\times10^3\times2.6\times10^9}{3600\times3\times10^8} \approx 842\text{Hz}$$

多普勒频移与移动台运动速度、移动台运动方向及无线电波入射方向之间的夹角有关。附加频移扩散程度与用户运动速度成正比，当移动终端朝向入射波方向移动时，多普勒频移为正值；当移动终端背向入射波方向移动时，多普勒频移为负值。当移动物体和基站越来越近时，频率会增加，波长会变短，频偏将减小，但频偏的变化将增大；当移动物体和基站越来越远时，会出现相反的情况。在实际移动通信中，通常只考虑产生在高速（≥70km/h）车载通信时的多普勒频移现象，而对于慢速移动的步行和准静态的室内通信，则不予考虑。高速移动的用户越频繁改变与基站之间的距离，频移现象将越严重，对无线通信质量的影响就越大，所以在列车高速通过基站的过程中，经过与基站垂直距离最近的点时，多普勒效应将最显著。当列车速度超过 200km/h 时，对于一些通信制式多普勒效应愈显突出，从而引发话音断续、掉话等现象。移动通信信号经不同方向传播，其多径分量造成接收机信号产生多普勒扩展，从而增大接收信号的带宽，影响通信系统的性能。在实际的通信工程中，通常通过专项覆盖优化来克服多普勒频移，如高铁沿线进行专项覆盖优化。LTE 系统中高速移动

的列车在不同速度和不同频率下多普勒频移如表 2-4 所示。

表 2-4　高速移动的列车在不同速度和不同频率下多普勒频移

列车时速	工作频率/MHz	870	935	1860	2110	2665
(300km/h)	多普勒频移/Hz	483	519	1033	1172	1463
列车时速	工作频率/MHz	870	935	1860	2110	2665
(350km/h)	多普勒频移/Hz	563	606	1205	1367	1707

从表 2-4 可以看出,在高速运动情况下,多普勒频移较大,虽然 LTE 系统使用了 20MHz 的带宽,但是当列车速度达到 300km/h,通信工作频率在 1860MHz 时,多普勒频移可达到 1kHz,而 LTE 系统子载波的带宽只有 15kHz,所以频偏会对接收机性能产生较大影响。当接收机对所接收到的信号进行解调时,若发生多普勒频移,则本地产生的振荡波不能将接收信号解调为原始信号,多普勒频移会导致信号的失真。因此,在早期系统设计时,对频偏进行校正就十分重要。通常在终端侧不进行频偏补偿,而基站侧进行 2 倍多普勒频移的频偏补偿,通常采用自动频率控制(AFC)来对频偏进行校正。

假设图 2-12 中,收发信机间没有直射波,只有大量的反射波存在,到达接收天线的方向角和相位是随机变化的,且在 $0\sim2\pi$ 内均匀分布,各个反射波的幅度和相位是统计独立的。一般说来,在离基站较远、反射物较多的区域,上述假设是成立的。基于上述假设,设基站的发射信号表示为

$$S_0(t) = \alpha_0 \exp[\mathrm{j}(\omega_0 t + \varphi_0)] \tag{2-18}$$

式中,α_0 为信号振幅;φ_0 为信号的相位;ω_0 为信号的角频率,且 $\omega_0 = 2\pi f_0$;f_0 为载波频率。

考虑到多普勒频移,第 i 路接收信号可以表示为

$$\begin{aligned}S_i(t) &= \alpha_i \exp[\mathrm{j}(\omega_0 t + \varphi_0)] \exp[\mathrm{j}(\varphi_i + 2\pi f_d t)] \\ &= \alpha_i \exp[\mathrm{j}(\omega_0 t + \varphi_0)] \exp\left[\mathrm{j}\left(\varphi_i + \frac{2\pi v t}{\lambda}\cos\theta_i\right)\right]\end{aligned} \tag{2-19}$$

则 N 条路径的接收合成信号可以表示为

$$S(t) = \sum_{i=1}^{N} S_i(t) = [T_c(t) + \mathrm{j}T_s(t)]\exp[\mathrm{j}(\omega_0 t + \varphi_0)] \tag{2-20}$$

式中

$$T_c(t) = \sum_{i=1}^{N}\left[\alpha_i \cos\left(\varphi_i + \frac{2\pi v t}{\lambda}\cos\theta_i\right)\right] \tag{2-21}$$

$$T_s(t) = \sum_{i=1}^{N}\left[\alpha_i \sin\left(\varphi_i + \frac{2\pi v t}{\lambda}\cos\theta_i\right)\right] \tag{2-22}$$

当 N 很大时,$T_c(t)$ 和 $T_s(t)$ 都是大量独立随机变量之和。根据概率的中心极限定理,大量独立随机变量之和接近正态分布,因而 $T_c(t)$ 和 $T_s(t)$ 是高斯随机过程。若对应某一时刻 t,$T_c(t)$ 和 $T_s(t)$ 的随机变量分别用 T_c 和 T_s 表示,则 T_c 和 T_s 服从正态分布。又由正态分布和高斯随机过程原理可推导出,一个均值为 0,方差为 σ^2 的平稳高斯窄带过程,接收信号的包络(幅度)服从瑞利分布,接收信号的相位服从均匀分布。

上述假设发生在接收点离基站较远,直射波传输损耗较大的信号在接收点变得很弱,或

者由于障碍物的遮挡没有直射波,仅有大量的反射波存在的情况下。然而,在实际的移动通信系统中,在离基站较近的区域,通常会有较强的直射波存在且直射波在接收信号中占主导地位,这种情况下,接收信号包络服从莱斯分布。

3. 多径衰落的特征描述

移动信道复杂多变的多径、移动台的运动及散射效应,使得无线电波通过移动信道后,信号在时域、频域上都会产生弥散,本来分开的波形在时间或在频谱上会产生交叠,使信号产生选择性衰落失真。多径效应会在时域上引起信号的时延扩展,使得接收信号的时域波形展宽,相应地在频域上规定了相关带宽性能。当信号带宽大于相关带宽时就会发生频率选择性衰落。多普勒效应在频域上会引起频谱扩展,使得接收信号的频谱产生多普勒扩展,相应地在时域上规定了相关时间性能。多普勒效应会导致发送信号在传输过程中,信道特性发生变化,产生所谓的时间选择性衰落。散射效应会引起角度扩展,移动台或基站周围的本地散射及远端散射会使得天线的点波束产生角度扩散,在空间上规定了相关距离性能。空域上波束的角度扩散造成了同一时间、不同地点的信号衰落起伏不一样,即所谓的空间选择性。

工程上,通常采用功率时延分布(PDP)来描述信道在时间上的色散,用多普勒功率谱密度(DPSD)来描述信道在频率上的色散,用功率角度谱(PAS)来描述信道在角度上的色散。实际移动通信系统中,通常采用时延扩展、相关带宽、多普勒扩展、相关时间、角度扩展和相关距离这些参数来描述移动信道的色散。

1) 时延扩展和相关带宽

时延扩展和相干带宽是描述移动信道时间色散和频率选择性的主要参数。造成时间色散是因为发射信号通过移动信道时,经过不同路径到达接收点的时间各不相同。

(1) 时延扩展。以发射单脉冲信号为例,基站发射端发射单一极窄脉冲信号,经过多径信道后,移动台接收信号呈现为一串脉冲,结果是脉冲宽度被展宽了。这种由于信道时延引起的信号波形的展宽称为时延扩展,或叫时间色散、多径时散,它将会引起码间干扰。必须指出,多径时延性质是随时间而变化的。如果进行多次发送脉冲实验,则接收到的信号的脉冲序列是变化的,时变多径信道响应示例如图 2-14 所示。图 2-14 中包括脉冲数目 N 的变化、脉冲大小的变化及脉冲延时差的变化。

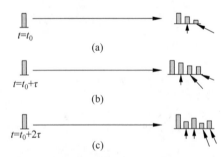

图 2-14 时变多径信道响应示例

图 2-14(a)、(b)、(c)分别表示在 t_0、$t_0+\tau$、$t_0+2\tau$ 时的接收信号示意图。

实际环境中多径要比图 2-14 复杂得多,各个脉冲的幅度是随机变化的,它们在时间上可以互不交叠,也可以相互交叠,甚至随移动台周围散射体数目的增加,所接收到的一串离散脉冲将会变成有一定宽度的连续信号脉冲。理论上,时延扩展用实测信号的统计平均值的方法来定义,利用宽带伪噪声信号所测得的典型时延功率分布(又称时延谱)曲线表示。典型的归一化时延谱曲线如图 2-15 所示。

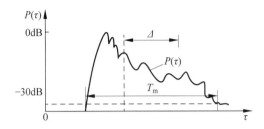

图 2-15　典型的归一化时延谱曲线

图 2-15 中的横坐标为时延 τ,纵坐标为归一化时延 $P(\tau)$。$\tau=0$,表示 $P(\tau)$ 的前沿,T_m 为最大多径时延差(归一化的包络特征曲线 $P(\tau)$ 下降到 -30dB 处对应的时间差)。

时延扩展的大小可以表示为一串接收脉冲中的最大传输时延和最小传输时延的差值,工程上记作 Δ。所谓时延谱是由不同时延信号分量具有的平均功率所构成的频谱。通常定义时延谱的一阶矩为平均时延 τ_m,时延谱的均方根值为时延扩展 Δ,可以表示为

$$\tau_m = \int_0^\infty \tau P(\tau)\,\mathrm{d}\tau \qquad (2\text{-}23)$$

$$\Delta = \sqrt{\left[\int_0^\infty \tau^2 P(\tau)\,\mathrm{d}\tau\right] - \tau_m^2} \qquad (2\text{-}24)$$

在实际的移动通信系统中 Δ 值越小,时延扩展就越小;反之,时延扩展就越严重,将影响通信系统的性能。时延扩展典型实测数据如表 2-5 所示。

表 2-5　时延扩展典型实测数据

参　　　数	市　　区	郊　　区
平均时延 $\tau_m/\mu\mathrm{s}$	1.5~2.5	0.1~0.2
对应的路径距离/m	450~750	30~600
时延扩展 $\Delta/\mu\mathrm{s}$	1.0~3.0	0.2~2.0
相干带宽/kHz	53~159	79.6~796
最大时延 $T_m/\mu\mathrm{s}$	5.0~12.0	3.0~7.0
对应的路径距离/km	1.5~3.6	0.9~2.1

(2) 相关带宽。相关带宽是某一特定的频率范围内用来描述时延扩展的性能指标。在该频率范围内的任意两个频率分量都具有很强的幅度相关性,即在相关带宽范围内,多径信道具有恒定的增益和线性相位。通常,相关带宽近似等于最大多径时延的倒数。从频域看,如果相关带宽小于发送信道的带宽,则该信道特性会导致接收信号波形产生频率选择性衰落,即某些频率成分信号的幅值可以增强,而另外一些频率成分信号的幅值会被削弱。由于信号中的频率分量衰落不一致,衰落信号波形将产生严重失真。如果相关带宽大于发送信道的带宽,则该信道特性会导致接收信号波形产生非频率选择性衰落,有时也称作平坦衰落,即信号中的各分量的衰落状况与频率无关。

实际上,相关带宽的推导过程过于复杂,这里就不进行推导了。在实际工程中,通常采用式(2-25)来估算。

$$B_c = \frac{1}{2\pi\Delta} \tag{2-25}$$

式中,Δ 为时延扩展,可通过查表得到。

例 2-3　如果某系统的时延扩展 $\Delta = 3\mu s$,为使系统能正常工作,传输信号的带宽应如何选取?

解:工程上

$$B_c = \frac{1}{2\pi\Delta} = \frac{1}{2 \times 3.14 \times 3} = 53\text{kHz}$$

为使系统能正常工作,传输信号的带宽应小于 53kHz。

在实际应用中,有时也会使用最大时延 T_m 的倒数来估算相关带宽,即

$$B_c = \frac{1}{T_m} \tag{2-26}$$

(3) 频域选择性衰落与平坦衰落。下面将从频域和时域两个方面来讨论频域选择性衰落与平坦衰落。从时域上看,如果发送的符号或码元周期 T 远小于时延扩展 Δ,即 $T \ll \Delta$,那么接收端由于多径时延,接收信号中一个符号的波形会扩展到其他符号中,造成符号间干扰(ISI),也会引起码间串扰。从频域上看,若符号周期 $T \ll \Delta$,等效于 $(1/T) \gg (1/\Delta)$,即信号带宽或者信号速率远大于相关带宽时,信号通过无线信道后某些频率成分信号的幅值可以增强(相位相同,幅值叠加),而另外一些频率成分信号的幅值会被削弱(相位相反,幅值相消),引起信号波形的失真,此时就发生频率选择性衰落。相反,在时域上看,符号周期远大于时延扩展,即 $T \gg \Delta$ 时,多径时延的影响就很小,没有符号间干扰。从频域上看,信号带宽远小于相干带宽,即 $(1/T) \ll (1/\Delta)$,接收端的信号通过无线信道后各频率分量都受到相同的衰落(由于各频率成分比较接近,经多条路径到达接收端后相位也很接近,各频率成分各自叠加后的幅度也很接近),因而衰落波形不会失真,则认为信号只是经历了平坦衰落,即非频率选择性衰落,也称作平坦衰落。

在实际移动通信系统中,为了对抗频率选择性衰落,人们采用了正交频分复用(OFDM)技术,该技术将宽带信号分成很多子带,频域上分成很多子载波发送出去,每个子带的信号带宽小于相关带宽,从而减少甚至避免了频率选择性衰落。一般来说,时延扩展 Δ 的大小依赖于路径之间的传播距离之差及散射物的距离,大小通常是纳秒级(室内场景)或微秒级(室外场景)。

2）多普勒扩展与相关时间

由于存在多普勒频移,所以当单一频率信号 f_0 到达接收端时,其频谱不再是位于频率轴上 $\pm f_0$ 处的单纯 δ 函数,而是分布在 $(f_0 - f_m, f_0 + f_m)$ 内且存在一定宽度的频谱。因此,由于移动台的运动产生的多普勒频移导致了单一频率信号经过时变衰落信道之后会呈现为具有一定带宽和频率包络的信号,又称为信道的频率弥散性或称信道的频率色散,如图 2-16 所示。

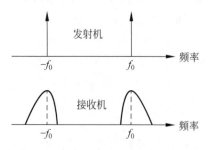

图 2-16　信号的频率弥散性

频率色散参数可以用多普勒扩展来描述,相关时间是与多普勒扩展相对应的参数。多普勒扩展

和相关时间描述的是信道的时变性,这种时变性或是由移动台与基站间的相对运动引起的,或是由传播路径中的物体运动引起的。

(1)多普勒扩展。若接收信号为 N 条路径来的电波,因多条路径信号的入射角各不相同,当 N 较大时,接收端的多普勒频移就成为占有一定宽度的多普勒扩展 B_{D}。相当于单频电波在通过多径移动通信信道时受到了随机调频。接收信号的这种功率谱展宽被称作多普勒扩展。其为一个频率范围,在此范围内接收的多普勒谱有非 0 值。多普勒扩展是频谱展宽的测量值,这个频谱展宽是移动无线信道的时间变化率的一种量度。

(2)相关时间。相关时间是指移动通信信道冲激响应维持不变的时间间隔的统计平均值。在相关时间内,两个到达的信号具有很强的相关性,信道特性没有明显变化。相关时间表征的是信号经过时变移动信道的衰落快慢程度,表现出时间选择性。

相关时间函数可由多普勒功率谱来推导,但推导较为复杂。工程上,相关时间 T_{C} 约等于最大多普勒频移 f_{m} 的倒数,可以表示为

$$T_{\mathrm{C}} = \frac{1}{f_{\mathrm{m}}} \tag{2-27}$$

如果将相关时间定义为两个信号包络相关度为 0.5 的时间间隔,则相关时间可以近似为

$$T_{\mathrm{C}} = \frac{9}{16\pi f_{\mathrm{m}}} \tag{2-28}$$

一般来说,相关时间的大小依赖于载波频率、移动速度等,大小为毫秒级。多径信号中的典型多普勒扩展值如表 2-6 所示。

表 2-6　多径信号中的典型多普勒扩展值(单位:Hz)

频　率	速　度			
	10km/h	60km/h	100km/h	350km/h
450MHz	0.8	5.0	8.3	29.2
800MHz	1.5	8.9	14.8	51.9
1800MHz	3.3	20.0	33.4	116.7
2100MHz	3.9	23.3	38.9	136.2

通过分析,对于多径信道的多普勒频移特征参数可以得出以下结论。

(1)多径信道的多普勒频移特征参数与移动终端和基站周围的散射体有关。

(2)多径信道的多普勒频移特征参数对宏小区和微小区影响不同。

在宏小区中,通常基站天线架在建筑物的顶部,而移动终端处于典型郊区环境。对于移动终端周围的本地散射体,只产生很小的时延扩展和角度扩展,而基站周围的本地散射体,基本没有附加多普勒频移;对于远端散射体,可以认为是相互独立的路径衰落,无多普勒频移。在微小区中,由于基站和移动终端周围的散射体都较强,因此本地散射体的影响将导致小的时延扩展;根据移动终端的运动速度,产生中等到较高的多普勒频移。

(3)快衰落和慢衰落。从频域上看,若信号带宽远小于多普勒扩展带宽,频移使得相邻的频率分量之间相互干扰,造成载波间干扰(ICI)。从时域上看,若符号周期远大于多普勒扩展带宽的倒数(相关时间),多普勒扩展带宽所对应频率信号的相位将发生很大的变化,在一个符号时间内接收端到达的同一信号的波形幅度会产生很大的变化,产生时间选择性衰

落,也称为快衰落。相反,从频域上看,若信号带宽远大于多普勒扩展带宽,那么由于频移造成的载波间干扰就很不明显。从时域上看,若符号周期远小于多普勒扩展带宽的倒数,在此时间内接收信号包络的相位变化将很小,信号的幅度变化也就很小,产生非时间选择性衰落,也称为慢衰落。

通过对慢衰落与快衰落进行相应比较,不难发现慢衰落相对于快衰落而言是宏观变化,快衰落是微观变化;慢衰落的衰落速率与频率无关,主要取决于传播环境,快衰落的衰落速率与频率有关。

3）角度扩展和相关距离

角度扩展是用来描述信道角度色散的参数,它是由移动台或基站周围的本地散射体及远端散射体引起的,角度扩展与角度功率谱有关。角度扩展 δ 定义为归一化角度功率谱 $P_\delta(\theta)$ 的均方根值,表示为

$$\delta = \sqrt{\int_0^\infty (\theta - \bar{\theta})^2 P_\delta(\theta) \mathrm{d}\theta} \tag{2-29}$$

式中,θ 为来自散射体的入射电波与基站天线阵列中心和移动台阵列天线中心连线之间的夹角,其平均值 $\bar{\theta}$ 表示为

$$\bar{\theta} = \int_0^\infty \theta P_\delta(\theta) \mathrm{d}\theta \tag{2-30}$$

角度扩展越大,表明散射越强,信号在空间的色散度越高;反之,角度扩展越小,表明散射越弱,信号在空间的色散度越低。角度扩展给出接收信号主要能量的角度范围,产生空间选择性衰落,即信号幅值与天线的空间位置有关。空间选择性衰落用相关距离来描述。相关距离定义为两根天线上的信道响应保持强相关的最大空间距离,用信道冲击响应维持不变(或一定相关度)的空间间隔的统计平均值来表示。在相关距离间隔内,两个到达信号有很强的幅度相关性。相关距离越短,角度扩展越大;反之,相关距离越长,则角度扩展越小。

在相关距离内,可以认为空间传输函数是平坦的。假若相邻天线的空间距离比相关距离小得多,则相应的信道认为是非空间选择性信道。相关距离与角度扩展的关系是角度扩展在空域的表示。工程上,它们的关系可以表示为

$$D_\delta = \frac{0.187}{\delta \cos\theta} \tag{2-31}$$

从式(2-31)可以看出,相关距离 D_δ 除与角度扩展 δ 有关外,还与来波到达角 θ 有关。即在天线到达角相同的情况下,角度扩展越大,不同天线接收到的信号之间的相关性就越小;反之,角度扩展越小,天线之间的相关性就越大。同样,在角度扩展相同的情况下,信号的到达角越大,天线之间的相关性越大;信号的到达角越小,天线之间的相关性越小。因此,为了保证相邻两根天线经历的衰落不相关,在弱散射下的天线间隔要比在强散射下的天线间隔大一些。

典型的角度扩展值室内环境为360°,城市环境为20°,平坦的农村为1°。在第3章抗衰落技术中讲解的 MIMO 系统是分立式多天线系统,就是各个天线的距离大于相关距离的情形。而智能天线中天线阵各个天线阵元的距离小于相关距离,需要依靠各个天线阵元的相关作用来进行波束成形。

2.3.3 阴影衰落的基本特征

1. 阴影衰落

当移动台通过不同障碍物的阴影时,会导致接收场强中值随着地理位置改变而出现缓慢变化,这种现象被称为阴影效应,产生的衰落叫阴影衰落,如图 2-17 所示。阴影衰落的产生与无线电波传播的地形及地物的分布、高度有关。

阴影衰落是长期衰落,其信号电平起伏是相对缓慢的。阴影衰落使所预测的路径损耗产生很大的变化,大量统计测试表明,阴影衰落近似服从对数正态分布,其概率密度函数可以表示为

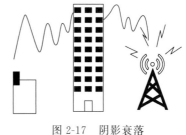

$$p(x) = \frac{1}{\sqrt{\pi}\sigma x} \exp\left\{-\frac{(\lg x - \mu)^2}{2\sigma^2}\right\} \ (x > 0)$$

$$(2\text{-}32)$$

图 2-17 阴影衰落

式中,随机变量 x 为场强中值,μ、σ 分别为均值和方差,其中偏差取决于地形、地物和工作频率等因素,郊区比市区大,并且会随着工作频率的升高而增大。

2. 衰落储备

为防止衰落引起通信中断,必须提高发射机功率 P_T 或收发天线的增益 G_T、G_R,以保证接收信号电平 P_R 留有足够余量,保证通信的中断率 R 小于规定指标,这种电平余量称为衰落储备量。衰落储备的大小决定于地形、地物、工作频率及要求的通信可靠性指标。通信可靠性也称作可通率 T。可通率与中断率之间的关系满足 $T = 1 - R$。实测大量数据经统计分析得出的衰落储备曲线如图 2-18 所示。

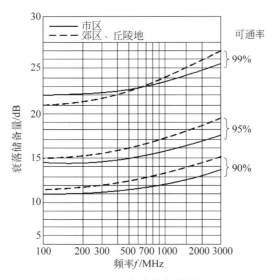

图 2-18 衰落储备曲线

图 2-18 中,横坐标为频率 f(MHz),纵坐标左侧为衰落储备量(dB),右侧为可通率 T,并给出了可通率 T 分别为 90%、95% 和 99% 的三组曲线。

例如,工作频率 $f = 450\text{MHz}$,在市区工作,要求系统的可通率 $T = 99\%$,查图 2-18 可

得,衰落储备量约为 22.5dB。

阴影效应对移动通信系统的影响主要表现在影响移动通信小区覆盖范围、导致移动通信覆盖盲区、影响移动通信的切换、影响信噪比或载噪比的大小等。不同地物类型的阴影效应大小不一,密集城区一般要比普通城区、农村、郊区有更大的阴影效应影响。在做网络规划时,要充分考虑不同无线环境中阴影效应对覆盖效果的影响。对于阴影效应产生的影响,可以通过在系统设计设置衰落余量和在网络规划时对基站站址的合理选取加以克服。此外,还有一种随时间变化的慢衰落,这种衰落也服从对数正态分布。这是由于大气折射率的平缓变化会使同一地点接收到的信号中值电平也做缓慢变化,其造成的衰落周期通常以小时甚至以天计,通常忽略不计。

第 17 集

2.4 电波传播损耗预测模型

设计无线通信系统时,为了计算传播损耗,人们对移动通信基站与移动台之间建立电波传播预测模型。传播模型用于预测无线电波在各种复杂传播路径上的路径损耗,是移动通信网络中小区规划的基础。传播模型的准确与否,关系到小区规划是否合理。在选用传播模型时,通常考虑既要保证网络规划的精度又要同时节省人力、物力和时间。

传播模型通常包括大尺度传播模型和小尺度传播模型。大尺度传播模型描述了长距离内接收信号强度的缓慢变化,这些变化是由发射天线和接收天线之间传播路径上的障碍物遮挡而造成的。大尺度传播模型用于预测平均场强并估计无线覆盖范围,主要的模型代表有 Lee 模型、Okumura-Hata 模型、COST-231 Hata 模型、Walfish-Ikegami 模型、"通用"传播模型(SPM)、室内传播模型(Keenan-Motley)和 ITU 推荐的 ITU-R P.1238 室内传播模型。小尺度传播模型描述了短距离或短时间内接收信号强度快速变化,小尺度传播模型用于确定移动通信系统性能而应该采取的技术措施,如传输技术和数字接收机的设计等。模型代表有 AGWN 模型、Raleigh 时变信道模型、伦琴衰落模型。

如果研究的目的是进行传播模型参数校正,大多数情况下只会研究信道的大尺度特性,即路径损耗模型和阴影衰落模型,因为它们只与信号大范围的平均信号状况有关。如果研究针对的是接收机调制解调、基带信号处理方面等,大多数情况下会研究信道的小尺度特性。小尺度特性比大尺度特性的研究更为复杂,因为基带信号处理的码元周期是码率的倒数,宽带系统的普及使得码元周期较短,这种情况下信号在短时间内的变化是一个重要的考察量,也是基带信号处理需要面对的主要问题,此时信号会同时受到大尺度衰落和小尺度衰落的影响,但是这些影响在很短的时间内可以忽略。随着通信系统信号带宽的增大和多天线维度的扩展小尺度特性差异有所增加,对测量系统的要求也更高。比如,大带宽系统改变了多径衰落的分布,多天线技术的引入带来了天线相关性的变化和信号角度域的变化,3D-MIMO 技术的引入使得小尺度模型需要扩展到三维尺度等。

在规划设计移动通信网时,一般只考虑大尺度衰落,因为关心的是接收点信号场强的平均值,因此实际设计时通常只用到大尺度传播模型,而小尺度衰落一般用在理论研究中,用于传输技术的选择和数字接收机的设计,在规划中一般不予考虑。大尺度传播模型预测距离要远大于无线电波波长,通常情况下,粗略地认为大尺度模型下,距离和主要环境特征的函数与频率无关,当距离减小到一定程度时,模型就不成立了,主要用于无线系统覆盖和粗略的容量规划建模。小尺度模型用来描述信号在波长尺度范围内的信号变化,此时以多径效应(相位抵消)为主,路径损耗(大尺度衰落)可认为是常数,与载波频率和信号带宽有关,小尺度模型着眼于"衰落"建模,适用于在短距离或数个波长范围内信号快速变化。

因为无线信道是随机时变的,难于分析,难于模拟;无线电波在移动信道中大多数情况下是非视距和多径的,且移动台有可能处于运动中,会产生多径衰落。因此,选择传播模型的重点是可以预测在距离发射机的给定距离上平均接收的信号强度及信号强度的变化。在实际系统设计时,通常采用理论分析、场强实测统计、计算机模拟及它们相结合的方法。理论分析的目的是了解各种因素对移动信道的影响;实测统计目的是找出各种地形地物下的传播损耗与距离、频率、天线高度之间的关系。实测方法的优点是通过场强测试考虑了所有的传播因素,包括已知的和未知的因素。但实测统计方法的不足之处是,在一定频率和环境下获得的模型,在其他条件应用时不一定正确,应用只能建立在新的测试数据基础上。

2.4.1 Okumura-Hata 模型

第 18 集

Okumura-Hata 模型是根据现场测试结果绘成经验曲线构成的模型,用于宏蜂窝(小区半径大于 1km)的路径损耗预测,在蜂窝移动通信系统中得到了广泛应用。这种模型通过使用不同频率、不同天线高度、不同的距离进行一系列测试得到的数据统计分析得出经验公式。

Okumura-Hata 模型适用于工作频率 f 范围为 $150\sim1500\mathrm{MHz}$,基站天线高度 h_b 为 $30\sim200\mathrm{m}$(基站天线高度定义为天线相对海平面高度减去距离 $3\sim15\mathrm{km}$ 的平均地面高度),移动台天线高度 h_m 为 $1\sim10\mathrm{m}$(移动台天线高度定义为移动台天线距地面的实际高度),距离 d 为 $1\sim20\mathrm{km}$ 的宏蜂窝移动通信系统。

Okumura-Hata 传播模型公式为

$$L_\mathrm{M}(\mathrm{dB}) = 69.55 + 26.16\lg f - 13.82\lg h_\mathrm{b} - a(h_\mathrm{m}) + (44.9 - 6.55\lg h_\mathrm{b}) \times \lg d$$

(2-33)

式中,$a(h_\mathrm{m})$ 为移动台天线修正因子,由传播环境中建筑物的密度及高度等因素来确定,在 Okumura-Hata 传播模型中,h_m 以 $1.5\mathrm{m}$ 为基准,载波频率 f 以 MHz 为单位,h_b 以 m 为单位,d 以 km 为单位。

由于大城市和中小城市建筑物状况相差较大,故修正因子分别给出。

(1) 大城市(定义为建筑物密集,街道较窄,高层建筑也较多,建筑物平均高度超过 15m)的 $a(h_\mathrm{m})$ 修正因子。

$150\mathrm{MHz}{\leqslant}f{\leqslant}300\mathrm{MHz}$ 时

$$a(h_\mathrm{m}) = 8.29 \times \left[\lg(1.54h_\mathrm{m})\right]^2 - 1.1$$

(2-34)

$300\mathrm{MHz}{\leqslant}f{\leqslant}1500\mathrm{MHz}$ 时

$$a(h_\mathrm{m}) = 3.2 \times \left[\lg(11.75h_\mathrm{m})\right]^2 - 4.97$$

(2-35)

(2) 中小城市(定义为建筑较多,有商业中心,可有高层建筑,但数量较少,街道也比较宽)$a(h_\mathrm{m})$ 修正因子。

$$a(h_\mathrm{m}) = (1.1 \times \lg f - 0.7)h_\mathrm{m} - (1.56 \times \lg f - 0.8)$$

(2-36)

对于郊区(定义为有 $1\sim2$ 层楼房,但分布不密集,还可有小树林等),传播损耗结果修正为

$$L_{M(suburb)} = L_M - 2 \times \left[\lg\left(\frac{f}{28}\right) \right]^2 - 5.4 \tag{2-37}$$

对于开阔地(定义为在电波传播方向上没有建筑物或高大树木等障碍的开阔地带),传播损耗结果修正为

$$L_{M(open)} = L_M - 4.78 \times [\lg f]^2 + 18.33 \times \lg f - 40.94 \tag{2-38}$$

需要注意的是,利用上述公式计算路径损耗时,必须注意基站天线没有采取空间分集,不能考虑分集增益。另外,用户终端天线的安装位置也会对计算路径损耗有很大的影响,因此需要根据天线的不同安装位置所引起的穿透衰减来进行计算。

2.4.2 COST-231 Hata 模型

随着城市人口的聚集而出现密集城区,为了提高话务量,通过小区分裂使得基站之间的距离缩到了几百米,这就造成了传播模型预测的困难,如果在基站密集地区仍采用 Okumura-Hata 模型,则会出现预测值比实际测量值明显偏高的情况。为了适应密集城区的传播损耗预测,欧洲研究委员会 COST-231 在 Okumura-Hata 的基础上提出了其扩展模型,即 COST-231 Hata 模型。COST-231 Hata 模型应用频率为 1500~2300MHz,适用于基站天线高度 h_b 为 30~200m,移动台天线高度 h_m 为 1~10m,距离 d 为 1~20km 的宏蜂窝系统。

COST-231 Hata 模型公式为

$$L_M = 46.3 + 33.9 \times \lg f - 13.82 \times \lg(h_b) + [44.9 - 6.55 \times \lg(h_b)] \times \\ \lg d - a(h_m) + C_M \tag{2-39}$$

式中,$a(h_m)$ 由式(2-34)~式(2-36)来计算,频率 f 的单位为 MHz,距离 d 以 km 为单位,C_M 为大城市中心校正因子,大城市的 C_M 为 3dB,中小城市和郊区中心区的 C_M 为 0dB。

COST-231 Hata 模型和 Okumura-Hata 模型主要的区别在于频率衰减的系数不同。COST-231 Hata 模型的频率衰减因子为 33.9,而 Okumura-Hata 模型的频率衰减因子为 26.16。另外,COST-231 Hata 模型还增加了一个大城市中心衰减因子 C_M,大城市中心地区路径损耗增加 3dB。

2.4.3 Keenan-Motley 传播模型

Keenan-Motley 传播模型应用于室内环境视距(LOS)传播,模型公式为

$$L_M = 20 \times \lg d + 20 \times \lg f - 28 + X_\sigma \tag{2-40}$$

非视距传播模型(NLOS)公式为

$$L_M = 20 \times \lg d + 20 \times \lg f - 28 + L_{f(n)} X_\sigma \tag{2-41}$$

式中,X_σ 为慢衰落余量,取值与覆盖概率和室内慢衰落标准差有关;频率 f 的单位为 MHz,距离 d 以 km 为单位,$L_{f(n)}$ 为楼层穿透损耗因子。

$$L_{f(n)} = \sum_{i=0}^{n} (P_i) \tag{2-42}$$

式中,P_i 为第 i 面墙的穿透损耗,n 表示隔墙的数量。

隔墙穿透损耗典型值如表 2-7 所示;物体阻挡/穿透损耗典型值如表 2-8 所示。

表 2-7　隔墙穿透损耗典型值

频率/GHz	混凝土墙/dB	砖墙/dB	木板/dB	厚玻璃墙(玻璃幕墙)/dB	薄玻璃(普通玻璃窗)/dB	电梯门综合穿透损耗/dB
1.8～2	15～30	10	5	3～5	1～3	20～30

表 2-8　物体阻挡/穿透损耗典型值

物体阻挡/穿透损耗	典型值/dB	物体阻挡/穿透损耗	典型值/dB
隔墙阻挡	5～20	厚玻璃穿透损耗	6～10
楼层阻挡	＞20	火车车厢的穿透损耗	15～30
室内穿透损耗(楼层高度的函数)	−1.9dB/层	电梯的穿透损耗	30
家具和其他障碍物的阻挡	2～15	茂密树叶穿透损耗	10

2.4.4　SPM 传播模型

在实际应用中,考虑到现实环境中不同地形地物对电波传播的影响,为了更好地保证覆盖预测结果的正确性,在各种规划软件中,一般都使用 SPM 的传播模型,然后根据各个地区的不同情况,对模型参数进行校正后再使用。

SPM 传播模型公式为

$$L_M = K_1 + K_2 \times \lg d + K_3 \times \lg(H_{Txeff}) + K_4 \times (\text{Diffraction loss}) + \\ K_5 \times \lg d \times \lg(H_{Txeff}) + K_6 \times (H_{Rxeff}) + K_{clutter} \times f_{clutter} \tag{2-43}$$

式中,K_1 为频移常量,是与频率有关的常数;d 为发射天线与接收天线之间的水平距离,单位 km;K_2 为距离衰减常数;K_3 为基站天线高度修正系数;H_{Txeff} 为发射天线的有效高度,单位 m;K_4 为绕射损耗的修正因子;Diffraction loss 为传播路径上障碍物衍射损耗;K_5 为基站天线高度与距离修正系数;K_6 为终端天线高度修正系数;H_{Rxeff} 为发射天线的有效高度,单位 m;$K_{clutter}$ 为地貌平均加权损耗的修正因子;$f_{clutter}$ 为地貌类型加权平均损耗,单位为 dB。

在分析不同地区、不同城市的电波传播时,不同的 K 值会因为地形地貌的不同及城市环境的不同而选取不同值。表 2-9 给出了一些用于中等城市电波传播分析时的典型 K 值和一些 $K_{clutter}$ 衰减损耗参考值,在实际工程中可作为参考。

表 2-9　K 参考值(单位：dB)

K_1	23.50	K_4	市区设置为 0.2,郊区设置为 0.4
K_2	44.90	K_5	−6.55
K_3	5.83	K_6	0
不同地形 $K_{clutter}$ 衰减损耗参考值			
内河	−2.00	工商业区	1.30
湿地	−1.50	密集城区	1.40
城市开阔地	1.00	一般城区	2.30
牧场	1.50	郊区	−1.00
高层建筑	−1.60		

根据这些 K 参数,可以计算出传播损耗中值,但是由于环境的复杂性,还要进行适当修

正。当蜂窝移动通信系统用于室内传播时要考虑建筑损耗,建筑损耗是墙壁结构(钢、玻璃、砖等)、楼层高度、建筑物相对于基站的走向、窗户区所占的百分比的函数。根据表2-9,可以得出以下结论。

(1) 位于市区的建筑平均穿透损耗大于郊区和偏远地区。

(2) 有窗户区域的损耗一般小于没有窗户区域的损耗。

(3) 建筑物内开阔地的损耗小于有走廊的墙壁区域的损耗。

(4) 街道墙壁有铝的支架比没有铝的支架产生更大的衰减。

(5) 只在天花板加隔离的建筑物比天花板和内部墙壁都加隔离的建筑物产生的衰减小。

SPM 模型系数采用变量校正的方法,可以对某一参数的系数单独校正,也可以对多参数的系数同时进行校正。事实上,尽管 SPM 模型的各个因子都是可以进行校正的,但是由于天线挂高在测试过程中保持不变,而且测试的距离通常在 3km 范围内,地形的变化通常并不明显,因此在整个测试过程中天线有效高度的变化不大,通常不对 k_3 进行校正。k_4 是与衍射计算相关的因子,由于衍射损耗是以地面高度为依据来计算的,而测试范围较小,地形的变化在测试的过程中通常比较平缓,一般市区设置为 0.2,郊区设置为 0.4。与 k_3 的因子类似,通常不对 k_5 进行校正。k_6 是与移动台有效发射高度相关的因子,由于在测试过程中移动台一直作为接收设备,取该因子值为 0,不考虑其影响。

综上所述,SPM 模型校正的主要任务集中在对 k_1、k_2、clutter 进行修正,为了保证模型的精确性,在实际测试过程中应当保证采集到的数据在距离上分布均匀且在需要校正的地貌类型中采集到足够多的数据。

2.4.5 0.5～100GHz 的传播模型

传统无线传播模型 Okumura-Hata 和 COST-231 Hata 模型主要应用在 2GHz 及以下低频段,而 5G 通信系统主要采用 6GHz 以下的中低频段和 24GHz 以上的高频段组网,其部署方式也与传统室外宏站和室内分布系统方式有所不同,主要使用室外宏/微站及室内微微站相结合的方式。因此,传统无线传播模型,无论从频率选择还是部署方式上都难以适用于 5G 通信系统基站的覆盖预测。

3GPP TR 38.901 定义了多个适用于 5G NR 0.5～100GHz 的传播模型,包含 UMa、RMa、UMi 和 InH-Office 等四类场景。

1. UMa

UMa(城区宏站)适用于建筑物分布比较密集的区域。该场景主要包括各省会城市的商业中心和密集写字楼区域。该类场景基站天线要高于周围建筑物楼顶高度(如 25～30m),用户在地平面高度(约 1.5m),站间距不超过 500m。

表 2-10 给出了 UMa 小区类型下高频段的视距/非视距(LOS/NLOS)环境传播特性的路径损耗模型。

表 2-10 UMa 传播损耗模型

场　　景	路径损耗/dB、载频 f/GHz、发射到接收距离/m	阴影衰落方差/dB	适 用 范 围
UMa NLOS	$L_{\text{UMa-NLOS}}=13.54+39.08\lg(d_{3\text{D}})+20\lg f-0.6(h_r-1.5)$	$\sigma_{\text{SF}}=6$	$1.5\text{m}\leqslant h_r\leqslant 22.5\text{m}$ $h_{\text{BS}}=25\text{m}$

续表

场 景	路径损耗/dB、载频 f/GHz、发射到接收距离/m	阴影衰落方差/dB	适 用 范 围
UMa LOS	$L_{\text{UMa-LOS}}=28.0+40\lg(d_{3\text{D}})+20\lg f-9\lg[(d'_{\text{BP}})^2+(h_{\text{BS}}-h_{\text{r}})^2]$	$\sigma_{\text{SF}}=4$	$1.5\text{m}\leqslant h_{\text{r}}\leqslant22.5\text{m}$ $h_{\text{BS}}=25\text{m}$ $d'_{\text{BP}}<d<5\text{km}$
UMa NLOS（简化）	$L_{\text{optional}}=32.4+20\lg f+30\lg(d_{3\text{D}})$	$\sigma_{\text{SF}}=7.8$	$10\text{m}<d<5\text{km}$

备注：f 是载频，$d_{3\text{D}}$ 是收发天线之间的直线距离，h_{r} 是接收天线有效高度，h_{BS} 为基站天线的有效高度，d 是收发天线的水平距离，d'_{BP} 为设置的断点距离。

由表 2-10 可知，3GPP 在定义高频损耗模型时，阴影衰落方差最大达 7.8dB，收发之间距离最远可达 5km。

2. RMa

RMa（农村宏站）适用于建筑物分布非常稀疏的区域。该类场景主要包括我国大部分的农村区域和少数不发达的乡镇区域。该类场景基站天线挂高为 10～150m，用户终端在地平面高度为 1～10m，建筑物的平均高度为 5～50m，街道平均宽度为 5～50m。

表 2-11 给出了 RMa 小区类型下高频段的视距/非视距（LOS/NLOS）环境传播特性的路径损耗模型。

表 2-11 RMa 传播损耗模型

场 景	路径损耗/dB、载频 f/GHz、发射到接收距离/m	阴影衰落方差/dB	适 用 范 围
RMa NLOS	$L_{\text{RMa-NLOS}}=161.04-7.1\lg W+7.5\lg h-[24.37-3.7(h/h_{\text{BS}})^2](\lg h_{\text{BS}})+[43.42-3.1(\lg h_{\text{BS}})][\lg(d_{3\text{D}})-3]+20\lg f-[3.2(\lg(11.75h_{\text{UT}}))^2-4.97]$	$\sigma_{\text{SF}}=8$	$h_{\text{r}}=1.5\text{m}$ $h_{\text{BS}}=35\text{m}$ $W=20\text{m}$ $h=5\text{m}$
UMa LOS	$L_{\text{RMa-LOS}}=20(40\pi d_{3\text{D}}f/3)+\min(0.03h^{1.72},10)\lg(d_{3\text{D}})-\min(0.044h^{1.72},14.77)+0.002\lg(h)d_{3\text{D}}$	$\sigma_{\text{SF}}=4$	

备注：f 是载频，$d_{3\text{D}}$ 是收发天线之间的直线距离，h_{BS} 为基站天线的有效高度，W 为街道平均宽度，h 为建筑物平均高度。

由表 2-11 可知，3GPP 在定义高频损耗模型时，阴影衰落方差最大达 8dB。

3. UMi

UMi（城区微站）模型适用于微基站视距覆盖场景，旨在还原真实的城市街道、开放区域等场景，如市或车站广场、城市主要干道。典型开放区域宽度约为 50～100m，包含用户密集的开阔场地和城市街道。该类场景基站天线挂高低于建筑物楼顶（如 3～20m），用户在地平面高度（约 1.5m），站间距小于或等于 200m。

表 2-12 给出了 UMi 类型下高频段的视距/非视距（LOS/NLOS）环境传播特性的路径损耗模型。

表 2-12　UMi 传播损耗模型

场　　景	路径损耗/dB、载频 f/GHz、发射到接收距离/m	阴影衰落方差/dB	适用范围
UMi NLOS	$L_M = 22.4 + 35.3\lg(d_{3D}) + 21.3\lg f - 0.3(h_r - 1.5)$	$\sigma_{SF} = 7.82$	$1.5\text{m} \leqslant h_r \leqslant 22.5\text{m}$
UMi LOS	$L_M = 32.4 + 40\lg(d_{3D}) + 20\lg f - 9.5\lg[(d'_{BP})^2 + (h_{BS} - h_r)^2]$	$\sigma_{SF} = 4$	$h_{BS} = 10\text{m}$

备注：f 是载频，d_{3D} 是收发天线之间的直线距离，h_r 是接收天线有效高度，h_{BS} 为基站天线的有效高度，d'_{BP} 为设置的断点距离。

由表 2-12 可知，3GPP 在定义高频损耗模型时，阴影衰落方差最大达 7.82dB。

4. InH-Office

InH-Office(室内热点)模型适用于室内覆盖系统非视距覆盖场景，旨在还原各种真实典型的室内部署场景。该类场景典型的办公环境包括开放式隔间区域、有围墙的办公室、开放区域、走廊等。购物中心通常高 1～5 层，可能包括几层共用的开放区域(或中庭)。其中，BS 安装在天花板或墙壁上 2～3m 的高度。

表 2-13 给出了 InH-Office 类型下高频段的视距/非视距(LOS/NLOS)环境传播特性的路径损耗模型。

表 2-13　InH-Office 传播损耗模型

场　　景	路径损耗/dB、载频 f/GHz、发射到接收距离/m	阴影衰落方差/dB	适用范围
InH-Office NLOS	$L_{InH-NLOS} = 17.3 + 38.3\lg(d_{3D}) + 24.9\lg f$	$\sigma_{SF} = 8.03$	$1\text{m} \leqslant d_{3D} \leqslant 150\text{m}$
InH-Office LOS	$L_{InH-LOS} = 32.4 + 17.3\lg(d_{3D}) + 20\lg f$	$\sigma_{SF} = 3$	

备注：f 是载频，d_{3D} 是收发天线之间的直线距离。

由表 2-13 可知，3GPP 在定义高频损耗模型时，阴影衰落方差最大达 8.03dB。

5G 是"万物互联"时代，5G 传播场景取决于物理环境、链路类型、小区类型、天线位置及所支持的频率范围。鉴于 5G 无线通信系统设计场景及应用案例的多样性和复杂性，5G 无线信道和传播模型需要满足更加严格的需求。目前，针对 5G 信道建模研究的方法主要有两种：随机建模方式和基于地图的建模方式。表 2-14 给出了基于地图和随机过程建模的传播场景类型。很多信道模型已经得到了广泛应用，例如 3GPP/3GPP2 空间信道模型(SCM)、WINNER、ITU-R、3GPP UMi、UMa 和 IEEE 802.1lad，但这些模型有时并不能充分满足高规格的 5G 需求。另外，这些通用信道模型，如 SCM、WINNER 适合低于 6GHz 的频段范围，IEEE 802.1lad 适合 60GHz 的高频段。目前大多数模型都仅适用特定的频率范围。

表 2-14　传播场景

传播场景	室外/室内	所支持的链路类型(随机过程模型)
城区微站	室外对室外，室外对室内	基站-终端，D2D，V2V
城区宏基站	室外对室外，室外对室内	基站-终端，回传
乡村宏基站	不适用	基站-终端，D2D，V2V，回传

续表

传 播 场 景	室外/室内	所支持的链路类型（随机过程模型）
办公室	室内对室内	基站-终端
购物中心	室内对室内	基站-终端
高速路	室外对室外	基站-终端，V2V
户外大型演播	室外对室外	基站-终端，D2D，回传
体育场馆	室外对室外	不适用

表 2-14 中，D2D 指设备到设备，V2V 指车辆到车辆。

穿透损耗是指当信号源在建筑物外时，建筑物外的接收信号强场与建筑物内的强场比值。穿透损耗与建筑物的结构、信号源位置和入射角度等有关。穿透损耗与频率直接相关，与空口技术没有直接关系。表 2-15 为 5G 信号在传统损耗模型下，不同材质、频率中的损耗值。

表 2-15 不同材质、频率中的损耗值

损耗/dB	700MHz	2.6GHz	3.5GHz	4.9GHz	28GHz
玻璃	2.10	2.50	2.70	3.00	7.60
IRR 玻璃	23.20	23.70	24.0	24.40	31.40
木质	4.90	5.10	5.30	5.40	8.20
混凝土	7.80	15.40	19.00	24.60	117.00

可以看出，各种材料在频率上升时，穿透损耗均有增加，普通玻璃损耗最低，跟木制相似，IIR 玻璃相较普通玻璃损耗高约 20dB；混凝土材质对频率上升尤其敏感，28GHz 下损耗已达到 117dB。

2.4.6 室内传播模型

目前，无线移动通信的应用正逐渐由室外环境向室内扩展和延伸。人们越来越关注室内无线电波传播的情况，研究室内电波传播的多径现象，建立有使用意义的室内电波传播模型，可以为室内无线通信系统的设计提供最佳网络配置依据，从而节省巨额的实地设站检测费用，具有较好的经济效益。

室内无线电系统的传播预测在某些方面与室外系统有区别。与室外系统一样，根本目的是保证在所要求的区域内有效覆盖（或在点对点系统情况下保证有可靠的传播路径）和避免干扰，包括系统内的干扰及其他系统的干扰。然而，在室内情况下，覆盖的范围是由建筑物的几何形状明确限定的，而且建筑物本身的各边界将对传播有影响。除了建筑物的同一层上的频率要重复使用，经常还希望在同一建筑物的各层之间要频率共用。这样就增添了三维干扰问题。由于距离很短，特别是使用毫米波频率的场合，意味着无线电波路径附近环境的微小变化可能会对传播特性有重大的影响。

另外，与传统的无线信道相比，室内无线信道覆盖面积小，收发设备之间的传播环境变化大，室内的电波传播不受气候因素（如雨、雪和云等）的影响，但受到建筑物材料、形态、房间布局及室内陈设等的影响，其中最重要的影响因素是建筑材料，室内障碍物不仅有砖墙，而且有木材、金属、玻璃及其他材料（如地毯、墙纸等），这些材料对电波传播的影响各不相同。

从电波传播的机理来看,它仍然受到直射、反射、绕射、散射和穿透等传播方式的影响。室内移动台接收从建筑物外部发来的信号时,电波需要穿透墙壁、楼层,会受到很大损耗,这种穿透损耗和频率、建筑物的结构(砖石或钢筋水泥结构等)有关,还和移动台位置(是否靠近窗口、所处楼层)有关。大量测量表明,穿透损耗有如下规律。

(1) 钢筋水泥结构的穿透损耗大于砖石或土木结构。

(2) 建筑物内的穿透损耗随电波穿透深度(进入室内的深度)而加大。

(3) 损耗和楼层有关,以一楼为基准,楼层越高,损耗越小,地下室损耗最大。

(4) 对不同频率的无线信号,穿透损耗随着频率的增大而减小。

一般来说,室内信道也分为视距(LOS)和非视距(NLOS)两种。若发射点和接收点同处一室,相距仅几米或几十米,属于直射传播,场强可按自由空间计算,但由于墙壁的反射,室内场强分布也会随地点起伏变化。用户持手机移动时也会使接收信号产生衰落,但衰落速度很慢,对信号传输几乎不产生影响,可以忽略。下面简单介绍几种室内传播模型。

1. ITU-R P.1238-5

ITU-R P.1238-5 用于规划频率范围为 900MHz～100GHz 的室内无线电通信系统和无线局域网。

ITU-R P.1238 室内传播模型为

$$L_M = 20\lg f + N\lg d + L_{f(n)} - 28\text{dB} \tag{2-44}$$

式中,N 是距离功率损耗系数,如表 2-16 所示;f 是频率,单位 MHz;d 为基站和移动终端之间的距离(其中 $d > 1\text{m}$);L_f 为楼层穿透损耗因子,单位为 dB,如表 2-17 所示;$n(n \geqslant 1)$ 为基站和移动终端之间的楼板数。

表 2-16　用于室内传输损耗计算的功率损耗系数 N

频率/GHz	居 民 楼	办 公 楼	商 业 楼
0.9	—	33	20
1.2～1.3	—	32	22
1.8～2	28	30	22
4	—	28	22
5.2	—	31	—
60	—	22	17
70	—	22	—

备注:60GHz 和 70GHz 的数值是假设在单一房间或空间内的传输,不包括任何穿过墙传输的损耗。距离大于 100m 时,60GHz 附近的气体吸收已很重要,它可能影响频率重复使用的距离。

表 2-17　用于室内传输损耗计算的穿透 n 层楼板时的楼板穿透损耗因子 L_f(dB)($n \geqslant 1$)

频率/GHz	居 民 楼	办 公 室	商 业 楼
0.9	—	9(1 层) 19(2 层) 24(3 层)	—
1.8～2	$4n$	$15 + 4 \times (n-1)$	$6 + 3 \times (n-1)$
5.2	—	16(1 层)	—

对居民楼没有列出不同频带上的功率损耗系数,可以参考办公室楼给出的数值。应该

指出,穿过多层楼板时所预期的隔离可能有一个极限值。信号可能会找到其他的外部传输路径来连接链路,该外部传输路径的总传输损耗小于穿过多层楼板的穿透损耗引入的总损耗。当不存在外部路径时,在5.2GHz频率上的测试结果表明,在正常入射角下,典型的钢筋混凝土楼板和吊顶的伪天花板一起引入的平均附加损耗为20dB,其标准差为1.5dB。灯具使平均损耗增加到30dB,其标准差为3dB;楼板下的通风管道使平均损耗增加到36dB,其标准差为5dB。在如射线跟踪那样的专用模型中,应该使用这些值,而不用L_f。

室内阴影衰落统计呈正态分布,用于室内传输损耗计算的阴影衰落统计的标准差如表2-18所示。

表2-18 用于室内传输损耗计算的阴影衰落统计的标准差(单位:dB)

频率/GHz	居 民 楼	办 公 室	商 业 楼
1.8~2	8	10	10
5.2	—	12	—

2. 对数距离路径损耗模型

室内对数距离路径损耗模型公式可以表示为

$$L_M(d) = L_M(d_0) + 10n\lg(d/d_0) + X_\sigma \tag{2-45}$$

式中,$L_M(d_0)$为近距离(一般取1m)时的参考路径损耗,由实际测试得出;n为路径损耗指数,与周围环境和建筑物类型有关;d_0为参考点与发射机之间的距离,单位为m;X_σ为标准方差为σ的随机变量,单位为dB,σ与周围环境和建筑物的类型有关,取值一般在3.0~14.1dB变化;d为发射机和移动终端之间的距离,单位为m。

3. 衰减因子模型

室内路径损耗模型必须准确捕捉信号穿越楼层隔断的衰减,以及楼层内的衰减。对大量不同特点的建筑物和不同信号频率的测量表明,穿越第一个楼层地板信号衰减是最大的;而穿越随后的楼层地板时信号衰减相对较小。对900MHz来说,如果把接收器放在和发射器只相隔一个楼层隔断的地方,信号衰减的范围是10~20dB,而在接下来的三个楼层,每个楼层的穿越损耗是6~10dB,在第四个楼层之后,信号穿越损耗就更少了。如果信号频率更高,则楼层穿越衰减就更大。穿越衰减楼层的数量增加导致单层穿越衰减减少,原因在于建筑物测量的反射和相邻建筑物的反射。相邻隔间的材料和电介质属性的区别也非常大,因此隔间穿透损耗的变化相应也很大。用一个通用模型描述隔间穿透损耗显然非常困难。

该模型是在自由空间传播损耗的基础上附加衰减因子(主要考虑不同楼层对路径损耗的影响)进行室内传播路径损耗的。室内衰减因子路径损耗模型公式可以表示为

$$L_M(d) = L_M(d_0) + 10n_{SF}\lg(d/d_0) + FAF \tag{2-46}$$

式中,n_{SF}为同一楼层的路径损耗因子值;FAF是楼层衰减因子,其与周围环境和建筑物的类型有关,d_0为参考点与发射机之间的距离,d为发射机和移动终端之间的距离。d_0和d的单位均为m。

影响室内环境的另一个重要因素是当信号发射器位于建筑物外面时信号穿透外墙的损耗。测量表明,建筑物外墙穿透损耗是频率、楼高和建筑材料的函数。在底层,建筑外墙穿透损耗通常是8~20dB(信号频率为900MHz~2GHz)。外墙穿透损耗随着信号频率升高而轻微减小,同时楼层每高一层,外墙穿透损耗减少约1.4dB。高层穿透损耗的减少主要是

因为信号混乱比较少,以及获取 LOS 路径的概率比较高。建筑物上窗户的数量和种类对穿透损耗的影响也比较大。窗户后面测量到的信号强度比建筑外墙壁后面测量到的信号大约高 6dB。另外,平板玻璃的穿透损耗大约是 6dB,而衬铅玻璃的穿透损耗是 3～30dB。

4. 室内(办公室)测试环境路径损耗模型

该模型在 COST-231 模型基础之上进行简化而来,可以表示为

$$L_{\mathrm{M}} = 37 + 30\lg d + 18.3 n^{\left(\frac{n+2}{n+1}-0.46\right)} \tag{2-47}$$

式中,d 为发射机和移动终端之间的距离,单位为 m;n 为传播路径的楼层数目。需要注意的是,任何情况下计算得出的路径损耗值应不小于自由空间的损耗值。

2.4.7 射线追踪传播模型

5G 相比传统 3G/4G 而言,网络将更加复杂和立体化。同时随着 Massive MIMO 天线、复杂天线赋形技术的出现,多径建模的重要性更加凸显,如果缺乏多径小尺度信息,将很难保证网络规划的准确性。因此,高精度电子地图和具备多径建模的射线追踪传播模型在 5G 无线网络规划中具有不可替代的作用和地位。基于波束的射线追踪模型对于射线的建模通常包括以下几类。

(1)直视路径。发射机与接收机在第一菲涅耳区内没有建筑物或植被遮挡影响,直视路径能量将成为接收信号主要能量来源,地面反射/墙面反射信号能量几乎可忽略。

(2)反射路径。发生反射时,入射射线、反射射线及反射点都在同一个平面内,入射射线与反射点法线夹角等于反射射线与反射点法线的夹角,基于此建立射线追踪反射模型。

(3)衍射。衍射产生条件与电磁波波长及障碍物棱边的大小相关。在 Sub 6G 时衍射可以带来较大传播能量,但当频率上升至 10GHz 以上时,能够产生衍射的棱边数变少,衍射带来的能量将变低。

(4)信号透射。电磁波的透射与反射一样,都发生在两种介质的交界处,透射能量与被穿透材质介电常数、磁导率有关。

(5)组合路径。反射之后绕射,绕射之后反射,组合路径能量传播方式不可忽视,射线模型需考虑组合路径能量传播方式。

射线追踪模型,可根据输入的高精度电子地图及接收机的位置,自动识别上述多种电磁波传播路径,从而使网络规划更加精准。3GPP 高频经验传播模型未包含发射机高度、建筑物高度和路宽等环境特征项,以及树损、氧衰、雨衰等因素,同时接收机高度范围也较小。在 5G 实际组网时需根据不同频段不同场景的无线传播特性进行测量和研究,在 3GPP 高频经验传播模型基础上,增加收/发信机高度系数、接收机所在位置环境特征及穿透损耗进行修正,从而提升网络规划准确度。

自由空间参考距离的选取对射线追踪模型的精准性影响非常大。在宏蜂窝网覆盖系统设计时,由于基站天线高度较高,覆盖范围较广,经常选用 1km 作为参考距离;而在微蜂窝系统中或者室内测量时,一般选择较小的参考距离。参考距离永远在天线的远场,以避免远近效应对参考距离的影响。不同的无线环境下路径损耗指数一般不同,表 2-19 列出了不同无线环境下的路径损耗指数。

表 2-19 不同无线环境下的路径损耗指数

环　　境	路径损耗指数 n	环　　境	路径损耗指数 n
自由空间	2	室内视距传播	1.6～1.9
城市蜂窝传播环境	2.7～3.5	室外有建筑物遮挡	4～6
存在阴影衰落的蜂窝环境	3～5	有植被遮挡	2.6～2.9

　　微蜂窝传播模型包括双线模型、经验模型、准三维 UTD 模型、LEE 微蜂窝模型、宽带微蜂窝模型等。由于在大尺度传播模型中,校正多采用经典的宏蜂窝传播模型,所以本书不对微蜂窝进行详细介绍,仅对部分微蜂窝传播模型特性进行比较,如表 2-20 所示。

表 2-20 部分微蜂窝传播模型特性比较

传播模型	特　　点	优　　点	缺　　点
双线模型	计算简单	该模型可以适用于预测几千米的路径损耗	双线模型不适合预测很短距离
Walfish-Ikegami 模型	考虑了自由空间传播损耗、屋顶到街道的绕射与散射、多次屏蔽穿透损耗及树木造成的衰落校正因子	对于小范围内多规则建筑物的场景非常适合	主要用于 GSM
经验模型	是在大量测量的基础上产生的	模型适用范围小,只适用于基站附近区域,在小区域内,经验模型也要优于 Okumura 模型	经验模型中,街道拐角处会有较大的传输损耗
准三维 UTD 模型	对微蜂窝区域的预测是相当准确的	考虑了多种视距传播路径,还考虑了非视距传播路径	需要精确的 3D 地图,成本高
LEE 微蜂窝模型	是基于信号的衰减和传播路径上建筑群的长度相关性提出的	LEE 微蜂窝修订模型在 LEE 微蜂窝模型的基础上加入了街道结构及类型因子,因此大大提高了模型的准确度	在主干道预测误差较大

　　由于 5G 系统采用高频段、大带宽,信号具有小尺度衰落的特性。时域上,宽带信号的多径时延扩展会造成频率选择性衰落,通常用平均附加时延和时延扩展量化信道的时域参数。室内环境时延扩展的值一般在 200ns 以内,而在室外环境时延扩展的值可以达到微秒。表 2-21 列出来移动信道小尺度模型的部分特征参数。

表 2-21 移动信道小尺度模型的部分特征参数

场　　景	中心频率/Hz	视距(LOS)/非视距(NLOS)	平均附加时延/ns	时延扩展/ns
大型建筑物	850M			270
	1.7G	LOS	—	150
	4.0G			130
室内热点	2.4G	LOS	30.37	420.39
		NLOS	42.9	270.20
室内热点	3.7G	LOS	224.3	47.79
		NLOS	303.8	64.66

续表

场　　景	中心频率/Hz	视距(LOS)/ 非视距(NLOS)	平均附加时延/ns	时延扩展/ns
室内 热点	3.7G	LOS	387	50.9
		NLOS	416.2	80
室内 办公室	28G	LOS	17.2	16.4
		NLOS	17.8	12.5
		LOS-Best	4.1	1.6
		NLOS-Best	13.4	13.1
室内 办公室	73G	LOS	12.1	17.2
		NLOS	10.7	13.0
		LOS-Best	3.6	1.5
		NLOS-Best	11.3	14.4

随着移动通信系统使用的频段升高,无线电波的穿透能力增强,但绕射能力减弱。同时频段越高,其传播损耗越高;楼层越高,损耗越低。

通常在网络规划时,需要考虑通信系统的边缘覆盖概率是否满足要求。边缘覆盖概率是指在小区边缘的接收电平(质量)达到或者超过最小接收电平门限要求的概率。规划中引入阴影衰落余量进行确定性计算,若小区边缘处接收电平和最小接收电平门限差值大于目标规划概率下的阴影衰落余量,即认为该点达到规划要求。无线信道具有很大的随机性,接收信号平均接收场强因为地形、地物、建筑物等阻隔而发生的衰落现象称为阴影衰落。阴影衰落在数值上呈对数正态分布,其标准方差随环境的不同而不同,典型值如表 2-22 所示。

表 2-22　典型环境阴影衰落标准方差值

区　　域	热点地区	密集市区	普通市区	郊　　区	县城城区	乡镇区域	公路铁路
阴影衰落标准 方差/dB	12	10	8	8	7	6	6

阴影衰落储备是为了保证小区边缘一定的覆盖概率,在链路预算中,必须预留出一部分余量,以克服阴影衰落对信号的影响,可以表示为

$$阴影衰落余量(dB) = NORMSINV(边缘覆盖概率要求) \times 阴影衰落标准差 \qquad (2\text{-}48)$$

其中,NORMSINV 为返回标准正态累计分布函数的反函数。

2.5　MIMO 信道模型

第 19 集

实际的移动通信信道是一个随着空间、时间和频率变化的随机过程。但在早期无线通信技术研究的过程中,人们对信道的研究只针对时间和频率变量建立了单输入单输出(SISO)信道模型。随着 4G 技术的发展及多输入多输出(MIMO)技术进入人们的视线,人们发现多天线的使用使得信道的空间选择性变成一个有利于信号传输的因素,由此建立了一系列的 MIMO 信道模型。

MIMO 信道模型目前有多种划分方法,比如分为宽带和窄带、时变和非时变等。本节根据描述 MIMO 信道特性的不同方式,将 MIMO 信道模型分为物理模型、统计分析模型和

参考模型三大类。

1．物理模型

物理模型通过一些物理参数,如多径分量到达角(AOA)、离开角(AOD)和到达时间(TOA)来描述 MIMO 信道,可进一步划分为确定性物理模型、基于几何的随机物理模型和非几何随机物理模型三种。其典型代表有 3GPP SCM/SCME 模型。

确定性物理模型主要通过一些重要物理参数来描述 MIMO 信道特征,可以分为存储测量模型和射线跟踪模型。存储测量模型需要在不同电波传播环境中,通过测量获知 MIMO 信道衰落的经验数据,然后进行统计分析和建模。射线跟踪模型基于几何光学原理,通过模拟射线的传播路径来确定反射、折射和阴影等,并对这些传播路径的传播衰减分别跟踪计算。在实际城市或室内环境中,射线跟踪模型可以用来进行基站选址和网络优化、无线定位等。

基于几何的随机物理模型在统计特性相似的基础上,将散射环境抽象为规则的几何形状,而散射体则被随机放置在几何体内,并假设电波在散射体上只散射一次,通过计算每条路径的增益并叠加来实现建模,从而得到衰落的相关性。

3CPP 提出的 SCM 模型是基于天线放置和散射体分布的几何假设,通过选择特定环境下的随机参数来生成时变信道。SCM 模型由两部分组成:链路仿真模型和系统仿真模型。其中链路仿真模型是一种简化的模型,其主要目的是检验模型实现的正确性,链路仿真不能实现对系统性能的评估,系统级仿真才能实现。SCM 成为了较为常用的 MIMO 信道模型。SCM 模型的几何假设如图 2-19 所示。

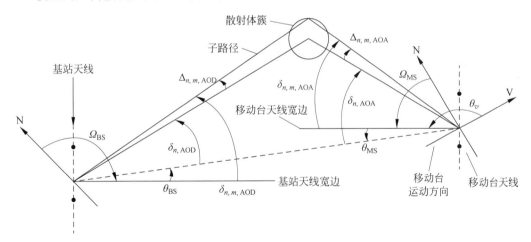

图 2-19　SCM 模型的几何假设

图 2-19 中,模型中假设各时延对应的路径由散射体簇决定。最多设置 6 个簇,对应最大延时路径数为 6。每条路径包含 20 条子径,对应每个簇中的 20 个散射体。信道参数如散射体的个数、到达角/离开角(AOA/AOD)的分布及天线间距等共同决定了信道的相关特性。图 2-19 中各参数的含义如下。

θ_{BS} 和 θ_{MS} 为直视径(LOS)与基站和移动台的夹角;Ω_{BS} 和 Ω_{MS} 分别为基站和移动台天线阵列方向角,角度范围为 $0° \sim 360°$;$\delta_{n,AOD}$ 为第 n 条路径离开角的高斯随机变量;$\delta_{n,AOA}$ 为第 n 条路径到达角的高斯随机变量;$\Delta_{n,m,AOD}$ 和 $\Delta_{n,m,AOA}$ 分别为基站和移动台

第 m 条子路径的补偿,其作用是使每条论的角度扩展满足要求。

2. 统计分析模型

统计分析模型是描述单个收发信机天线之间信道的冲激响应,它用一种数学的分析方法而没有明确考虑波的具体传播。如基于空时相关特征的建模方法是统计分析建模的一种典型代表方法。该方法假定信道衰落因子为复高斯分布的随机变量,其一阶矩和二阶矩反映了信道衰落特征。该建模方法将空时衰落的相关特性分解为发送端衰落相关矩阵、独立衰落矩阵和接收端衰落相关矩阵三部分的乘积结果。这一模型能较好地匹配 MIMO 衰落信道的空时相关特征,更能描述 MIMO 系统的容量特性。其优点是模型通用性较高、复杂度较低。因为是根据统计特性随机生成的模型参数,因此模型的准确度往往取决于实际应用环境和建模环境的匹配程度。该方法要进行大量的信道测量,针对典型通信环境进行实际测量,从大量的实测数据中抽取出信道的统计特性,最终得到无线传播的经验公式。这类模型主要用于在某一特定环境下对其他技术的性能分析,如编解码、信号检测技术等。该类模型的主要代表有欧盟的 IST METRA Project 和 IST SATURN Project 等。以上两种模型主要由室内实测数据统计得到。在欧盟 IST METRA Project 中使用的信道模型是通过室内数据实测得到的宽带 MIMO 信道模型。其生成方式如下

$$H(\tau) = \sum_{l=1}^{L} \boldsymbol{H}_l \delta(\tau - \tau_l) \tag{2-49}$$

式中,L 为可分辨多径个数,τ_l 为相应的多径时延。每个 $\boldsymbol{H}_l$ 由收发两端的功率相关矩阵得到。

每条路径信道矩阵 $\boldsymbol{H}_l$ 的功率相关阵表示为

$$\boldsymbol{P}_H = \boldsymbol{P}_H^{\mathrm{T_S}} \otimes \boldsymbol{P}_H^{\mathrm{R_S}} \tag{2-50}$$

$\boldsymbol{P}_H$ 的元素由收发两端的功率相关系数直接相乘得到

$$p_{n_2 m_2}^{n_1 m_1} = \langle \mid H_{n_1 m_1}^l \mid^2, \mid H_{n_2 m_2}^l \mid^2 \rangle = p_{m_1 m_2}^{\mathrm{T_S}} p_{n_1 n_2}^{\mathrm{R_S}} \tag{2-51}$$

式中,$p_{n_2 m_2}^{n_1 m_1}$ 表示任意两个收发天线对 $n_1 m_1$ 和 $n_2 m_2$ 的功率相关系数。$p_{m_1 m_2}^{\mathrm{T_S}}$ 和 $p_{n_1 n_2}^{\mathrm{R_S}}$ 分别为发送端天线 $m_1 m_2$ 和接收端天线 $n_1 n_2$ 之间的功率相关系数,且收发两端的相关性是独立的。

发送端天线间的功率相关系数为

$$p_{m_1 m_2}^{\mathrm{T_S}} = \langle \mid H_{nm_1}^l \mid^2, \mid H_{nm_2}^l \mid^2 \rangle \tag{2-52}$$

式中,$H_{nm_1}^l$ 为任意接收天线 n 和发送天线 m_1 之间的信道系数,由实测的信道系数得到。在通过式(2-50)~式(2-52)计算得到整个信道的功率相关阵以后,每条路径的信道矩阵生成表示为

$$\mathrm{vec}(H_l) = \sqrt{p_l} Ca_l \tag{2-53}$$

式中,p_l 是由功率延时谱决定的每条路径信道功率。$\boldsymbol{C}$ 的选择满足 $\boldsymbol{CC}^{\mathrm{T}}$ 的第 (x, y) 个元素是 $\boldsymbol{P}_H$ 相应元素的平方根,而 $\boldsymbol{a}_l$ 是 $MN \times 1$ 的零均值独立同分布的复高斯向量,用于使每次产生的信道具有随机性。$\mathrm{vec}()$ 表示对矩阵的列值按列堆放。

3. 参考模型

由于统计分析模型误差较大且物理模型复杂度较高,实现较为困难等原因,出现了介于

两种模型之间的参考模型,参考模型是综合上述两种模型优点发展起来的一种复杂性低又能较好符合实际环境的一种信道模型。参考模型的实现主要有两种方法,即相关矩阵法和基于几何统计的信道实现方法,参考模型主要为一些标准化模型。

仿真表明,虽然物理性模型和统计性模型在信道生成的形式和结构上有很大的区别,但是都能准确反映特定环境下的信道特性,主要由信道的完整相关矩阵决定。信道的相关特性影响信道矩阵的特征值分布,进而影响信道容量。

实际上,虽然经典的传播模型大多具有很强的普遍适用性,然而对于具体情况下的路径损耗预测有时会出现很大的偏差。因此,需要根据地理传播环境的特点,对经典的传播模型进行校正,这样既可以充分利用经典的传播模型对路径损耗趋势预测比较准确的优点,也可以克服受具体环境影响的缺点。

目前传播模型的校正常用的方法是通过车载路测得到本地的路径损耗测试数据,通过软件对数据进行拟合,根据一般传播模型公式,对其各个系数及各种地理因子进行校正,使得校正后的预测值与实际数据误差在规定准则范围内。

路测是网络规划和优化过程中的一项基本并且重要的手段。路测是指利用测试终端、仪表及测试车辆等工具,沿着选定好的路线进行网络参数及通话质量测定的测试形式,通过实际用户的角度去了解和分析网络的质量。

本章习题

2-1 移动通信信道中电波传播的基本特点是什么?

2-2 自由空间传播的特点是什么?

2-3 为什么说电波具有绕射能力? 绕射能力与波长有什么关系? 为什么?

2-4 多径衰落有哪些特性?

2-5 什么是小尺度衰落? 试分析引起小尺度衰落的原因。

2-6 什么是阴影衰落? 试分析引起阴影衰落的原因。阴影衰落对网络规划有何影响?

2-7 设工作频率分别为 900MHz 和 2200MHz,移动台行驶速度分别为 30m/s 和 80m/s,求最大多普勒频移各是多少? 试比较这些结果。

2-8 电波传播路径如图 2-7(a)所示,设菲涅尔余隙 $= -82\mathrm{m}, d_1 = 5\mathrm{km}, d_2 = 10\mathrm{km}$,工作频率为 150MHz。试求出电波传播损耗。

2-9 相距 15km 的两个电台之间有一个 50m 高的建筑物,一个电台距建筑物 10km,两电台天线高度均为 10m,当电台工作频率为 50MHz 和 1900MHz 时,试分别求电波传输损耗。

2-10 信号通过移动信道时,在什么样情况下遭受到平坦衰落? 在什么样情况下遭受到频率选择性衰落?

2-11 简述快衰落、慢衰落产生原因及各自的特点。

2-12 射线追踪模型与传统的经典模型有哪些不同?

2-13 MIMO 信道模型有哪几大类? 各有什么特点?

<table>
<tr><td>

第 3 章

CHAPTER 3

</td><td>

抗衰落技术

</td></tr>
</table>

第 20 集

学习重点和要求

本章主要介绍移动通信系统中的抗衰落技术,包括分集接收技术、信道编码技术、均衡技术、扩频技术、OFDM 技术及 MIMO 技术等。分集接收技术是为了减少衰落的深度和衰落的持续时间;信道编码技术是为了提高通信系统的可靠性;均衡技术是为了降低码间串扰引起的误码率;扩频技术通过牺牲带宽来提高通信的抗干扰能力;OFDM 技术通过子载波的正交性降低码间干扰;MIMO 技术提高系统的可靠性和有效性。要求:

- 掌握分集技术的原理、分类及合并;
- 掌握不同信道编码的原理及应用;
- 理解均衡技术;
- 了解扩频技术;
- 掌握 OFDM 技术;
- 掌握 MIMO 系统容量的计算和空时编码。

随着移动通信技术的发展,传输的数据速率越来越高,人们对正确有效地接收信号的要求也越来越高。在移动通信中,移动信道的多径传播、时延扩展及伴随接收机移动过程产生的多普勒频移会使接收信号产生严重衰落;阴影效应会使接收的信号过弱而造成通信中断;信道存在的噪声和干扰也会使接收信号失真而造成误码。衰落对传输信号的质量和传输可靠度都有很大的影响,严重的衰落甚至会使传播中断。

引起移动通信系统衰落的原因有很多。通常情况下,衰落主要由多径传播和非正常衰减引起。多径效应是最常见的也是最重要的衰落原因。

为了改善和提高接收信号的质量,在移动通信中就必须使用相应的抗衰落技术,即利用信号处理技术来改进恶劣的无线电传播环境中的链路性能。在移动通信中,将改善接收信号的质量所采取的一系列方法、手段、措施称为抗衰落技术。常用的抗衰落技术有分集接收技术、均衡技术、信道编码技术、扩频技术及 MIMO 技术等。

3.1 分集接收技术

3.1.1 分集接收原理

1. 什么是分集接收

第 21 集

分集技术是一项典型的抗衰落技术,它可以大大提高多径衰落信道的信息传输可靠性。

无线电信号通过多径移动信道有时会产生严重的衰落,并且随着移动台的移动,瑞利衰落会随信号瞬时值快速变动,而对数正态衰落会随信号平均值(中值)变动。这两者是构成移动通信接收信号不稳定的主要因素,会使接收信号质量和性能产生严重恶化。虽然有时可以通过增加发信机功率、天线尺寸或高度等方法使信号获得改善,但采用这些方法有时代价会比较高。

所谓分集接收技术,是指在若干个支路上接收相互间相关性很小或互不相关的载有同一消息的信号,然后通过合并技术再将各个支路信号合并输出,来降低信号电平起伏的方法。分集技术是一种利用多径信号来改善系统性能的技术,通过使用分集接收技术可以大大降低多径衰落的影响,改善信号传输的可靠性。但分集技术的各支路要求传输相同信息、具有近似相等的平均信号强度且具有相互独立的衰落特性。

分集接收的基本思想是通过查找和利用自然界无线传播环境中独立的、高度不相关的多径信号来提高多径衰落信道下的传输可靠性。通过多个信道(时间、频率或者空间)接收到承载相同信息的多个副本,由于多个信道的传输特性不同,信号多个副本的衰落就不会相同。接收机使用多个副本包含的信息能比较正确地恢复出原发送信号,即将接收到的信号分成多路的独立不相关信号,然后将这些不同能量的信号按不同的规则合并起来。分集接收技术将主要应用于:①在平坦衰落信道上接收信号的衰落深度和衰落持续时间较大的信号;②来自地形地物造成的阴影衰落;③在微波信号的传播过程中,由于受地面或水面反射和大气折射的影响,会产生多个经过不同路径到达接收机的信号,造成多径衰落等场景。

分集接收技术包含两重含义,即分散传输和集中处理。分散传输,使接收端能获得多个统计独立的、携带同一信息的衰落信号。集中处理,即接收机把收到的多个统计独立的衰落信号进行合并(包括选择与组合),以降低衰落的影响,提高通信的可靠性。分集接收增加了接收机的复杂度,因为要对多径信号进行跟踪并需要及时对更多的信号分量进行处理。但因为它可以提高通信的可靠性,因此被广泛应用于移动通信中。

为了进一步说明分集接收技术,图 3-1 给出了一种利用"选择式"合并方式进行分集的示意图。图 3-1 中,曲线 A 与 B 分别代表来自同一信号源的两个独立衰落信号。如果在任意时刻,接收机选用其中幅度大的一个信号,则可得到合成信号如曲线 C 所示。由于在任意瞬间,两个非相关的衰落信号同时处于深度衰落的概率是极小的,因此合成信号 C 的衰落程度会明显减小。需要强调的是,这里所说的"非相关"条件是必不可少的,倘若两个衰落信号同步起伏,那么这种分集方法就不会有任何效果。

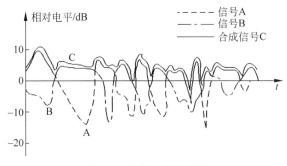

图 3-1 分集技术示意图

2. 分集方式

分集方式依照信号传输的形式可分为显分集和隐分集。显分集是指构成明显分集信号的传输形式,多指利用多副天线接收信号的分集方式。隐分集是指分集作用隐含在传输信号中,而在接收端利用信号处理技术实现信号的分集方式,一般只需一副天线,如交织技术。

针对多径衰落和阴影衰落,常用的分集技术分为宏分集和微分集。宏分集主要用于蜂窝通信系统中,也称为多基站分集或多基站显分集。这是一种减小慢衰落影响的分集技术,是把多个基站设置在不同的地理位置(如蜂窝小区的对角上)和不同方向上,同时和小区内的一个移动台进行通信(可以选用其中信号最好的一个基站进行通信),由于有多重信号可以利用,会大幅度减小衰落的影响。由于电波传播路径不同,地形地物的阴影效应不同,所以经过独立衰落路径传播的多个慢衰落信号是互不相关的。各信号同时发生深衰落的概率也很小,若采用选择分集合并,从各支路信号中选取信噪比最佳的支路,即选出最佳的基站和移动台建立通信,也就是说,只要各个方向上的传播信号不同时受到阴影衰落或由于地形的影响而出现严重慢衰落,就可以保证通信不中断。这种分集技术主要用于克服由于地形地物的影响而形成阴影区域引起的大尺度衰落。多基站分集示意图如图 3-2 所示。

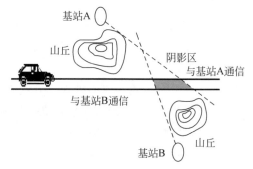

图 3-2　多基站分集示意图

图 3-2 中,设基站 A 接收到的信号功率中值为 m_A,基站 B 接收到的信号功率中值为 m_B,它们都服从对数正态分布。若 $m_A > m_B$,则系统确定用基站 A 与移动台通信;若 $m_A < m_B$,则确定用基站 B 与移动台通信。图 3-2 中,移动台在 B 路段运动时,可以和基站 B 通信;在 A 路段运动则和基站 A 通信,在此覆盖区域基站设置数量可以根据需要来决定。

微分集是一种减小快衰落影响的分集技术,在各种无线通信系统中经常使用。微分集是指在一个局部区域接收到的无线信号在空间、角度、频率、时间等方面呈现出独立性的分集方式,因此,对应的分集方法有空间分集、极化分集、角度分集、频率分集、时间分集等。

按集合或合并方式划分,分集技术可分为选择式合并、等增益合并与最大比值合并。若按照合并的位置划分,分集技术可分为射频合并、中频合并与基带合并。

1）显分集

(1) 空间分集。在移动通信中,信号在传输空间中略有变动就可能出现较大的场强变化。当使用两个互不相关的接收信道时,它们受到的衰落影响是不相关的,且二者在同一时刻经受的深度衰落谷点影响的可能性也很小。

空间分集的理论依据是快衰落的空间独立性,是利用场强随空间的随机变化实现的。在任意两个不同位置上接收同一信号,只要两个位置的距离大到一定程度,则两处所接收的信号的衰落是互不相关的。因此,空间分集的接收至少需要两副相隔一定距离的天线。空间距离越大(一般需要满足空间距离大于相干距离),多径传播的差异就越大,所接收场强的相关性就越小。为了获得满意的空间分集效果,国际无线电咨询委员会(CCIR)建议,移动单元两天线间距 d 应大于 0.6 个波长(λ),即 $d>0.6\lambda$,并且最好选在 1/4 波长的奇数倍附近。当然在实际环境中,接收天线之间的间距要视地形、地物等具体情况而定。对于空间分集而言,分集的支路数 m 越大,分集效果越好。但当 m 较大(如 $m>3$)时,分集的复杂度会增加,而分集增益的增加随着 m 增大而变得缓慢。空间分集的原理如图 3-3 所示。

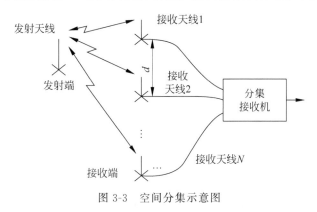

图 3-3　空间分集示意图

空间分集分为空间分集发送和空间分集接收两个系统。其中空间分集接收是在空间不同的垂直高度上设置几副天线,同时接收一个发射天线的微波信号,然后合成或选择其中一个强信号,这种方式称为空间分集接收。接收端天线之间的距离应至少大于波长的一半,以保证接收天线输出信号的衰落特性是相互独立的。这样可以降低信道衰落的影响,改善传输的可靠性。

在空间接收分集中,由于在接收端采用了 N 副天线,若它们尺寸、形状、增益相同,那么空间分集除可获得抗衰落的分集增益外,还可以获得由于设备能力的增加而获得的设备增益,比如二重空间分集的两套设备,可获 3dB 设备增益。

接收天线间隔 d 大小的设置通常与工作波长、地物及天线高度有关,在移动信道中通常取 0.5 波长(市区)或 0.8 波长(郊区)。

在满足上述条件下,两信号的衰落相关性已经很弱,d 越大,相关性越弱。另外,接收端利用 N 副接收天线,N 越大,抗衰落效果越好,但复杂度增加。早期的这种多天线应用后来演变成多输入多输出(MIMO)技术。根据上述理论分析可知,空间分集应用在 900MHz 的频段工作时,通信系统中的两副天线的间隔只需 0.27m 即可,空间分集已广泛用于远距离短波通信线路上。空间分集的优点是简单、可靠、分集增益高,分集重数每增加 1 倍,分集增益可增加 3dB;缺点是需要另外单独的天线。常见的几种空间分集形式的如图 3-4 所示。

发射分集技术是通信系统为提高下行链路性能,减小信道衰落影响采取的一项关键技术。传统的天线分集是在接收端采用多根天线进行接收分集的,并采用合并技术来获得好的信号质量。但是由于移动台尺寸受限,采用接收天线分集技术较困难,而且在移动台端进行接收分集代价也高昂,增加了用户的设备成本。从理论与实际应用中都发现,相同阶数的发射分集与接收分集具有相同的分集增益。因此,为了适应现代移动通信的要求,通常在基

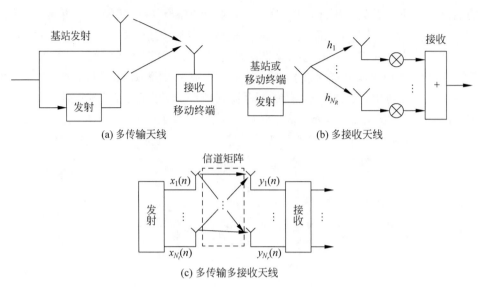

(a) 多传输天线　　　　　　　　(b) 多接收天线

(c) 多传输多接收天线

图 3-4　常见的几种空间分集形式

站端采用发射分集技术来提高通信的可靠性。

空间分集还有两类变化形式,即极化分集和角度分集。

目前在越来越多的工程中广泛使用了极化天线。所谓极化分集,是指利用在同一地点两个极化方向相互正交的天线发出的信号可以呈现不相关的衰落特性进行分集接收,即在收发端天线上安装水平、垂直极化天线,就可以把得到的两路衰落特性不相关的同一频率信号进行极化分集。理论上,由于媒质不引入耦合影响,也就不会产生相互干扰。但是在移动通信环境中,会发生互耦效应。这就意味着,信号通过移动无线电媒质传播后,垂直极化波的能量会泄漏到水平极化波去,反之亦然。但泄漏的能量和主能流相比,泄漏能量很小,通过极化分集依旧可以得到良好的分集增益。由此可见,极化分集实际上是空间分集的特殊情况,分集支路只有两路且相互正交。极化分集与空间分集相比,其优点是只需安装一副天线即可,节约了安装成本,并且结构紧凑、节省空间;其缺点是由于发射功率要分配到两副极化天线上,因此有 3dB 功率损失。极化分集原理示意图如图 3-5 所示。

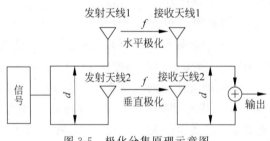

图 3-5　极化分集原理示意图

角度分集是指地形、地貌、接收环境的不同,使得到达接收端的不同路径信号可能来自不同的方向,这样在接收端可以采用方向性天线分别指向不同的到达方向,接收端利用多个方向性尖锐的接收天线能分离出不同方向来的信号分量。这些分量具有互相独立的衰落特性,因而可实现角度分集并获得抗衰落的效果。角度分集在较高频率时容易实现,如通信系统中使用的智能天线。

（2）频率分集。频率分集是在发信端将一个信号利用两个间隔较大的发信频率同时发射,在收信端同时接收这两个射频信号后合成。由于工作频率不同,电磁波之间的相关性极小,各电磁波的衰落概率也不同。频率分集对于抗频率选择性衰落特别有效,但付出的代价是成倍增加收发信机,且需成倍占用频带,降低了频谱利用率。所谓频率不相关的载波,是指不同载波之间的间隔大于相干带宽,即载波频率的间隔应满足

$$\Delta f \geqslant \left(B_c = \frac{1}{\Delta \tau_m} \right) \tag{3-1}$$

式中,Δf 为载波频率间隔,B_c 为相干带宽,$\Delta \tau_m$ 为最大多径时延差。采用两个微波频率,称为二重频率分集。在一定的频率范围内,两个微波频率 f_1 与 f_2 相差越大,频率间隔 $\Delta f = f_1 - f_2$ 越大,两个不同频率信号之间衰落的相关性越小。频率分集原理示意图如图 3-6 所示。

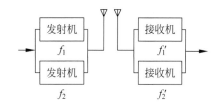

图 3-6　频率分集原理示意图

如市区中,若时延扩展 $\Delta = 3\mu s$,则相干带宽 B_c 大约为 53kHz,如果采用频率分集,则需要用两部以上的发射机(频率相隔 53kHz 以上)同时发送同一信号,并用两部以上的独立接收机来接收信号。这样不仅会使设备复杂,而且在频谱利用方面也很不经济,在实际移动通信系统中频率分集很少单独使用。

（3）时间分集。时间分集是指将同一信号在不同时间区间多次重发,只要各次发送时间的间隔足够大,则各次发送信号出现的衰落将是相互独立统计的。时间分集通过利用这些衰落在统计上互不相关的特点,即时间上衰落统计特性上的差异来实现抵抗时间选择性衰落。为了保证重复发送的数字信号具有独立的衰落特性,重复发送的时间间隔 ΔT 应该满足

$$\Delta T \geqslant \frac{1}{2 f_m} = \frac{1}{2(\nu/\lambda)} \tag{3-2}$$

式中,f_m 为最大多普勒频移,ν 为移动台的速度,λ 为工作波长。若移动台是静止的,则移动速度为零,此时要求重复发送的时间间隔无穷大。这表明,时间分集对于静止状态的移动台是无效果的。在数字通信系统中,通常使用差错控制编码以获得时域上的冗余,由时间交织提供发射信号副本之间的时间间隔。时间分集由于引入了时间冗余,使得带宽利用率受损,降低了传输效率。时间分集主要用于衰落信道中数字信号传输,有利于克服移动信道中由多普勒效应引起的信号衰落。时间分集的原理示意图如图 3-7 所示。

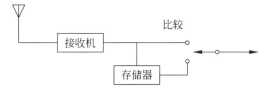

图 3-7　时间分集的原理示意图

2）隐分集

（1）交织技术。移动信道上的误码有两种类型,随机性误码(单个码元错误且随机发

生,主要由噪声引起)和突发性误码(连续数个码元发生错误,主要由衰落或阴影造成)。

卷积码既能纠正随机差错也具有一定的纠正突发差错的能力。纠正突发差错主要靠交织编码来解决,即使突发差错分散成为随机差错而得到纠正。交织编码不增加监督元,亦即交织编码前后,码速率不变,因此不影响有效性。交织技术有两个相关参数,即交织深度和交织宽度。交织深度指交织前相邻的两符号在交织后的间隔距离;交织宽度指交织后相邻两符号在交织前的间隔距离。因此,对于一个 $m \times n$ 的交织阵列,若按行读入、按列读出,其交织深度为 m,交织宽度为 n。

如果信息中的每个码字为 7 比特,第一个码字为 $C_{11}C_{12}\cdots C_{17}$,第二个码字为 $C_{21}C_{22}\cdots C_{17}$,$\cdots$,第 m 行码字为 $C_{m1}C_{m2}\cdots C_{m7}$,共排成 m 行,按图 3-8 所示的顺序先存入存储器,即将码字顺序存入第 1 行,第 2 行,$\cdots$,第 m 行,共排成 m 行,然后按列顺序读取并输出。这时的序列就变为 $C_{11}C_{21}C_{31}\cdots C_{m1}C_{12}C_{22}\cdots C_{m2}\cdots C_{17}C_{27}C_{37}\cdots C_{m7}$。

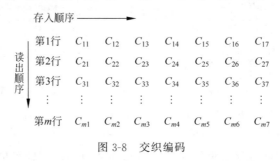

图 3-8　交织编码

可见,交织是以时延为代价的,因此属于隐时间分集。在 GSM 中,信道编码后进行交织,交织分为两次,第一次交织为内部交织,第二次交织为块间交织。

(2) 跳频技术。瑞利衰落与信号频率有关,不同频率的信号遭受的衰落不同。当两个频率相距足够远时,可认为它们的衰落是不相关的。

跳频分慢跳频(SFH)和快跳频(FFH)两种。慢跳频的跳频速率低于信息比特率,即连续几个信息比特跳频一次。在 GSM 中,传输频率在一个完整的突发脉冲传输期间保持不变,属于慢跳频。快跳频的跳频速率高于或等于信息比特率,即每个信息比特跳频一次以上。

跳频的实现方式有两种,一是基带跳频,它将话音信号随着时间的变换使用不同频率的发射机发射,基带跳频适合发射机数量较多的高话务量小区。二是射频跳频,又称合成器跳频,指话音信号使用固定的发射机,在一定跳频序列的控制下,频率合成器合成不同的频率来进行发射。射频跳频比基带跳频性能更好且抗同频干扰能力更强,但它只有当每个小区有 4 个以上频率时效果比较明显,且所需用的合成器会引入一定的衰落,减小覆盖范围。通过跳频,信号的所有突发脉冲不会被瑞利衰落以同一方式破坏,从而提高系统的抗干扰能力。可见,跳频相当于频率分集。

(3) 直接序列扩频技术。直接序列扩频(DSSS)技术直接利用具有高码率的扩频码,采用各种调制方式在发端去扩展信号的频谱,而在接收端用相同的扩频码去进行解码,把扩展了宽带信号还原成原始的信息,属于频率分集。

3. 各显分集技术之间的优缺点

(1) 空间分集的优点是分集增益高,缺点是需另外单独的接收天线。

（2）时间分集与空间分集相比，优点是减少了接收天线及相应设备的数目，缺点是占用时隙资源，增大了开销，降低了传输效率。

（3）频率分集与空间分集相比，优点是在接收端可以减少接收天线及相应设备的数量，缺点是要占用更多的频带资源，并且在发送端可能需要采用多个发射机，很少单独使用。

综上所述，分集接收技术可以大大提高多径衰落信道下的传输可靠性，其本质就是采用两种或两种以上的不同方法接收同一信号以克服衰落，其作用是在不增加发射机功率或信道带宽的情况下充分利用传输中的多径信号能量，以提高系统的接收性能。分集方法均不是互相排斥的，在实际应用中可以采用组合方式。

3.1.2 分集信号的合并

1. 合并方式的分类

分集接收在获得多个独立衰落的信号后，需要对信号进行合并处理，会利用合并器把经过相位调整和延时后的各分集支路相加。接收端收到支路 $M(M \geqslant 2)$ 个分集信号后，如何利用这些信号以减小衰落的影响，就是合并问题。合并技术的基本思想是在接收端取得 M 条相互独立的支路信号以后，对各支路信号进行相位调整和时延，根据一定的条件并运用一定的方式或手段对信号进行合并输出，从而获得分集增益。

如果从合并所处的位置来看，合并可以在检测器以前，即中频和射频上进行合并，且通常是在中频上合并，并且需要各支路的信号同相；也可以在检测器以后，即在基带上进行合并。根据合并时采用的准则与方式，合并方法可以分为最大比值合并、等增益合并和选择式合并。

假设 M 个输入信号电压为 $r_1(t), r_2(t), \cdots, r_M(t)$，则合并器输出电压 $r(t)$ 记为

$$r(t) = a_1 r_1(t) + a_2 r_2(t) + \cdots + a_M r_M(t) = \sum_{k=1}^{M} a_k r_k(t) \tag{3-3}$$

式中，a_k 为第 k 个信号的加权系数。选择不同的加权系数，就可构成不同的合并方式。

1）选择式合并

选择式合并是指检测所有分集支路的信号，选择其中信噪比最高的支路信号作为合并器的输出。由式（3-3）可知，在选择式合并器中，加权系数只有一项为 1，其余项加权系数均为 0。M 重选择分集原理示意图如图 3-9 所示。

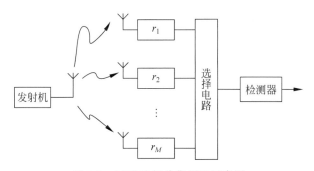

图 3-9　M 重选择分集原理示意图

选择式合并方式简单易实现，但选择式合并方式如果用在中高频段实现分集技术的合并，需要保证各支路的信号同相，这样做会增加实现电路的复杂度；另外，由于选择式合并

方式中未被选择的支路虽然携带有用信息但会被弃之不用,因此抗衰落能力不如后面要介绍的最大比值合并和等增益合并。

2）最大比值合并

最大比值合并是指将所有具有能量且携带相同信息的信号,在信号合并前对各路载波相位进行调整并使之相同,然后相加。最大比值合并方式中的各支路加权系数的设置与本支路信号的幅度成正比,而与本支路的噪声功率成反比。各支路通过最大比值方式合并后,系统可以获得最大的信噪比输出,提高了系统的可靠性。若假设各支路噪声功率相同,则加权系数的设置仅随着本支路的信号振幅变化而变化,因此信噪比大的支路加权系数就大,信噪比小的支路加权系数就小。M 路最大比值合并原理示意图如图 3-10 所示。

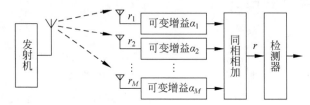

图 3-10　M 路最大比值合并原理示意图

假设每一支路信号包络 $r_k(t)$ 用 r_k 表示,每路的加权系数 α_k 与信号包络 r_k 成正比,而与噪声功率 N_k 成反比,即

$$\alpha_k = \frac{r_k}{N_k} \tag{3-4}$$

由此可得,最大比值合并器输出的信号包络为

$$r_{\mathrm{R}} = \sum_{k=1}^{M} \alpha_k r_k = \sum_{k=1}^{M} \frac{r_k^2}{N_k} \tag{3-5}$$

式中,下标 R 表示最大比值合并方式。

3）等增益合并

等增益合并是指把各支路信号进行同相后再相加,在接收端进行加权时,与选择式合并和最大比值合并相比,各支路的权重选取相等,即都等于 1,各支路的信号是等增益相加的。也就是将图 3-10 中的各加权系数 α_k 设置为 1。

等增益合并器输出信号包络为

$$r_{\mathrm{E}} = \sum_{k=1}^{M} r_k \tag{3-6}$$

式中,下标 E 表示等增益合并方式。

2. 分集合并性能分析与比较

在通信系统中,信噪比是一项很重要的性能指标。在模拟通信系统中,信噪比决定了话音质量;在数字通信系统中,信噪比(或载噪比)决定了系统的误码率。分集合并的性能是指合并前与合并后信噪比的改善程度。

衡量合并方法的性能指标如下。

(1)载噪比的累积概率分布。

(2)改善因子(合并增益)即平均信噪比改善分贝数,指分集接收机合并器输出的平均信噪比较无分集接收机的平均信噪比改善的分贝数。

因此,评价分集合并的准则有最大信噪比准则、眼图最大张开准则、误码率最小准则。

为便于比较三种合并方式,假设它们都满足下列三个条件。

(1) 每一支路的噪声均为加性噪声且与信号不相关,噪声均值为零,具有恒定均方根值。

(2) 信号幅度的衰落速率远低于信号的最低调制频率。

(3) 各支路信号的衰落互不相关,彼此独立。

1）选择式合并

设第 k 支路的信号功率为 $(r_k^2)/2$,噪声功率为 N_k,则第 k 支路的信噪比为

$$\gamma_k = \frac{r_k^2}{2N_k} \tag{3-7}$$

通常情况下,要想保证某一支路的通信质量,其信噪比必须达到一定的门限值 γ_t,而选择式合并的分集接收只有全部支路的信噪比都达不到要求才会出现通信中断。

若第 k 个支路的 $\gamma_k \leqslant \gamma_t$ 的概率为 $P_k(\gamma_k \leqslant \gamma_t)$,则在 M 个支路情况下,系统的中断概率用 $P_M(\gamma_S \leqslant \gamma_t)$ 表示,则有

$$P_M(\gamma_S \leqslant \gamma_t) = \prod_{k=1}^{M} P_k(\gamma_k \leqslant \gamma_t) \tag{3-8}$$

假设 γ_k 的起伏服从瑞利分布,各支路的信号具有相同的方差 σ^2 和噪声功率 N,平均信噪比为 $\gamma_0 = \sigma^2/N$,则有

$$P_M(\gamma_S \leqslant \gamma_t) = [1 - e^{(-\gamma_t/\gamma_0)}]^M \tag{3-9}$$

由此可得 M 重选择式分集合并的可通率为

$$T = P_M(\gamma_S > \gamma_t) = 1 - [1 - e^{(-\gamma_t/\gamma_0)}]^M \tag{3-10}$$

由于 $1 - e^{(-\gamma_t/\gamma_0)}$ 的值小于 1,因此在 γ_t/γ_0 一定时,分集重数 M 越大,可通率越大。

在选择式合并方式中,由信噪比 γ_S 的概率密度 $P(\gamma_S)$ 可求得平均信噪比为

$$\bar{\gamma}_S = \int_0^\infty \gamma_S p(\gamma_S) \mathrm{d}\gamma_S \tag{3-11}$$

式中,$p(\gamma_S)$ 由式(3-9)求得,即

$$p(\gamma_S) = \frac{\mathrm{d}}{\mathrm{d}\gamma_S} P_M(\gamma_S) = \frac{M}{\gamma_0} [1 - \exp(-\gamma_S/\gamma_0)]^{M-1} \exp(-\gamma_S/\gamma_0) \tag{3-12}$$

将式(3-12)代入式(3-11)中,得选择式合并器输出的平均信噪比为

$$\bar{\gamma}_S = \gamma_0 \sum_{k=1}^{M} \frac{1}{k} \tag{3-13}$$

平均信噪比的改善因子为

$$\bar{D}_S(M) = \frac{\bar{\gamma}_S}{\gamma_0} = \sum_{k=1}^{M} \frac{1}{k} \tag{3-14}$$

由式(3-14)知,选择式合并的平均信噪比改善因子随分集重数增大而增大,但增大的速率较小。若改善因子以 dB 计,则有

$$[\bar{D}_S(M)] = [\bar{\gamma}_S] - [\gamma_0] = 10\lg_{10}\left(\sum_{k=1}^{M} \frac{1}{k}\right) \mathrm{dB} \tag{3-15}$$

2) 最大比值合并

假设各支路的平均噪声功率是相互独立的,合并器输出的平均信噪比功率是各支路的噪声功率之和,即 $\sum\limits_{k=1}^{M}\alpha_k^2 N_k$,其中 α_k 为每路的加权系数,N_k 为噪声功率。则最大比值合并器输出的信噪比为

$$\gamma_R = \frac{\left(\sum\limits_{k=1}^{M}\alpha_k \gamma_k / \sqrt{2}\right)^2}{\sum\limits_{k=1}^{M}\alpha_k^2 N_k} \tag{3-16}$$

由于各支路的信噪比为

$$\gamma_k = \frac{r_k^2}{2N_k}$$

代入式(3-16),可得

$$\gamma_R = \frac{\left(\sum\limits_{k=1}^{M}\alpha_k \sqrt{N_k \gamma_k}\right)^2}{\sum\limits_{k=1}^{M}\alpha_k^2 N_k} \tag{3-17}$$

根据施瓦茨不等式,并且令 $p = \alpha_k \sqrt{N_k}$,$q = \sqrt{\gamma_k}$,则有

$$\left(\sum\limits_{k=1}^{M}\alpha_k \sqrt{N_k \gamma_k}\right)^2 \leqslant \left(\sum\limits_{k=1}^{M}\alpha_k^2 N_k\right)\sum\limits_{k=1}^{M}\gamma_k \tag{3-18}$$

将式(3-18)代入式(3-17),整理得

$$\gamma_R \leqslant \frac{\left(\sum\limits_{k=1}^{M}\alpha_k^2 N_k\right)\left(\sum\limits_{k=1}^{M}\gamma_k\right)}{\sum\limits_{k=1}^{M}\alpha_k^2 N_k} = \sum\limits_{k=1}^{M}\gamma_k \tag{3-19}$$

由式(3-19)知,最大比值合并器输出可能得到的最大信噪比为各支路信噪比之和,即

$$\gamma_R = \sum\limits_{k=1}^{M}\gamma_k \tag{3-20}$$

最大比值合并时,各支路加权系数与本路信号幅度成正比,而与本路噪声功率成反比,合并后可获得最大信噪比输出。若各支路噪声功率相同,则加权系数仅随本路的信号振幅变化而变化。

因为最大比值合并器输出可能得到的最大信噪比为各支路信噪比之和,由式(3-19)可知

$$\bar{\gamma}_R = \sum\limits_{k=1}^{M}\bar{\gamma}_k = M\gamma_0 \tag{3-21}$$

最大比值合并的改善因子为

$$\bar{D}_R(M) = \frac{\bar{\gamma}_R}{\gamma_0} = M \tag{3-22}$$

若改善因子以 dB 计,则有

$$[\bar{D}_R(M)] = [\bar{\gamma}_R] - [\gamma_0] = 10\lg_{10}M \text{ dB} \tag{3-23}$$

3）等增益合并

等增益合并时，各支路加权系数 $\alpha(k=1,2,\cdots,M)$ 都等于 1，等增益合并器输出的信号包络为

$$\gamma_E = \sum_{k=1}^{M} \gamma_k \tag{3-24}$$

若各支路的噪声功率均等于 N，则

$$\gamma_E = \frac{(\gamma_E / \sqrt{2})^2}{NM} = \frac{1}{2NM}\left(\sum_{k=1}^{M} \gamma_k\right)^2 \tag{3-25}$$

等增益合并器输出的平均信噪比为

$$\bar{\gamma}_E = \frac{1}{2NM}\left(\sum_{k=1}^{M} \bar{\gamma}_k^2\right) + \frac{1}{2NM}\sum_{\substack{j,k=1 \\ j\neq k}}^{M} \overline{(\gamma_j, \gamma_k)} \tag{3-26}$$

假设各支路互不相关，则有

$$\overline{\gamma_j \cdot \gamma_k} = \bar{\gamma}_j \cdot \bar{\gamma}_k, \quad j \neq k$$

服从瑞利分布时，有 $\bar{\gamma}_k^2 = 2\sigma^2$ 和 $\bar{\gamma}_k = \sqrt{\pi/2}\sigma$，等增益合并输出的平均信噪比为

$$\bar{\gamma}_E = \frac{1}{2NM}\left[2M\sigma^2 + M(M-1)\frac{\pi\sigma^2}{2}\right] = \gamma_0\left[1 + (M-1)\frac{\pi}{4}\right] \tag{3-27}$$

式中，$\gamma_0 = \sigma^2/N$，等增益合并的改善因子为

$$\bar{D}_E(M) = \frac{\bar{\gamma}_E}{\gamma_0} = 1 + (M-1)\frac{\pi}{4} \tag{3-28}$$

若改善因子以 dB 计，则有

$$[\bar{D}_E(M)] = [\bar{\gamma}_E] - [\gamma_0] = 10\lg_{10}\left[1 + (M-1)\frac{\pi}{4}\right] \text{ dB} \tag{3-29}$$

显然当分集重数较大时，$\bar{D}_E(M)$ 趋于常数，信噪比的改善程度趋缓。

通过理论分析可以得出，在相同分集重数（支路数 M 相同）情况下，最大比值合并方式改善信噪比最多，等增益合并方式次之；在分集重数 M 较小时，等增益合并方式的信噪比改善接近最大比值合并，选择式合并方式得到的信噪比改善最小。不同分集合并方式性能改善如图 3-11 所示。

各种分集方法并不是互相排斥的，在实际应用中，通常采用它们组合的方式，如跳变扩频（一种隐频率隐时间技术）。分析分集接收技术的原理发现，在实际移动通信系统中，如果不采用分集技术，在噪声受限条件下，发射机必须提高发射功率，才能保证在信道情况较差时，链路仍然能够正常连接，保证通信的可靠性。在移动无线环境中，由于手持终端的电池容量非常有限，

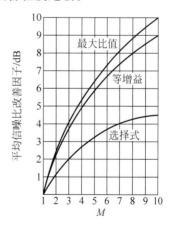

图 3-11 不同分集合并方式
性能改善

所以，反向链路（指终端到基站的链路）中所能获得的发射功率也非常有限。采用分集技术可以降低发射功率，这在移动通信中非常重要。蜂窝网络系统的容量大多数情况下都会受

到干扰限制,因此,通过采用分集技术对抗信道衰落就意味着分集技术可以减小载波干扰比 (C/I) 的可变性,反过来 C/I 的容限要求较低,可以提高同频复用系数进而提高系统容量。

例 3-1 在二重分集情况下,试分别计算三种合并方式的信噪比改善因子。

解:(1)选择式合并 $\qquad \overline{D}_S(M) = \overline{D}_S(2) = 1 + \dfrac{1}{2} = 1.5$

或

$$\left[\overline{D}_S(M)\right] = \left[\overline{D}_S(2)\right] = 10\lg 1.5 = 1.76 \text{ dB}$$

(2)最大比值合并 $\qquad \overline{D}_R(M) = \overline{D}_R(2) = 2$

或

$$\left[\overline{D}_R(M)\right] = \left[\overline{D}_R(2)\right] = 3 \text{ dB}$$

(3)等增益合并 $\qquad \overline{D}_E(M) = \overline{D}_E(2) = 1 + \dfrac{1}{4} = 1.78$

或

$$\left[\overline{D}_E(M)\right] = \left[\overline{D}_E(M)\right] = 2.5 \text{ dB}$$

第 22 集

3.2 均衡技术

在移动通信系统中,由于多径传输、信道衰落等影响,无线信道会产生时延色散。发射信号沿着由多径组成的无线信道传输时,不同的路径有不同的时延。例如,当符号持续时间小于信道多径时延时,会出现符号 1 还没被用户接收而符号 2 就已经发送的现象。因为信道的多径时延,当用户还在接收符号 1 从不同路径到来的信号时,符号 2 甚至符号 3 已经被发送且沿着较快的路径到达,会使得符号 2 和符号 3 对符号 1 产生符号间干扰(ISI)。ISI和噪声会使被传输的信号产生变形,使接收端的信号发生误码。均衡技术是消除符号间干扰的有效手段。

实现均衡技术有两个基本途径,一是频域均衡,它使包括均衡器在内的整个系统的总传输函数满足无失真传输的条件;二是时域均衡,它直接从时间响应考虑,使包括均衡器在内的整个系统的冲激响应满足无符号间干扰的条件。本书主要考虑时变信号,讨论采用时域均衡来达到整个系统无符号间干扰。

时域均衡器的主体是横向滤波器,它由多级抽头延迟线、加权系数相乘器(或可变增益电路)及相加器组成,如图 3-12 所示。

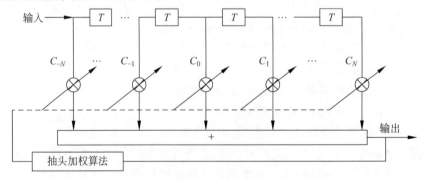

图 3-12 横向滤波器结构框图

　　所谓均衡,是指对信道特性的均衡,即接收端的均衡器产生与信道特性相反的特性,用来减小或消除因信道的时变多径传播特性而引起的码间干扰。均衡器参数设置与信道传输特性有关。时域上,传输信道是时延色散的,因此均衡器通过调整滤波器系数削弱采样时刻符号间的干扰。频域上,传输信道是频率选择性的,均衡器将增强频率衰落大的频谱部分,而削弱频率衰落小的部分,以使收到信号频谱的各部分衰落趋于平坦,相位趋于线性。均衡技术的基本思想是在数字通信系统中插入一种可调滤波器,用来校正和补偿系统特性,减少码间干扰的影响,这种起补偿作用的滤波器被称为均衡器。均衡器通常使用滤波器来补偿失真的脉冲,通过判决器得到解调输出样本(经过均衡器修正过的或者清除了码间干扰之后的样本)。带均衡器的数字通信系统结构示意图如图 3-13 所示。

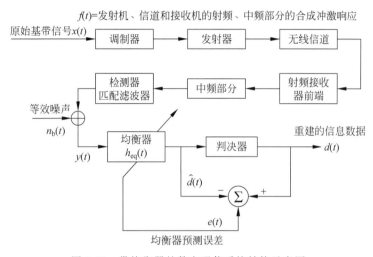

图 3-13　带均衡器的数字通信系统结构示意图

　　图 3-13 中的 $f(t)$ 是等效的基带冲激响应,综合反映了发射机、信道和接收机的射频、中频部分总的冲激响应。假设发射端的基带信号为 $x(t)$,$n_b(t)$ 是均衡器输入端的等效基带噪声,均衡器的输入为 $y(t)$,则接收端的均衡器接收到的信号为

$$y(t) = x(t) \otimes f^*(t) + n_b(t) \tag{3-30}$$

式中,$f^*(t)$ 为 $f(t)$ 的复共轭,$\otimes$ 表示卷积运算。假设均衡器的冲激响应为 $h_{eq}(t)$,则均衡器的输出为

$$\begin{aligned}
\hat{d}(t) &= x(t) \otimes f^*(t) \otimes h_{eq}(t) + n_b(t) \otimes h_{eq}(t) \\
&= x(t) \otimes g(t) + n_b(t) \otimes h_{eq}(t)
\end{aligned} \tag{3-31}$$

式中,$g(t) = f^*(t) \otimes h_{eq}(t)$ 是 $f(t)$ 和均衡器的复合冲激响应。如果用横向滤波器作为均衡器,则其冲激响应可以表示为

$$h_{eq}(t) = \sum_n c_n \delta(t - nT) \tag{3-32}$$

式中,c_n 是均衡器的复系数。

　　假设信号在传输过程中没有受到噪声干扰,即 $n_b(t) = 0$,则在理想状况下,均衡器的输出应等于系统输入信号,即 $\hat{d}(t) = x(t)$,此时系统没有码间干扰。

　　为了满足 $\hat{d}(t) = x(t)$ 成立,应使 $g(t) = f^*(t) \otimes h_{eq}(t) = \delta(t)$。该式在频域上可以表

示为

$$H_{eq}(f)F^*(-f) = 1 \qquad\qquad (3\text{-}33)$$

式中，$H_{eq}(f)$ 和 $F^*(-f)$ 分别为 $h_{eq}(t)$ 和 $f(t)$ 的傅里叶变换。

由式(3-33)可以看出，均衡器实际上就是等效基带信道滤波器的逆滤波器。如果信道是一个频率选择性衰落信道，则均衡器将放大被衰落的频率分量，削弱被信道增强的频率分量，以便为系统提供一个具有平坦衰落的信道。如果信道是时变信道，则均衡器需要跟踪信道的变化满足均衡器成立的条件。

在实际的移动通信系统中，为了能适应信道的随机变化，使均衡器总是保持最佳的状态，并且能够实时地跟踪移动通信信道的时变特性，从而使均衡器有更好的失真补偿性能，通常采用自适应均衡器。自适应均衡器需要根据某种算法动态地调整其特性和参数，能够实时地跟踪信道的变化以达到理想的状态。

自适应均衡器一般包含两种工作模式，即训练模式和跟踪模式。训练模式的均衡器，首先需要发射机发射一个已知的定长训练序列，以便接收机处的均衡器可以做出正确的设置。典型的训练序列是一个二进制伪随机信号或是一串预先指定的数据位，而紧跟在训练序列后被传送的是用户数据。接收机处的均衡器可以通过递归算法来评估信道特性，并且修正滤波器系数以对信道做出补偿。在设计训练序列时，要求做到即使在最差的信道条件下，均衡器也能通过这个训练序列获得正确的滤波系数。这样接收机就可以在收到训练序列后，使得均衡器的滤波系数已经接近最佳值。而在接收数据时，均衡器的自适应算法就可以跟踪不断变化的信道，不断改变自适应均衡器的滤波特性。均衡器从调整参数至形成收敛，整个过程是均衡器算法、结构和通信变化率的函数。为了能有效消除码间干扰，均衡器需要做周期性重复训练。在数字通信系统中，用户数据是被分为若干段并被放在相应的时间段中传送的，每当收到新的时间段，均衡器将用同样的训练序列进行修正。均衡器一般被放在接收机的基带或中频部分实现，基带包络的复数表达式可以描述带通信号波形，所以信道响应、解调信号和自适应算法通常都可以在基带部分被仿真和实现。

均衡技术按技术类型可以分为线性均衡和非线性均衡。如果接收信号经过均衡后，再经过判决器的输出被反馈给均衡器，并改变了均衡器的后续输出，那么均衡器就是非线性的，否则就是线性的。非线性均衡器包括判决反馈均衡器(DFE)、最大似然符号检测器(MLSD)和最大似然序列估值器(MLSE)。

均衡器按照频谱效率可以分为基于训练序列的均衡、盲均衡与半盲均衡。盲均衡是指均衡器能够不借助训练序列，而仅仅利用所接收到的信号序列即可对信道进行自适应均衡，从而节省带宽，提高频谱效率。基于训练序列的均衡器在发射端发送训练序列，在接收端根据此训练序列对均衡器进行调整，又称自适应均衡，在实际的移动通信系统中得到了广泛的应用。

均衡算法有最小均方误差算法(LMS)、递归最小二乘法(RLS)、快速递归最小二乘法(FRLS)及梯度最小二乘法(GRLS)。

3.3 基本的信道编码技术

1948 年，为了降低信息传递过程中环境干扰造成的性能损耗，香农提出了需要寻找和搭建非常可靠的通信系统来创造稳定的通信过程。同时，香农提出了著名的香农公式，给出

了在受到加性高斯白噪声影响的信道上进行无差错传输的最大传输速率计算公式

$$C = B \log_2 \left(1 + \frac{S}{N} \right)$$ (3-34)

式中，C 是信道容量，单位 b/s；B 是信道带宽，单位为 Hz；S 是平均信号功率，N 是平均噪声功率，$\frac{S}{N}$ 即信噪比，单位为 dB。

香农定理给出了信道信息传送速率的上限与信道信噪比和带宽的关系。

由香农公式可知，信道容量由带宽及信噪比决定，增大带宽或提高信噪比可以增大信道容量；在要求信道容量一定的情况下，提高信噪比可以降低带宽的需求，增加带宽可以降低对信噪比的需求。

香农公式给出了信道容量的极限，也就是说实际无线制式中单信道容量不可能超过该极限，只能尽量接近该极限。香农提出的仅仅是一个存在性定理，他虽然指出了可以通过差错控制编码技术来实现可靠通信的理论参考，但却没有给出具体实现的方法。于是在随后的近百年内，人们便将重心转移到信道编码各种方案的研究上，希望通过信道编码技术使信道容量能够逼近香农极限。

由于移动信道是时变多径的，所以数字信号在移动信道传输中往往受到噪声或干扰的影响，使得传送的数据流中会产生误码，从而使接收端产生图像跳跃、不连续、马赛克等现象。因此，在传输数字信号时，往往需要根据不同的移动环境进行各种编码，而信道编码具有克服这两类误码的能力。在发送端的信息码元序列中加入一些监督码元，这些多余的码元与信息码元之间以某种确定的规则相互关联（约束）；接收端按照既定的规则检验信息码元与监督码元之间的关系，一旦传输过程中发生差错，则信息码元与监督码元之间的关系将受到破坏，从而可以发现错误，乃至纠正错误，这种方式称为差错控制编码，有时也叫信道编码。研究各种编码和译码方法是差错控制编码所要解决的主要问题，不同的编码有不同的检错或纠错能力。一般来说，监督码元所占比例越大，检（纠）错的能力越强，监督码元的多少，通常用编码效率来度量。

信道编码的过程是在源数据码元中加插一些冗余码元（监督码元），从而达到在接收端进行判错和纠错的目的，因此信道编码会使有用的信息数据传输减少，特别是在带宽固定的信道中，因为总的传送码率是固定的，由于采用信道编码增加了数据量，所以信道编码以降低信息传输速率为代价来提高系统传输的可靠性。将有用比特数 k 除以总比特数 n 就等于编码效率 R，即 $R = k/n$。不同的编码方式，其编码效率有所不同。

3.3.1 信道编码分类

从不同的角度出发，信道编码可以有不同的分类方法。

（1）按码组的功能，分为检错码和纠错码。检错码用于在译码中发现错误；纠错码不仅能发现错误还能自动纠正错误。

（2）按码组中监督码元与信息码元之间的关系，分为线性码和非线性码。线性码是指监督码元与信息码元之间的关系为线性的，即监督关系方程可以用线性方程表示；非线性是指监督关系方程不满足线性关系。

（3）按码组中信息码元与监督码元的约束关系，分为分组码和卷积码。分组码是指监督码元仅与本码组的信息码元有关；卷积码的监督码元不但与本码组的信息码元有关，还与前面若干组的信息码元有关。

（4）按纠错能力，分为纠随机差错码和纠突发差错码。随机差错码的特点是码元间的差错互相独立；突发差错码的特点是码元的错误通常是一连串的。

（5）按照信息码元在编码后是否保持原来的形式，分为系统码和非系统码。在系统码中，编码后的信息码保持原样不变，而非系统码中信息码元则改变了原有的信号形式。系统码的性能大体上与非系统码相同，但是在某些卷积码中非系统码的性能优于系统码。由于非系统码中的信息位已"面目全非"，这对观察和译码都带来麻烦，因此很少应用。系统码的编码和译码相对比较简单，因而得到广泛应用。

移动通信在保证信息传输的可靠性提高传输质量时，采用信道编码需要综合考虑它的性能指标，包括编码效率、编码增益、编码时延和编译码器的复杂度。下面着重介绍几种常用的信道编码方法。

3.3.2　线性分组码

分组码是把信源待发送的信息序列按固定的 k 位一组进行划分，划分成若干个消息组，再将每一消息组独立变换成码长为 $n(n>k)$ 的二进制数字组，称为码字。在分组码中，监督码仅监督本码组的码元，把"1"的数目称为码组的重量，把两个不同码组对应位上数字（0 和 1）不同的位数称为码组的距离，简称"码距"，又称汉明码距。通常把某种编码中各个码组间距离最小值称为最小码距。分组码就其构成方式不同，可分为线性分组码和非线性分组码。

一般情况下，码的检、纠错能力与最小码距 d 的关系可分为以下情况。

（1）为检测 e 个错码，要求最小码距为 $d \geqslant e+1$。

（2）为纠正 t 个错码，要求最小码距为 $d \geqslant 2t+1$。

（3）为纠正 t 个错码，同时检测 e 个错码，要求最小码距为 $d \geqslant e+t+1(e>t)$。

分组码具有以下特点。

（1）分组码是一种前向纠错编码。

（2）分组码是长度固定的码组，k 个信息位被编为 n 位码字长度，而 $n-k$ 个监督位的作用就是实现检错与纠错，可表示为 (n,k)。

（3）在分组码中，监督位仅与本码组的信息位有关，而与其他码组的信息码字无关。

1. 线性分组码的编码原理

线性分组码编码时，首先将信源输出的信息序列以 k 个信息码元划分为一组；然后根据一定的编码规则由这 k 个信息码元产生 r 个监督码元，构成 $n=k+r$ 个码元组成的码字，每个码字的 r 个监督码元仅与本组的信息码元有关而与其他码组无关。线性分组码一般用符号 (n,k) 表示。

1）监督矩阵

一个具有码元长度为 n 的码字可以用向量 $\boldsymbol{C}=(c_{n-1},\cdots,c_1,c_0)$ 表示。线性分组码 (n,k) 结构如图 3-14 所示，码字的前 k 位为信息码元，与编码前原样不变，后 r 位为监督码元。

例如，一个 $(7,3)$ 线性分组码，码字表示为 $(c_6,c_5,\cdots,c_1,c_0)$，其中 c_6,c_5,c_4 为信息码元，c_3,c_2,c_1,c_0 为监督码元。监督码元由下面线性方程组产生

图 3-14 线性分组码(n,k)结构

$$\begin{cases} c_3 = c_6 \oplus c_4 \\ c_2 = c_6 \oplus c_5 \oplus c_4 \\ c_1 = c_6 \oplus c_5 \\ c_0 = c_5 \oplus c_4 \end{cases} \tag{3-35}$$

将式(3-35)改写为

$$\begin{cases} c_6 \oplus c_4 \oplus c_3 = 0 \\ c_6 \oplus c_5 \oplus c_4 \oplus c_2 = 0 \\ c_6 \oplus c_5 \oplus c_1 = 0 \\ c_5 \oplus c_4 \oplus c_0 = 0 \end{cases} \tag{3-36}$$

式(3-36)可以用矩阵表示为

$$\begin{bmatrix} 1 & 0 & 1 & 1 & 0 & 0 & 0 \\ 1 & 1 & 1 & 0 & 1 & 0 & 0 \\ 1 & 1 & 0 & 0 & 0 & 1 & 0 \\ 0 & 1 & 1 & 0 & 0 & 0 & 1 \end{bmatrix} \begin{bmatrix} c_6 \\ c_5 \\ c_4 \\ c_3 \\ c_2 \\ c_1 \\ c_0 \end{bmatrix} = \begin{bmatrix} 0 \\ 0 \\ 0 \\ 0 \end{bmatrix} \tag{3-37}$$

一般地,在(n,k)线性分组码中,如果有

$$\boldsymbol{HC}^{\mathrm{T}} = \boldsymbol{0}^{\mathrm{T}} \quad 或 \quad \boldsymbol{CH}^{\mathrm{T}} = \boldsymbol{0} \tag{3-38}$$

则称 $\boldsymbol{H}$ 为(n,k)线性分组码的监督矩阵(或校验矩阵)。

式中,$\boldsymbol{C}=(c_6,c_5,\cdots,c_1,c_0)$表示编码器输出的码字;$\boldsymbol{0}$ 表示 r 个 0 元素组成的行向量;$\boldsymbol{C}^{\mathrm{T}}$、$\boldsymbol{0}^{\mathrm{T}}$ 或 $\boldsymbol{H}^{\mathrm{T}}$ 分别为 $\boldsymbol{C}$、$\boldsymbol{0}$、$\boldsymbol{H}$ 的转置矩阵。

如果监督矩阵 $\boldsymbol{H}$ 的后 r 列为单位方阵,则称 $\boldsymbol{H}$ 为监督矩阵的标准形式,简称为标准的监督矩阵。标准的监督矩阵 $\boldsymbol{H}$ 可表示为

$$\boldsymbol{H} = [\boldsymbol{Q}, \boldsymbol{I}_r] \tag{3-39}$$

式中,$\boldsymbol{I}_r$ 表示 $r \times r$ 阶单位方阵;$\boldsymbol{Q}$ 表示 $r \times (n-r)$ 阶矩阵。

显然,$\boldsymbol{H}$ 阵共有 r 行 n 列。$\boldsymbol{H}$ 阵的每一行都代表一个监督方程,它表示与该行中"1"对应的码元的和为 0。只要监督矩阵 $\boldsymbol{H}$ 给定,编码时监督码元和信息码元的关系就完全确定。一般说来,r 个监督方程应该是线性无关的,即 $\boldsymbol{H}$ 阵的 r 行必须是线性独立的。

在线性码中,容易验证 X 和 Y 为线性码的任意两个码字,则 $X \oplus Y$ 也是这种线性码中的一个码字,这一性质称为线性码的封闭性。由于线性码任意两个码字之和仍是一个码字,

所以两个码字之间的距离必定是另一码字的码重。容易得出,线性码的最小距离等于非零码字的最小码重。另外需要指明的是,在线性码中必定包含全 0 的码字,这是因为信息码元全为 0 时,监督码元肯定全为 0。

2)生成矩阵

如果在输出的码组中前 3 位为信息位,后 4 位为监督位且其是前 3 位信息位的线性组合,写成线性方程组形式为

$$\begin{cases} c_6 = c_6 \\ c_5 = c_5 \\ c_4 = c_4 \\ c_3 = c_6 \oplus c_4 \\ c_2 = c_6 \oplus c_5 \oplus c_4 \\ c_1 = c_6 \oplus c_5 \\ c_0 = c_5 \oplus c_4 \end{cases} \tag{3-40}$$

式(3-40)还可以用矩阵表示为

$$[c_6, c_5, c_4, c_3, c_2, c_1, c_0] = [c_6, c_5, c_4] \begin{bmatrix} 1 & 0 & 0 & 1 & 1 & 1 & 0 \\ 0 & 1 & 0 & 0 & 1 & 1 & 1 \\ 0 & 0 & 1 & 1 & 1 & 0 & 1 \end{bmatrix} \tag{3-41}$$

一般地,在 (n,k) 线性分组码中,设 $\mathbf{M}$ 是编码器的输入信息码元序列,如果编码器的输出码字 $\mathbf{C}$ 可以表示为

$$\mathbf{C} = \mathbf{MG} \tag{3-42}$$

则 $\mathbf{G}$ 为该线性分组码 (n,k) 的生成矩阵。生成矩阵 $\mathbf{G}$ 为 $k \times n$ 矩阵。容易看出,任何一个码字都可以表示为生成矩阵行向量的线性组合。

线性分组码的生成矩阵可用表示为

$$\mathbf{G} = [\mathbf{I}_k \mathbf{P}] \tag{3-43}$$

式中,$\mathbf{I}_k$ 表示 $k \times k$ 阶单位方阵;$\mathbf{P}$ 表示 $k \times (n-k)$ 阶矩阵。

式(3-43)所示的生成矩阵 $\mathbf{G}$ 的前 k 列为单位方阵,称为生成矩阵的标准形式,简称为标准的生成矩阵。相同的码字空间只对应唯一的标准生成矩阵,一般的生成矩阵可通过初等行变换化成标准的生成矩阵。

3)校正子

若接收端收到的码组为 $\mathbf{R} = (r_{n-1}, \cdots, r_1, r_0)$,则发送码组与接收码组之差可以表示为

$$\mathbf{R} - \mathbf{C} = \mathbf{E}(\text{模 } 2) \tag{3-44}$$

$\mathbf{E}$ 是传输中产生的错码行矩阵,也称错误图样,且有

$$\mathbf{E} = [e_{n-1}, \cdots, e_1, e_0] \tag{3-45}$$

其中

$$e_i = \begin{cases} 0, & r_i = c_i \\ 1, & r_i \neq c_i \end{cases} \tag{3-46}$$

式中,$e_i = 0$ 表示该位接收码无错;$e_i = 1$ 表示该位接收码有错。

若接收码无错,即 $\mathbf{E} = 0$,则 $\mathbf{R} = \mathbf{C}$,代入式(3-38)中有

$$\boldsymbol{R}\boldsymbol{H}^{\mathrm{T}}=0 \tag{3-47}$$

若接收码有错,式(3-47)不成立,其右端不等于 0,即

$$(\boldsymbol{C}+\boldsymbol{E})\cdot\boldsymbol{H}^{\mathrm{T}}=\boldsymbol{C}\cdot\boldsymbol{H}^{\mathrm{T}}+\boldsymbol{E}\cdot\boldsymbol{H}^{\mathrm{T}}=0+\boldsymbol{E}\cdot\boldsymbol{H}^{\mathrm{T}}=\boldsymbol{E}\cdot\boldsymbol{H}^{\mathrm{T}}=\boldsymbol{S} \tag{3-48}$$

$\boldsymbol{S}$ 为校正子,它只与错误图样 $\boldsymbol{E}$ 有关,而与发送的具体码字 $\boldsymbol{C}$ 无关。不同的错误图样有不同的校正子,它们有一一对应关系。

接收端对接收到的码组译码步骤:

(1) 计算校正子 $\boldsymbol{S}$;

(2) 根据校正子给出错误图样 $\boldsymbol{E}$;

(3) 计算发送码组的估计值 $\boldsymbol{C}'=\boldsymbol{R}\oplus\boldsymbol{E}$。

2. 常见的线性分组码

常见的线性码包括奇偶监督码、汉明码、CRC 码、BCH 码及 RS 码。

1) 奇偶监督码

奇偶监督码的编码规则是先将所要传输的数据码元(信息码)分组,在分组信息码元后面附加 1 位监督码,若该码组中信息码元和监督码元合在一起"1"的个数为偶数则称为偶校验,若为奇数则称为奇校验。奇偶监督码的特点是只有一个监督位。

设码组长度为 n,码字表示为 $(a_{n-1},a_{n-2},\cdots,a_0)$。其中前 $n-1$ 位为信息码元,第 0 位为监督位 a_0。若是偶监督,则信息位与监督位的约束关系应为

$$a_{n-1}\oplus a_{n-2}\oplus\cdots\oplus a_1\oplus a_0=0 \tag{3-49}$$

监督位 a_0 由式(3-50)决定

$$a_0=a_{n-1}\oplus a_{n-2}\oplus\cdots\oplus a_1 \tag{3-50}$$

这样,在接收端译码时,实际上就是计算

$$S=a_{n-1}\oplus a_{n-2}\oplus\cdots\oplus a_1\oplus a_0 \tag{3-51}$$

当 $S=0$ 时,认为无错;当 $S=1$ 时,认为有错。同理,奇监督时,发送端的监督关系为

$$a_{n-1}\oplus a_{n-2}\oplus\cdots\oplus a_1\oplus a_0=1 \tag{3-52}$$

译码时,若 $S=1$,认为无错;若 $S=0$,认为有错。

可以看出,这种奇偶监督码只能发现单个或奇数个错误,而不能检测出偶数个错误,这是因为奇偶监督码的最小码距为 2。

2) 汉明码

汉明码是 1950 年由美国贝尔实验室提出来的,是第一个设计用来纠错的线性分组码,汉明码及其变形作为差错控制码已广泛应用于数字通信和数据存储系统中。

对于 (n,k) 汉明码,若使用 1 位监督位 a_0 接收端译码,实际上就是计算 $S=a_{n-1}\oplus a_{n-2}\oplus\cdots\oplus a_1\oplus a_0$。

若 $S=1$,无错;若 $S=0$,有错。此时,使用 1 位监督位只能表示有错和无错,不能指示错码位置。

如果使用 2 位监督位,就有 2 个监督关系式,也有 2 个校正子。

$$S_1 S_2=00,01,10,11$$

对于 (n,k) 汉明码,用监督位 $r=n-k$ 可构造出 r 个监督关系式,要想指示一位错码的 n 种可能位置,要求码长 n 与监督位 r 满足

$$n\leqslant 2^r-1 \tag{3-53}$$

汉明码是纠一个错误的线性码。由于它编码简单,因而在通信系统和数据存储系统中得到广泛应用。其最小距离 $d_{min}=3$,汉明码的监督矩阵中任意两列是线性无关的,没有全 0 的列。

设汉明码 $(7,4)$ 校正子与错码位置关系如表 3-1 所示。则信息位与监督位的监督关系可以表示为

$$S_1 = a_6 \oplus a_5 \oplus a_4 \oplus a_2 \tag{3-54}$$

$$S_2 = a_6 \oplus a_5 \oplus a_3 \oplus a_1 \tag{3-55}$$

$$S_3 = a_6 \oplus a_4 \oplus a_3 \oplus a_0 \tag{3-56}$$

表 3-1   汉明码 $(7,4)$ 校正子与错码位置关系

S_1	S_2	S_3	错码位置
0	0	0	无错
0	0	1	a_0
0	1	0	a_1
1	0	0	a_2
0	1	1	a_3
1	0	1	a_4
1	1	0	a_5
1	1	1	a_0

3）CRC 码

循环冗余校验码简称 CRC 码,是数据通信领域中最常用的一种差错校验码,具有数据传输检错功能。其特点是信息字段和校验字段的长度可以任意选定。对于任意一个由二进制位串组成的码长为 n 的循环码,一定可以找到一个系数仅为"0"和"1"取值的 $n-1$ 次多项式唯一对应。

（1）CRC 的多项式表示。

码字长度为 n,信息字段为 k 位,校验字段为 r 位 $(n=k+r)$ 的码组 $C=(c_{n-1}, c_{n-2}, \cdots, c_0)$,相应的多项式表示为

$$C(x) = c_{n-1}x^{n-1} + c_{n-2}x^{n-2} + \cdots + c_1 x + c_0 \tag{3-57}$$

可见,码多项式的系数即为码组中的各个分量值。若多项式中的 x^i 存在,则表示对应码位上是"1"码,否则为"0"码。

例如,码组为 $C=1011011$,则码多项式为

$$C(x) = c_6 x^6 + c_4 x^4 + c_3 x^3 + c_1 x + c_0$$

码多项式按模（除法）运算如下

$$\frac{C(x)}{p(x)} = q(x) + \frac{r(x)}{p(x)} \tag{3-58}$$

式中,$C(x)$ 为码多项式,$p(x)$ 为不可约多项式,$q(x)$ 为商,$r(x)$ 为余式。需要注意的是,在模 2 运算中,加法代替了减法。

（2）CRC 的生成多项式和生成矩阵。

对于一个给定的 (n,k) 循环码,可以证明存在一个最高次幂为 $r=n-k$ 的多项式

$g(x)$。根据 $g(x)$ 可以生成 k 位信息的校验码，$g(x)$ 称作此 CRC 码的生成多项式。

① 校验码的具体生成过程为：假设要发送的信息用多项式 $M(x)$ 表示，将 $M(x)$ 左移 r 位(可表示成 $M(x)^* x^r$)，这样将 $M(x)$ 的右边就会空出 r 位，这就是校验码的位置。用 $M(x)^* x^r$ 除以生成多项式 $g(x)$ 得到的余数就是校验码。CRC 校验码位数＝生成多项式位数－1，注意，有些生成多项式的简记式中将生成多项式的最高位 1 省略。

② 生成多项式。(n,k) 循环码的生成多项式是 x^n+1 的一个 $(n-k)$ 次因式。一旦确定循环码的生成多项式，则整个 (n,k) 循环码就被确定了。根据循环性可知，$g(x)$，$xg(x)$，$x^2 g(x)$，…，$x^{k-1}g(x)$ 均为循环码的码组。生成多项式不同，产生出的循环码组也不同。在循环码中，一个 (n,k) 码有 2^k 个不同的码组。

生成多项式 $g(x)$ 应满足以下条件。

- 生成多项式的最高位和最低位必须为 1。
- 当被传送信息(CRC 码)任何一位发生错误时，被生成多项式做除后应该使余数不为 0。
- 不同位发生错误时，应使余数不同。
- 对余数继续做除，应使余数循环。

③ 生成矩阵 G。由生成多项式可得生成矩阵

$$G(x)=\begin{bmatrix} x^{k-1}g(x) \\ x^{k-2}g(x) \\ \vdots \\ xg(x) \\ g(x) \end{bmatrix} \tag{3-59}$$

典型的生成矩阵为 $G=[I_k Q]$，I_k 为单位矩阵。

（3）CRC 的编码方法。

若信息位对应的码多项式为

$$m(x)=m_{k-1}x^{n-1}+m_{k-2}x^{n-2}+\cdots+m_1 x^{n-k+1}+m_0 x^{n-k} \tag{3-60}$$

① 求 $x^{n-k}m(x)$，相当于在信息码后面加上 (n,k) 个"0"。若信息码为 110，即相当于 $m(x)=x^2+x$，对于 $(7,3)$ 循环码，即 $n-k=7-3=4$，则 $x^{n-k}m(x)=x^4(x^2+x)=x^6+x^5$，相当于码元 1100000。

② 用 $g(x)$ 除 $x^{n-k}m(x)$，得商式 $q(x)$ 和余式 $r(x)$，即

$$\frac{x^{n-k}m(x)}{g(x)}=q(x)+\frac{r(x)}{g(x)} \tag{3-61}$$

若选用 $g(x)=x^4+x^2+x+1$ 作为生成多项式，则

$$\frac{x^{n-k}m(x)}{g(x)}=\frac{x^6+x^5}{x^4+x^2+x+1}=(x^2+x+1)+\frac{x^2+1}{x^4+x^2+x+1}$$

显然，$r(x)=x^2+1$。

③ 求多项式 $A(x)=x^{n-k}m(x)+r(x)$

$$A(x)=x^{n-k}m(x)+r(x)=x^6+x^5+x^2+1$$

循环码的循环特性是指在循环码中任一许用码组经过循环移位后所得到的码组仍为它的一个许用码组。CRC 码具有很强的检错能力，而且编码器及译码器实现简单，因而在数据通信中得到广泛应用。CRC 码可以检测出的错误如下：

- 突发长度≤$n-k$ 的突发错误;
- 大部分突发长度＝$n-k+1$ 的错误;
- 大部分突发长度＞$n-k+1$ 的错误;
- 所有与许用码组的码距≤$d_{min}-1$ 的错误;
- 所有奇数个随机错误。

3.3.3 卷积码

1. 基本概念

卷积码不同于上述的线性分组码和循环码,它是一类有记忆的非分组码。卷积码一般可记为(n,k,m)码。其中,k 表示编码器输入端信息数据位,n 表示编码器输出端码元数,m 表示编码器中寄存器的节数。从编码器输入端看,卷积码仍然是每 k 位数据一组,分组输入。从编码器输出端看,卷积码是非分组的,它的输出 n 位码元不仅与当时输入的 k 位数据有关,而且还进一步与编码器中寄存器的以前分组的 m 位输入数据有关。卷积码没有严格的代数结构,其记忆(或称约束长度)为 $N=m+1$,其编码效率为 $R=k/n$。与分组码具有固定码长 n 不同,卷积码没有固定码长,可以通过周期性截断来获得分组长度。同时由于卷积码充分利用了各组码元之间的相关性,n 和 k 可以用比较小的数,因此在与具有同样的传输信息速率和设备复杂性条件下的线性分组码相比,卷积码的性能一般比线性分组码好。目前常用的一些性能好的卷积码参数是借助计算机搜索而得到的,并且其性能还与译码方法有关。一个具有 k 个输入端、n 个输出端,且具有 Nk 级移位寄存器的卷积码的编码器原理图如图 3-15 所示。

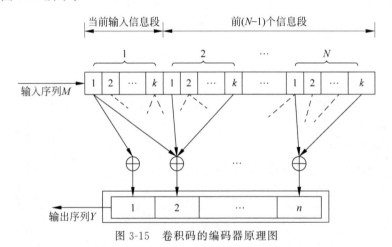

图 3-15 卷积码的编码器原理图

2. 卷积码的描述

描述卷积码的方法有图解法和解析法两种。解析法可以用数学公式直接表达,包括离散卷积法、生成矩阵法和码生成多项式法等;图解法包括树状图、网格图、状态图等。

以$(2,1,2)$卷积码为例来讲述卷积码编码原理,编码器如图 3-16 所示。

1) 离散卷积法

若输入数据序列为$U=(U_0,U_1,\cdots,U_{k-1},U_k,\cdots)$,经串并变换后,输入编码器为一路,经编码后输出为两路码组,它们分别为

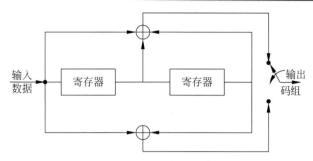

图 3-16 (2,1,2)卷积码编码器

$$C^1 = (C_0^1, C_1^1, \cdots, C_{n-1}^1, C_n^1, \cdots) \tag{3-62}$$

$$C^2 = (C_0^2, C_1^2, \cdots, C_{n-1}^2, C_n^2, \cdots) \tag{3-63}$$

对应的两个输出序列分别是信息位与 g^1 和 g^2 的离散卷积,表示为

$$C^1 = b * g^1 \tag{3-64}$$

$$C^2 = b * g^2 \tag{3-65}$$

式中,g^1 和 g^2 为两路输出的编码器脉冲冲激响应,即当输入为 $U = (1000\cdots)$ 的单位脉冲时,图 3-16 中上下支路模 2 加得到的输出值。这时有

$$\begin{cases} g^1 = (111) \\ g^2 = (101) \end{cases} \tag{3-66}$$

若输入序列为 $U = (10111)$,则有

$$C^1 = U * g^1 = (10111) * (111) = (1100101) \tag{3-67}$$

$$C^2 = U * g^2 = (10111) * (101) = (1001011) \tag{3-68}$$

经过并串变换后,输出的码组为 $(11,10,00,01,10,01,11)$。

2)生成矩阵法

仍以上述 $(2,1,2)$ 卷积码为例,由生成矩阵形式表达有

$$\boldsymbol{C} = \boldsymbol{U} \cdot \boldsymbol{G} = (U_0 U_1 U_2 U_3 U_4) \begin{bmatrix} g_0^1 g_0^2 & g_1^1 g_1^2 & g_2^1 g_2^2 & & \\ & g_0^1 g_0^2 & g_1^1 g_1^2 & g_2^1 g_2^2 & 0 \\ & & g_0^1 g_0^2 & g_1^1 g_1^2 & g_2^1 g_2^2 \\ 0 & & & g_0^1 g_0^2 & g_1^1 g_1^2 & g_2^1 g_2^2 \\ & & & & \cdots & \cdots & \cdots \end{bmatrix}$$

$$= (10111) \begin{bmatrix} 11 & 10 & 11 & & \\ & 11 & 10 & 11 & & 0 \\ & & 11 & 10 & 11 & \\ 0 & & & 11 & 10 & 11 \\ & & & & 11 & 10 & 11 \end{bmatrix} = (11,10,00,01,10,01,11) \tag{3-69}$$

3)码多项式法

设生成序列 $(g_0^{(i)}, g_1^{(i)}, g_2^{(i)}, \cdots, g_k^{(i)})$ 表示第 i 条路径的冲激响应,系数 $g_0^{(i)}, g_1^{(i)}, g_2^{(i)}, \cdots,$ $g_k^{(i)}$ 为 0 或 1,则对应第 i 条路径的生成多项式定义为

$$g^{(i)}(D) = g_0^{(i)} + g_1^{(i)} D + g_2^{(i)} D^2 + \cdots + g_k^{(i)} D^k \tag{3-70}$$

式中,D 表示单位时延变量,D^k 表示相对于时间起点 k 个单位时间的时延。

上述 $(2,1,2)$ 卷积码,输入数据序列 $U=(10111)$、$g^1=(111)$ 和 $g^2=(101)$ 对应的码多项式分别为

$$U(D) = 1 + D^2 + D^3 + D^4 \tag{3-71}$$

$$g^1(D) = 1 + D + D^2 \tag{3-72}$$

$$g^2(D) = 1 + D^2 \tag{3-73}$$

输出码组多项式为

$$
\begin{aligned}
C^1(D) &= U(D) \times g^1(D) = (1 + D^2 + D^3 + D^4)(1 + D + D^2) \\
&= 1 + D^2 + D^3 + D^4 + D + D^3 + D^4 + D^5 + D^2 + D^4 + D^5 + D^6 \\
&= 1 + D + D^4 + D^6
\end{aligned} \tag{3-74}
$$

$$
\begin{aligned}
C^2(D) &= U(D) \times g^2(D) = (1 + D^2 + D^3 + D^4)(1 + D^2) \\
&= 1 + D^3 + D^5 + D^6
\end{aligned} \tag{3-75}
$$

对应的码组为

$$C^1 = (1100101)$$

$$C^2 = (1001011)$$

经过并串变换后,输出的码组为 $(11,10,00,01,10,01,11)$。

4) 状态图

以 $(2,1,2)$ 卷积码为例,由于 $k=1,n=2,m=2$,所以总的可能状态数位为 $2^{km}=2^2=4$ 种,分别表示为 $a=00,b=10,c=01,d=11$,而每一时刻可能输入有两个,即 $2^k=2^1=2$。若输入的数据序列 $U=(U_0,U_1,\cdots,U_i,\cdots)=(10111000\cdots)$,由图 3-16 按输入数据序列分别完成下面的步骤可以得到一个完整的状态图,如图 3-17 所示。

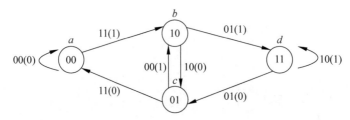

图 3-17　$(2,1,2)$ 卷积码状态图

(1) 对图 3-16 中寄存器进行清 0,这时,寄存器起始状态为 00。

(2) 输入 $U_0=1$,寄存器状态为 10,输出分两路 $C_0^1=1\oplus0\oplus0=1$,$C_0^2=1\oplus0=1$,故 $C=(C_0^1,C_0^2)=(1,1)$。

(3) 输入 $U_1=0$,寄存器状态为 01,可算出 $C=(1,0)$。

(4) 输入 $U_2=1$,寄存器状态为 10,可算出 $C=(0,0)$。

(5) 输入 $U_3=1$,寄存器状态为 11,可算出 $C=(0,1)$。

(6) 输入 $U_4=1$,寄存器状态为 11,可算出 $C=(1,0)$。

(7) 输入 $U_5=0$,寄存器状态为 01,可算出 $C=(0,1)$。

(8) 输入 $U_6=0$,寄存器状态为 00,可算出 $C=(1,1)$。

（9）输入 $U_7=0$，寄存器状态为 00，可算出 $=(0,0)$。

图 3-17 中共有 4 个状态，$a=00,b=10,c=01,d=11$。两状态转移的箭头表示状态转移的方向，括号内的数字表示输入数据信息，括号外的数字则表示对应输出的码组（字）。

5）树状图

仍以 $(2,1,2)$ 卷积码为例，给出它的树状图，如图 3-18 所示。树状图展示了编码器的所有输入、输出的可能情况；每个输入数据序列 U 都可以在树状图上找到一条唯一且不重复的路径；树状图中横坐标表示时序关系的节点级数 m，纵坐标表示不同节点的所有可能状态，树状图展示了时序关系；仔细分析树状图不难发现，$(2,1,2)$ 卷积码仅有 4 个状态 a,b,c,d，而树状图随着输入数据的增长将不断地像核裂变一样一分为二向后展开，产生大量的重复状态。从图 3-18 中 $m=3$ 开始就不断产生重复，因此树状图结构复杂，且不断重复。

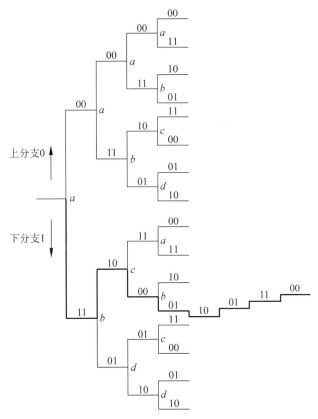

图 3-18 $(2,1,2)$ 卷积码树状图

6）格图

格图是由状态图和树状图演变而来的，它既保留了状态图简洁的状态关系，又保留了树状图时序展开的直观特性。它将树状图中所有重复状态合并折叠起来，因而它在横轴上仅保留四个基本状态 $a=00,b=10,c=01,d=11$，而将所有重复状态均合并折叠到这四个基本状态上。

下面以 $(2,1,2)$ 卷积码为例，即 $k=1,n=2,m=2$ 画出其格图。总状态数为 $2^{km}=2^2=4$ 种，它们分别是 $a=00,b=10,c=01,d=11$。每个时刻 l 可能的输入有 $2^k=2^1=2$ 种，同

理可能输出亦为 $2^k = 2^1 = 2$ 种。

若输入的数据序列 $U = (U_0, U_1, \cdots, U_i, \cdots) = (10111000\cdots)$，则图 3-16 中 $(2, 1, 2)$ 卷积码的格图结构如图 3-19 所示。

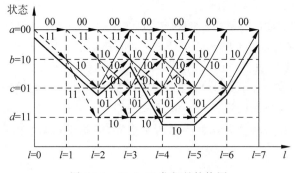

图 3-19 $(2, 1, 2)$ 卷积码的格图

由图 3-19 可见，$l=0$ 和 $l=1$ 的前两级及 $l=5$ 和 $l=6$ 的后两级为状态的建立期和恢复期，其状态数少于 4 种；中间状态 $2 < l < 4$，格图占满状态；当 $U_1 = 0$ 时，为上分支，用实线代表，当 $U_1 = 1$ 时，为下分支，用虚线代表，当输入 $U = (1011100)$ 时，输出码组为 $C = (11, 10, 00, 01, 10, 01, 11)$，在图 3-19 中用粗黑线表示，其对应的状态转移为"$abcbddca$"，与粗黑线所表示的输出码组(字)及相应状态转移是完全一致的。

3. 卷积码的译码

译码目的是根据某种准则以尽可能低的错误概率对输入信号进行估计来得到原始信号。卷积码的译码可分为代数译码和概率译码。代数译码方法完全依赖于码的代数结构，如门限序列译码。概率译码不仅根据码的代数结构，而且还利用了信道的统计特性，因此能用增加译码约束长度来降低译码的错误概率，如序列译码与维特比(Viterbi)译码。维特比译码基于最大似然译码，其性能接近最优，且硬件实现复杂；序列译码也基于最大似然译码，其性能接近维特比译码时，译码延时大，当译码延时小时，误码率增大；门限译码基于分组码的译码思想，其性能最差，但硬件最简单。

最大似然译码器是指若输入序列为 X，在收到 Y 序列的情况下，选择具有最大条件概率 $P(Y/X)$ 的序列 X 作为译码输出，使译码后的序列具有最小差错概率。最大似然译码在实际应用中受到限制，原因在于，当信息码元 k 较大时，存储量会变大，计算量也会变大。本节仅介绍维特比译码。

维特比译码又分为硬判决维特比译码和软判决维特比译码。硬判决是指解调器根据其判决门限对接收到的信号波形直接进行判决后输出 0 或 1，换句话说，就是解调器供给译码器作为译码用的每个码元只取 0 或 1 两个值，以序列之间的汉明距离作为度量进行译码。软判决的解调器不进行判决，直接输出模拟量，或是将解调器输出波形进行多电平量化(不是简单的 0、1 两电平量化)，然后送往译码器，即编码信道的输出是没有经过判决的"软信息"。软判决译码器以欧几里得距离作为度量进行译码，软判决译码算法的路径度量采用"软距离"而不是汉明距离，最常采用的是欧几里得距离，也就是接收波形与可能的发送波形之间的几何距离。

3.3.4　Turbo 码

1. Turbo 码基本概念

Turbo 码是一种由短码串行级联构造长码的一类特殊且有效的方法。用这种方法构造出的长码不需要像单一结构构造长码时那样复杂的编、译码设备，且性能一般优于同一长度的长码，因此得到广泛的重视和应用。Turbo 码从原理上分为两类，一类为串行级联码，另一类是并行级联码。当然，从结构上看还有串、并联相结合的混合级联码。

2. Turbo 码编码基本原理

Turbo 码是一种采用重复迭代方式的并行级联卷积码（PCCC）。在 Turbo 码出现之前，为了尽量使信道编码接近香农信道容量的理论极限，对于分组码来说，需要增加码字的长度，这将导致译码设备复杂度增加；卷积码需要增加码的约束长度，这样会造成最大似然估计译码器的计算复杂度呈指数增加，最终系统将复杂到无法实现。而 Turbo 码巧妙地将两个简单分量码通过伪随机交织器并行级联来构造具有伪随机特性的长码，并通过在两个软入软出（SISO）译码器之间进行多次迭代实现了伪随机译码，这样的编码可以获得接近香农编码定理极限的性能。但因 Turbo 码存在时延，故主要用于非实时的数据通信中。Turbo 码主要分为块 Turbo 码和卷积 Turbo 码，通过使用不同的构件码、不同的串联方案和不同的 SISO 算法来实现。典型的 Turbo 码编码器结构框图如图 3-20 所示。

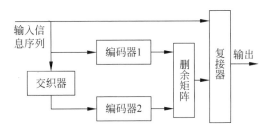

图 3-20　Turbo 码编码器结构框图

图 3-20 中编码器主要由三部分组成：①直接输入；②经编码器 1，再经删余矩阵后进入复接器；③经随机交织器进入编码器 2，再经删余矩阵后进入复接器。Turbo 编码器中交织器的作用是在编码过程中引入某些随机特性，以改变编码的重量分布，使重量很重和重量很轻的码字尽可能少，改善码距的分布从而改善 Turbo 码的纠错性能，当交织器交织度足够大时，Turbo 码性能接近香农编码定理极限的性能。删余矩阵的作用是提高编码效率，使码率尽量提高而误码率尽可能降低。

Turbo 码编码器中的两个编码器分别称为 Turbo 码的二维分量码。从原理上看，它可以很自然地推广到多维分量码。各个分量码既可以是卷积码也可以是分组码，还可以是串行级联码。两个或多个分量码既可以相同，也可以不同。

3. Turbo 码的译码器结构

交织器的出现导致 Turbo 码的最优（最大似然）译码变得非常复杂，甚至很难实现，因此采用一种次优迭代算法。这样在降低系统复杂度的同时，具有较好的性能。迭代译码的基本思想是分别对两个递归系统编码（RSC）分量码进行最优译码，以迭代的方式使两者共享相同的信息，并利用反馈环路来改善译码器的译码性能。Turbo 码译码器原理框图如

图 3-21 所示。

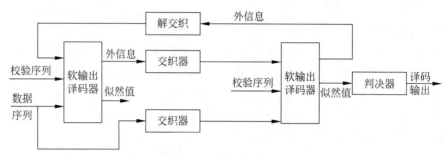

图 3-21 Turbo 码译码器原理框图

4. Turbo 码译码算法

Turbo 码常用的译码算法有 Bahl 等人提出的计算每个码元最大后验概率（MAP）的迭代算法（一般称为 BCJR 算法，由提出算法的四位作者名字的第一个字母构成）和软输出维特比（SOVA）算法。

3.3.5 交织编码

移动信道是时变多径的，在信息传输过程中比特差错经常成串发生，这是由于持续时间较长的衰落谷点会影响到几个连续的比特。为了纠正这些成串发生的比特差错及一些突发错误，可以运用交织技术来分散这些误差。交织技术使长串的比特差错变成短串比特差错，然后对已编码的信号按一定规则重新排列，解交织后突发性错误在时间上被分散，使其类似于独立发生的随机错误，从而可以有效地进行纠错。交织编码与分组码不同，不需要增加监督码元，即交织编码前后码速率不变，因此不影响其有效性。典型的交织与解交织如图 3-22 所示。

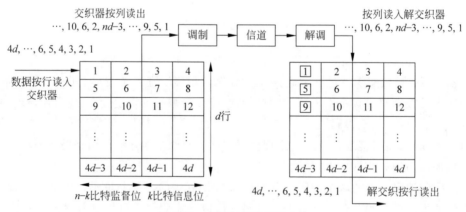

图 3-22 交织与解交织的方法

图 3-22 中，d 为交织深度，即交织前相邻两符号在交织后的间隔距离；n 为交织宽度，即交织后相邻两符号在交织前的间隔距离；nd 为交织延迟，即每个符号从交织器输出时相对于输入交织器时的时间延迟。

以 $(7,3)$ 分组码为例，交织的方法如下。

在交织之前，先进行分组码编码。第一个码字为 $C_{11}C_{12}C_{13}C_{14}C_{15}C_{16}C_{17}$，第二个码字

为 $C_{21}C_{22}C_{23}C_{24}C_{25}C_{26}C_{27}$,第 m 个码字为 $C_{m1}C_{m2}C_{m3}C_{m4}C_{m5}C_{m6}C_{m7}$。将每个码字按图 3-23 所示的顺序先存入存储器,即将码字顺序存入第 1 行,第 2 行,…,第 m 行,共排成 m 行,然后按列顺序读出并输出。这时的序列就变为

$$C_{11}C_{21}C_{31}\cdots C_{m1}C_{12}C_{22}C_{32}\cdots C_{m2}C_{13}C_{23}\cdots C_{m3}\cdots C_{17}C_{27}\cdots C_{m7}$$

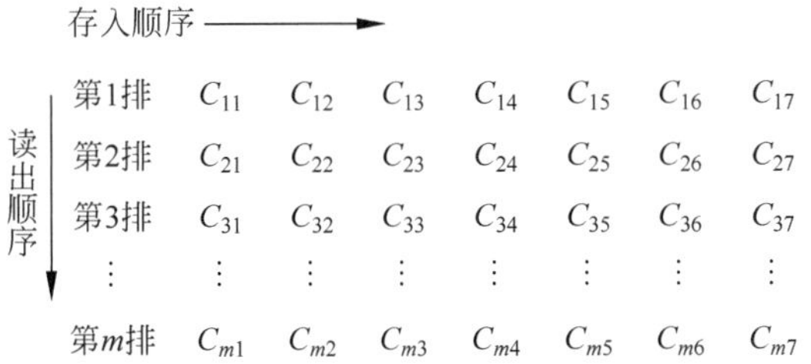

图 3-23 (7,3)分组码交织的方法

对于上述交织器,若在传输的某一刻发生突发错误,设有 b 个码相继发生差错(突发差错的长度为 b),在接收时由于把上述过程逆向重复,即先按直行存入寄存器,再按横排读出,这时仍然恢复为原来的分组码,但在传输过程中突发差错被分散。只要 $m > b$(这里的 m 和图 3-22 中的 d 都是交织深度),则 b 个突发差错就被分散到每一分组码中去,并且每个分组最多只有一个分散了的差错,因此它们可以通过随机差错纠正。m 的数字越大,能纠正的突发长度 b 也越长;交织深度越大,则离散度越大,抗突发差错能力也就越强。但交织深度越大,交织编码处理时间越长,从而造成数据传输时延增大,也就是说,交织编码是以时间为代价的。为了保证交织器的纠错性能,一般要求交织深度大于相干时间,即交织技术属于隐时间分集。

3.3.6 低密度奇偶校验码

1. 基本概念

低密度奇偶校验(LDPC)码是一类性能上逼近容量极限且实现复杂度较低的线性分组码,1962 年,Gallager 在他的博士论文里首次提出。由于 LDPC 码的编码复杂度较高,Thorpe 于 2003 年提出了一类具有子矩阵结构的原模图 LDPC 码,并指出基于原模图可以构造任意长度的 LDPC 码,其性能取决于所采用的原模图。研究表明,采用优化设计的原模图可以构造出具有较低编译码复杂度和较低错误平层的 LDPC 码。这里的密度是指校验矩阵中非零元素占据校验矩阵总元素个数的比例。"低"一般指密度低于 0.5,并且码长越长,其"低密度"性越明显。

2. 分组 LDPC 码

1)基本原理

LDPC 码本质上是一种线性分组码,它通过一个生成矩阵 G 将信息序列映射成发送序列,也就是码字序列。生成矩阵 G 完全等效地存在一个奇偶校验矩阵 H 中,并与所有的码字序列 C 构成了 H 的零空间,可以写成

$$H \cdot C^{\mathrm{T}} = 0 \tag{3-76}$$

LDPC 码的奇偶校验矩阵 H 是一个稀疏矩阵,相对于行与列的长度,校验矩阵每行、列中非零元素的数目非常小。一个 GF(2)(二元有限域)域上的 LDPC 码由一个奇偶校验矩阵 H 唯一定义,H 满足如下结构特性。

(1) 每行包含 d_r 个 1。

(2) 每列包含 d_1 个 1。

(3) 任何两列(行)之间 1 的位置相同的个数至多为 1。

(4) 与码长和 H 的行数相比,d_r 和 d_1 都较小。d_r 为行重,表示每行中非零元素的个数;d_1 为列重,表示每列中非零元素的个数。

上述 H 定义的 LDPC 码称为 (d_1, d_r) 规则 LDPC 码。如果 H 中每行或每列重量不同,则 H 就定义了一个非规则 LDPC 码。假设 H 的大小为 $m \times n$,如果 H 是满秩的,则码率为 $(1-m/n)$。若 H 的行不是线性无关的,则码率大于 $(1-m/n)$。

2) 构造 LDPC 码

构造二进制 LDPC 码实际上就是要找到一个稀疏矩阵 H 作为码的校验矩阵,基本方法是将一个全零矩阵中一小部分"0"元素替换成"1",使得替换后的矩阵各行和各列具有所要求数目的非零元素。

LDPC 码和普通的奇偶监督码一样,可以由 n 列 m 行的监督矩阵 H 确定,n 是码长,m 是校正子个数。H 矩阵的特点如下。

(1) 是稀疏矩阵,即矩阵中"1"的个数很少,密度很低。

(2) 若 H 矩阵每列有 j 个"1",每行有 k 个"1",则应有 $j \ll m, k \ll n$,且 $j \geqslant 3$。

(3) H 矩阵任意两行的元素不能在相同位置上为"1",即 H 矩阵中没有四角由"1"构成的矩形。

在编码时,设计好 H 矩阵后,由 H 矩阵可以导出生成矩阵 G。对于给定的信息位,就可以计算出码组。如果要使构造出的码可用,则必须满足几个条件,分别是无短环、无低码重码字及码间最小距离要尽可能大。

3) LDPC 码的表示方法

LDPC 码常常通过图来表示,用 Tanner 图表示 LDPC 码的校验矩阵。Tanner 图包含两类顶点。n 个码字变量顶点(称为比特节点 VN),分别与校验矩阵的各列相对应;m 个校验方程顶点(称为校验节点 CN),分别与校验矩阵的各行对应。校验矩阵的每行代表一个校验方程,每列代表一个码字比特。因此,如果一个码字比特包含在相应的校验方程中,那么就用一条连线将所涉及的比特节点和校验节点连起来,所以 Tanner 图中的连线数与校验矩阵中"1"的个数相同。一个 5×10 的校验矩阵可以表示为

$$H = \begin{bmatrix} 1 & 1 & 0 & 0 & 0 & 1 & 0 & 1 & 0 & 1 \\ 0 & 1 & 1 & 0 & 0 & 1 & 0 & 1 & 0 & 0 \\ 0 & 0 & 1 & 1 & 0 & 0 & 1 & 1 & 0 & 1 \\ 0 & 0 & 0 & 1 & 1 & 1 & 0 & 0 & 1 & 0 \\ 1 & 0 & 0 & 0 & 1 & 0 & 1 & 0 & 1 & 0 \end{bmatrix} \tag{3-77}$$

式(3-77)所示的校验矩阵 H 对应的 Tanner 图如图 3-24 所示。

校验矩阵 H 的稀疏性及构造时所使用的不同规则,使得不同 LDPC 码的二分图具有不同的闭合环路分布。二分图中闭合环路是影响 LDPC 码性能的重要因素,不同的闭合环路将表现出完全不同的译码性能。

4) LDPC 码的译码

Gallager 在描述 LDPC 码时,提出了硬判决译码算法和软判决译码算法。经过不断发

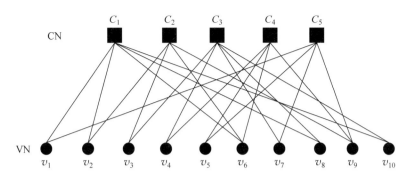

图 3-24　LDPC 的 Tanner 图

展,如今的硬判决译码算法已在 Gallager 算法基础上取得很大进展,包含许多种加权比特翻转译码算法及其改进形式。硬判决译码算法和软判决译码算法各有优劣,可以适用于不同的应用场合。

5）LDPC 码的优/劣势

与 Turbo 码相比较,LDPC 码主要有以下几个优势。

(1) LDPC 码的译码算法,是一种基于稀疏矩阵的并行迭代译码算法,运算量低于 Turbo 码译码算法,并且由于结构具有并行的特点,在硬件实现上比较容易。

(2) LDPC 码的码率可以任意构造,有更大的灵活性。而 Turbo 码只能通过打孔来达到高码率,因此就需要慎重考虑打孔图案的选择,否则会造成性能上较大的损失。

(3) LDPC 码具有更低的错误平层,可以应用于有线通信、深空通信及磁盘存储工业等对错误平层要求更加苛刻的场合。而 Turbo 码的错误平层在 10^{-6} 量级上,应用于类似场合中,一般需要和外码进行级联才能达到要求。

LDPC 码的劣势为硬件资源需求比较大,全并行的译码结构对计算单元和存储单元的资源需求都很大,编码比较复杂。同时,由于需要在码长比较长的情况才能充分体现性能上的优势,所以编码时延也比较大。

3.3.7　极化编码

1. 基本原理

2008 年,土耳其毕尔肯大学 Arikan 教授在国际信息论会议上首次提出信道极化的概念。2009 年,Arikan 教授对信道极化进行更为详细的阐述,并基于信道极化思想提出一种新型信道编码方法,即 Polar 码。Arikan 分析了 Polar 码的极化现象,并给出 Polar 码在二元删除信道(BEC)中的具体构造方法及编译码过程。考虑到 Arikan 给出的 Polar 码构造方法仅适用于 BEC 信道,具有较大的局限性,Mori 和 Tanaka 等人借鉴低密度奇偶校验(LDPC)码的构造方法,提出采用密度进化方式构造 Polar 码,以适用于任意二进制离散无记忆信道(B-DMC)。本节主要研究对象就是 B-DMC。

Polar 码是基于信道极化理论提出的一种线性信道编码方法,该码字是迄今发现的唯一一类能够达到香农极限的编码方法,并且具有较低的编译码复杂度。Polar 码的核心思想是信道极化理论,不同的信道对应的极化方法也是有区别的。信道极化包括信道联合和信道分裂两部分,当组合信道的数目趋于无穷大时,信道会出现极化现象,即一部分信道将趋于无噪信道,另一部分则趋于全噪信道。无噪信道的数据传输速率将会达到信道容量极限,而全噪信道的数据传输速率则趋于 0。Polar 码的编码利用无噪信道传输用户有用的信息,全噪信道传输约定的信息或者不传信息。

从代数编码和概率编码的角度来说,极化码具备了两者各自的特点。首先,只要给定了编码长度,极化码的编译结构就唯一确定,而且可以通过生成矩阵的形式完成编码过程,这一特点与代数编码是一致的。其次,极化码在设计时并没有考虑最小距离特性,而是利用了信道联合与信道分裂的过程来选择具体的编码方案,而且在译码时采用概率算法。

2. 信道极化

对于长度为 $N = 2^n$(n 为任意正整数)的极化码,它利用信道 W 的 N 个独立副本,进行信道组合和信道分解,得到新的 N 个分解之后的信道 $\{W_N^{(1)}, W_N^{(2)}, \cdots, W_N^{(N)}\}$。随着码长 N 的增加,分解之后的信道将向两个极端发展,其中一部分分解信道会趋近完美信道,即信道容量趋近 1 的无噪声信道;而另一部分分解信道会趋近完全噪声信道,即信道容量趋近 0 的信道。假设原信道 W 的二进制输入对称容量记作 $I(W)$,那么当码长 N 趋于无穷大时,信道容量趋近 1 的分解信道比例约为 $N \times I(W)$,而信道容量趋近 0 的比例约为 $N \times [1 - I(W)]$。对于信道容量为 1 的可靠信道,可以直接放置消息比特而不采用任何编码,即相当于编码速率为 $R = 1$;而对于信道容量为 0 的不可靠信道,可以放置发送端和接收端都事先已知的冻结比特,即相当于编码速率 $R = 0$。当码长 $N \to \infty$ 时,极化码的可达编码速率 $R = N \times I(W) / N = I(W)$,即在理论上,极化码可以被证明是可以达到信道容量的。

在极化码编码时,首先要区分出 N 个分裂信道的可靠程度,即哪些属于可靠信道,哪些属于不可靠信道。对各个极化信道的可靠性进行度量常用的有三种方法:巴氏参数(BP)法、密度进化(DE)法和高斯近似(GA)法。最初,极化码采用巴氏参数 $Z(W)$ 来作为每个分裂信道的可靠性度量,$Z(W)$ 越大表示信道的可靠程度越低。当信道 W 是二进制删除信道时,每个巴氏参数 $Z(W_N^i)$ 都可以采用递归的方式计算出来。然而,其他信道,如二进制输入对称信道或二进制输入加性高斯白噪声信道,并不存在能够准确计算 $Z(W_N^i)$ 的方法。

巴氏参数定义如下

$$Z(W_N^{(i)}) = \sum_{y_1^N \in Y^N} \sum_{u_1^{i-1} \in X^{i-1}} \sqrt{W_N^{(i)}(y_1^N, u_1^{i-1} \mid 0) W_N^{(i)}(y_1^N, u_1^{i-1} \mid 1)} \quad (3\text{-}78)$$

假如基本信道 W 是二进制删除信道(BEC),则 $Z(W)$ 满足以下关系

$$Z(W_{2N}^{(2i-1)}) \leqslant 2Z(W_N^{(i)}) - Z(W_N^{(i)})^2 \quad (3\text{-}79)$$

$$Z(W_{2N}^{(2i)}) = Z(W_N^{(i)})^2 \quad (3\text{-}80)$$

式中,u_1^N 为传输的信息序列,(y_1^N, u_1^{i-1}) 为 $W_N^{(i)}$ 的输出。

3. Polar 编码与解码

Polar 码是一种线性分组码,有效信道的选择也就对应着生成矩阵行的选择。Polar 码编码公式为信息序列乘以生成矩阵,表示为

$$x_1^N = u_1^N \boldsymbol{G}_N \quad (3\text{-}81)$$

其中,u_1^N 为传输的信息序列,$\boldsymbol{G}_N$ 是生成矩阵,$\boldsymbol{G}_N = \boldsymbol{B}_N \boldsymbol{F}^{\otimes n}$。$\boldsymbol{B}_N$ 为 N 阶比特反转矩阵,实现倒位功能。$\boldsymbol{B}_N = \boldsymbol{R}_N (\boldsymbol{I}_2 \otimes \boldsymbol{B}_{N/2})$,$\boldsymbol{I}_2 = \boldsymbol{F}^2$,$\boldsymbol{R}_N$ 是排列运算矩阵。核心矩阵 $\boldsymbol{F} = \begin{bmatrix} 1 & 0 \\ 1 & 1 \end{bmatrix}$,$\boldsymbol{F}^{\otimes n}$ 为矩阵 $\boldsymbol{F}$ 的 n 阶克罗内克积。

假设 A 是信息比特位置集合，A 中的元素个数等于 k（信息比特个数），式（3-81）可以写为

$$x_1^N = u_A G_N(A) \oplus u_{A^c} G_N(A^c) \tag{3-82}$$

其中，矩阵 $G_N(A)$ 是由 A 决定的矩阵 G_N 的子矩阵，$G_N(A^c)$ 是 G_N 去掉 $G_N(A)$ 的矩阵，即补集。u_{A^c} 为冻结比特所对应的序列，如果固定 A 和 u_{A^c}，但 u_A 是任意变量，那么就可以把源序列 u_A 映射到码字序列 x_1^N，这种映射关系称为陪集编码（CC）。Polar 码就是陪集码的例子，是由四个参数（N, K, A, u_{A^c}）共同决定的陪集码，A 对应着生成矩阵 G_N 中用来传输有用信息的行，即 $G_N(A)$ 中的行，并且 A 中元素个数等于 K，u_{A^c} 称为冻结位，用来传输固定的信息，即对应性能较差的比特信道，其码率 $R = K/N$。

在同等误码率情况下，Polar 码比其他码具有更低的信噪比要求，因此可提供更高的编码增益和更高的频谱效率。极化后的信道可用简单的逐次干扰抵消解码方法，以较低的复杂度获得与最大似然解码相近的性能。

4. Polar 码的性能

Polar 码的优势是计算量小，小规模的芯片就可以实现，商业化后设备成本较低。跟其他编码方案比较，当编码块偏小时，极化编码性能可超越 Turbo 码或 LDPC 码。Polar 码具有适应多路径、灵活性和多功能性（对于多终端场景）要求等特点。3GPP 将 Polar 码确定为 5G 移动通信系统中控制信道的主要编码。

Polar 码与 LDPC 码相比，二者各有优缺点。Polar 码的特性是短数据块码性能明显优于 LDPC、Turbo 和咬尾卷积码，且容易得到任意低的码率及任意的编码长度，中低码率性能较优异。Polar 码不适于并行传输，目前难以支持高吞吐传输，并且与 LDPC 相比，大码块性能没有优势。而 LDPC 码是一类具有稀疏校验矩阵的线性分组码，不仅有逼近香农极限的良好性能，而且译码复杂度较低，结构灵活，它的特点是大码块高码率时性能最好，且译码复杂度最低，中等长度码块与 Polar 码性能相仿，超短数据块性能不好。具有适于部分并行的译码器结构，译码速度最快，适合于高吞吐、大码块传输，误码率随着信噪比的增加下降减速甚至不再下降。

3.3.8 网格编码调制

在早期的数字通信系统中，调制技术与编码技术是独立的两个设计部分。信道编码常是以增加信息速率（增加信号的带宽）来获得增益的，编码的过程是在源数据码流中增加一些码元，从而达到在接收端进行检错和纠错的目的，这对频谱资源丰富但功率受限制的信道是很适用的，但在频带受限的蜂窝移动通信系统中，其应用就受到很大的限制，目前广泛使用的方法是把调制和编码看作一个整体的网格编码调制（TCM）。TCM 技术在不增加信道带宽的前提下，可以获得显著的编码增益。如简单的 4 状态 TCM 可获得 3dB 的编码增益；复杂的 TCM 可获得 6dB，甚至更高的编码增益。需要说明的是，这些增益是在不增加信道带宽或降低信息传输速率的前提下得到的。

网格编码调制是一种信号集空间编码，它利用信号集的冗余度保持符号率和功率不变，用大星座传送小比特数而获取纠错能力。TCM 先将小比特数信息编码成大比特数，再设法按一定规律映射到大星座上去。其中的冗余比特的产生属于编码范畴，信号集星座的扩

大与映射属于调制范畴,将两者结合就是编码调制。比如,用具有携带 3 比特信息能力的 8ASK 或 8PSK 调制方式来传输 2 比特信息,利用信号集空间(星座)的冗余度来获取纠错能力。但增大信号集会使设备变得复杂,代价大而收益小。因此,TCM 码一般仅增加一位冗余校验,码率 R 写成 $m/(m+1)$,表示每码元符号用 $2^{(m+1)}$ 点的信号星座传送 m 比特信息。

网格编码调制一般由三部分组成:①差分编码,它与第三部分的合理结合可以解决接收端解调时信号集相位的混淆问题;②卷积编码器,将 m 比特编码成 $m+1$ 比特;③分集映射,将一个 $(m+1)$ 比特组对应为一个调制符号输出。$(m+1)$ 比特组有 $2^{(m+1)}$ 种可能的组合,调制后的信号集星座与 $2^{(m+1)}$ 点的星座一一对应。典型的 TCM 结构如图 3-25 所示。

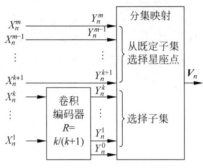

图 3-25　典型的 TCM 结构

图 3-25 中,x_n^k 为输入信息。从图 3-25 中发现,并非所有输入比特都实际参与卷积编码,真正参与卷积编码的通常仅是其中的 k 比特,经卷积编码器产生一个 $(k+1,k)$ 卷积码,而其余的 $m-k$ 比特直通分集映射器。因为直通比特与卷积编码器无关,所以直通比特也与网格图上的状态转移无关。即状态转移只与 $x_n^1,x_n^2,\cdots,x_n^k$ 有关,而与 $x_n^{k+1},x_n^{k+2},\cdots,x_n^m$ 的 $(m-k)$ 位无关,也就是存在 $2^{(m-k)}$ 个"并行转移"。比如,4 状态 8PSK TCM 编码器,$m=2,k=1$,因此存在 $2^{(2-1)}=2$ 个"并行转移"。由于自由距离总是小于或等于并行转移距离,因此自由距离受限于并行转移的大小。

网格编码调制技术既不降低频带利用率,也不降低功率利用率,而是以设备的复杂化为代价换取编码增益。网格编码调制可使系统的频带利用率和功率资源同时得到有效利用,利用状态记忆和分集映射来增大编码序列之间距离,从而提高编码增益。

TCM 的译码可通过软判决或硬判决维特比译码器实现。由于在 TCM 网格图上的每个分支都对应一个调制信号,因此首先需寻找一个最佳信号点,使其与此时收到的调制信号之间的欧几里得距离最小;然后将选出的信号点及它与收到的调制信号之间的平方欧几里得距离用于维特比译码算法;最后在网格图上找出与接收调制信号序列之间平方欧几里得距离和最小的信号路径,作为译码输出。

3.4　扩频技术

3.4.1　概述

1. 扩频通信的定义

扩频通信即扩展频谱通信,其理论基础是香农定理,在信息速率一定时,可以用不同的信号带宽和相应的信噪比来实现传输,即信号带宽越宽则传信噪比可以越低,甚至在信号被噪声淹没的情况下也可以实现可靠通信。因此,将信号的频谱扩展,则可以实现低信噪比传输,并且可以保证信号传输有较好的抗干扰性和较高的保密性。

扩频通信技术是一种信息传输方式,在发射端使用扩频码调制,使信号所占的频带宽度远大于所传信息必需的带宽,频带的展宽是通过编码及调制的方法实现的,与所传信息数据无关;在接收端则采用相同的扩频码进行相关解扩以恢复所传信息数据。如果用 W 表示系统占用带宽,B 表示信息带宽,当 $W/B=1\sim2$ 时,通常称为窄带通信;$W/B>50$ 时,通常称为宽带通信;$W/B>100$ 时,通常称为扩频通信。

2. 扩频通信的主要性能指标

扩频通信系统的主要性能指标包括扩频处理增益和干扰容限。

1)扩频处理增益

一般把扩频信号带宽 W 与信息带宽 B 之比称为处理增益 G_p,工程上常以分贝(dB)表示,即

$$G_p = 10\lg(W/B) \tag{3-83}$$

处理增益 G_p 反映了扩频通信系统信噪比改善的程度,并且处理增益只有在解扩之后才能获得。在扩频通信系统中,接收机作扩频解调后,只提取伪随机编码相关处理后带宽为 B 的信息,而排除掉宽频带 W 中的外部干扰、噪声和其他用户的通信影响。因此,G_p 也可定义为接收相关处理器输出与输入信噪比的比值,即

$$G_p = \frac{输出信噪比}{输入信噪比} = \frac{S_o/N_o}{S_i/N_i} \tag{3-84}$$

2)干扰容限

工程上,将扩频通信系统能维持点到点正常工作(满足正常解调要求的最小输出信噪比)的实际抗干扰能力定义为干扰容限 M_j,其定义为(用分贝值表示)

$$M_j = G_p - [L_M + (S/N)_{out}] \tag{3-85}$$

式中,G_p 为扩频处理增益(dB),L_M 为系统固有处理损耗(dB),$(S/N)_{out}$ 为输出端的信噪比门限(dB)。式(3-85)表明,干扰容限与处理增益、系统损耗和输出端所需的最小信噪比三个因素有关。处理增益越大或系统固有处理损耗和解调所需的最小信噪比越小,干扰容限就越大。所以,应尽可能提高处理增益,降低系统的固有处理损耗和解调所需的最小信噪比。系统的处理增益主要与信息速率、频率资源、扩频解扩方式等因素有关,而系统的固有处理损耗和解调所需最小信噪比主要与扩频解扩方式、交织与纠错方式、调制解调性能、自适应处理、同步性能、时钟精度、器件稳定性、弱信号检测能力、接收机灵敏度等指标有关,这些都是提高干扰容限和系统基本性能的重要因素。干扰容限 M_j 与扩频处理增益 G_p 成正比,扩频处理增益提高后,干扰容限也会提高,甚至信号在一定的噪声淹没下也能正常通信。通常的扩频设备总是将用户信息(待传输信息)的带宽扩展数十倍、上百倍甚至千倍,以尽可能地提高处理增益。

3.4.2 扩频技术的分类

扩频调制使信号具有抗干扰能力强且隐蔽性好的性能,最初用于军事通信,后来由于其高频谱效率带来的高经济效益而被应用到民用通信,移动通信的码分多址就建立在扩频通

信的基础上,而且还能有效抑制窄带干扰。目前,常用的扩频通信实现方法主要有直接序列扩频(DSSS)、跳变频率扩频(FHSS)、跳变时间扩频(THSS)及它们的组合等方式,以上方法中最常用的是直接序列扩频和跳变频率扩频。扩频通信的原理框图如图 3-26 所示。

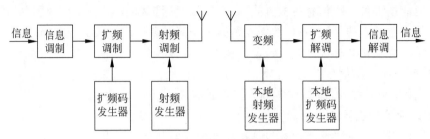

图 3-26 扩频通信的原理框图

一般的无线扩频通信系统都要进行三次调制,信息调制(将信息变为数字信号)、扩频调制和射频调制。接收端有相应的信息解调、扩频解调和射频解调。

1. 直接序列扩频

直接序列扩频简称直接扩频或直扩,是指发送端直接用具有高码率的扩频码序列在发端扩展信号的频谱。在接收端,则用相同的扩频码序列进行解扩,把展宽的扩频信号还原成原始的信息。直接扩频的原理框图如图 3-27 所示,频谱变换示意图如图 3-28 所示。

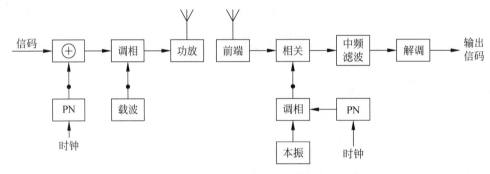

图 3-27 直接扩频的原理框图

2. 跳变频率扩频

跳变频率扩频简称跳频,其工作原理是收发双方传输信号的载波频率按照预定规律进行离散变化,通信中使用的载波频率受伪随机码序列控制而随机跳变。从通信技术的实现方式来说,跳频是一种用码序列进行多频频移键控的通信方式;从时域上来看,跳频信号是一个多频率的频移键控信号;从频域来看,跳频信号是一个在很宽频带上以不等间隔随机跳变的信号。因此,跳频通信在某一特定频点上仍为普通调制技术。跳频系统原理图如图 3-29 所示。

采用跳频技术是为了确保通信的保密性和抗干扰性,它首先被用于军事通信,后来在GSM 标准中被采纳。跳频功能主要是用来抵抗同信道干扰和改善频率选择性衰落。如果处于多径环境中慢速移动的移动台采用跳频技术,可以大大改善移动台的通信质量,跳频相当于频率分集。

跳频技术通过看似随机的载波跳频达到传输数据的目的,而载波跳频只有相应的接收

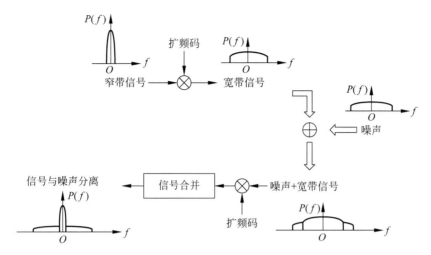

图 3-28 频谱变换示意图

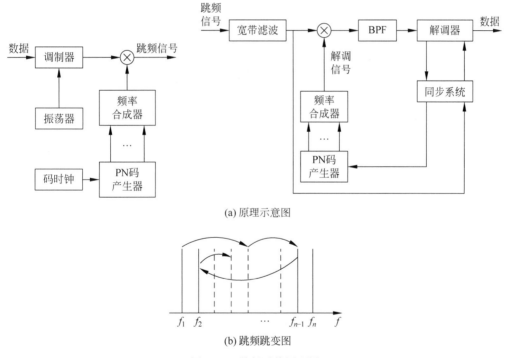

(a) 原理示意图

(b) 跳频跳变图

图 3-29 跳频系统原理图

机才知道。跳频会伴随射频一个周期的改变,一个跳频可以看作一列调制序列数据突发,是具有时变伪随机的载频。在接收端必须以同样的伪码设置本地频率合成器,使其与发送端的频率做相同的改变,即收发跳频必须同步,才能保证通信的建立。所以实际的跳频系统需要解决的关键问题是同步和定时。

为了保证通信的可靠性,对跳频器的要求一般如下。

(1)要求输出频谱要纯,且输出频率要准、要稳,否则接收和发射两端不易同步,不能可靠地进行通信。

（2）跳频图案要多，跳频规律随机性要强，从而可加强通信的保密性能。

（3）要求频率转换速度要快，输出的可用频率数要多。跳频速率越快，通信频率的跳变越不易被干扰或破译，但频率跳变太快也会使频谱展宽且使得跳频器结构复杂成本增加。

（4）跳频器输出频率要高。频率越高，可利用的频率范围越宽，跳频通信产生的频率数越多，保密性越强。

（5）跳频器必须要有很高的可靠性、稳定性及抗震性，满足军事通信和移动通信使用的要求。

（6）跳频器体积小且轻便，使跳频电台适用于携带式移动通信。

跳频通信系统的收发双方必须同时满足三个条件，即跳频频率相同、跳频序列相同及跳频时钟相同（允许存在一定误差）。三个条件缺一不可，否则无法实现跳频通信。跳频系统的频率切换占用的时间越短越好。通常，换频时间约为跳周期的 $1/8 \sim 1/10$。比如跳频速率每秒 500 跳的系统，跳周期为 2ms，其换频时间为 0.2ms 左右。不同网络有不同的跳频图案，在组网时，应考虑到不同网络之间的相互干扰，使其频率跳变是正交的，互不重叠。不同网络信号由于频率跳变的规律不同，不能形成干扰。跳频系统的抗干扰性能即处理增益与跳频系统的可用频道数 N 成正比，N 越大，射频带宽越宽，抗干扰能力越强。但在跳频系统中会存在频率"击中"的问题（干扰频率与信号频率相同，且干扰功率超过信号电平形成的干扰称为击中），为降低"击中"概率，可提高可用频道数。通常采用纠错编码技术，用几个频率传输 1 比特信息。跳频系统具有抗多径能力，而且在信噪比相对较低的情况下，FH/FSK 系统可以利用多径改善性能，但在一般情况下，若条件相同，直扩系统的抗多径干扰能力要比跳频系统强。

3. 跳变时间扩频

跳变时间扩频简称跳时扩频，是使发射信号在时间轴上跳变。首先把时间轴分成许多时间片，在一帧内哪个时间片发射信号由扩频码序列进行控制。由于采用了比信息码元窄很多的时间片发送信号，因此频谱被扩展。简单的跳时扩频抗干扰性不强，很少单独使用。其可以和其他方式进行组合，形成混合系统。

4. 混合方式

将上述几种基本扩频方式组合起来，可构成各种混合方式。如直扩/跳频（DS/FH）、直扩/跳时（DS/TH）、直扩/跳频/跳时（DS/FH/TH）等。通常采用混合方式在技术和设备上会复杂一些，实现要较困难。但混合方式的优点是有时可以得到只用一种方式得不到的特性，其可以同时解决抗干扰、多址组网、定时定位、抗多径衰落及远近效应等问题。

在扩频通信系统中，重要的一个环节就是扩频码的选取。通常，在直扩任意选址的通信系统当中，对扩频码有如下要求。

（1）扩频码的比特率应能够满足扩展带宽的需要。

（2）扩频码的自相关要大，且互相关要小。

（3）扩频码应具有近似噪声的频谱性质，即近似连续谱，且均匀分布。

通常应用中选择的扩频码有 m 序列、Gold 序列及 Walsh 函数等多种伪随机序列。在移动通信的数字信令格式中，PN 码常被用作帧同步编码序列，利用相关峰来启动帧同步脉冲以实现帧同步。

3.5 多载波调制

在数据传输速率不太高、多径干扰不是特别严重时,通过使用合适的均衡算法可使系统正常工作(抗码间干扰)。但是对于宽带数据业务来说,由于数据传输速率较高,时延扩展造成数据符号间相互重叠,从而产生符号间干扰,这对均衡技术提出了更高的要求,需要引入非常复杂的均衡算法,实现比较困难。另外,当信号的带宽超过和接近信道的相干带宽时,信道仍然会造成频率选择性衰落。

多载波调制采用了多个载波信号,把数据流分解为若干子数据流,从而使子数据流具有低得多的传输比特速率,利用这些数据分别去调制若干子载波。在多载波调制信道中,数据传输速率相对较低,码元周期加长,只要时延扩展与码元周期相比小于一定的比值,就不会造成码间干扰。因而多载波调制对于信道的时间弥散性不敏感,可以抵抗频率选择性衰落。

3.5.1 多载波传输系统

多载波传输是将高速率的信息数据流经串/并变换,分割为若干路低速数据流,然后每路低速数据流采用一个独立的载波调制并叠加在一起构成发送信号。在接收端用同样数量的载波对发送信号进行相干接收,获得低速率信息数据后,再通过并/串变换得到原来的高速信号。多载波传输系统基本结构如图 3-30 所示。

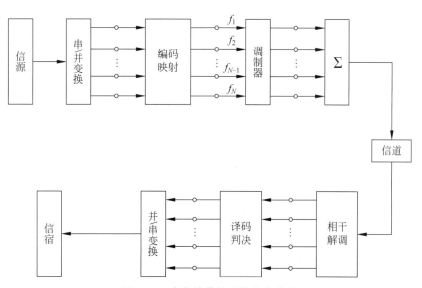

图 3-30 多载波传输系统基本结构

在单载波系统中,一次衰落或干扰就可以导致整个传输链路失效,但是在多载波系统中,某一时刻只会有少部分的子信道会受到深衰落或干扰的影响,因此多载波系统具有较高的传输能力及抗衰落和干扰能力。在多载波传输技术中,对每路载波频率(子载波)的选取可以有多种方法,将决定最终已调信号的频谱宽度和形状。

(1)传统频分复用(FDM)。各子载波间的间隔足够大,从而使各路子载波上已调信号的频谱不相重叠,如图 3-31(a)所示。该方案就是传统的频分复用方式,即将整个频带划分成 N 个不重叠的子带,每个子带传输一路子载波信号,在接收端可用滤波器组进行分离。

这种方法的优点是实现简单、直接；缺点是频谱的利用率低,子信道之间要留有保护频带,而且多个滤波器的实现也有困难。

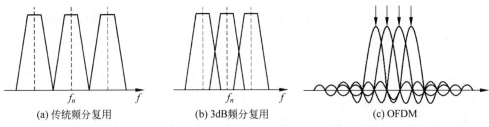

(a) 传统频分复用   (b) 3dB频分复用   (c) OFDM

图 3-31　多载波系统频率设置

（2）3dB 频分复用。各子载波间的间隔选取,使得已调信号的频谱部分重叠,复合谱是平坦的,如图 3-31(b)所示。重叠谱的交点在信号功率比峰值功率低 3dB 处。子载波之间的正交性通过交错同相或正交子带的数据得到(将数据偏移半个码元周期),可以采用偏置QAM 技术来实现。

（3）正交频分复用（OFDM）。各子载波是互相正交的,且各子载波的频谱有 1/2 重叠,如图 3-31(c)所示,该调制方式被称为正交频分复用。此时的系统带宽可以比 FDMA 系统的带宽节省一半。

FDM 和 OFDM 带宽利用率的比较如图 3-32 所示。

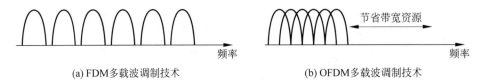

(a) FDM多载波调制技术   (b) OFDM多载波调制技术

图 3-32　FDM 与 OFDM 带宽利用率比较

传统多载波系统存在以下特点。

（1）将频带分为若干个不相交的子频带,简单直接。

（2）子带间需要保护频带,频率利用率低。

（3）在子载波数较大时,多个滤波器的实现使系统复杂化。

（4）需要时域均衡对抗符号间干扰。

3.5.2　OFDM 调制

无线电波在移动通信信道传输时具有自由空间的传播损耗、阴影衰落和多径衰落等特性。在实际的移动通信网络中需要重点解决的问题是,时间选择性衰落和频率选择性衰落。采用 OFDM 技术可以很好地解决这两种衰落对无线信道传输造成的不利影响。

1. OFDM 的基本原理

在 OFDM 系统中,将系统带宽 B 分为 N 个窄带的信道,输入数据被分配在 N 个子信道上传输。因而,OFDM 信号的符号长度 T_s 是单载波系统的 N 倍。OFDM 信号由 N 个子载波组成且子载波的间隔为 $\Delta f(\Delta f = 1/T_s)$,要求所有的子载波在 T_s 内是相互正交的。在 T_s 内,第 k 个子载波可以用 $g_k(t)$ 来表示,$k = 0, 1, \cdots, N-1$。

$$g_k(t) = \begin{cases} \mathrm{e}^{(\mathrm{j} \cdot 2\pi k \cdot \Delta f \cdot t)}, & t \in [0, T_\mathrm{s}] \\ 0, & t \notin [0, T_\mathrm{s}] \end{cases} \tag{3-86}$$

随着数据速率的不断提高,高速数据通信的性能不仅受到噪声的影响,更受到来自无线信道时延扩展造成的码间干扰。当发送信号的周期小于时延扩展时,将发生严重的码间干扰,性能下降。为了消除码间干扰,通常要引入保护间隔 T_G,通常它的选取应大于无线信道中的最大多径时延,以保证前后码元之间不会发生干扰。这样有可能会发生载波间的干扰,即子载波的正交性会被破坏。由于存在时延,空闲保护间隔会使第一载波和第二载波之间的周期个数之差不再是整数倍,接收端解调时会出现干扰,如图 3-33 所示。

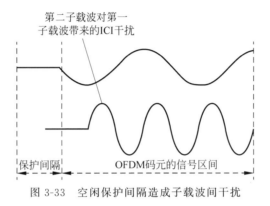

图 3-33 空闲保护间隔造成子载波间干扰

为了解决子载波干扰,可将子载波延拓一个保护间隔。在 OFDM 中,使用的保护间隔称作循环前缀(CP)。所谓循环前缀,就是将每个 OFDM 符号的尾部一段复制到符号之前,如图 3-34 所示。相比于纯粹加空闲保护时段,加入 CP 增加了冗余符号信息,更有利于克服干扰。加入循环前缀的目的是不破坏子载波间的正交性,只要每个路径的时延小于保护间隔,积分时间长度内就可以包含整数个的多径子载波波形,可以保证子载波间的正交性。虽然加入循环前缀要牺牲一部分时间资源,且降低了各个子载波的符号速率和信道容量,但优点就是可以有效抗击多径效应。

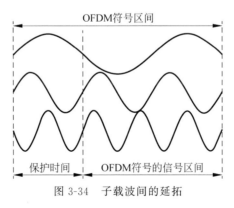

图 3-34 子载波间的延拓

经过延拓后的子载波信号为

$$g_k(t) = \begin{cases} \mathrm{e}^{(\mathrm{j} \cdot 2\pi k \cdot \Delta f \cdot t)}, & t \in [-T_\mathrm{G}, T_\mathrm{s}] \\ 0, & t \notin [-T_\mathrm{G}, T_\mathrm{s}] \end{cases} \tag{3-87}$$

其对应的子载波的频谱函数为

$$G_k(f) = T \cdot \sin[\pi T(f - k \cdot \Delta f)] \tag{3-88}$$

加入保护时间后,OFDM 的信号码元长度为 $T = T_s + T_G$。

假定各子载波上的调制符号可以用 $s_{n,k}$ 来表示,其中 n 表示 OFDM 符号区间的编号, k 表示第 k 个子载波,则第 n 个 OFDM 符号区间内的信号可以表示为

$$s_n(t) = \frac{1}{\sqrt{N}} \sum_{k=0}^{N-1} s_{n,k} g_k(t - nT) \tag{3-89}$$

总的时间连续的 OFDM 信号可以表示为

$$s(t) = \frac{1}{\sqrt{N}} \sum_{n=0}^{\infty} \sum_{k=0}^{N-1} s_{n,k} g_k(t - nT) \tag{3-90}$$

尽管 OFDM 信号的子载波频谱是相互重叠的,但是在区间 T_s 内是相互正交的。在实际运用中,信号的产生和解调都是采用数字信号处理的方法来实现的,此时要对信号进行抽样形成离散时间信号。由于 OFDM 信号的带宽为 $B = N \cdot \Delta f$,信号必须以 $\Delta t = 1/B = 1/(N \cdot \Delta f)$ 的时间间隔进行采样。若采样后的信号用 $s_{n,i}$ 表示,$i = 0,1,\cdots,N-1$,则有

$$s_{n,t} = \frac{1}{\sqrt{N}} \sum_{k=0}^{N-1} s_{n,k} \mathrm{e}^{\mathrm{j} \cdot 2\pi i k / N} \tag{3-91}$$

从式(3-91)可以看出,它是一个严格的离散反傅里叶变换(IDFT)的表达式。IDFT 可以采用快速反傅里叶变换(IFFT)来实现。

发送信号 $s(t)$ 经过信道传输后,到达接收端的信号用 $r(t)$ 表示,信道噪声用 $n(t)$ 表示,其采样后的信号为 $r_n(t)$。只要信道的多径时延小于码元的保护间隔 T_G,子载波之间的正交性就不会被破坏。各子载波上传输的信号可以利用各载波之间的正交性来恢复。

与发端类似,可以通过离散傅里叶变换(DFT)或快速傅里叶变换(FFT)来实现,即

$$R_{n,t} = \frac{1}{\sqrt{N}} \sum_{i=0}^{N-1} r_{n,i} \mathrm{e}^{-\mathrm{j} \cdot 2\pi i k / N} \tag{3-92}$$

利用 IDFT 或 IFFT 实现的 OFDM 基带系统如图 3-35 所示。输入已经过调制(符号匹配)的复信号,经过串/并变换后,输出的并行数据就是要调制到相应子载波上的数据符号,可以看成一组位于频域上的数据,进行 IDFT 或 IFFT 和并/串变换,实现频域到时域的转换,然后插入保护间隔,再经过数/模变换后形成 OFDM 调制后的信号 $x(t)$。该信号经过信道后,接收到的信号 $r(t)$ 经过模/数变换,去掉保护间隔以恢复子载波之间的正交性,再经过串/并变换和 DFT 或 FFT 后,恢复出 OFDM 的调制信号,最后经过并/串变换后还原出输入的符号。

在实现 OFDM 调制时,保护间隔的插入过程如图 3-36 所示。

由式(3-89),可得 OFDM 信号的功率谱密度为

$$|S(f)|^2 = \frac{1}{N} \sum_{k=0}^{N-1} \left| S_{n,k} \cdot T \cdot \frac{[\pi(f - k \cdot \Delta f)T]}{\pi(f - k \cdot \Delta f)T} \right|^2 \tag{3-93}$$

它是 N 个子载波上信号的功率谱之和。分析 OFDM 符号的功率谱密度表达式,可知其带外功率谱密度衰减比较慢,即带外辐射功率比较大。随着子载波数量 N 的增加,由于每个子载波功率谱密度主瓣、旁瓣幅度下降的陡度增加,所以 OFDM 符号功率谱密度的旁瓣下降速度会逐渐增加,但是即使在 $N = 256$ 个子载波的情况下,其 $-40\mathrm{dB}$ 带宽仍然会是 $-3\mathrm{dB}$ 带宽的 4 倍,如图 3-37 所示。

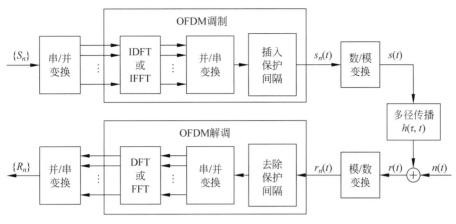

图 3-35 OFDM 基带系统的实现框图

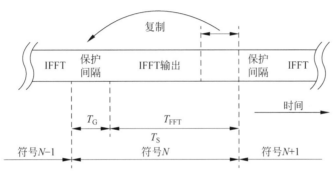

图 3-36 保护间隔的插入过程

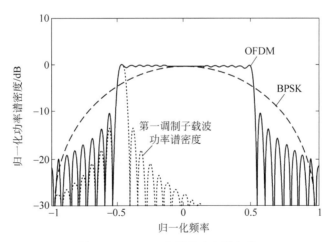

图 3-37 OFDM 信号的功率谱密度

为了让带宽之外的功率谱密度下降得更快,需要对 OFDM 符号进行"加窗"处理。对 OFDM 符号"加窗"意味着令符号周期边缘的幅度值逐渐过渡到零。通常采用的窗类型是升余弦函数。

OFDM 技术中各个子载波之间相互正交且相互重叠,可以最大限度地利用频谱资源。

OFDM 是一种多载波并行调制方式,其将符号周期扩大为原来的 N 倍,从而提高了抗多径衰落的能力。OFDM 可以通过 IFFT 和 FFT 分别实现 OFDM 的调制和解调。

OFDM 将频域划分为多个子信道,各相邻子信道相互重叠,但不同子信道相互正交,因此其带宽利用率高;当 OFDM 子载波的带宽小于信道的"相干带宽"时,可以认为该信道是"非频率选择性信道",即所经历的衰落是"平坦衰落",因此频率选择性衰落小;当 OFDM 符号持续时间小于信道"相干时间"时,信道可以等效为"相干时间"系统,可以降低信道时间选择性衰落对传输系统的影响,因此时间选择性衰落小。

OFDM 技术存在以下优点。

(1) 无须做时域均衡,通过加循环前缀对抗符号间干扰。

(2) 各子载波正交,子信道频谱相互重叠,频谱利用率高。

(3) OFDM 调制和解调可以通过 IDFT 和 DFT 实现,通过 FFT 可大大减小复杂度。

(4) 支持非对称业务,通过使用不同数量的子信道实现上下行的非对称传输。

(5) 动态子信道分配及比特分配,充分利用信噪比高的子信道提高性能。

(6) 易于与多种接入方式结合,如 MC-CDMA,OFDM-TDMA 等。

(7) 对窄带干扰不敏感。

OFDM 技术存在以下缺点。

(1) 易受频偏影响。OFDM 系统对正交性要求严格,频偏使得正交性遭到破坏。

(2) 存在较高的峰值平均功率比。多个子信道相位叠加,相位一致时瞬时功率大,对器件要求高。

2. OFDM 信号的特征与性能

1) OFDM 信号峰值功率与平均功率比

与单载波系统相比,由于 OFDM 符号是由多个独立的经过调制的子载波信号相加而成的,因此合成信号就有可能产生比较大的峰值功率,由此会带来较大的峰值平均功率比,简称峰均比(PAR)。峰均比可以被定义为

$$\text{PAR} = 10\lg \frac{\max\{|s_{n,i}|^2\}}{\text{E}\{|s_{n,i}|^2\}} \tag{3-94}$$

由于一般的功率放大器都不是线性的,而且其动态范围也是有限的,所以当 OFDM 系统内这种变化范围较大的信号通过非线性部件(例如进入放大器的非线性区域)时,信号会产生非线性失真,从而产生谐波,造成较明显的频谱扩展干扰及带内信号畸变,导致整个系统性能的下降,而且同时还会增加 A/D 和 D/A 转换器的复杂度并且降低它们的准确性。

因此,PAR 较大是 OFDM 系统面临的一个重要问题,必须要考虑如何减小大峰值功率信号的出现概率,从而避免非线性失真的出现。克服这一问题最传统的方法是采用大动态范围的线性放大器,或者对非线性放大器的工作点进行补偿,但是这样带来的缺点是功率放大器的效率会大大降低,绝大部分能量都将转化为热能被浪费掉。

常用的减小 PAR 的方法大致可以分为三类。

(1) 信号预畸变技术,即在信号经过放大之前,首先要对功率值大于门限值的信号进行非线性畸变,包括限幅、峰值加窗或峰值消除等操作。这些信号畸变技术的好处在于直观、简单,但信号畸变对系统性能造成的损害是不可避免的。

(2) 编码方法,即避免使用那些会生成大峰值功率信号的编码图样,例如采用循环编码

方法。这种方法的缺陷在于,可供使用的编码图样数量非常少,特别是当子载波数量 N 较大时,编码效率会非常低,从而导致这一矛盾更加突出。

（3）利用不同的加扰序列对 OFDM 符号进行加权处理,从而选择 PAR 较小的 OFDM 符号来传输。

2）OFDM 系统中的同步问题

在单载波系统中,载波频率的偏移只会对接收信号造成一定的幅度衰减和相位旋转。而对于多载波系统来说,载波频率的偏移会破坏子载波间的正交性,从而导致子信道之间产生干扰。

由于 OFDM 系统内存在多个正交子载波,其输出信号是多个子信道信号的叠加,因而子信道的相互覆盖对它们之间的正交性提出了严格的要求。无线信道时变性的一种具体体现就是多普勒频移,多普勒频移与载波频率及移动台的移动速度都成正比。因此,对于要求子载波保持严格同步的 OFDM 系统来说,载波的频率偏移所带来的影响会更加严重,而且如果不采取措施对这种 ICI 加以克服,会对系统性能带来非常严重的"地板效应",即在信噪比达到一定值以后,无论怎样增加信号的发射功率,都不能显著改善系统的误码性能。除要求严格的载波同步外,OFDM 系统中还要求样值同步（发送端和接收端的抽样频率一致）和符号同步（IFFT 和 FFT 的起止时刻一致）。载波同步的目的是实现接收信号的相干解调;样值同步目的是使接收端的取样时刻与发送端完全一致;符号同步目的是区分每个 OFDM 符号块的边界,因为每个 OFDM 符号块包含 N 个样值。OFDM 系统内的同步示意图如图 3-38 所示。

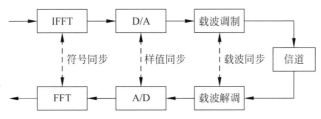

图 3-38　OFDM 系统内的同步示意图

OFDM 系统的载波同步是利用导频实现的载波同步。载波同步分为跟踪模式和捕获模式两个过程。跟踪模式只需要处理很小的载波抖动来实现;捕获模式是指频率偏差较大,可能是载波间隔的若干倍的情况。OFDM 系统接收机通过两个阶段的同步,可以提供良好的捕获性能和精确的跟踪性能。第一阶段是尽快地进行粗略的频率估计,解决载波的捕获问题;第二阶段是能够锁定并且执行跟踪任务。

OFDM 系统采用最大似然方法联合实现符号定时同步和载波同步。通常多载波系统都采用插入保护间隔的方法来消除符号间干扰,最大似然方法正是利用保护间隔所携带的信息完成符号定时同步和载波频率同步,克服了需要插入导频符号实现载波同步,浪费资源的缺点。

加入循环前缀后的 OFDM 系统可等效为 N 个独立的并行子信道。如果不考虑信道噪声,N 个子信道上的接收信号等于各自子信道上的发送信号与信道频谱特性的乘积。如果通过估计方法预先获知信道的频谱特性,将各子信道上的接收信号与信道的频谱特性相除,即可实现接收信号的正确解调。常见的信道估计方法有基于导频信道的估计方法和基于导频符号(参考信号)的估计方法两种。多载波系统具有时频二维结构,因此实际系统中通常采用导频符号的辅助信道估计,使其更具有灵活性。

3) OFDM 基本参数的选择

OFDM 系统的基本参数包含带宽、比特率及保护间隔。这些参数的选择需要在多项需求中折中考虑。通常保护间隔的时间长度应该为应用移动环境信道的时延扩展均方根值的 2~4 倍。为了最大限度地减少由于插入保护比特所带来的信噪比的损失,希望 OFDM 符号周期长度要远远大于保护间隔长度。但是符号周期长度又不可能任意大,否则 OFDM 系统中要包括更多的子载波数,从而导致子载波间隔相应减少,系统的实现复杂度增加,而且还加大了系统的峰值平均功率比,同时使系统对频率偏差更加敏感。

因此,在实际应用中,一般选择符号周期长度是保护间隔长度的 5 倍左右,这样由插入保护比特所造成的信噪比损耗只有 1dB 左右。在确定了符号周期和保护间隔之后,子载波的数量可以直接利用 3dB 带宽除以子载波间隔(去掉保护间隔之后的符号周期的倒数)得到,或者可以利用所要求的比特速率除以每个子信道的比特速率来确定子载波的数量。每个信道中所传输的比特速率可以由调制类型、编码速率和符号速率来确定。

下面通过一个实例来说明如何确定 OFDM 系统的参数,要求设计系统满足条件:信息的比特率为 25Mb/s,系统的时延扩展为 200ns,系统的带宽小于 18MHz。

可以分析,200ns 的时延扩展就意味着保护间隔的有效取值可以为 800ns。如果选择 OFDM 符号周期长度为保护间隔的 6 倍,即 $6 \times 800ns = 4.8\mu s$,此时由保护间隔所造成的信噪比损耗小于 1dB,则子载波间隔取 $4.8 - 0.8 = 4\mu s$ 的倒数,即 250kHz。

为了判断所需要的子载波个数,需要观察所要求的比特速率与 OFDM 符号速率的比值,即每个 OFDM 符号需要传送 $(25Mb/s)/[1/(4.8\mu s)] = 120b$。为了满足这一要求,可以通过选择不同的调制方式和编码方式来完成。作如下两种选择:①利用 16QAM 和码率为 1/2 的编码方法,每个子载波携带 2b 的有用信息,因此需要 60 个子载波来满足每个符号 120b 的传输速率;②利用 QPSK 和码率为 3/4 的编码方法,这样每个子载波可以携带 1.5b 的有用信息,因此需要 80 个子载波来传输。然而 80 个子载波就意味着带宽为 $80 \times 250kHz = 20MHz$,大于所给定的带宽要求,因此为了满足带宽的要求,子载波数量不能大于 72。综合比较可知,第一种采用 16QAM 和 60 个子载波的方法可以满足上述要求,而且还可以在 4 个子载波上补零,然后利用 64 点的 IFFT/FFT 来实现调制和解调。

3.6 MIMO 技术

3.6.1 概述

随着移动通信技术的发展及人们对传输速率更高的要求,移动通信系统在覆盖、系统容量、业务动态性等方面的矛盾不断突显,这就需要采用更先进的技术来实现更高的数据传输速率。然而无线频谱资源是有限的,要支持更高速率就要开发具有更高频谱利用率的无线通信技术。研究表明,多输入多输出(MIMO)技术能够在不增加带宽的情况下成倍地提高通信系统的容量、数据速率和频谱利用率。MIMO 技术在室内传播环境下的频谱效率可达 $20 \sim 40b/(s \cdot Hz)$,远高于传统蜂窝无线通信技术的 $1 \sim 5b/(s \cdot Hz)$。

移动通信系统中的 MIMO 技术指的是利用多发射多接收天线进行无线传输的技术,本质上是将空间域和时间域结合起来进行空时信号处理的技术,其原理图如图 3-39 所示。

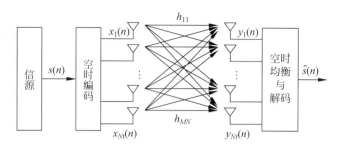

图 3-39 MIMO 多天线技术数学模型

图 3-39 中所示的系统为 $N_t \times N_r$ MIMO 系统。其中,N_t 为发射天线数,N_r 为接收天线数,h_{ji} 为第 i 个发射天线到第 j 个接收天线之间信道衰落复瑞利系数,$x_i(n)$ 为发射端经空时编码后的第 i 个天线信息流,$y_j(n)$ 为第 j 个接收天线信息流,$s(n)$ 为输入信息流,$\hat{s}(n)$ 为输出信息流。在发射端,二进制数据流 $s(n)$ 输入发射处理模块中。之后对输入信息符号进行编码、星座调制,有时还要进行一定的加权,然后送到各发射天线上,经过上变频、滤波和放大后发射出去。在接收端,接收机将多个接收天线收到的信号进行解调、匹配滤波、检测和译码,以恢复原始数据 $\hat{s}(n)$。MIMO 系统的核心思想是空时信号处理,即在原来时间维的基础上,通过使用多个天线来增加空间维,从而实现多维信号处理,获得空间复用增益或空间分集增益。

3.6.2 分类

1. 根据信号处理方式

根据信号处理方式的不同,MIMO 技术可以分为空间分集、空间复用及波束赋形三类。

1) 空间分集

空间分集是利用较大间距的天线阵元之间或成形波束之间的不相关性(天线间距在 10λ 以上),将同一个数据流的不同版本分别进行编码调制,然后在不同的天线发送;接收机将不同接收天线上收到的同一数据流的不同版本进行合并,恢复出原始数据流。这样可以避免单个信道衰落对整个链路的影响,目的是提高链路的质量。对于一个输入符号序列,空时编码选择星座点在所有的天线上同时发射,因此可同时获得最大的编码和分集增益。

采用多个收发天线的空间分集可以很好地对抗传输信道的衰落。空间分集分为发射分集、接收分集和接收发射分集三种。

(1) 发射分集是在发射端使用多个发射天线发射信息,通过对不同天线发射的信号进行编码达到空间分集的目的,接收端可以获得比单天线高的信噪比。发射分集包含空时发射分集(STTD)、空频发射分集(SFBC)和循环延迟分集(CDD)几种。

① STTD。通过对不同的天线发射的信号进行空时编码达到时间和空间分集的目的;在发射端对数据流进行联合编码以减小由于信道衰落和噪声导致的符号错误概率;空时编码通过在发射端的联合编码增加信号的冗余度,从而使得信号在接收端获得时间和空间分集增益。可以利用额外的分集增益提高通信链路的可靠性,也可在同样可靠性下利用高阶调制提高数据率和频谱利用率。空时编码是发射分集实现的关键技术,空时发射分集原理

如图 3-40 所示。

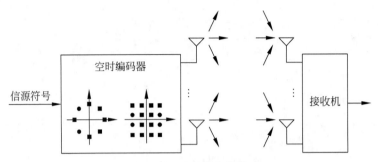

图 3-40　空时发射分集原理

② SFBC。SFBC 与 STTD 类似,不同的是 SFBC 是对发送的符号进行频域和空域编码;将同一组数据承载在不同的子载波上面,从而获得频率分集增益。SFBC 发射分集方式通常要求发射天线尽可能独立,以最大限度获取分集增益,如 LTE 中两天线空频发射分集原理如图 3-41 所示。

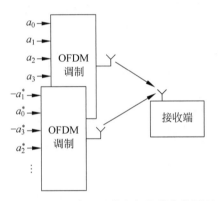

图 3-41　LTE 中两天线空频发射分集原理

③ CDD。CDD 发射分集是一种常见的时间分集方式,发射端为接收端人为制造多径。LTE 中采用的延时发射分集并非简单的线性延时,而是利用 CP 特性采用的循环延时操作。根据 DFT 变换特性,信号在时域的周期循环移位(延时)相当于频域的线性相位偏移,因此 LTE 的 CDD 分集是在频域上进行操作的,CDD 发射分集原理如图 3-42 所示。

LTE 协议支持一种与下行空间复用联合作用的大延时 CDD 模式。大延时 CDD 将循环延时的概念从天线端口搬到了单用户多输入多输出(SU-MIMO)空间复用的层上,并且延时明显增大。两天线延时达到了半个符号积分周期($1024T_s$,T_s 为 LTE 中基本时间单位)。CDD 发射分集方式通常要求发射天线尽可能独立,以最大限度获取分集增益。

(2)接收分集。接收分集指多个天线接收来自多个信道的承载同一信息的多个独立的信号副本。由于信号不可能同时处于深衰落情况中,因此在任一给定的时刻至少可以保证有一个强度足够大的信号副本提供给接收机使用,从而提高接收信号的信噪比。

2)空间复用

空间复用技术将高速信源数据流按照发射天线数目串并变换为若干子数据流,独立地进行编码、调制,再分别从各个发射天线上发送出去。接收机将不同天线上的接收信号进行

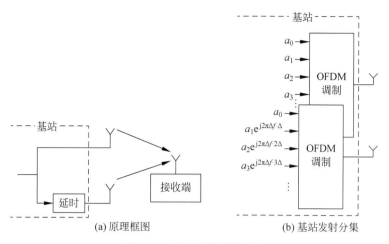

图 3-42 CDD 发射分集原理

分离,然后解调和译码,将几个数据流合并恢复出原始数据流。常用的空间复用技术基于分层空时编码(BLAST)系统。

3) 波束赋形

波束赋形是利用较小间距的天线阵元之间的相关性(天线间距为 $0.5 \sim 0.6\lambda$),通过阵元发射的波之间形成干涉,集中能量于某个(或某些)特定方向上形成波束,从而实现更大的覆盖和干扰抑制效果。发送端上通过自适应算法确定天线权重产生发射信号(窄波束);接收端上不同天线阵元的信号通过自适应算法来合并(空间分集)。在移动通信当中,最早期的波束赋形应用是在 3G 技术 TD-SCDMA 系统中。MIMO 中的波束赋形方式与智能天线系统中的波束赋形类似。

与常规智能天线不同的是,原来的下行波束赋形只针对一个天线,现在需要针对多个天线。下行波束成形使得信号在用户方向上得到加强,上行波束成形使得用户具有更强的抗干扰能力和抗噪能力。因此,和发射分集类似,可以利用额外的波束赋形增益提高通信链路的可靠性,也可在同样可靠性下利用高阶调制提高数据率和频谱利用率。波束赋形原理如图 3-43 所示。

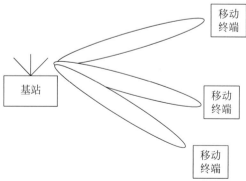

图 3-43 波束赋形原理

波束赋形的目的是增大覆盖范围(相当于定向天线)、增大容量(实现空分多址)、改善链路质量(减少干扰)、减小时延色散(抑制时延分量)及提高用户定位估计性能。

MIMO 系统通过有效的设计可以获得复用增益、分集增益/编码增益、天线增益,从而提高系统的频谱利用率和信噪比。空间复用技术与分集技术的综合优化,能够在复用增益与分集增益/编码增益之间达到最优折中;分集技术与预编码技术的联合优化,能够在天线增益与分集增益/编码增益之间达到最优折中。

要实现空间分集和空间复用需要 2T2R(两发两收)的天线,而要实现波束赋形,需要 8T8R 的天线(最低标准,16T16R 及以下的天线只支持 2D MIMO,32T32R 及以上的天线才支持 3D MIMO。

使用 MIMO 技术的空间分集与空间复用进行比较,会发现:①传输分集是在多条独立路径上传输相同的数据,接收端通过分集合并技术来抵抗信道衰落,降低误码率,可以提高系统的可靠性,但不能提高数据速率;②空间复用是在多条独立路径上传输不同数据,接收端要进行多用户检测与分离。充分利用系统资源,提高系统容量,可提高系统的有效性和数据速率。

通常情况下,发射分集比接收分集实现起来要困难得多。一是发送端需要在多个天线上发送相同的信号,而在接收端为了实现分集需要将由于多径混合在一起的信号进行分离;二是在接收端可以通过估计算法得到信道的状态信息,而发送端一般无法知道信道的状态信息。这两者都会增加系统实现的难度。

2. 根据基站和手机的天线数目

根据基站和手机天线数的不同,MIMO 技术可分为单输入单输出(SISO)、单输入多输出(SIMO)、多输入单输出(MISO)和多输入多输出(MIMO)四种类型,四种天线系统的模型图如图 3-44 所示。

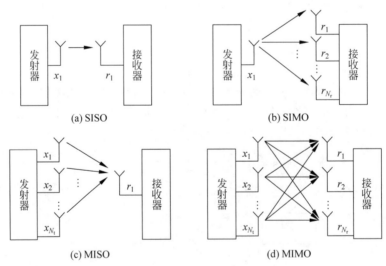

图 3-44　四种天线系统的模型图

1) SISO

SISO 信道即传统无线信道,其信道冲激响应可以表示为

$$h(t,\tau) = \sum_{i=1}^{N} \alpha_i(t,\tau) e^{j\psi_i(t,\tau)} \delta[\tau - \tau_i(t)] \tag{3-95}$$

其中,$\psi_i(t,\tau)$ 代表多径信道中的总相移,$\alpha_i(t,\tau)$ 为信号幅度,$\tau_i(t)$ 为第 i 条路径的时延。

2）SIMO

SIMO 信道可以看作采用 N_R 副接收天线的 SISO 标量信道组合而成的向量信道，可以表示为

$$\boldsymbol{h}(t,\tau)=\left[h_1(t,\tau)h_2(t,\tau)\cdots h_{N_R}(t,\tau)\right]^{\mathrm{T}} \tag{3-96}$$

其中，$h_i(t,\tau)$ 为第 i 个 SISO 子信道的冲激响应，T 为矩阵转置运算。SIMO 信道的向量信道冲激响应可以从式(3-95)拓展而得，即

$$h(t,\tau)=\sum_{i=0}^{N-1}\boldsymbol{a}(\theta_i,\phi_i)\alpha_i\mathrm{e}^{\mathrm{j}(2\pi f_i t_i)}\delta\left[\tau-\tau_i\right] \tag{3-97}$$

其中，α_i、τ_i 与 (θ_i,ϕ_i) 分别是第 i 个多径分量的路径增益、路径延迟与达波方向，f_i 是由运动引起的多普频移，f_i 是附加相移，$\boldsymbol{a}(\theta_i,\phi_i)$ 是阵列操纵矢量。$\boldsymbol{a}(\theta,\phi)$ 是阵列结构与达波角的函数，可以表示为

$$\boldsymbol{a}(\theta,\phi)=\left[1a_1(\theta,\phi)\cdots a_{N-1}(\theta,\phi)\right]^{\mathrm{T}} \tag{3-98}$$

其中，T 为转置运算，其第 m 个分量为

$$a_m(\theta,\phi)=\mathrm{e}^{\mathrm{j}\frac{2\pi}{\lambda}(x_m\sin\theta\cos\phi+y_m\sin\theta\sin\phi+\tau_m\cos\phi)} \tag{3-99}$$

3）MISO

采用 N_T 副发射天线的 MISO 信道，可视为由 N_T 个 SISO 标量信道组合而成的向量信道，可表示为

$$\boldsymbol{h}(t,\tau)=\left[h_1(t,\tau)h_2(t,\tau)\cdots h_{N_T}(t,\tau)\right]^{\mathrm{T}} \tag{3-100}$$

其中，$h_m(t,\tau)$ 为第 m 个 SISO 子信道的冲激响应。MISO 信道的向量信道冲激响应可从式(3-97)拓展而来，只是其中的 (θ_i,ϕ_i) 不是达波方向，而是去波方向。

4）MIMO

采用 N_T 副发射天线与 N_R 副接收天线的 MIMO 信道，可视为由 $N_T\times N_R$ 个 SISO 标量信道组合而成的矩阵信道，可以被认为是平坦的，即不考虑频率选择性衰落。平坦衰落的 MIMO 信道可以用一个 $n\times n$ 的复数矩阵 $\boldsymbol{H}$ 描述，其信道矩阵可写表示为

$$\boldsymbol{H}(t,\tau)=\begin{bmatrix} h_{11}(t,\tau) & h_{12}(t,\tau) & \cdots & h_{1n_T}(t,\tau) \\ h_{21}(t,\tau) & h_{22}(t,\tau) & \cdots & h_{2n_T}(t,\tau) \\ \vdots & \vdots & \ddots & \vdots \\ h_{n_R 1}(t,\tau) & h_{n_R 2}(t,\tau) & \cdots & h_{n_R n_T}(t,\tau) \end{bmatrix} \tag{3-101}$$

3. 根据接收端反馈状态信息

根据接收端是否反馈状态信息，MIMO 可以分为闭环和开环两种类型。

MIMO 系统的发射方案主要分为两种类型，即最大化传输速率的空间复用方案和最大化分集增益的空时编码方案。以上两种方案的发射端都不需要信道信息(CSI)，称之为开环 MIMO 系统。而在信道变化较慢的场合(如大城市的室内环境或游牧式的接入服务)，闭环 MIMO 系统能够进一步提升系统性能。闭环 MIMO 系统的接收端将信道信息反馈给发射端，然后对传输数据进行预编码、波束赋形或者天线选择等操作。闭环 MIMO 的反馈方式又可以分为全反馈和部分反馈等。全反馈是将全部信道信息反馈给发射端，由于反馈链路要占用系统开销，在实际系统中一般都采用部分反馈技术，如反馈信道的统计特征值、奇

异值分解值(SVD)、基于码本的码字序号等,进行性能和复杂度折中实现。

3.6.3 空时编码

空时编码综合考虑了分集、编码和调制,它的最大特点是将编码技术和天线阵技术结合在一起,实现了空分多址,提高了系统的抗衰落性能,且能通过发射分集和接收分集提供高速率、高质量的数据传输。与不使用空时编码的编码系统相比,空时编码可以在不牺牲带宽的情况下获得较高的编码增益,进而提高了抗干扰和抗噪声的能力,特别是在无线通信系统的下行(基站到移动端)传输中,空时编码将移动端的设计负担转移到了基站,减轻了移动端的负担。空时编码分类如图 3-45 所示。

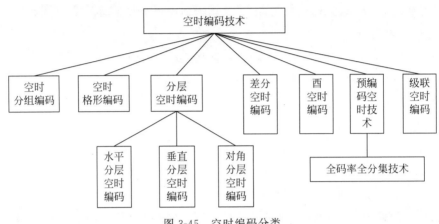

图 3-45 空时编码分类

MIMO 无线信道中的两个主流技术是空间分集技术和空间复用技术。空间分集中的发射和接收的分集目的是消除多径,改善链路质量,主要使用空时块编码(空时分组编码)和空时网格编码;空间复用技术会使频谱效率大幅度提升,主要使用分层空时编码来实现。

1. 空时网格编码

空时网格编码(STTC)是将发射和接收分集与网格编码调制(TCM)相结合的联合编码方式。获得的编码方案在不牺牲系统带宽的情况下获得满分集增益和高编码增益,进而提高传输质量。空时网格编码的译码采用最大似然译码器,通常采用 Viterbi 译码器进行最大似然译码。

空时网格编码发射端原理框图如图 3-46 所示。它是在延时分集的基础上结合 TCM 技术实现的。STTC 编码综合考虑了编码增益和分集增益的影响,充分利用多发射天线的空间分集和信道编码及交织的时间分集,提高了频带利用率。网格编码器采用多进制调制方式,可以提高系统的传输速率。要达到相同的误码率性能,多进制方式所需的信噪比要比二进制高。所以,只有在信道衰落比较小时,才可以考虑使用更高频谱效率的调制方式来提高平均数据速率。空时网格编码可以获得与最大比合并接收相同的分集增益。除分集增益外,良好的空时网格编码还可以获得大量的编码增益。采用 STTC 虽能同时得到编码增益和分集增益并提供比现有系统高 3~4 倍的频谱效率,但是其译码复杂度随着状态数的增加呈指数增长,在实际系统中很少单独使用。

8PSK 八种状态时延分集用作空时网格编码示意图如图 3-47 所示。

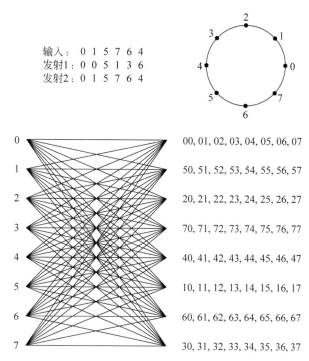

图 3-46　空时网格编码发射端原理图

输入：0 1 5 7 6 4
发射1：0 0 5 1 3 6
发射2：0 1 5 7 6 4

0	00, 01, 02, 03, 04, 05, 06, 07
1	50, 51, 52, 53, 54, 55, 56, 57
2	20, 21, 22, 23, 24, 25, 26, 27
3	70, 71, 72, 73, 74, 75, 76, 77
4	40, 41, 42, 43, 44, 45, 46, 47
5	10, 11, 12, 13, 14, 15, 16, 17
6	60, 61, 62, 63, 64, 65, 66, 67
7	30, 31, 32, 33, 34, 35, 36, 37

图 3-47　8PSK 八状态时延分集用作空时网格编码示意图

图 3-47 中，左下角最左边的数字为星座编号，对应为 8PSK 信号的八个状态；格形图表示这些状态之间的转移。在右下角部分所示矩阵中，每行的元素 S_1S_2 编号的含义是：从第一根天线发射出去的字符为 S_1，从第二根天线发射的字符为 S_2。由于是八进制调制，空时编码器的输入比特串中每三个比特被分成一组，每组映射为八个星座点中的一点，例如 000 表示星座图中的点 0，而 111 表示点 7 等。即使是同一进制 PSK 码，也可以具有不同的状态数。

2. 空时块编码（STBC）

空时块编码（STBC）也叫空时分组码，是利用正交设计原理分配各发射天线上的发射信号格式，实际上是一种空间域和时间域联合的正交分组编码方式。空时分组码可以使接收机解码后获得最大的分集增益，且保证译码运算仅是简单的线性合并，使译码复杂度大大降低。但是，这是以牺牲编码增益和部分频带利用率为代价得到的。

Alamouti 是一种在接收端需要进行简单信号处理的两天线发射分集方案，是空时分组编码的基础。假定采用 M 进制调制方案，首先调制一组 $m(m=\log_2 M)$ 个信息比特。然后编码器在每次编码操作中取两个调制符号 x_1 和 x_2 为一个分组，并根据编码矩阵 $[x_1 x_2] \rightarrow \begin{bmatrix} x_1 & -x_2^* \\ x_2 & x_1^* \end{bmatrix}$，将它们映射到发射天线上。Alamouti 空时编码器原理如图 3-48 所示。

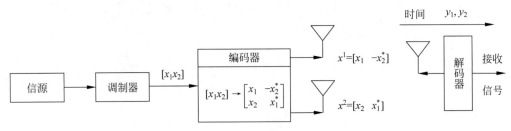

图 3-48 Alamouti 空时编码器原理

在两个连续的发射周期里,编码器的输出从两根发射天线发射出去。在第一个发射周期中,天线 1 发射信号 x_1,天线 2 发射信号 x_2。在第二个发射周期中,天线 1 发射信号 $-x_2^*$,天线 2 发射信号 x_1^*,其中 x^* 是 x 的复共轭。这种方式既在空间域编码又在时间域编码。两个发射序列的内积为 0,所以二者是正交的。编码矩阵具有如下特性:

$$\boldsymbol{X} \cdot \boldsymbol{X}^{\mathrm{H}} = \begin{bmatrix} |x_1|^2 + |x_2|^2 & 0 \\ 0 & |x_1|^2 + |x_2|^2 \end{bmatrix} \tag{3-102}$$

$$= (|x_1|^2 + |x_2|^2)\boldsymbol{I}_2$$

式中,$\boldsymbol{I}_2$ 是一个 2×2 的单位矩阵。

当接收端只有一根接收天线时,在 t 时刻,从两个发射天线到接收天线的信道衰落系数分别用 $h_1(t)$ 和 $h_2(t)$ 表示。假定衰落系数在两个连续符号发射周期之间保持不变,即在发送信号 (x_1, x_2) 和信号 $(-x_2^*, x_1^*)$ 时,$h_1(t)$ 和 $h_2(t)$ 保持不变。t 时刻和 $(t + t_c)$ 时刻接收信号分别为 y_1 和 y_2,t_c 为时延,则两个连续周期内的接收信号可以表示为

$$\begin{cases} y_1 = h_1 \times x_1 + h_2 \times x_2 + n_1 \\ y_2 = h_1 \times (-x_2^*) + h_2 \times (x_1^*) + n_2 \end{cases} \tag{3-103}$$

其中,n_1 和 n_2 分别表示在时刻 t 和 $(t + t_c)$ 时刻的噪声,其均值为 0,功率谱密度为 $N_0/2$。

假设译码器已知信道状态信息(CSI),调制星座图中的所有信号都是等概率的,调制信号 x_1 和 x_2 的译码输出分别为 $\hat{x}_1$ 和 $\hat{x}_2$。利用最大似然译码时,在星座图中搜索所有可能的 $\hat{x}_1$ 和 $\hat{x}_2$ 的值,使得欧几里得距离和最小。由于编码矩阵的正交特性,求解二维最大似然译码化简为求解两个一维最大似然译码,只需要简单的线性处理,大大降低了译码的复杂度。

对于天线数目较多或者发射天线数目少于接收天线数目的情况,可以考虑使用分组的方法来减少空时编码的规模,避免使用大天线数目的空时码。对于发射天线数很大的情况,可以考虑将发射天线分成若干组。而对于其中的每一分组,则可以采用较小维数的空时码,如采用最简单且性能效果优良的 Alamouti 机制。

假设用 N_t 表示发射天线的数目,P 表示一个编码符号块的时间周期数目。同时,假设信号星座图由 2^m 个点组成。其中,km 个数据流比特经过星座调制模块变为 k 个调制信号 $x_1, x_2, \cdots, x_k$,并且每 m 个比特选择一个星座符号。因此,k 个调制信号经过空时编码调制产生 N_t 个并行信号序列,长度为 p 的发射矩阵 $\boldsymbol{X}$,其大小为 $N_t \times P$。这些序列在 N_t 根发射天线 P 个时间周期内同时发射出去,其传输矩阵为

$$\boldsymbol{X} = \begin{bmatrix} c_1^1 & \cdots & c_1^i & \cdots & c_1^{N_t} \\ c_2^1 & \cdots & c_2^i & \cdots & c_2^{N_t} \\ \vdots & \ddots & \vdots & \ddots & \cdots \\ c_P^1 & \cdots & c_P^i & \cdots & c_P^{N_t} \end{bmatrix} \in C^{P \times N_t} \qquad (3\text{-}104)$$

$C_p^i (i=1,2,\cdots,N_t; p=1,2,\cdots,P)$ 是 k 个调制信号 $x_1,x_2,\cdots,x_k$ 和它们共轭的线性组合，X 的第 i 行表示在 P 个传输周期内从第 i 根发射天线连续发射的符号，而 X 的每行符号实际上是由同一根发送天线在不同时刻发送的。X 的每列符号实际上是在同一时刻不同天线发送的。

传输矩阵 $\boldsymbol{X}$ 是基于正交设计构造的，因此满足

$$\boldsymbol{X} \cdot \boldsymbol{X}^H = c(|x_1|^2 + |x_2|^2 + \cdots + |x_k|^2) \boldsymbol{I}_{N_t} \qquad (3\text{-}105)$$

式中，$\boldsymbol{I}_{N_t}$ 为 $N_t \times N_t$ 单位矩阵，$\boldsymbol{X}^H$ 为矩阵 $\boldsymbol{X}$ 的转置共轭。

例如，对于 8 发 4 收的情况，通过分组可以使用 2 组 4 天线的空时编码或者 4 组 2 天线的空时编码来实现，如图 3-49 所示。

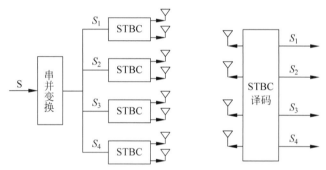

图 3-49　8 发 4 收系统中 4 组 2 天线空时编码

3. 分层空时编码

美国 Bell 实验室于 1996 年提出分层空时编码（LSTC），并于 1998 年提出分层空时编码技术的框架，在此基础上开发出 BLAST 系统。这种系统的结构简单，易于实现。

分层空时编码技术的基本思想是把高速数据业务分接为若干低速数据业务，通过普通的并行信道编码器编码后，对其进行并行的分层编码。编码信号经调制后用多个天线发射，实现发送分集。分层空时编码的最大优点是其频带利用率随着发射天线数的增加而线性增加，但其抗衰落性能不是很好。分层空时编码适用于发射天线和接收天线数较多的情况。分层空时编码是基于空间分集而非发射分集的一种技术。

分层空时编码分以下两步完成。

（1）将输入信号经过信号分离器分成 m 个长度相同的数据流，分别输入 m 个编码器独立地进行信道编码。这些信道编码器可以是二进制的卷积编码器，也可以不经过任何信道编码而直接输出。再对其进行并行的分层编码，其输出信号再经过调制后，使用相同的载波由天线同步发射出去。设第 j 个子编码器在第 i 时刻的输出符号为 C_{ij}，其中 $j=1,2,\cdots,m$。

（2）m 个已编码的比特流通过向量编码器映射到对应的发射天线上。从本质上说，m 个向量编码器对已编码比特流的空间映射过程，实际上就是一种空间交织的过程。分层空

时编码对信道编码器输出序列的处理实际上实现了一种映射关系。根据映射方式的不同，从并行信道编码器送出的信号有对角分层空时码(DBLAST)、垂直分层空时码(VBLAST)和水平分层空时码(HBLAST)三种模式。分层空时编码基本系统框图如图 3-50 所示。

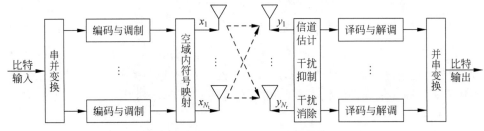

图 3-50   分层空时编码基本系统框图

图 3-50 中的输入信息比特经串并后信道编码器输出如图 3-51 所示。

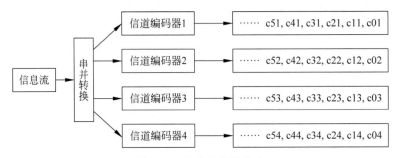

图 3-51   信道编码器输出

1）DBLAST

传统信道编码加交织本质上是时间编码，对角分层空时编码器接收并行信道编码器的输出，按对角线进行空间编码，其原理如图 3-52 所示。从图 3-52 中可以看出，为处理规范，右下方排 $m(m-1)/2$ 个 0 码元后，第一个信道编码器输出的开始 m 个码元排在第一条对角线，第二个信道编码器输出的开始 m 个码元排在第二条对角线，一般第 i 个信道编码器输出的第 j 批 m 个码元排在第 $[i+(j-1)\times m]$ 条对角线。编码后的空时码元矩阵中的每列，经 m 个发送天线同时发送。它的每层在时间与空间上均呈对角线形状，称为 DBLAST。

```
……  c81  c44  c43  c42  c41  c04  c03  c02 c01      至天线1
……  c54  c53  c52  c51  c14  c13  c12  c11  0       至天线2
……  c63  c62  c61  c24  c23  c22  c21  0    0       至天线3
……  c72  c71  c34  c33  c32  c31  0    0    0       至天线4
```

图 3-52   DBLAST 编码原理

2）VBLAST

垂直分层空时编码器接收并行信道编码器的输出，按垂直方向进行空间编码，其原理如图 3-53 所示。从图 3-53 中可以看出，第一个信道编码器输出的前 m 个码元排在第一列，第二个信道编码器输出的前 m 个码元排第二列，一般第 i 个信道编码器输出的第 j 批 m 个码元排在第 $[i+(j-1)\times m]$ 列。编码后的空时码元矩阵中的第一列，经 m 个发送天线同时发送。即采用一种直接的天线与层的对应关系,编码后的第 k 个子流直接送到第 k 根天线,不进行数据流与天线之间对应关系的周期改变。它的数据流在时间与空间上为连续的垂直列向量,称为 VBLAST。

```
…… c44 c43 c42 c41 c04 c03 c02 c01      至天线1
…… c54 c53 c52 c51 c14 c13 c12 c11      至天线2
…… c64 c63 c62 c61 c24 c23 c22 c21      至天线3
…… c74 c73 c72 c71 c34 c33 c32 c31      至天线4
```

图 3-53　VBLAST 编码原理

3）HBLAST

水平分层空时编码器接收从并行信道编码器的输出,按水平方向进行空间编码,即每个信道编码器编码后的码元直接通过对应的天线(信道编码器与天线是一一对应的)发送出去,其原理如图 3-54 所示。

```
…… c51 c41 c31 c21 c11 c01      至天线1
…… c52 c42 c32 c22 c12 c02      至天线2
…… c53 c43 c33 c23 c13 c03      至天线3
…… c54 c44 c34 c24 c14 c04      至天线4
```

图 3-54　HBLAST 编码原理

以上 3 种编码方案中,DBLAST 编码具有较好的层次结构及空时特性,但具有 $N(N-1)/2$ 比特的传输冗余,频谱利用率不高。VBLAST 编码和 HBLAST 编码的层次结构及空时特性相对较差,但没有传输冗余。VBLAST 编码的层次结构及空时特性比 HBLAST 编码要好,HBLAST 码字小且不存在子数据流之间的编码,只有子数据流内的编码,空时特性最差。因而,在实际应用中 VBLAST 更为广泛。

分层空时码的译码一般可采用类似基于迫零和最小均方误差准则的检测算法。分层空时码以部分分集增益为代价换取了高的频带利用率。

事实上,空间复用系统追求传输速率的极大化,因此较适合高信噪比的情况,而不利于具有一定差错率要求的情况。对于后者,可将空间分集和空间复用两种方案结合起来,取其折中。

3.6.4　MIMO 系统容量

假设信道容量分析模型的信道衰落类型是非频率选择性衰落的,信道系数具有零均值及单位方差的复高斯随机变量。系统的发射端配有 N_t 根天线,接收端配有 N_r 根天线,总的发射功率为 P_T。发射端未知信道的瞬时状态信息,因此只考虑将所有的功率平分给所有的天线,所以每根发射天线的功率为 P/N_t,且每根接收天线上的噪声功率为 σ^2。因此,每根接受天线上的信噪比(SNR)ρ 为

$$\rho = \frac{P}{\sigma^2} \tag{3-106}$$

这样就可以用 $N_r * N_t$ 的复数矩阵表示信道矩阵 $\boldsymbol{H}$,$\boldsymbol{H}$ 的第 ji 个元素 h_{ji} 表示第 i 根发射天线到第 j 根接收天线的信道衰落系数。

下面具体分析 SISO、MISO、SIMO 和 MIMO 四种情况下的信道容量。

1. SISO

根据香农定理,对于时变信道,SISO 系统的容量可以表示为

$$C = \log_2(1 + \rho |h|^2) \text{ b/s} \tag{3-107}$$

其中,h 为从发射天线到接收天线之间的复瑞利衰落系数,ρ 表示接收天线的平均信噪比。

2. MISO

如果采用发射分集技术且等功率发送,在发射分集没有信道状态信息(CSI)的情况下,对于一个 MISO 系统来说,系统容量可以表示为

$$C = \log_2\left(1 + \frac{\rho}{N_t} \boldsymbol{H}\boldsymbol{H}^H\right) \text{ b/s} \tag{3-108}$$

其中,$\boldsymbol{H} = [h_{11}, h_{21}, \cdots, h_{N_t1}]^T$ 为 $N_t \times 1$ 的矩阵,$\boldsymbol{H}^H$ 为矩阵 $\boldsymbol{H}$ 的复共轭转置矩阵,H_{1i} 是第 i 个发射天线到接收天线的复瑞利衰落系数,N_t 是发射天线的数目。

3. SIMO

SIMO 系统采用接收分集最大比合并,其容量可以表示为

$$C = \log_2(1 + \rho \cdot \boldsymbol{H}^H \boldsymbol{H}) \text{ b/s} \tag{3-109}$$

其中,$\boldsymbol{H} = [h_{11}, h_{12}, \cdots, h_{1N_r}]^T$ 为 $N_r \times 1$ 的矩阵,h_{1j} 是从发射天线到第 j 个接收天线的复瑞利衰落系数,N_r 是接收天线的数目,系统的容量随着天线数目的对数增加而增加。

若系统的接收端采用选择式合并,信道容量为

$$C = \max(j)\log_2(1 + \rho |h_{1j}|^2) = \log_2(1 + \rho \cdot \max(j) \cdot |h_{1j}|^2) \text{ b/s} \tag{3-110}$$

4. MIMO

在多天线发送时,每个天线的能量是单天线时单个天线能量的 N 分之一,需要确保总能量不变;在多天线接收时,每个天线的能量是单天线时单个天线能量的 N 分之一,需要确保总能量不变。

假设在发射端,发射信号是零均值独立同分布的高斯变量,由于发射信号的带宽足够窄,因此认为它的频率响应是平坦的,即信道是无记忆的。在接收端,噪声信号是统计独立的复零均值高斯变量,而且与发射信号独立,不同时刻的噪声信号间也相互独立,每个接收天线接收的噪声信号功率相同。假设每根天线的接收功率等于总的发射功率。

若考虑同时采用发射分集和接收分集的情况,对于具有 N_t 个发射天线和 N_r 个接收天线的 MIMO 系统,其容量公式为

$$C = \log_2\left[\det\left(\boldsymbol{I}_{N_r} + \frac{\rho}{N_r} \boldsymbol{H}\boldsymbol{H}^H\right)\right] \text{ b/s/Hz} \tag{3-111}$$

其中,$\det(\boldsymbol{A})$ 表示对矩阵 $\boldsymbol{A}$ 求行列式,$\boldsymbol{I}_{N_r}$ 是 $N_r \times N_r$ 单位矩阵。

$$\boldsymbol{H} = \begin{bmatrix} h_{11} & h_{12} & \cdots & h_{1N_t} \\ h_{21} & h_{22} & \cdots & h_{2N_t} \\ \vdots & \vdots & \ddots & \vdots \\ h_{N_r1} & h_{N_r2} & \cdots & h_{N_rN_t} \end{bmatrix}$$

$\boldsymbol{H}$ 是 $N_r \times N_t$ 的信道响应矩阵,h_{ji} 是从第 i 个发射天线到第 j 个接收天线的复瑞利衰落系数。

系统容量是表征通信系统的最重要标志之一,表示通信系统最大传输率。对于发射天线数为 N_t,接收天线数为 N_r 的 MIMO 系统,假定信道为独立的瑞利衰落信道,并设 N_t 很大,则信道容量 C 近似为

$$C = \min(N_t, N_r) \cdot B \cdot \log_2(\rho/2) \tag{3-112}$$

其中,B 为信号带宽,ρ 为接收端平均信噪比,$\min(N_t, N_r)$ 为 N_t、N_r 的较小者。式(3-112)表明,当功率和带宽固定时,MIMO 系统的最大容量或容量上限随最小天线数的增加而线性增加。而在同样条件下,在接收端或发射端采用多天线或天线阵列的普通智能天线系统,其容量仅随天线数的对数增加而增加。

根据多天线系统的信道容量表达式有下面的结论。

(1) 当信噪比很大,系统处于未饱和状态时,系统的信道容量与发射天线数 N_T 呈线性增长关系;当发射天线数固定时,系统的信道容量仅随接收天线数 N_R 的增加呈对数增加。

(2) 当系统处于过饱和状态时,即当 N_T 一直增加到 $N_T > N_R$ 时,会出现一个临界点,当 N_T 超过这个临界点以后,信道容量随 N_T 的增加将会变得缓慢。例如,当 $N_R = 1$ 时,发射天线数的临界值为 $N_T = 4$,当 $N_R = 2$ 时,发射天线数的临界值为 $N_T = 6$。可以看出,多天线系统在信道容量上比单天线系统有显著的提高,这是空时编码系统增加无线通信系统容量的理论依据。

3.6.5　MIMO 系统的增益

通常情况下,多天线技术增益包括阵列增益、功率增益、分集增益、空间复用增益和干扰抑制增益。

(1) 阵列增益可以在单天线发射功率不变的情况下,增加天线个数,使接收端通过多路信号的相干合并,获得平均信噪比的增加。阵列增益是和天线个数的对数强相关的,阵列增益可以改善移动通信系统的覆盖能力。

(2) 功率增益可以在覆盖范围不变时增加天线数目降低天线口发射功率,继而降低对设备功放线性范围的要求。若单天线发射功率不变,采用多天线发射相当于总的发射功率增大,从而扩大系统的覆盖范围。

(3) 分集增益可以在同一路信号经过不同路径到达接收端,有效对抗多径衰落,减少接收端信噪比的波动。独立衰落的分支数目越大,接收端信噪比波动越小,分集增益越大。分集增益可以改善系统覆盖能力,提高链路可靠性。空间分集常用的技术有 STBC、SFBC、TSTD/FSTD(时间/频率转换传送分集)和 CDD(循环延时分集)。

(4) 空间复用增益可以提高极限容量并改善峰值速率。在天线间互不相关前提下,MIMO 信道的容量可随着接收天线和发射天线二者的最小数目线性增长。这个容量的增长就是空间复用增益。空间复用常用的空时编码技术有预编码和分层空时编码。

(5) 干扰抑制增益可以使多天线收发系统中,空间存在的干扰有一定的统计规律。利用信道估计技术,选取不同的天线映射算法,选择合适的干扰抑制算法,以达到降低干扰的目的。

MIMO 技术增益和系统性能改善的关系如表 3-2 所示。

表 3-2　MIMO 技术增益和系统性能改善的关系

	改善系统覆盖	提高链路可靠性	提高系统容量	提高用户峰值速率
阵列增益	•	/	/	/
功率增益	•	/	/	/
分集增益	•	•	/	/
空间复用增益	/	/	•	•
干扰抑制增益	•	•	•	/

注：符号"•"表示对应项性能得到改善,符号"/"表示对应项性能没有改善。

在移动通信的实际应用中,采用何种抗衰落技术需根据信道情况来定,它们既可单独使用,也可组合使用。比如,TDMA 系统采用自适应均衡技术,CDMA 系统采用扩频技术和 RAKE 接收技术,LTE 采用 OFDM 和 MIMO 技术,5G 采用大规模 MIMO 技术等。

本章习题

3-1　引起多径衰落的因素有哪些？

3-2　什么是抗衰落技术？常用的抗衰落技术有哪些？

3-3　分集技术的基本思想是什么？合并方式有哪几种？哪种可以获得最大的输出信噪比,为什么？

3-4　什么是宏观分集和微观分集？在移动通信中常用哪些微观分集？

3-5　什么是时间分集？简述实现时间分集的条件并进行解释。

3-6　信道均衡器的作用是什么？为什么支路数为有限的线性横向均衡器不能完全消除码间干扰？

3-7　简述均衡技术与信道编码技术在抵抗衰落中有什么不同。

3-8　已知一个卷积码编码器由两个串联的寄存器(约束长度 3)、3 个模 2 加法器和一个转换开关构成。编码器生成序列为 $g(1)=(1,0,1)$,$g(2)=(1,1,0)$,$g(3)=(1,1,1)$。画出它的结构方框图。

3-9　为什么扩频信号能够有效抑制窄带干扰？

3-10　在直接序列扩频通信系统中,PN 码速率为 1.2288Mc/s(c/s,码片每秒),基带数据速率为 9.6kb/s,试问处理增益是多少？假定系统内部的损耗为 3dB,解调器输入信噪比要求大于 7dB,试求该系统的抗干扰容限。

3-11　为什么说扩频通信起到了频率分集的作用,而交织编码起到了时间分集的作用？

3-12　试述多载波调制与 OFDM 调制的区别和联系。

3-13　若接收端恢复的载波频率有偏差,对 OFDM 的解调有何影响？克服该影响的基本方法有哪些？

3-14　采用 IFFT/FFT 实现 OFDM 信号的调制和解调有什么好处？它避免了哪些实现方面的困难？

3-15　OFDM 系统的关键技术有哪些？

3-16　OFDM 信号有哪些主要参数？假定系统带宽为 450kHz,最大多径时延为 32μs,传输速率在 280～840kb/s 间可变(不要求连续可变),试给出采用 OFDM 调制的基本参数。

2G/3G 移动通信系统

学习重点和要求

本章主要讲解 2G/3G 移动通信系统的概述、网络结构、无线接口、信道及相关技术。
要求：

- 掌握 2G/3G 移动通信系统的网络结构；
- 了解 2G/3G 移动通信系统的无线接口；
- 了解 2G/3G 移动通信系统的信道；
- 理解 2G/3G 移动通信系统的相关技术。

4.1 2G/3G 系统概述

4.1.1 GSM 概述

20 世纪 70 年代末到 80 年代初，欧洲经历了无线通信的飞速发展，每天都有大量用户加入无线网络，网络覆盖面积也在不断扩大。无线网络的爆炸性扩大虽然给营运商带来了利润，但各网络增长情况不同，使用的频段也不同，技术上又互不兼容并缺乏一个中心组织来协调发展，而且全都是模拟的，欧洲的运营商意识到这些模拟网的容量已接近极限。1982年，北欧四国要求建立全欧统一的蜂窝网移动通信系统，以解决欧洲各国由于采用各种不同模拟蜂窝系统造成的互不兼容、无法提供漫游服务的局面。GSM 是 Global System for Mobile Communications 的缩写，即全球移动通信系统。其始源于欧洲，是 1992 年欧洲电信标准化协会（ETSI）统一推出的标准，它采用数字通信技术、统一的网络标准，使通信质量得以保证，并可以开发出更多的新业务供用户使用。GSM 标准只对功能和接口制定了详细规范，未对硬件做出规定，这样做目的是尽可能减少对设计者的限制，又使各运营商有可能购买不同厂家的设备。典型的有美国的数字先进移动电话系统（DAMPS）、IS-95，欧洲的GSM，以及日本的个人数字蜂窝电话（PDC）。GSM 使得全球漫游成为可能。1996 年，为了解决数据传输率低的问题，又产生了 2.5 代的移动通信系统，如 GPRS、EDGE 等。本章主要讲解 GSM，其使用的频段主要为 900MHz、1800MHz 和 1900MHz。

GSM 具有以下优点。

（1）频谱利用率更高，较模拟蜂窝移动通信系统进一步提高了系统容量。

（2）提供了一种公共标准，便于全球自动漫游并提供新型非话业务，且与综合业务数字网（ISDN）兼容。

（3）保密性好，安全性好。

（4）数字传输技术抗衰落性强，传输质量高且话音质量好。

（5）可降低成本费用，减小设备体积。

GSM 技术指标及参数主要包括以下内容。

（1）GSM900 频段：下行 935～960MHz，上行 890～915MHz，双工间隔 45MHz，频带宽度 25MHz，载频间隔 200kHz（频道间隔），每载频 8 时隙，8 个全速信道。

（2）通信方式：全双工（准双工），FDD。

（3）调制方式：GMSK。

（4）话音编码：规则脉冲激励长期预测编码（RPE-LTP），信道总速率 270.8kb/s，语音编码速率 13kb/s，数据速率 9.6kb/s（低速），跳频速率 217 跳/秒，每时隙信道速率 33.8kb/s。

（5）其他技术：FDMA/TDMA 多址技术、跳频、间断传输、分集接收、交织信道编码、自适应均衡等。

GSM 支持的主要业务有以下几种。

（1）电信业务：电话、短消息等。

（2）承载业务：数据交换等。

（3）补充业务：来电显示、呼叫转移、多方通话等。补充业务只是对基本业务的扩充，它不单独向用户提供。

GSM 为每个移动台分配了多个编号用于标识用户身份、路由识别及鉴权、加密等，表 4-1 给出了 GSM 中不同的编号方式和识别参数。

表 4-1　GSM 中不同的编号方式和识别参数

缩　写	全　称	组　成	说　明
存储在移动台和 SIM 卡中的信息			
IMSI	国际移动用户识别码	≤15 位，由 3 位移动国家号码（MCC）+2 位移动网络号码（MNC）+移动用户识别码（MSIN）组成。中国的 MCC 为 460	这个码驻留在 SIM 卡中，它用于识别用户与用户和用户与网络的预约关系。它是唯一的用户识别码，但不是可拨打的号码
TMSI	临时移动用户识别码	TMSI 总长不超过 4 字节，其格式由运营部门决定	TMSI 具有本地有效性，由 VLR 分配。在空中接口使用，主要出于安全意图，用于确保用户的保密性
IMEI	国际移动台设备识别码	共 15 位，由 6 位型号批准码（TAC，由欧洲型号标准中心分配）+2 位装配厂家号码（FAC）+6 位产品序号（SNR）+1 位备用（SP）组成	用于空中接口，提供设备识别号，手机终端设备的唯一识别码，可用于监控被窃或无效的移动设备
网络使用的路由信息			
MSISDN	移动用户 ISDN 号	≤15 位，由 3 位国家号码（CC）+6 位国内目的地码（NDC，前三位用于识别网号，后三位用于识别归属区）+4 位用户号码（SN）组成。如中国的 CC 为 86	可拨打的移动用户电话号码，一个移动台可分配一个或几个 MSISDN 号码
MSRN	移动用户漫游号	漫游号码的组成格式与移动台国际 ISDN 号码相同	GSM 网络内部使用，提供被访的 MSC 路由，一旦该移动台离开该服务区，此漫游号码立即被收回

为了防止未授权或非法用户使用网络,鉴权和加密是必需的。加密对于用户通信保密也是需要的,另一个与保密有关的参数是用户识别码,它通过使用 TMSI 来保证。GSM 是利用滑动门功能来完成鉴权和加密过程的。在 GSM 中,鉴权过程是建立在称为唯一询问响应方案的基础上的,一旦网络要对移动用户进行鉴权,它需有用户的密钥(K_i)、鉴权算法(A3)和一系列询问响应。询问是一个由网络产生的随机数(RAND)与 K_i 一起作为 A3 算法的输入,算法的输出作为响应,A3 算法的输出响应在 GSM 定义中称为符号响应(SRES)。此外,移动台同样有一个唯一的密钥 K_i。网络为了对移动台鉴权,从一张与该用户信息有关的表中取出一个随机数送给移动台。移动台在收到随机数后,计算符号响应值并送给网络。网络用计算的 SRES 与收到的 SRES 进行比较,如果它们匹配就允许提供业务给用户,否则予以拒绝。这样做的好处是即使随机数和 SRES 在空中被拦截,但 A3 算法是恒定的,并且由于滑动门函数的特性不能知道,因此 GSM 只让运营商使用 A3 算法以提供附加的保密。K_i 以严格保护方式存储在 SIM 卡中,移动用户不知道它是什么。运营商在选择他们所需的 A3 算法时,有很大灵活性。GSM 的鉴权过程如图 4-1 所示。

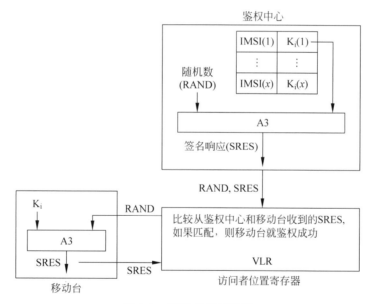

图 4-1　GSM 的鉴权过程

GSM 支持 MS 和 BTS 之间在空中接口上的加密,图 4-2 给出了 GSM 网络 Kc 密钥生成流程。用于鉴权的 RAND(128b)与 Ki(128b)一起作为 A8 算法的输入,网络将 RAND 发给手机,输出的 Kc 发给对应的 BTS。手机端计算出的 K_c 和帧号(FN)一起作为另一个 A5 算法的输入。密钥的管理与鉴权密钥相同,BTS 在网络侧使用密钥,对每次传输进行解密并将数据送给 BSC。

在通信过程中,发送端通过 A5 算法生成密钥流,根据自己发送信息使用上行或下行信道选择其中 114b 密钥流,与数据流按位进行异或操作生成密文数据,通过消息传输给接收端,接收端采用相同的输入参数通过 A5 算法生成并取用其中相应的 114b 密钥流,将密钥流与消息中的密文按位进行异或操作最终恢复出数据流,解析得到信息内容。

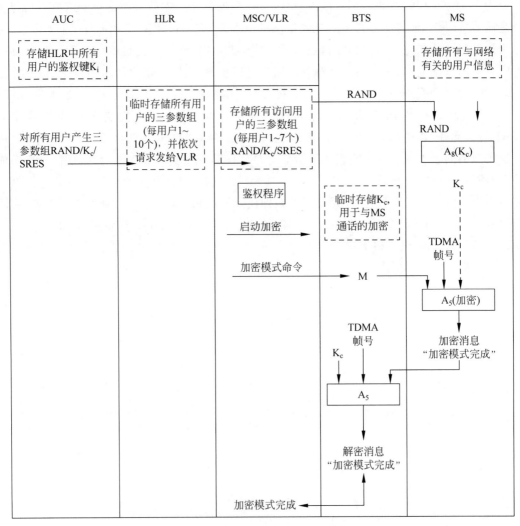

图 4-2　GSM 网络 K_c 密钥生成流程

4.1.2　3G 系统概述

国际电信联盟 ITU 在 1985 年提出了未来公用陆地移动通信系统(FPLMTS),1996 年更名为 IMT-2000,也就是我们常说的 3G 系统。为了方便迅速地接入各种通信业务,保证公开竞争,促进各国通信市场的发展,方便增加新的通信业务,1992 年,ITU 在 WARC-92(世界无线电管理会议)给出了 IMT-2000 频带使用原则。该原则建议为保持灵活性,理想情况下 IMT-2000 频段不应分割给不同形式的无线接口和业务,IMT-2000 卫星与陆地部分频率划分要灵活,以满足不同国家的需要,建议频率提供应符合全球漫游的需要,并且在 2000 年前能够提供实验和测试所需的 IMT-2000 频段。在 WARC-92 会议上,ITU 会员一致同意 IMT-2000 的频段为 2GHz,即 1885～2025MHz 和 2110～2200MHz。1999 年,IMT-2000 无线接口技术规范建议被通过。3G 的三种标准的比较如表 4-2 所示。实际上欧洲 3G 的商用时间为 2003 年,中国 3G 商用时间为 2009 年。

表 4-2　三种 3G 标准比较

参　数	标　准		
	WADMA	CDMA 2000	TD-SCDMA
信道带宽	5/10/20MHz	1.25/5/10/15/20MHz	1.6MHz
码片速率	3.84Mchip/s	N×1.2288Mchip/s	1.28Mchip/s
多址方式	单载波 DS-CDMA	单载波 DS-CDMA	单载波 DS-CDMA＋TD-SCDMA
双工方式	FDD	FDD	TDD
帧长	10ms	20ms	10ms
FEC 编码	卷积码码率 R＝1/2、1/3；约束长度 K＝9；RS 码(数据)	卷积码码率 R＝1/2、1/3、3/4；约束长度 K＝9；Turbo 码	卷积码码率 R＝1～1/3；约束长度 K＝9；Turbo、RS 码(数据)
交织	卷积码(帧内交织)，RS 码(帧间交织)	块交织(20ms)	卷积码(帧内交织)，Turbo、RS 码(帧间交织)
扩频	前向：Walsh(信道化)＋GOLD 序列 2^{18}(区分小区) 反向：Walsh(信道化)＋Gold 序列 2^{41}(区分用户)	前向：Walsh(信道化)＋M 序列 2^{15}(区分小区) 反向：Walsh(信道化)＋M 序列 $2^{41}-1$(区分用户)	前向：Walsh(信道化)＋PN 序列(区分小区) 反向：Walsh(信道化)＋PN 序列(区分用户)
调制	数据调制：QPSK/BPSK 扩频调制：QPSK	数据调制：QPSK/BPSK 扩频调制：QPSK/OQPSK	数据调制：DQPSK 扩频调制：DQPSK/16QAM
相干解调	前向：专用导频信道(TDM) 反向：专用导频信道(TDM)	前向：公共导频信道 反向：专用导频信道(TDM)	前向：专用导频信道(TDM) 反向：专用导频信道(TDM)
话音编码	自适应多速率编码(AMR)	码激励线性预测(CELP)	增强全速率(EFR)
最大数据速率	高速移动达 384kb/s，室内高达 2.048Mb/s	1X EV-DO：2.4Mb/s 1X EV-DV：≥5Mb/s	最高为 2.048Mb/s
功率控制	FDD：开环＋快速闭环(1.6kHz) TDD：开环＋慢速闭环	开环＋快速闭环(800Hz)	开环＋快速闭环(200Hz)
基站同步	异步(不需 GPS)，可选同步(需 GPS)	同步(需 GPS)	同步(主从同步,需 GPS)
切换	移动台控制软切换	移动台控制软切换	移动台辅助硬切换

TD-SCDMA 作为中国首次提出的具有自主知识产权的国际 3G 标准,得到了中国政府、运营商及制造商等各界同仁的极大关注和支持。它具有技术领先、频谱效率高并能实现全球漫游、适合各种对称和非对称业务以及建网和终端的性价比高等优势。1998 年 1 月,在北京西山会议上决定大唐电信代表中国向 ITU 提交一个 3G 标准建议。在 2000 年 5 月 5 日的土耳其伊斯坦布尔无线电大会上,TD-SCDMA 正式被 ITU 接纳成为 IMT-2000 标准之一,这是百年来中国电信发展史上的重大突破。2006 年 1 月 20 日,中国信息产业部颁布 3G 的三大国际标准之一的 TD-SCDMA 为中国通信行业标准。2009 年 1 月 7 日,中国工业和信息化部向中国移动、中国电信、中国联通分别发放了 3G 牌照。其中,中国移动获得 TD-SCDMA 牌照,中国联通和中国电信分别获得 WCDMA 和 cdma2000 牌照。

3G 主要目标如下。

(1) 全球统一频段、统一标准,全球无缝覆盖高效的频谱效率。

（2）更高的服务质量、保密性和可靠性。

（3）易于从 2G 系统平滑演进与过渡，并反向兼容 2G 系统。

（4）能提供多种业务，数据业务速率最高可达 2Mb/s。提供固定终端 2Mb/s、步行 384kb/s、车辆行进 144kb/s 的多媒体通信。

3G 支持的支持业务如下。

（1）基本电信业务，包括语音业务、紧急呼叫业务、短消息业务。

（2）补充业务，包括多方会话、呼叫转移、呼叫限制、主叫号码显示等。

（3）智能业务，继承了 GSM 网络的智能网业务，如号码携带业务、被叫集中付费业务、亲密号码业务、预付费业务等。

（4）承载业务，提供高带宽面向数据服务的承载业务。

（5）支持 QoS 的保障。

（6）位置业务，与位置信息相关的业务，如分区计费、紧急定位及其他很多基于位置的应用等，与物联网应用结合。

（7）多媒体业务，包括以可视电话为代表的实时多媒体业务等。

4.2　GSM/WCDMA 的网络结构

4.2.1　GSM 的网络结构

GSM 蜂窝系统主要由移动台（MS）、基站子系统（BSS）和网络子系统（NSS）组成，如图 4-3 所示。

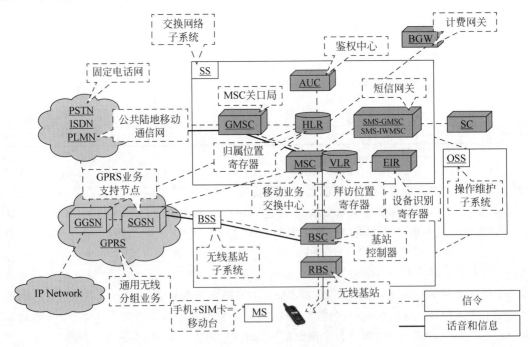

图 4-3　GSM 的网络结构

　　基站子系统(简称基站 BS)由基站收发台(BTS)和基站控制器(BSC)组成；网络子系统由移动交换中心(MSC)、操作维护中心(OMC)、原籍位置寄存器(HLR)、访问位置寄存器(VLR)、鉴权中心(AUC)和移动设备识别寄存器(EIR)等组成。BTS 主要用于实现 BSS 与MS 之间通过空中接口的无线传输。BSC 主要用于对 BTS 进行控制、管理，包括无线信道的分配、释放和越区切换管理，提供 MS 与网络子系统(NSS)之间的接口管理。一个 MSC可管理多达几十个基站控制器，一个基站控制器最多可控制 256 个 BTS。MS、BS 和网络子系统构成公用陆地移动通信网，该网络由 MSC 与公用交换电话网(PSTN)、综合业务数字网(ISDN)和公用数据网(PDN)进行互连。原籍位置寄存器(HLR)是 GSM 的中央数据库，存储该 HLR 管辖区的所有移动用户的有关数据。其中，静态数据有移动用户号码、访问能力、用户类别和补充业务等。HLR 还暂存移动用户漫游时的有关动态信息数据。每个移动用户都应在其 HLR 处注册登记。访问位置寄存器(VLR)存储进入其控制区域内来访移动用户的有关数据，这些数据是从该移动用户的原籍位置寄存器获取并进行暂存的，一旦移动用户离开该 VLR 的控制区域，则临时存储的该移动用户的数据就会被删除。VLR 可看作一个动态用户的数据库，如用户的号码、所处位置区域的识别及向用户提供的服务等参数。一个 VLR 可以负责一个或若干个 MSC 区域。鉴权中心(AUC)保存基于 VLR 的申请生成用户的特定鉴权参数，该鉴权参数用于 GSM 内移动终端的鉴权和空中接口用户数据加密。鉴权是 GSM 采取的一种安全措施，用来防止无权用户接入系统并保证通过无线接口的移动用户通信的安全。任何手机在通话前都要先经过鉴权，待得到系统确认并承认其为合法用户后，方可进入通话接续。移动设备识别寄存器(EIR)存储着移动设备的国际移动设备识别码(IMEI)，通过核查白色、黑色和灰色三种清单，运营部门就可判断出移动设备是属于准许使用的，还是失窃而不准使用的，还是由于技术故障或误操作而危及网络正常运行的MS 设备，以确保网络内所使用的移动设备的唯一性和安全性。

4.2.2　WCDMA 的网络结构

　　3GPP(第三代合作伙伴项目)制定的第一个标准是 WCDMA 系统的 R99 版本。R99 版本采用全新的 WCDMA 无线空中接口标准，支持 2Mb/s 的传输速率，核心网(CoreNetwork，CN)包括 PS 域和 CS 域两部分。3GPP 制定了多个 CN 网络结构的版本，包括R99、R4、R5、R6、R7 等。从 R99 到 R7 版本均采用相同的无线接入网，这些版本主要对核心网进行了演进。WCDMA 系统由无线网络子系统(RNS)和核心网组成。无线网络子系统 RNS 也被称为 UTRAN(UMTS 无线接入网)，其中 NodeB 逻辑上对应 GSM 中的基站 BTS，无线网络控制器(RNC)逻辑上对应 GSM 中的 BSC。

　　R99 版本中的核心网仍然采用 GSM/GPRS 的网络体系结构，CS 域与 GSM 的相同，PS域采用 GPRS 的网络结构。R4 版本是移动网络向 3G 网络演进的第一步，R4 版本的核心网仍分为电路交换域和分组交换域，但电路域引入了基于软交换的承载与控制相分离的架构，原来的 MSC 被 MSC 服务器和电路交换媒体网关代替。MSC 服务器(主要由 GMSC 的呼叫控制和移动控制组成)用于处理信令，电路交换媒体网关则用于处理用户数据。R4 版本的分组交换域与 R99 版本的相同，R4 支持 TDM、ATM(异步传输模式)及 IP 方式的核心网络承载技术。R5 版本在 R4 版本的基础上增加了 IP 多媒体域(IMS)来支持基于 IP 的语音通话(VoIP)，IMS 域的引入实际上是在分组交换域中引入了承载和控制相分离的架构，实现了话音、数据、多媒体业务的融合,以及端到端的 IP 多媒体业务,同时在无线传输中引入了高速下行链路分组接入(HSDPA)。HSDPA 是 WCDMA 下行链路针对分组业务的优化和演进,支持高达 10Mb/s 的下行分组数据传输。与 HSDPA 类似,高速上行链路分组接入(HSUPA)是上行链路针对分组业务的优化和演进。HSUPA 是继 HSDPA 后,WCDMA 标准的又一次重要演进,具体体现在 R6 版本规范中。利用 HSUPA 技术,上行用户的峰值传输速率可以提高 2～5 倍。HSUPA 技术还可以使小区上行的吞吐量比 R99 版本的 WCDMA 多出 20%～50%。此外,R6 版本中引入了多媒体广播和组播业务,无线资源进一步得到了优化,实现了 3G 与 WLAN 的互联。R7 版本加强了对固定、移动融合的标准化制定,要求 IMS 支持 xDSL 非对称数据用户线、电缆等固定接入方式。

WCDMA 系统的网络结构如图 4-4 所示。

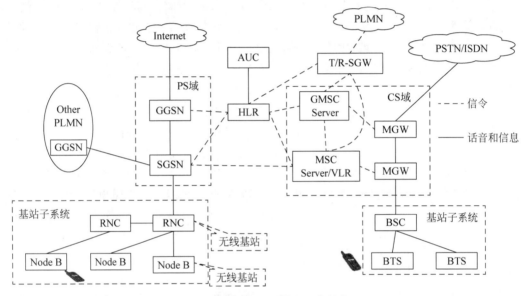

图 4-4　WCDMA 系统的网络结构

基站 Node B 的主要功能包括扩频、调制,信道编码、解扩、解调,信道解码、射频信号接收、发送,以及接收 RNC 传输来的信号并加以处理。RNC 的主要功能包括提供寻呼、系统信息广播、功率控制等基本业务功能,移动台接入控制、切换、软容量等控制管理,信道资源的管理,如动态信道分配等,电路域数据业务和分组域数据业务的承载,终端操作维护管理,如配置、维护、告警和性能统计等。

WCDMA 的核心网部分由 CS 域和 PS 域组成。CS 域包括 MSC、HLR 和 VLR。为实现业务控制和承载的分离,MSC 分离成 MSC Server 和媒体网关(MGW)两个部分。PS 域设备包括 SGSN(GPRS 服务支持节点)和 GGSN(GPRS 网关支持节点)。网关移动交换中心(GMSC)从 HLR 查询得到被叫 MS 目前的位置信息,并根据此信息选择路由。GMSC 可以是任意的 MSC,也可以单独设置(与 PSTN 相连)。单独设置时,不处理 MS 的呼叫,因此不需要设 VLR,也不与 BSC 相连。MGW 提供承载控制和传输资源媒体处理设备(如码型变换器、回声消除器等),执行媒体转换和帧协议转换。

4.3　2G/3G 系统无线接口

4.3.1　GSM 的无线接口

1. GSM 无线传输特征

GSM900 系统采用 FDMA/TDMA 两种多址技术,使用 900MHz 频段,收发频差为 45MHz,系统先把总频段按 200kHz 的间隔进行频道划分,再把每个频道划分成 8 个时隙,每个用户使用一个频道中的一个时隙传送自己的信息,即每个频道的一个时隙为一个物理信道。GSM 的每个物理信道由一个上行和一个下行频率对组成,即频分双工。由于各基站会占用频段中任何一组频率,因此移动台必须具备在整个频段上发送和接收信号的能力。用于传送特定类型信息的信道定义为不同的逻辑信道,逻辑信道分为业务信道(TCH)和控制信道(CCH)两大类。TCH 主要传输数字话音或数据,其次还有少量的随路信令。CCH 用于传送信令和同步信号,在 CCH 中根据所传送的控制信息不同又可分为广播信道(BCH)、公共控制信道(CCCH)及专用控制信道(DCCH),逻辑信道必须映射到物理信道上才能传送相应的信息。GSM 物理信道上传送的信息的格式称为突发脉冲序列。根据所传信息的不同,时隙所含的具体内容及其组成格式也不相同。GSM 系统的突发脉冲序列主要有常规突发(NB)、频率校正突发(FB)、同步突发(SB)和接入突发(AB)。不同的信道使用不同的突发脉冲序列构成一定的复帧结构在无线接口中传输。

表 4-3 给出了 GSM 无线传输的主要特征参数,为便于比较,表 4-3 中还列出了另外两种时分多址数字蜂窝网的对应参数。

表 4-3　GSM 无线传输的主要特征参数

参　　　数		欧洲 GSM	美国 D-AMPS	日本 JDC
多址方式		TDMA/FDMA	TDMA/FDMA	TDMA/FDMA
频率/MHz	移动台(发)	890～915	824～849	940～956/1429～1453
	基站(发)	935～960	869～894	810～826/1477～1501
载频间隔/kHz		200	30	25
时隙数/载频		8/16	3/6	3/6
调制方式		GMSK	$\pi/4$-QPSK	$\pi/4$-QPSK
加差错保护后的话音速率/(kb/s)		22.8	13	11
信道速率/(kb/s)		270.833	48.6	42
TDMA 帧长/ms		4.615	40	20
交织跨度/ms		40	27	27

GSM 的业务信道可以是全速率的,也可以是半速率的,可以传送数字语音或用户数据。当以全速率传送时,用户数据包含在每帧的一个时隙内;当以半速信道传送时,两个半速率信道用户将共享相同的时隙,但是每隔一帧会交替发送。

在 GSM 中,若干小区(3 个、4 个或 7 个)构成一个区群,区群内不能使用相同的频道,同频道距离需要保持相等,每个小区含有多个载频,每个载频上含有 8 个时隙,即每个载频有 8 个物理信道。

GSM 将每个无线信道分成 8 个不同的时隙,每个时隙支持一个用户,这样一个无线信道能够支持 8 个用户。每个用户被安排在无线信道的一个时隙中并且只能在该时隙发送。时隙从 0 至 7 编码,这样相同频率的 8 个时隙被称为一个 TDMA 帧。用户在某一时隙发送被称为突发时隙。一个突发时隙长度为 577μs,一帧长为 4.615ms。若用户在上行频率的 0 时隙发送,则将在下行频率的 0 时隙进行接收。时隙 0 的上行发射出现在接收下行时隙的 3 个时隙之后,这样带来的好处是移动台不需要双工器,但它需要同步发射和接收。在移动台中去掉双工器,可使 GSM 手机更轻便,功耗更小,制造价格更便宜。

GSM 的移动台采用较低频段发射,这样可以保证传播损耗较低,有利于补偿上、下行功率不平衡的问题。由于载频间隔是 200kHz,因此 GSM 整个工作频段分为 124 对载频,若其频道序号用 n 表示,则上、下两频段中序号为 n 的载频可用下式计算

$$下频段 \quad f_L(n) = (890 + 0.2n)MHz \tag{4-1}$$

$$上频段 \quad f_H(n) = (935 + 0.2n)MHz \tag{4-2}$$

GSM 每个载频有 8 个时隙,因此理论上 GSM 共有 $124 \times 8 = 992$ 个物理信道,有时会称 GSM 有 1000 个物理信道。

随着业务的发展,2G 向 1.8GHz 频段的 DCS1800 过渡,即 1800MHz 频段,即 1710~1785MHz(移动台发、基站收)和 1805~1880MHz(基站发、移动台收)。

GSM 采用高斯滤波最小移频键控(GMSK)的调制方式,矩形脉冲在调制器之前先通过一个高斯滤波器,这一调制方案改善了频谱特性,从而能满足国际无线电咨询委员会(CCIR)提出的邻信道功率电平小于 -60dBW 的要求。

在 GSM 中,基站发射功率为每载波 500W,则每时隙平均功率为 $500/8 = 62.5W$。移动台发射功率分为 0.8W、2W、5W、8W 和 20W 五种,可供用户选择。通常情况下,小区覆盖半径最大为 35km,最小为 500m,前者适用于农村地区,后者适用于市区。

2. 信道类型及其组合

对于时分多址的物理信道来说,帧的结构是基础,下面将简单介绍 GSM 的帧结构。图 4-5 给出了 GSM 各种帧及时隙的格式。

每个 TDMA 帧分 0~7 共 8 个时隙,帧长度为 $120/26 = 4.615ms$。每个时隙含 156.25 个码元,占 $15/26 \approx 0.577ms$。若干 TDMA 帧构成复帧,其结构有两种:一种是由 26 帧组成的复帧,这种复帧长 120ms,主要用于业务信息的传输,也称作业务复帧;另一种是由 51 帧组成的复帧,这种复帧长 235.385ms,专用于传输控制信息,也称作控制复帧。由 51 个业务复帧或 26 个控制复帧均可组成一个超帧,超帧的周期为 1326 个 TDMA 帧,超帧长 $51 \times 26 \times 4.615 \times 10^{-3} \approx 6.12s$。由 2048 个超帧组成超高帧,超高帧的周期为 $2048 \times 1326 = 2715648$ 个 TDMA 帧,即 12533.76s。帧的编号(FN)以超高帧为周期,从 0 到 2715647。GSM 上行传输所用的帧号和下行传输所用的帧号相同,但上行帧相对于下行帧来说,在时间上推迟 3 个时隙,目的是使移动台在这 3 个时隙的时间内进行帧调整以及对收发信机进行调谐和转换。

4.3.2 WCDMA 系统的无线接口

1. WCDMA 的无线传输特征

WCDMA 是欧洲主导的 3G 技术,表 4-4 给出了 WCDMA 无线接口的主要参数。

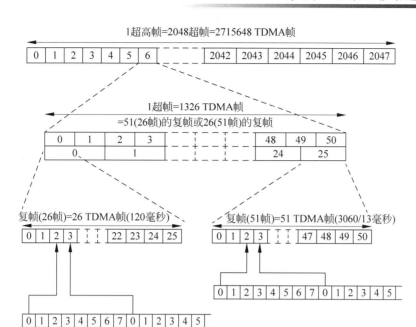

图 4-5　GSM 各种帧及时隙的格式

WCDMA 的无线帧长为 10ms，分成 15 个时隙。信道的信息速率将根据符号率进行变化，而符号率将取决于不同的扩频因子。对于 FDD 模式，上行扩频因子取值为 4～256，下行扩频因子取值为 4～512；对于 TDD 模式，其上下行扩频因子均为 1～16。

表 4-4　WCDMA 无线接口的主要参数

扩频技术类型	直　扩	扩频技术类型	直　扩
载频间隔	5MHz	扩频因子	4～256（FDD 模式上行）
码片速率	3.84Mc/s		4～512（FDD 模式下行）
双工方式	FDD/TDD		1～16（TDD 模式）
帧长	10ms	功率控制	开环和快速闭环（1600b/s）
基站同步方式	异步	切换	软切换/频率间切换
调制方式	QPSK		

三种主流 3G 标准技术性能对比如表 4-5 所示。

表 4-5　三种主流 3G 标准技术性能对比

技　术	分　类		
	WCDMA	cdma2000	TD-SCDMA
载频间隔	5MHz	1.25/5MHz	1.6MHz
码片速率	3.84Mc/s	1.2288×nMc/s	1.28Mc/s
帧长/ms	10	20	10（分为两个子帧）
基站同步	不需要	需要	需要
功率控制	快速功控：上/下行 1600Hz	反向：800Hz 前向：慢速/快速功控	0～200Hz
频率间切换	可采用压缩模式测量	可用基站提前搜索测量	可用空闲时隙测量

技 术	分 类		
	WCDMA	cdma2000	TD-SCDMA
检测方式	相干解调	相干解调	联合检测
信道估计	公共导频	前向/反向导频	DwPCH、UpPCH、中间码
编码方式	卷积码、Turbo 码	卷积码、Turbo 码	卷积码、Turbo 码

2. WCDMA 的信道

WCDMA 规范定义了三种信道,分别是物理信道、传输信道和逻辑信道。

1) 物理信道

物理信道是空中接口的承载媒体,由频率、时隙、信道化编码、训练序列码和无线帧分配等参数共同决定。物理信道根据所承载的上层信息的不同,分为专用物理信道(DPCH)和公共物理信道(CPCH)。专用物理信道支持上下行传输,而公共物理信道都是单向的。

一般的物理信道包括 3 层结构,即超帧、帧和时隙。本节以 WCDMA 系统的上行专用物理信道 DPDCH 和 DPCCH 的帧结构为例来说明,如图 4-6 所示。其超帧长度为 720ms,包括 72 个帧;每帧长为 10ms,对应的码片数为 38400chip;每帧由 15 个时隙组成,一个时隙的长度为 2560chip;每时隙的比特数取决于物理信道的信息传输速率。

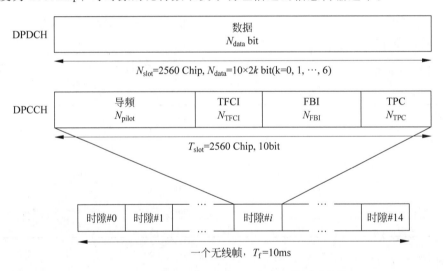

图 4-6 WCDMA 系统的上行专用物理信道帧结构

DPDCH 通过并行码分复用的方式进行传输,对应于一个功率控制周期。图 4-6 中,参数 k 决定了 DPDCH 中每时隙的比特数,它对应于物理信道的扩频因子 $SF=256/2^k$,$k=0,1,\cdots,$ 6,对应的扩频因子为 256~4,对应的信道比特速率为 15~960kb/s。

在 WCDMA 无线接口中,传输的数据速率、信道数、发送功率等参数都是可变的。为了使接收机能够正确解调,必须将这些参数在物理层控制信息中通知接收机。物理层控制信息由为相干检测提供信道估计的导频比特、发送功率控制(TPC)命令、反馈信息(FBI)、可选的传输格式组合指示(TFCI)等组成。在每个无线链路中,只有一个上行 DPCCH。

2) 传输信道

传输信道作为物理层向 MAC 层提供的信息,它描述的是信息如何在空中接口上传输。

传输信道对应的是空中接口上不同信号的基带处理方式,根据不同的处理方式来描述信道的特性参数。信号的信道编码、选择的交织方式(交织周期、块内块间交织方式等)、CRC 冗余校验的选择、块的分段等过程的不同,定义了不同类别的传输信道。传输信道包括专用传输信道(DCH)和公共传输信道(CCH)。专用传输信道使用 UE 的内在寻址方式;公共传输信道如果需要寻址,必须使用明确的 UE 寻址方式。

广播信道(BCH):一个下行传输信道,用于广播系统或小区特定的信息。BCH 总是在整个小区内发射,并且有一个单独的传送格式。

前向接入信道(FACH):一个下行传输信道,在整个小区或小区内某一部分使用波束赋形的天线进行发射。FACH 使用慢速功控。

寻呼信道(PCH):一个下行传输信道,其总是在整个小区内进行发送。PCH 的发射与物理层产生的寻呼指示的发射是相随的,以支持有效的睡眠模式。

随机接入信道(RACH):一个上行传输信道,总是在整个小区内进行接收。RACH 的特性是带有碰撞冒险,使用开环功率控制。

公共分组信道(CPCH):一个上行传输信道,与一个下行链路的专用信道相随,该专用信道用于提供上行链路 CPCH 的功率控制和 CPCH 控制命令(如紧急停止)。CPCH 的特性是带有初始的碰撞冒险和使用内环功率控制。

上行共享信道(USCH):一个被一些 UEs 共享的上行传输信道,用于承载 UE 的控制和业务数据。

下行共享信道(DSCH):一个被一些 UEs 共享的下行传输信道。DSCH 与一个或几个下行 DCH 相随路。DSCH 使用波束赋形天线在整个小区内发射,或在一部分小区内发射。

3)逻辑信道

逻辑信道描述的是传送什么类型的信息。逻辑信道按照传输消息类别的不同,分为业务信道和控制信道。逻辑信道映射到传输信道上,传输信道映射到物理信道上,并存在着多次复用和解复用的过程。多个逻辑信道可能映射到同一个传输信道上,多个传输信道可能映射到同一个物理信道上。所以在功能协议层中会有每层的复用和解复用的功能。这种映射关系在规范中是动态的,也是协议层的重点内容。

广播控制信道(BCCH):广播系统控制信息的下行链路信道。

寻呼控制信道(PCCH):传输寻呼信息的下行链路信道。

公共控制信道(CCCH):在网络和 UE 之间发送控制信息的双向信道,此逻辑信道总是映射到 RACH/FACH 传输信道。

专用控制信道(DCCH):在 UE 和 RNC 之间发送专用控制信息的点对点双向信道,该信道在 RRC 连接建立过程期间建立。

共享控制信道(SHCCH):上行方向上映射到 DCH、USCH 上,下行方向上映射到 FACH 和 DSCH 上。

专用业务信道(DTCH):传输用户信息的专用于一个 UE 的点对点信道。该信道在上行链路和下行链路都存在。

公共业务信道(CTCH):向全部或者一组特定 UE 传输专用用户信息的点到多点下行链路。

4）扩频与调制

（1）下行链路的扩频和调制。除 SCH 外，所有下行物理信道的扩频和调制过程如图 4-7 所示。数字调制方式是 QPSK。每组两个比特经过串/并变换之后分别映射到同相支路 I 和正交支路 Q。支路 I 和支路 Q 用相同的信道码扩频至码片速率，然后用复数的扰码对其进行扰码。不同的物理信道使用不同的信道码，而同一个小区的物理信道则使用相同的扰码。信道化扩频码与上行链路中所用的信道化扩频码相同，为正交可变扩频因子（OVSF）码。

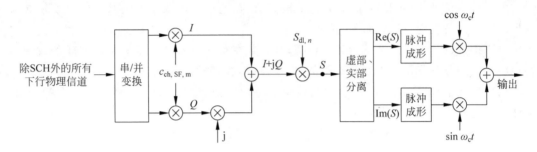

图 4-7　下行物理信道的扩频和调制过程

下行链路可能采用多码道传输，一个或几个传输信道经编码复接后组成组合编码传输信道，其使用几个并行的扩频系数相同的下行 DPCH 进行传输。此时，物理层的控制信息仅放在第一个下行 DPCH 上，其他附加的 DPCH 相应的控制信息的传输时间不发送任何信息，即采用不连续发射（DTX）。

（2）上行信道的扩频与调制。上行物理信道的扩频和调制过程如图 4-8 所示。在 DPDCH/DPCCH 的扩频与调制中，1 个 DPCCH 最多可以和 6 个并行的 DPDCH 同时发送。所有的物理信道数据先被信道码 $c_{d,n}$ 或 c_c 扩频，再乘以不同的增益 β_d 或 β_c（β_d 代表数据信道增益，β_c 代表控制信道增益），合并后分别调制到支路 I 和支路 Q 上，最后还要经过复数扰码后输出。

5）下行链路发射分集

下行链路发射分集是指在基站方通过两根天线发射信号，每根天线被赋予不同的加权系数（包括幅度、相位等），从而使接收方增强接收效果，改进下行链路的性能。发射分集包括开环发射分集和闭环发射分集。开环发射分集不需要移动台的反馈，基站的发射先经过空间时间块编码，再在移动台中进行分集接收解码，改善接收效果。闭环发射分集需要移动台的参与，移动台实时监测基站的两个天线发射的信号幅度和相位等，然后在上行信道里通知基站下一次应发射的幅度和相位，从而改善接收效果。

开环发射分集主要包括时间切换发射分集（TSTD）和空时发射分集（STTD）。下面以 DPCH 为例说明 STTD 编码的应用，其过程如图 4-9 所示，其中的信道编码、速率匹配和交织与在非分集模式下相同。为了使接收端能够确切地估计每个信道的特性，需要在每个天线上插入导频。

闭环发射分集实质上是一种需要移动台参与的反馈模式发射分集，只有 DPCH 采用闭环发射分集方式，其需要使用上行信道的 FBI 域。DPCH 采用反馈模式发射分集的发射机结构，其与通常发射机结构的主要不同在于，需要有两个天线的加权因子。加权因子由移动台决定，并用上行 DPCCH 的 FBI 域中的数据域来传送。

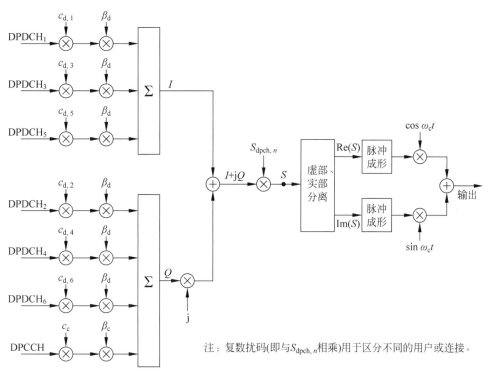

图 4-8　上行物理信道的扩频和调制过程

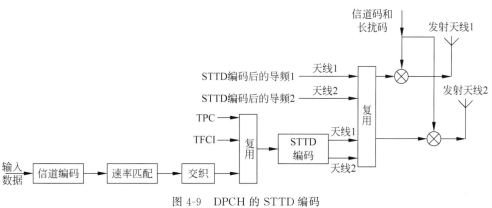

图 4-9　DPCH 的 STTD 编码

4.4　相关技术

4.4.1　GSM 相关技术

1. 话音和信道编码

数字化话音信号在无线传输时主要面临三个问题：①选择低速率的编码方式,以适应有限带宽的要求；②选择有效的方法减少误码率,即信道编码问题；③选用有效的调制方法,减小杂波辐射,降低干扰。在 GSM 中,话音编码和信道编码尤为重要。GSM 的话音编码和信道编码的组成如图 4-10 所示。

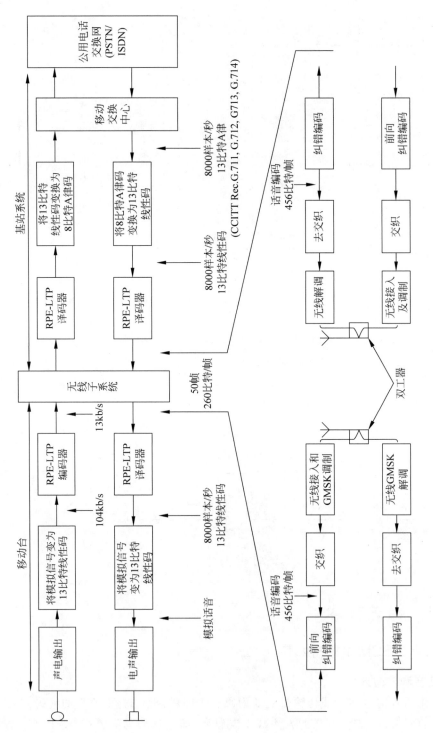

图 4-10 GSM 的话音编码和信道编码的组成

图 4-10 中,话音编码主要由规则脉冲激励长期预测编码(RPE-LTP)组成,而信道编码归入无线子系统,主要包括纠错编码和交织技术。RPE-LTP 编码器是将波形编码和声码器两种技术综合运用的编码器,从而以较低速率获得较高的话音质量。模拟话音信号数字化后,送入 RPE-LTP 编码器,此编码器每 20ms 取样一次,输出 260b,这样编码速率为 13kb/s。

GSM 中的前向纠错编码的纠错办法是在 20ms 的话音编码帧中,把话音比特分为两类:第一类是对差错敏感的(这类比特发生误码将明显影响话音质量)占 182b;第二类是对差错不敏感的占 78b。第一类比特加上 3 个奇偶校验比特和 4 个尾比特后共 189b,信道编码也称作前向纠错编码。GSM 中采用码率为 1/2 和约束长度为 5 的卷积编码,即输入一个比特,输出两个比特,前后 5 个码元均有约束关系,共输出 378b,它和不加差错保护的 78b 合在一起共计 456b。通过卷积编码后速率为 456b/20ms＝22.8kb/s,其中包括原始话音速率 13kb/s,纠错编码速率 9.8kb/s。

GSM 的业务信道可用的信道编码方案为卷积编码、Turbo 编码或不编码。不同类型的业务信道使用的编码方案和编码速率如表 4-6 所示。

表 4-6 GSM 的不同类型的业务信道使用的编码方案和编码速率

业务信道类型	编 码 方 案	编 码 速 率
BCH	卷积码	1/2
PCH		
RACH		1/3、1/2
CPCH/DCH/DSCH/FACH	Turbo 编码	1/3
	不编码	

为适应固定分配的信道速率,需要进行速率匹配。速率匹配是将信道编解码后的符号(或分段后的无线帧)进行打孔(或重发),从而使得要传输的符号速率与信道速率相匹配。在不同的传输时间间隔(TTI)内,每个传输信道中的比特数可能随时被改变。在下行链路和上行链路中,当要传送的比特数在不同的传输时间间隔内被改变时,数据比特将被重发或者打孔,以确保在多路复用中总的比特率与高层分配的物理信道的比特率是相匹配的。

2. 调频和间断传输技术

GSM 中采用的抗干扰技术主要有:

(1) 采用自适应均衡技术以抵抗多径效应造成的时散现象;

(2) 采用卷积编码纠随机干扰;

(3) 采用交织编码抗突发干扰;

(4) 采用跳频技术进一步提高系统的抗干扰性能。

这里重点讲解跳频技术与间断传输技术。

1) 跳频

跳频是指载波频率在很宽频率范围内按某种图案(或序列)进行跳变。GSM 的跳频示意图如图 4-11 所示。

GSM 采用每帧改变频率的方法,即每隔 4.615ms 改变载波频率,亦即跳频速率为 1/4.615ms＝217 跳/s。

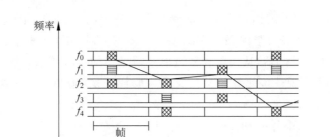

图 4-11　GSM 的跳频示意图

在 GSM 中,采用跳频技术可以明显地降低同频道干扰和频率选择性衰落,但有时会出现频率击中现象,即跳变到相同的频率。为避免出现频率击中现象应解决两个问题:①同一个小区或邻近小区不同的载频采用相互正交的伪随机序列;②跳频的设置需根据统一的超帧序列号,以提供频率跳变顺序和起始时间。

2）间断传输和话音激活

间断传输(DTX)的基本原则是只在有话音时才打开发射机。这样做的好处是减小干扰,提高系统容量;对移动台来说,在无信息传输时立即关闭发射机,可以减少电源消耗。

话音激活技术是指采用一种自适应门限话音检测算法,当发端判断出通话者暂停通话时,立即关闭发射机,暂停传输;在接收端检测出无话音时,在相应空闲帧中填上轻微的"舒适噪声",以免给收听者造成通信中断的错觉。

4.4.2　WCDMA 关键技术

1. 码分多址和扩频系统

在 WCDMA 系统中要实现码分多址,必须要有足够多的地址码,地址码必须正交或准正交,并且要保证接收端地址码与发送端地址码完全一致(包括码型和相位)。同时码分多址必须和扩频通信相结合,以便提高系统的抗干扰能力。

直接序列扩频通信系统,简称直扩系统(DS),又称伪噪声扩频系统。DS 的发送端采用伪码与信息直接相乘实现扩频,接收端的过程则与之相反,直扩发送端原理示意图如图 4-12 所示。

在 WCDMA 系统中,直扩系统与 CDMA 相结合,如图 4-13 所示。

地址码和扩频码对系统的性能具有决定性的作用,如系统的多址能力、抗干扰、抗噪声、抗截获能力及多径保护和抗衰落能力;信息数据的保密;捕获与同步的实现。理想的地址码和扩频码应具有足够多的地址码、尖锐的自相关性、处处为零的互相关性、不同码元数平衡相等及尽可能大的复杂度等特性。

但在实际应用中,理想的地址码和扩频码并不存在,通常采用 Walsh 码作为地址码,Walsh 码是正交码,具有良好的自相关性和处处为零的互相关性,但由于码组内各码所占频谱带宽不同等原因,不能作扩频码使用。常作扩频码的是伪随机序列,而真正的随机信号和噪声不能重复再现和产生,实际应用中采用一种周期性的脉冲信号近似随机噪声的性能,即 PN 码。PN 码具有类似白噪声的特性被用作扩频码,但 PN 码的准正交特性会使系统性能受到一定的影响。常用的 PN 码有 m 序列和 Gold 序列。

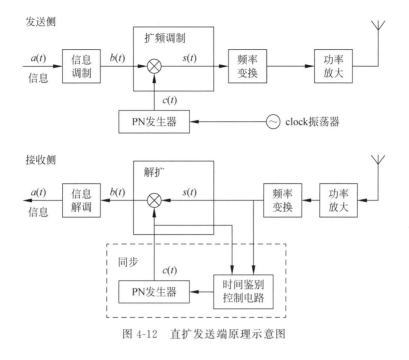

图 4-12　直扩发送端原理示意图

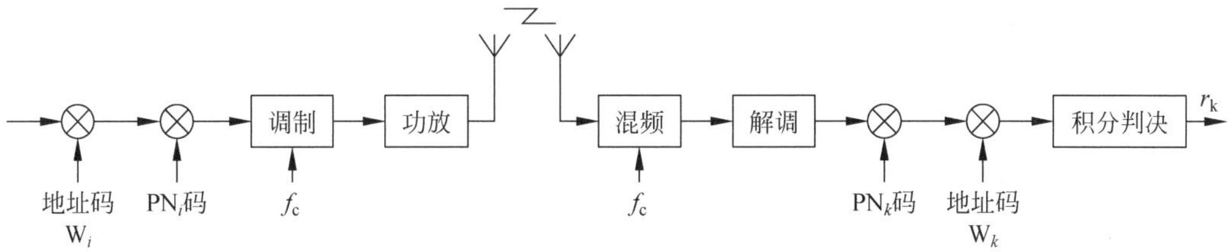

图 4-13　直扩系统与 CDMA 相结合

2. 自适应调制编码(AMC)

AMC 根据无线信道变化选择合适的调制和编码方式,即根据用户瞬时信道质量状况和目前资源,选择最合适的下行链路调制和编码方式,使用户达到尽量高的数据吞吐量。当用户处于有利的通信地点(如靠近 NodeB 或存在视距链路)时,用户数据发送可以采用高阶调制和高速率的信道编码方式,例如 16QAM 和 3/4 编码速率,从而得到高的峰值速率;而当用户处于不利的通信地点(如位于小区边缘或者信道深衰落)时,网络侧则选取低阶调制方式和低速率的信道编码方案,例如 QPSK 和 1/4 编码速率以保证通信质量。

3. 快速调度

调度算法控制着共享资源的分配,其在很大程度上决定了整个系统的行为。调度算法应主要基于信道条件,同时考虑等待发射的数据量及业务的优先等级等情况,并充分发挥AMC 和 HARQ 的能力。调度算法应向瞬间具有最好信道条件的用户发射数据,这样在每个瞬间都可以达到最高的用户数据速率和最大的数据吞吐量,但同时还要兼顾每个用户的等级和公平性。HSDPA 技术为了能更好地适应信道的快速变化,将调度功能单元放在NodeB 上而不是 RNC 上,同时也将 TTI 缩短到 2ms。

4. 功率控制技术

因为 CDMA 系统是一个自干扰系统,通信质量和容量受限于接收到干扰功率的大小。在 CDMA 系统中为解决远近效应,同时避免对其他用户的过大干扰,CDMA 系统必须严格执行功率控制技术,主要执行对 MS 的功率控制。功率控制类型包括反向链路的功率控制(反向开环功率控制、反向闭环功率控制)和前向链路的功率控制。

5. 智能天线技术

在基于 CDMA 技术的移动通信系统中,采用智能天线技术可以提高系统容量,减少用户间干扰,扩大小区的覆盖范围,提高网络的安全性。因此,智能天线在第三代及其以后的移动通信系统中获得广泛的应用。采用智能天线技术后必将影响到网络的许多功能,如无线资源管理和移动性管理等。

智能天线技术通过可变天线阵列、多天线来判定信号的空间信息。智能天线利用信号传播方向上的差别,将同频率、同时隙的信号区分开来。智能天线的基站为每个用户提供一个窄的定向波束,使信号在有限的方向区域发送和接收,充分利用了信号发射功率,降低了信号全向发射带来的电磁污染与相互干扰。智能天线还可以扩大系统的覆盖区域、增加系统容量、提高频谱利用效率、降低基站发射功率、节省系统成本等。

1) 智能天线对功率控制的影响

(1) 使功率控制的流程发生变化。无智能天线时,功率控制根据 SIR 测量值和目标值周期进行调整。有智能天线时,首先将主波束对准要调整的用户,然后再进行相关的测量。

(2) 对功率控制的要求降低了。在有智能天线的情况下,当主波束对准该用户时,由于天线增益较高,相对于没有智能天线时可以大大降低用户功率。

(3) 在有智能天线的情况下,功率控制的平衡点方程变得复杂。传统的功率控制建模方法已不再适用,这种情况下的功率控制算法建模与具体的智能天线算法相关。

2) 智能天线对分组调度的影响

分组调度算法的功能是在分组用户之间分配分组数据业务,提高用户利用空中接口资源的能力。在传统的 CDMA 系统中,分组调度方式主要有码分和时分两种。

(1) 码分方式:大量用户同时占用有限的信道资源。因此,对 E_b/N_0 的要求高,传输速率低,传输时延长,但是空中接口的干扰水平比较稳定,对移动台的要求也比较低。

(2) 时分方式:在每个调度周期将空中接口的可利用资源只分给一个或少数几个用户,对 E_b/N_0 的要求较低。

6. 多用户检测技术

对于 CDMA 系统来说,不论是多径干扰还是多址干扰,其本质上并不是纯粹无用的白噪声,而是有强烈结构性的伪随机序列信号,而且各用户间与各条路径间的相关函数都是已知的。因此,从理论上看,完全有可能利用这些伪随机序列的已知结构信息和统计信息,比如相关性来进一步消除这些干扰所带来的负面影响,以达到提高系统性能的目的。多用户检测技术是联合检测所有信号,将其他信号的干扰从期望信号中消除(信号相干特性已知且干扰确定)的一种技术。联合检测和干扰消除降低了多址干扰,从而提高了系统的性能和容量。

7. Rake 接收技术

在 CDMA 扩频系统中,信道带宽远远大于信道的平坦衰落带宽。由于传统的调制技

第23集

术需要用均衡算法消除相连符号间的码间干扰,因此 CDMA 扩频码在选择时要求其自相关特性很好。这样,在无线信道传输中出现的时延扩展,可以被看作被传信号的再次传送。如果这些多径信号相互的延时超过了一个码片的长度,那么它们将被 CDMA 接收机看作非相关的噪声,而不再需要均衡了。由于在多径信号中含有可以利用的信息,所以 CDMA 接收机可以通过合并多径信号来改善接收信号的信噪比。

发射机发出的扩频信号,在传输过程中受到不同建筑物、山冈等各种障碍物的反射和折射,到达接收机时每个波束具有不同的延迟,形成多径信号。如果不同路径信号的延迟超过一个伪码的码片的时延,多径信号实际上可被看作是互不相关的,则在接收端可将不同的波束区别开来。将这些不同波束分别经过不同的延迟线后对齐及合并一起,则可变害为利,把原来是干扰的信号变成有用信号组合在一起进行 Rake 接收。图 4-14 所示为一个 Rake 接收机示意图,是专为 CDMA 系统设计的分集接收器。一般分集技术把多径信号作为干扰,而 Rake 接收机利用多径信号增强信号,提高系统的性能。

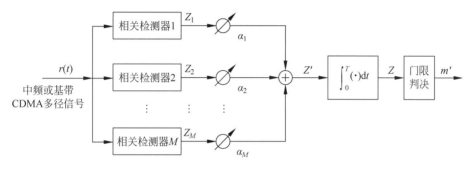

图 4-14　Rake 接收机示意图

Rake 接收机利用多个相关检测器分别检测多径信号中最强的 M 个支路信号,然后对每个相关检测器的输出进行加权,如果权重能由相关检测器实际输出信号的强弱来决定,则会给 Rake 接收机带来更好的性能,并且可以提供优于单路相关检测器的信号检测,然后在此基础上进行解调和判决。在室外环境中,多径信号间的延迟通常较大,如果码片速率选择得当,则 CDMA 扩频码的良好自相关特性可以确保多径信号相互间表现出较好的非相关性。

8. 软件无线电

软件无线电(SDR)是利用数字信号处理软件实现无线功能的技术。其中心思想是构造一个具有开放性、标准化、模块化的通用硬件平台,将各种功能,如工作频段、调制解调类型、数据格式加密模式、通信协议等用软件来完成,并使宽带 A/D 和 D/A 转换器尽可能靠近天线,以使通信系统具有高度灵活性、开放性。该技术在同一硬件平台上利用软件处理基带信号,通过加载不同的软件实现不同的业务性能,其优点如下:

(1) 通过软件方式,灵活完成硬件功能;

(2) 具有良好的灵活性及可编程性;

(3) 可代替昂贵的硬件电路,实现复杂的功能;

(4) 环境的适应性好,不会老化;

(5) 便于系统升级,降低用户设备费用。

本章习题

4-1　GSM 采取了哪几种抗衰落、抗干扰的技术措施？

4-2　试画出 GSM 话音处理的一般框图，并解释各模块的作用。

4-3　GSM 为什么要采用突发发射方式？都有哪几种突发格式？

4-4　简述 GSM 的鉴权中心产生鉴权三参数的原理及鉴权原理。

4-5　什么是 GSM 的不连续发送（DTX）？其作用是什么？在通话期间对语音和停顿期间各采用什么编码？

4-6　IMSI 由哪三部分代码组成？

4-7　试说明 MSISDN、MSRN、IMSI、TMSI 的不同含义及各自的作用。

4-8　3G 系统的典型特征有哪些？

4-9　3G 系统的组成分哪几个部分？

4-10　3G 系统与 2G 系统的主要区别有哪些？

4-11　在不同的环境下，3G 对数据传输速率有什么样的要求？

4-12　分集是对付多径衰落很好的办法，主要有哪三种分集方法？在 CDMA 系统中这三种方法是如何完成的？

4-13　CDMA 系统采用什么方法解决多径问题？

第 5 章

4G 移动通信系统

学习重点和要求

本章主要介绍 4G 移动通信系统,内容包括:系统的设计目标;网络结构、系统的协议栈、系统消息、网络标识、承载等的基本概念;无线网络接口;EPC 网络原理;LTE 系统的关键技术及 LTE-A 系统的增强技术。要求:

- 掌握 4G 移动通信系统中的概念及应用;
- 了解 4G 移动通信的系统的设计目标、网络结构;
- 理解 EPC 网络原理;
- 掌握 4G 移动通信系统的关键技术。

随着信息技术发展及宽带业务需求的不断增长,虽然 3G 较 2G 相比有很多优点,但是 3G 还是存在着很多不尽人意的地方,如 3G 缺乏全球统一的标准;3G 所采用的语音交换架构仍然承袭了 2G 系统的电路交换,而不是纯 IP 的方式;3G 的业务提供和业务管理不够灵活;流媒体(视频)的应用难以满足人们的需求;等等。无线技术的种类越来越多,迫切需要将这些无线技术整合到一个统一的网络环境中去,保障通信系统可以提供宽带接入,实现全球无缝漫游和无处不在的数据及语音业务。LTE 正是在此背景下应运而生的,LTE 并不是标准的 4G,属于 3G 到 4G 的过渡期,被称为 3.9G。2005 年 10 月,ITU 正式将 4G 命名为 IMT-Advanced。

5.1 4G 系统的设计目标

4G 移动通信系统主要有以下基本特征。

(1) 通信速率大幅提高,应具备 100Mb/s～1Gb/s 的峰值速率和连续覆盖能力。

(2) 带宽灵活配置。能够支持 1.4MHz、3MHz、5MHz、10MHz、15MHz 及 20MHz 等不同系统带宽,并支持成对和非成对的频谱分配,系统部署更灵活。

(3) 高的频谱效率。频谱效率下行链路为 5bit/s/Hz,是 HSDPA 的 3～4 倍,此时的 HSDPA 天线是 1 发 1 收,而 LTE 天线是 2 发 2 收;上行链路 2.5bit/s/Hz,是 HSUPA 的 2～3 倍,而 HSUPA 天线是 1 发 2 收,LTE 天线也是 1 发 2 收。

(4) 更低网络时延。控制面的传输时延≤100ms,用户面时延≤5ms。

(5) 移动性更能得到保障,能为 0～15km/h 的低速移动用户提供最优的网络性能;能为 15～120km/h 的移动用户提供高性能的服务;对 120～350km/h(甚至在某些频段下,可以达到 500km/h)速率移动的移动用户能够保持蜂窝网络的移动性。

（6）支持多种接入。支持 3GPP(如 GSM、WCDMA 等)与非 3GPP(如 WiFi、WiMAX 等)的多种接入方式,同时支持多模终端的无缝移动。

（7）控制与承载分离。控制与承载分离是指控制面的信令和用户面的承载分别由独立的网元负责,优化了用户面的性能,同时节约网络节点和承载网的投资。

（8）取消 CS 域,EPC 成为移动通信业务的基本承载网络。

为了定量反映 4G 的基本特征,ITU 制定了 LTE 基础版本(R8 版本)的主要设计目标及实现方法,如表 5-1 所示。

表 5-1　LTE 基础版本的主要设计目标及实现方法

目标分项	目标要求	主要实现方法
峰值速率	在 20MHz 带宽下,下行峰值速率可达 100Mb/s	下行 MIMO,高阶 QAM
	在 20MHz 带宽下,上行峰值速率可达 50Mb/s	UE 配置 1 根发送天线,高阶 QAM
频谱灵活使用	支持的系统带宽,包括 1.4MHz、3MHz、5MHz、10MHz、15MHz、20MHz 带宽	可扩展的 OFDMA 技术
成本	减小 CAPEX 和 OPEX	体系结构的扁平化和中间节点的减少
更高的频谱效率	在 20MHz 带宽下,LTE 下行链路频谱效率达到 5b/s/Hz,是 HSDPA 的 3～4 倍	下行采用 MIMO、高阶 QAM
	在 20MHz 带宽下,LTE 上行链路频谱效率达到 2.5b/s/Hz,是 HSUPA 的 2～3 倍	UE 配置 1 根发送天线、高阶 QAM
低时延	控制平面的时延应小于 50ms,用户平面的时延要小于 100ms	取消 RNC 节点,采用扁平化网络结构,优化设计空中接口中的层 2、层 3 设计
	从 UE 到服务器的用户平面时延应小于 10ms	
移动性	对低于 15km/h 的移动条件进行优化设计	采用了相对较宽的 15kHz 子载波间隔,采用开环 MIMO、导频密度
	对低于 120km/h 的移动条件应该保持高性能	
	对达到 350km/h 的移动条件应该能够保持连接	
天线配置	下行支持：4×4、2×2、1×2、1×1	高效的控制信令设计,支持天线端口数为 2/4 的高效导频图案
	上行支持：1×2、1×1	
覆盖性能	针对覆盖半径≤5km 的场景优化设计	OFDM 采用了长、短两种 CP 长度以适应不同的覆盖范围
	针对覆盖半径为 5～30km 的场景,允许性能略有下降	
	针对覆盖半径达为 30～100km 的场景,仍应该能够工作	

虽然 LTE 是在基础版本 R8 中提出的,但在 R9 中得到了进一步增强。R9 中包含了 LTE 的大量特性,其中最重要的一个方面是支持更多的频段。R10 包含了 LTE-Advanced 的标准化,即 3GPP 的 4G 要求,R10 对 LTE 系统进行了一定的修改来满足 4G 业务。3GPP 要求 LTE 支持的主要特性和性能指标如图 5-1 所示。

LTE 从驻留状态到激活状态,控制面的传输时延小于 100ms;从睡眠状态到激活状态,控制面传输时延小于 50ms。空载条件,单用户单个数据流情况下,小的 IP 包传输时延小于 5ms。

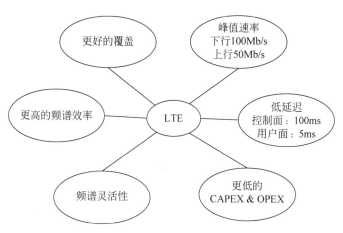

图 5-1　3GPP 要求 LTE 支持的主要特性和性能指标

5.2　基本概念

第 24 集

5.2.1　4G 系统的网络结构

LTE 网络结构的最大特点就是"扁平化和 IP 化"。无线接入网 E-UTRAN 部分取消 RNC,只保留基站节点 eNodeB(3G 的无线接入网元包含 RNC 和 NodeB 两部分);取消核心网电路域 CS(MSC Server 和 Media Gateway),语音业务也全部由 IP 承载(VoIP);核心网分组域 PS 采用 IP 交换的架构,实行承载与业务分离的策略。各网络节点之间的接口使用 IP 传输,通过 IMS 承载综合业务,原 UTRAN 的 CS 域业务均可由 LTE 网络的 PS 域承载。其目的是简化信令流程、缩短延迟和降低成本。所有网元都通过接口相连,通过对接口的标准化可以满足众多供应商产品间的互操作性。

整个系统架构演进 LTE/SAE 由核心网(EPC)、基站(eNodeB)和用户设备(UE)三部分组成,其中 EPC 和 E-UTRAN 两大系统合称演进分组系统(EPS)。

EPC 负责核心网部分,主要包括移动性管理实体(MME)、服务网关(S-GW)和分组数据网关(P-GW)等网元。EPC 主要网元的功能如下。

(1) MME 主要负责信令处理。包括移动性管理(存储 UE 控制面上下文、UEID、状态、跟踪区 TA 等)、承载管理、用户的鉴权认证、信令的加密、完整性保护、S-GW 和 P-GW 的选择等功能。

(2) S-GW 主要负责用户面处理。负责数据包的路由和转发等功能,包括发起寻呼、LTE_IDLE 态 UE 信息管理、移动性管理,用户面加密处理、分组数据汇聚协议(PDCP)、SAE 承载控制、NAS 信令的加密和完整性保护、承载网络全 IP 化。

(3) P-GW 主要负责管理 3GPP 和 Non-3GPP 间的数据路由等 PDN 网关功能。

基站 eNodeB 负责无线接入功能及 E-UTRAN 的地面接口功能,包括实现无线承载控制、无线许可控制和连接移动性控制;完成上下行 UE 的动态资源分配;IP 头压缩及用户数据流加密;UE 附着时的 MME 选择;S-GW 用户数据的路由选择;MME 发起的寻呼和广播消息的调度传输;完成有关移动性配置和调度的测量与测量报告等。LTE 的网络架构如图 5-2 所示。

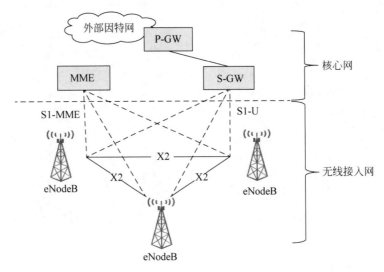

图 5-2 LTE 的网络架构

简化的网络架构具有以下优点。

（1）网络扁平化使得系统延时缩短，从而改善用户体验，可开展更多业务。

（2）网元数目减少，使得网络部署更为简单，网络的维护更加容易。

（3）取消了 RNC 的集中控制，避免单点故障，有利于提高网络稳定性。

eNodeB 与 EPC 通过 S1 接口连接，eNodeB 间通过 X2 接口连接，UE 与 eNodeB 通过 Uu 接口连接。与本系统相关的外部系统及接口说明如表 5-2 所示。

表 5-2 外部系统及接口说明

相关系统	相关系统功能概述	对应接口
MME	EPC 演进报文核心网的控制中心，主要完成呼叫接续及控制功能	S1 接口
S-GW	作为媒体网关，完成无线接入、传输与媒体流的转换等承载功能	S1 接口
EPC	核心网，实现业务交换和业务管理	S1 接口
eNodeB	演进基站	X2 接口
UE	用户设备	Uu 接口

第 25 集

5.2.2 4G 系统的协议栈

1. 网络功能划分

E-UTRAN 与 EPC 之间的功能划分如图 5-3 所示，在 E-UTRAN 和 EPC 各方框中的方块代表逻辑节点。其中 E-UTRAN 中(7)～(11)长方形条代表逻辑节点中的各层无线协议，其余长方形条代表逻辑节点中控制平面的功能实体。

演进型基站 eNodeB(简称 eNB)、移动性管理实体 MME、服务网关 S-GW、网关 P-GW 各自实现的功能如下。

（1）eNodeB 实现的功能主要包括无线资源管理；用户数据流 IP 头压缩和加密；UE 附着时 MME 选择功能；寻呼消息的调度和发送功能；用户面数据到 S-GW 的路由选择功

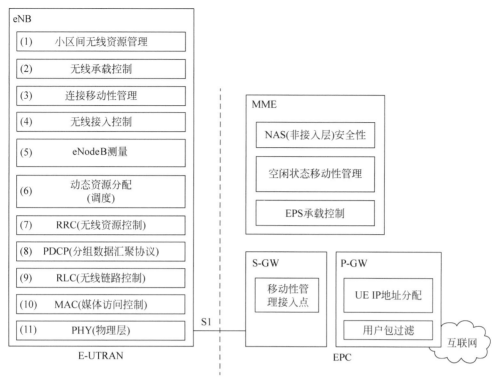

图 5-3　E-UTRAN 与 EPC 功能划分

能；寻呼消息的调度和发送功能；广播消息的调度和发送功能；基于聚合最大比特率（AMBR）和最大比特率（MBR）上行承载级速率的整形；上行传输层数据包的分类标示等。

（2）MME 实现的功能主要包括支持非接入层（NAS）信令及其安全；跟踪区域（TA）列表的管理；3GPP 不同接入网络的核心网络节点之间的移动性管理；空闲状态下 UE 的可达性管理；P-GW 和 S-GW 的选择；跨 MME 切换时进行 MME 的选择；向 2G/3G 接入系统切换时进行 SGSN 的选择；用户的鉴权、漫游控制及承载管理等。

（3）S-GW 实现的功能主要包括 eNodeB 间切换时可作为本地移动性锚点；3GPP 不同接入系统切换时可作为移动性锚点；空闲状态下，下行分组缓冲和发起网络触发的服务请求功能；完成数据包的路由（S-GW 连接多个 PDN 时）和转发功能；切换时进行数据包的路由和前传功能；上行/下行传输层数据包进行分组标示；在漫游时，实现基于 UE、PDN 和QCI（QoS 级别标识符）粒度的上行/下行计费；执行合法侦听功能等。

（4）P-GW 实现的功能主要包括基于单个用户的数据包过滤；UE 的 IP 地址分配功能；上行/下行传输层数据包的分组标示功能；进行上行/下行业务等级计费及业务等级门控。

2. 协议架构

4G 网络的协议架构分为三层两面。三层是指物理层（L1）、数据链路层（L2）和网络层（L3）；两面是指控制面和用户面，用户面负责业务数据的传送和处理，控制面负责协调和控制信令的传送和处理。其中，数据链路层又分为三个子层，分组数据汇聚协议子层、无线链路控制子层和媒体访问控制子层。

用户面协议栈和控制面协议栈均包含 PHY、MAC、RLC 和 PDCP 层,控制面向上还包含 RRC 层和 NAS 层。网元间的控制面协议栈如图 5-4 所示,用户面协议栈如图 5-5 所示。

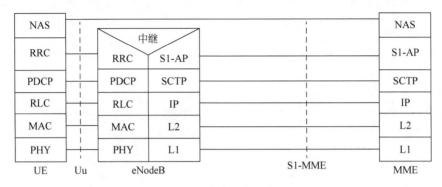

图 5-4　控制面协议栈

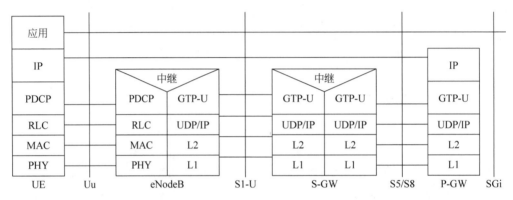

图 5-5　用户面协议栈

1）功能

(1) L1(PHY)层负责信道编码、调制解调、天线映射等,不区分用户面和控制面。

(2) L2 层用户面的主要功能是处理业务数据。在发送端,将承载高层业务应用的 IP 数据流,通过头压缩(PDCP 层)、加密(PDCP 层)、分段(RLC 层)、复用(MAC 层)、调度等过程变成物理层可处理的传输块。在接收端,将物理层接收到的比特数据流,按调度要求,解复用(MAC 层)、级联(RLC 层)、解密(PDCP 层)、解压缩(PDCP 层),成为高层应用可识别的数据流。L2 层控制面的功能模块和用户面一样,也包括 MAC、RLC、PDCP 三个功能模块。MAC、RLC 功能与用户面一致,PDCP 与用户面略有区别,除了对控制信令进行加解密,还要对控制信令数据进行完整性保护和完整性验证。

(3) L3 层的用户面没有定义自己的协议,直接使用 IP 协议栈。而 L3 层的控制面包括无线资源控制(RRC)和 NAS 两部分。UE 和 eNodeB 之间的控制信令主要是 RRC 消息。RRC 就相当于 eNodeB 内部的一个司令部,RRC 消息携带建立、修改和释放 L2 和 L1 协议实体所需的全部参数;另外,RRC 还要给 UE 透明传达来自核心网的指示。

2）接口

(1) S1 接口。S1 用户平面接口位于 eNodeB 和 S-GW 之间,S1 接口的用户面协议如图 5-6(a)所示,建立在 IP 传输之上,用 GPRS 隧道协议(GTP-U)来携带用户面的协议数据单元组(PDUs),不是面向连接的可靠传输。S1 控制平面接口位于 eNodeB 和 MME 之间,控制平面协议栈如图 5-6(b)所示,传输网络层也利用 IP 传输;为了可靠传输信令消息,在 IP 层之上添加了流控制传输协议(SCTP),应用层的信令协议为 S1-AP。

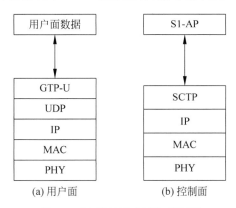

图 5-6　S1 接口用户面和控制面

① S1 接口控制面的功能。包括 SAE 承载管理功能(包括 SAE 承载建立、修改和释放);连接状态下 UE 的移动性管理功能(包括 LTE 系统内切换和系统间切换);S1 寻呼功能;NAS 信令传输功能;S1 接口 UE 上下文释放功能;S1 接口管理功能(包括复位、错误指示以及过载指示等);网络共享功能;网络节点选择功能;初始上下文建立功能;漫游和接入限制支持功能。

② S1 接口用户面的功能。提供 eNodeB 与 S-GW 之间用户面 PDU 非可靠传输,基于 UDP/IP 和 GTP-U 协议。

(2) X2 接口。X2 用户平面接口是 eNodeB 之间的接口,用户平面协议如图 5-7(a)所示。X2 接口的用户面是在切换时 eNodeB 之间转发业务数据的接口,是一个 IP 化的接口。X2 用户平面的传输网络层是基于 IP 传输的,UDP/IP 上利用 GTP-U 来传送用户平面 PDU。

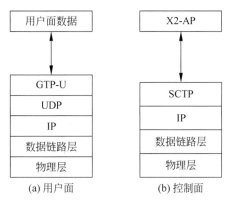

图 5-7　X2 接口用户面和控制面

X2 控制平面接口是 eNodeB 之间的接口,控制平面协议栈如图 5-7(b)所示。传输网络层利用 IP 和流控制传输协议(SCTP),SCTP 的设计是为了解决 TCP/IP 网络在传输实时信令和数据时所面临的不可靠传输、时延等问题。X2 接口的控制面的应用层信令协议为 X2-AP。

X2 接口控制面的主要功能是支持在 LTE 系统内,UE 在连接状态下从一个 eNodeB 切换到另一个 eNodeB 的移动性管理。X2 接口控制面的功能包括连接状态(RRC CONNECTED)下 UE 的移动性管理功能(针对 LTE 系统内切换),上行负荷管理功能,小区间干扰协调,X2 接口管理功能和错误处理功能,eNodeB 间应用级数据交换,跟踪功能等。

(3) Uu 接口。UE 与 eNodeB 之间的接口,也称作空中接口,可支持 1.4~20MHz 的可变带宽。大写字母 U 表示用户与网络接口,即 User to Network Interface,小写字母 u 则表示通用的,即 universal。

通过空中接口,UE 和 eNodeB 进行通信,它们之间交互的数据可以分为用户面数据和控制面消息两类。用户面数据即用户的业务数据,如上网数据流、语音、视频等多媒体数据包;控制面消息即信令,比如接入、切换等过程的控制数据包。通过控制面的 RRC 消息,无线网络可以实现对 UE 的有效控制。

在逻辑上,Uu 接口可以分为控制面和用户面。控制面有两个,一个由 RRC 提供,用于承载 UE 与 eNodeB 之间的信令;另一个用于承载 NAS 层信令消息,并通过 RRC 传送到 MME。Uu 口控制面协议栈如图 5-8(a)所示,用户面协议栈如图 5-8(b)所示。

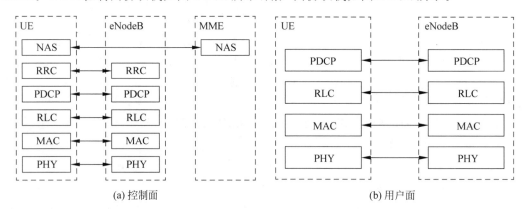

(a) 控制面　　　　　　　　　　　　　　　(b) 用户面

图 5-8　Uu 接口的协议栈

从图 5-8 中可以看出,NAS 信令使用 RRC 承载,并映射到 PDCP 层;在用户面上,IP 数据包也映射到 PDCP 层。RRC 完成广播、寻呼、RRC 连接管理、RB 控制等。RLC 和 MAC 子层在用户面和控制面执行功能没有区别,它们都使用 PDCP 层、RLC 层、MAC 层和 PHY 层。用户面各协议体主要完成信头压缩、加密、调度、ARQ 和 HARQ 等功能。

5.2.3　LTE 系统消息

小区搜索过程之后,UE 已经与小区取得下行同步,得到小区的物理小区识别(PCI)并检测到系统帧的时间。UE 需要获取到小区的系统信息(SI),这样才能知道该小区是如何配置的,以便接入该小区并在该小区内正确地工作。LTE 的系统消息由主消息(MIB)和多个系统消息块(SIBs)组成,每个系统信息包含了与某个功能相关的一系列参数集合。

MIB 承载于广播控制信道(BCH)上,包括有限个 UE 用以读取其他小区信息的最重要、最常用的传输参数(如系统带宽、系统帧号、PHICH 配置信息),UE 必须使用这些参数来获取其他的系统信息。时域上位置紧邻同步信道,以 10ms 为周期重传 4 次;频域上位于系统带宽中央的 72 个子载波。

系统消息中除 MIB 以外的系统消息统称 SIBs,包括 SIB1-SIB12。SIB1 是除 MIB 外最重要的系统消息,固定以 20ms 为周期重传 4 次,即 SIB1 在每两个无线帧(20ms)的子帧中的第 5 个时隙(SFN mod 2=0,SFN mod 8≠0)上重传一次,如果满足 SFN mod 8=0,SIB1的内容可能改变,需重新传一次。SIB1 和所有 SI 消息均传输在下行同步信道(DL-SCH)上,SIB1 的传输通过携带 SI-RNTI(SI-RNTI 在每个小区中都是相同的)的 PDCCH 调度完成,SIB1 中的调度信息表(SIL)携带所有 SI 的调度信息,接收 SIB1 以后,即可接收其他 SI消息。除 SIB1 外,SIB2-SIB12 均由 SI 承载。

LTE 的系统消息作用如图 5-9 所示。

图 5-9　LTE 的系统消息作用

从图 5-9 可知,并不是所有的 SIB 都必须存在,对运营商部署的基站而言,就不需要SIB9;小区会不断地广播这些系统信息,有三种类型的 RRC 消息用于传输系统信息,包括MIB 消息、SIB1 消息及一个或者多个 SI 消息块。小区是通过逻辑信道 BCCH 向该小区内的所有 UE 发送系统信息的。逻辑信道 BCCH 会映射到传输信道 BCH 和 DL-SCH,其中BCH 只用于传输 MIB 信息,并映射到物理信道 PBCH;DL-SCH 用于传输各种 SIB 信息,并映射到物理信道 PDSCH。系统消息信令流程如图 5-10 所示。

UE 通过 E-UTRAN 广播消息获取 AS 和 NAS 系统消息,此过程适用于无线资源管理空闲态(RRC_IDLE)和无线资源管理连接态(RRC_CONNECTED),如开机选网、小区重选、切换完成或从另一个无线接入技术切换到 E-UTRAN、重新返回覆盖区域、系统消息改

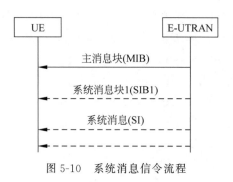

图 5-10 系统消息信令流程

变、出现接收 ETWS(地震、灾情通知等)指示等。

第 26 集

5.2.4 4G 网络用户标识

1. PLMN

PLMN(公共陆地移动网络)是由政府或它所批准的经营者,为公众提供陆地移动通信业务目的而建立和经营的网络,该网络必须与公众交换电话网(PSTN)互连,形成整个地区或国家规模的通信网。

PLMN 的唯一标识由 MCC 和 MNC 组合而成,可以表示为 PLMN=MCC+MNC,其中 MCC 为移动用户国家码,由三位十进制数组成,编码范围为 000~999,全球范围内按国家或地区分配,由 ITU 统一分配和管理,唯一识别移动用户所属的国家;MNC 为移动网络码,由两位十进制数组成,编码范围为 00~99,一个国家或地区范围内按不同运营商或运营商网络分配,用于识别移动客户所属的移动网络。例如,中国移动的 PLMN 为 46000,中国联通的 PLMN 为 46001。对于一个特定的终端来说,通常需要维护几种不同类型的 PLMN 列表,每个列表中会有多个 PLMN。

RPLMN(已登记 PLMN)是终端在上次关机或脱网前登记的 PLMN,其保存在终端的内存中。

EPLMN(等效 PLMN)为与终端当前所选择的 PLMN 处于同等地位的 PLMN,其与 PLMN 优先级相同。

EHPLMN(等效本地 PLMN)为与终端当前所选择的 PLMN 处于同等地位的本地 PLMN。

HPLMN(归属 PLMN)为终端用户归属的 PLMN,即终端 USIM 卡上的 IMSI 号中包含的 MCC 和 MNC 与 HPLMN 上的 MCC 和 MNC 是一致的,对于某一用户来说,其归属的 PLMN 只有一个。

VPLMN(访问 PLMN)为终端用户访问的 PLMN,其 PLMN 和存在 SIM 卡中的 IMSI 的 MCC/MNC 是不完全相同的。当移动终端丢失覆盖后,一个 VPLMN 将被选择。

UPLMN(用户控制 PLMN)是储存在 USIM 卡上的与 PLMN 选择有关的参数。

OPLMN(运营商控制 PLMN)是储存在 USIM 卡上的与 PLMN 选择有关的参数。

FPLMN(禁用 PLMN)为被禁止访问的 PLMN,通常终端在尝试接入某个 PLMN 被拒绝以后,会将其加到本列表中。

APLMN(可捕获 PLMN)为终端能在其上找到至少一个小区,并能读出其 PLMN 标识信息的 PLMN。

不同类型的 PLMN 优先级别不同,终端在进行 PLMN 选择时将按照以下顺序依次进行:RPLMN、EPLMN、HPLMN、EHPLMN、UPLMN、OPLMN、其他 PLMN。

2. MSISDN

MSISDN 为移动台国际用户的号码,类似于 PSTN 中的电话号码,是在呼叫接续时所需拨的号码,其编号规则应与各国的编号规则相一致。此号码是供用户拨打的公开号码,具有全球唯一性。CCITT 建议其结构为 MSISDN=CC+NDC+SN。其中,CC 为国家码,即在国际长途电话通信网中的号码(中国+86),NDC 为国内目的地码,SN 为用户号码。

3. IMSI

IMSI 为国际移动用户识别码,是区别移动用户的标志,储存在 SIM 卡中,可用于区别移动用户的有效信息。

IMSI=MCC+MNC+MSIN,其总长度不超过 15 位,使用 0~9 十进制数字。其中,MSIN 为移动用户识别码,用以识别某一移动通信网中的移动用户,一般包括 10 位,由运营商自定义分配,通过核心网的 HLR 或 HSS 定义注册登记。

MSIN 是组成 IMSI 的一部分,具有 9~10 位十进制数字,其结构为 CC+M0M1M2M3+ABCD。其中,CC 为国家码,M0M1M2M3 和 MDN 号码中的 H0H1H2H3 可存在对应关系,ABCD 为移动用户号码,可自由分配。MSIN 由运营商根据自身需要进行分配。

IMSI 和 MSISDN/MDN 会进行一对一配对。不同的 PLMN 运营商会根据自身的 MCC+MNC 来生产并写入 SIM 卡,最终派发给用户。因为 IMSI 中具有 MCC,所以可以区别出每个移动用户来自的国家,因此可以实现国际漫游。

4. GUTI

GUTI 为全球唯一临时 UE 标识,在网络中唯一标识 UE。系统使用 GUTI 可以减少 IMSI、IMEI 等用户私有参数暴露在网络传输中。GUTI 由核心网分配,在 Attach Accept(附着请求)、TAU Accept(跟踪区域更新请求)、RAU Accept(路由区域更新请求)等消息中带给 UE。第一次 Attach(附着)时 UE 携带 IMSI,而之后 MME 会将 IMSI 和 GUTI 进行一个对应,以后就一直用 GUTI,通过 Attach Accept 带给 UE。GUTI 的组成如图 5-11 所示,在一个 MME 下,GUTI 等同于 M-TMSI(MME 的临时用户识别码),该参数由 MME 指派。

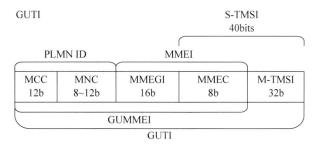

图 5-11 GUTI 的组成

5. TAI

TAI 为追踪区标识,该参数等同于 2G/3G CS 域的 LA(位置区)概念和 PS 域的 RA(路由区)概念,因为 LTE 只有 PS 域,所以只有 TA 的概念,用于网络侧跟踪 UE 位置,支持

IDLE(空闲)态移动性(比如重选等)和寻呼。

TAI=MCC+MNC+TAC,其中 TAC 为追踪区码,属于小区级别参数,16 位二进制数折算成十进制取值范围为 0~65535。

6. ECGI

ECGI 为 E-UTRAN 小区标识,该 ID 用于全球唯一标识一个 LTE 无线小区。

ECGI=PLMN(MCC+MNC)+eNodeBID+CellID,其中 eNodeBID 占用 20b,取值范围为 0~1048575,要求一个 PLMN 网络下唯一;CellID 占用 8b,取值范围为 0~255,要求在一个 eNodeB 内唯一。

7. 小区内的 UE 标识

小区内的 UE 标识如表 5-3 所示。

表 5-3　小区内的 UE 标识

标识类型	应用场景	获得方式	有效范围	是否与终端/卡设备相关
RA-RNTI(随机接入无线网络临时标识符)	对应 PRACH 的位置,随机接入中用于指示接收随机接入响应消息	根据占用的时频资源计算获得(0001-003C)	小区内	否
T-CRNTI(临时小区级无线网络临时标识符)	随机接入中,没有进行竞争裁决前的 CRNTI	eNodeB 在随机接入响应消息中下发给终端(003D-FFF3)	小区内	否
C-RNTI(小区无线网络临时标识)	用于标识 RRC Connect 状态的 UE,在一个小区内用来唯一标识一个 UE	初始接入时获得(T-CRNTI 升级为 C-RNTI,003D-FFF3)	小区内	否
SPS-CRNTI(半静态调度 CRNTI)	半静态调度标识,用于半静态持续调度的 PDSCH 传输	eNodeB 在调度 UE 进入 SPS 时分(003D-FFF3)	小区内	否
P-RNTI(寻呼 RNTI)	用于解析寻呼信息,对应于寻呼的 PCCH	调度寻呼消息 FFFE(固定标识)	全网相同	否
SI-RNTI(系统消息 RNTI)	系统广播,用于 SIB 信息(系统信息)的传输,对应于 BCCH	调度系统消息 FFFF(固定标识)	全网相同	否

需要说明的是,C-RNTI 和 UE 接入请求的起因和状态有关,是使用最多的 RNTI。C-RNTI 并不是一开始就有,而是在用户入网之后,基站给入网成功的用户分配的。UE 若处于 RRC_ _CONNECTED 模式,说明已经分配到了 C-RNTI,接入时需要上报;UE 若处于 IDLE 模式,说明还没有 C-RNTI,如果是请求 RRC 连接,eNodeB 会在后续的 MSG4 里同意的话,可能分配一个 C-RNTI;在用户切换时,用户可以将本小区分配的 C-RNTI 带入下一个小区,不用再重新分配 C-RNTI。在 MSG2 里,eNodeB 给用户分配一个 T-CRNTI,用于随后的 MSG 中标识 UE。当然 UE 有 C-RNTI 也可以不用 T-CRNTI,此时的这个用户已经在网络中,并且分配过 C-RNTI。用户获取 T-CRNTI 后,会在 MSG3 传输中使用此 RNTI。MSG2 中包含的内容有:基站检测到的 UE 发出的前导序列的索引号(其和 RA-RNTI 一起共同决定 UE 该获取的 MSG2);用于上行同步的时间调整信息;初始上行资源

的分配(用于发送随后的 MSG3,此处 MSG2 包含了普通上行数据发送时 DCI0 的作用);以及一个临时的 C-RNTI。

5.2.5 UE 的工作模式与状态

UE 的工作模式包括空闲(IDLE)模式和连接(CONNECTED)模式两种。

(1) 空闲模式。UE 处于待机状态,没有业务存在,UE 和 E-UTRAN 之间没有连接,E-UTRAN 内没有任何有关此 UE 的信息;通过非接入层标识如 IMSI、TMSI 或 P-TMSI 等标志来区分 UE。

(2) 连接模式。当 UE 完成 RRC 连接建立时,UE 才从空闲模式转移到连接模式。UE 在 RRC 状态下的工作模式如表 5-4 所示。

表 5-4 UE 在 RRC 状态下的工作模式

状 态	作 用
RRC_INACTIVE(去激活模式)(R13 版本之后)	PLMN 选择
	广播系统信息
	小区重选移动性
	通过上层或者 RRC 配置 UE 特定 DRX
	通过 RRC 层配置基于通知的区域的无线接入网络(RAN)
	除非特别指定,否则使用 IDLE 态的流程
	在 UE 跨基于通知区域内的 RAN 移动时,执行相应的更新(UPDATE)流程
	监听寻呼信道以获得使用 5G-S-TMSI 的 CN Paging(核心网寻呼)及使用 I-RNTI(INACTIVE RNTI)的 RAN Paging(无线接入网络寻呼)
	执行周期性的基于通知的区域的无线接入网络更新
RRC_IDLE(空闲状态下的无线资源管理)	PLMN 选择
	NAS 配置的非连续接收(DRX)过程
	系统信息广播和寻呼
	邻小区测量
	小区重选的移动性
	UE 获取 1 个 TA 区内的唯一标识
	eNodeB 内无终端上下文
RRC_CONNECTED(连接状态下的无线资源管理)	网络侧有 UE 的上下文信息
	网络侧知道 UE 所处小区
	网络和终端可以传输数据
	网络控制终端的移动性
	邻小区测量
	存在 RRC 连接;UE 可以从网络侧收发数据;监听共享信道上指示控制授权的控制信令;UE 可以上报信道质量给网络侧;UE 可以根据网络配置进行 DRX

5.2.6 承载

1. 承载概念

EPS 的接入网结构更加扁平化,同时由于希望更好地实现"永远在线",引入默认承载

第 27 集

等新概念。LTE 的端到端服务可以分为 EPS 承载和外部承载，EPS 承载又包括 E-UTRAN 无线接入承载(E-RAB)和 S5/S8 承载。E-RAB 又分为无线承载(RB)和 S1 承载，如图 5-12 所示。

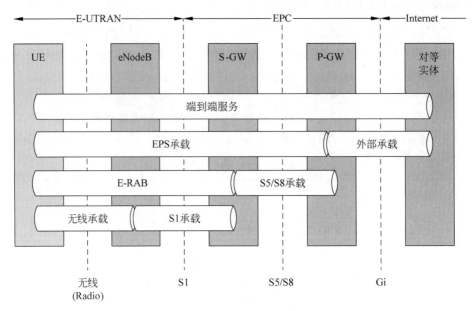

图 5-12　LTE 承载结构图

EPS 承载是指在 UE 和 PDN 之间提供某种特性的 QoS 传输保证，分为默认承载和专用承载。

默认承载是指一种满足默认 QoS 的数据和信令的用户承载。默认承载是一种提供尽力而为 IP 连接的承载，随着 PDN 连接的建立而建立，随着 PDN 的连接的拆除而销毁。默认承载是在 UE 和网络完成附着的时候，如果没有其他数据传送，系统自己建立的一个承载，为用户提供永久在线的 IP 传输服务。

专用承载是在 PDN 连接建立的基础上建立的，是为了提供某种特定的 QoS 传输需求而建立的(是默认承载无法满足的)。一般情况下，专用承载的 QoS 要求比默认承载的 QoS 高。专用承载在 UE 中关联了一个 UL 业务流模板(TFT)，在 P-GW 关联了一个 DLTFT (下行的 TFT)，TFT 中包含业务数据流的过滤器，而这些过滤器只能匹配符合某些准则的分组。

GBR/Non-GBR 承载：GBR 是指承载要求的比特速率被网络"永久"恒定的分配，即使在网络资源紧张的情况下，相应的比特速率也能够保持不变。否则，若不能保证一个承载的速率不变，则是一个 Non-GBR 承载。GBR 这种等级相对比较高的 QoS，一般是分给专用承载，而默认承载使用的是 Non-GBR。对同一用户同一链接而言，专用承载可以是 GBR 承载，也可以是 Non-GBR 承载。而默认承载只能是 Non-GBR 承载。专用承载和默认承载共享一条 PDN 链接(UE 地址和 PDN 地址)，即专用承载一定是在默认承载建立的基础上建立的，二者必须绑定。

在一个 PDN 链接中，只有一个默认承载，但可以有多个专用承载。一般来说，一个用户最多建立 11 个承载。每当 UE 请求一个新的业务时，S-GW/P-GW 将从 PCRF 收到 PCC

规则,其中包括业务所要求的 QoS。如果默认承载不能提供所要求的 QoS,则需要另外的承载服务,即建立专用承载以提供服务。

无线承载将承载空口 RRC 信令和 NAS 信令,S1 Bearer 承载 eNodeB 与 MME 间 S1-AP 信令,NAS 消息也可作为 NAS PDU 附带在 RRC 消息中发送。

无线接入承载(RAB)为用户提供从核心网到 UE 的数据连接能力,在 LTE 中 RAB 更名为 E-RAB,LTE 的 E-RAB 从 S-GW 开始到 UE 结束,由 S1-U 承载和无线承载(RB)串联而成,进入 LTE 系统的业务数据主要通过 E-RAB 进行传输,因此 LTE 对于业务的管理主要是在 E-RAB 层次上进行的。

2. 承载信令

为了管理 E-RAB,在 LTE 系统内需要相应的信令连接传输网元间的控制信令来完成,LTE 的信令主要包括 NAS 信令、RRC 信令和 S1AP 信令,以及用来传输信令的各种实际的承载。E-RAB 管理主要体现在 S1 接口的信令中,包括 E-RAB 的建立、修改和释放;RB 的管理,即空口连接的管理可以看作 E-RAB 管理过程的子过程。DRB(数据无线承载)在 UE 和 eNodeB 之间传输 E-RAB 数据包,在 DRB 和 E-RAB 之间有点到点的映射,属于空口的内容,同时在 Uu 中还包括 SRB(信令无线承载)。作为 eNodeB 和 UE 之间数据传输的通道,RB 是通过 RRC 信令来进行管理的 eNodeB 和 UE 通过 RRC 信令的交互,完成各种RB 的建立、重配和释放等功能。S1-U 承载在 eNodeB 和 S-GW 之间传输数据,通过 S1-AP 信令进行管理,包括 S1 承载的建立、修改和释放。S1-AP 有专门建立、修改和释放信令这几个功能。RB 是 eNodeB 为 UE 分配的一系列协议实体及配置的总称,包括 PDCP 协议实体、RLC 协议实体及 MAC 和 PHY 分配的一系列资源等。RB 是 Uu 接口连接 eNodeB 和 UE 的通道,任何在 Uu 接口上传输的数据都要经过 RB。RB 包括 SRB 和 DRB,SRB 是系统的信令消息实际传输的通道,DRB 是用户数据实际传输的通道。

3. RB 管理

RB 管理主要是在 RRC 连接的信令传输上完成的,Uu 口上的 SRB 包括 SRB0、SRB1、SRB2 和 DRB。

DRB 是用于传输用户数据的无线承载,DRB 只有一种,协议规定每个 UE 可以最多有 8 个 DRB 用来传输不同的业务。SRB 仅用于 RRC 和 NAS 消息传输的无线承载。

LTE 系统中定义了三种 SRB。

(1) SRB0 用于 RRC 消息,使用 CCCH 逻辑信道,系统消息 MSG3、MSG4 均使用 SRB0。

(2) SRB1 用于 RRC 消息(可能包括 NAS 消息),SRB1 先于 SRB2 的建立,使用 DCCH 逻辑信道进行传输,系统消息 MSG5 使用 SRB1。

(3) SRB2 用于 NAS 消息,使用 DCCH 逻辑信道。SRB2 要后于 SRB1 建立,并且总是由 E-UTRAN 在安全激活后进行配置。

5.3　LTE 系统的无线接口

5.3.1　无线接口协议栈功能

UE 与 eNodeB 之间通过 E-UTRAN 的无线接口连接。在逻辑上,E-UTRAN 接口可以分为控制面和用户面。控制面有两个,第一个控制面由 RRC 提供,用于承载 UE 与 eNodeB 之间的信令;第二个控制面用于承载非接入层 NAS 信令消息,并通过 RRC 传送到 MME。用户面主要用于在 UE 和 EPC 之间传送 IP 数据包,其中 EPC 包括 S-GW 和 P-GW,无线接口协议栈如图 5-8 所示。

1. NAS 信令

NAS 是接入层(AS)的上层。AS 定义了与无线接入网(RAN)中的 E-UTRAN 相关的信令流程和协议。NAS 层主要包含两个方面内容,即上层信令和用户数据。NAS 信令指的是在 UE 和 MME 之间传送的消息,包括 EPS 移动性管理(EMM)和 EPS 会话管理(ESM)。

2. RRC 层

RRC 是 LTE 空中接口控制面主要协议栈。UE 与 eNodeB 之间传送的 RRC 消息依赖于 PDCP、RLC、MAC 和 PHY 层的服务。RRC 处理 UE 与 E-UTRAN 之间的所有信令,包括 UE 与核心网之间的信令,即由专用 RRC 消息携带的 NAS 信令。携带 NAS 信令的 RRC 消息不改变信令内容,只提供转发机制。其传输的主要信息包括系统消息、PLMN 和小区选择、准入控制、安全管理、小区重选、测量上报、切换和移动性、NAS 传输和无线资源管理等。

3. PDCP 层

LTE 在用户面和控制面均使用 PDCP 层。这主要是因为 PDCP 层在 LTE 网络里承担了安全功能,即进行加密/解密和完整性校验。在控制面,PDCP 层负责对 RRC 和 NAS 信令消息进行加密/解密和完整性校验;在用户面,PDCP 层的功能略有不同,它只进行加密/解密,而不进行完整性校验。另外,用户面的 IP 数据包还采用 IP 头压缩技术以提高系统性能和效率。同时,PDCP 层也支持排序和复制检测功能。

4. RLC 层

RLC 层是 UE 和 eNodeB 间的协议,它主要提供无线链路控制功能。RLC 最基本的功能是向高层提供三种服务。

(1)透明模式(TM)用于某些空中接口信道,如广播信道和寻呼信道,为信令提供无连接服务。

(2)非确认模式(UM)与 TM 模式相同,UM 模式也提供无连接服务,但同时还提供排序、分段和级联功能。

(3)确认模式(AM)提供 ARQ 服务,可以实现重传。

除以上模式和 ARQ 特性,RLC 层还提供信息的分段和重组、级联、纠错等。

5. MAC 层

MAC 层主要功能包含映射、复用、HARQ 及无线资源分配。

(1)映射。MAC 层负责将从 LTE 逻辑信道接收到的信息映射到 LTE 传输信道上。

(2)复用。MAC 层的信息可能来自一个或多个无线承载,MAC 层能够将多个 RB 复用到同一个传输块(TB)上以提高效率。

(3)HARQ(混合自动重传请求)。MAC 层利用 HARQ 技术为空中接口提供纠错服务;HARQ 的实现需要 MAC 层与物理层的紧密配合。

(4)无线资源分配。MAC 层提供基于 QoS 的业务数据和用户信令的调度。MAC 层和物理层需要互相传递无线链路质量的各种指示信息及 HARQ 运行情况的反馈信息。

6. PHY 层

PHY 层按照 MAC 层的配置,实现数据的最终处理(主要是 MAC 层的动态配置,如编码、MIMO 及调制等)。其主要功能包括错误检测、FEC 编码/解码、速率匹配、物理信道的映射、功率加权、调制和解调、频率同步和时间同步、无线测量、MIMO 处理发射分集、波束赋形及射频处理等。

总之,LTE 空中接口的特点主要包括确保无线发送的可靠性(采用重传、编码等方式来实现)、灵活地适配业务活动及信道的多变(MAC 层动态地决定编码率及调制方式,采用 RLC 分段、级联,适配 MAC 调度等)和实现差异化的 QoS 服务(对不同业务应用不同的 RLC 工作模式,对不同业务应用不同 PDCP 的头压缩功能,在 MAC 层实现灵活的基于优先级的调度等)。

5.3.2 LTE 系统的无线帧结构

LTE 系统下行多址方式为 OFDMA,上行的多址方式是基于 OFDM 传输技术的 SC-FDMA。LTE 系统的双工方式包括 FDD 和 TDD 两种。LTE 系统支持的无线帧结构包括两种类型,分别为 Type1(类型 1,即 FDD 模式)和 Type2(类型 2,即 TDD 模式)。类型 1 的无线帧结构如图 5-13 所示。

图 5-13　类型 1 的无线帧结构

Type1 适用于全双工和半双工的 FDD 模式。每个无线帧长 $T_f = 307200 \cdot T_s = 10\text{ms}$,一个无线帧包括 20 个时隙,序号为 0~19,每个时隙长 $T_{slot} = 15360 \cdot T_s = 0.5\text{ms}$,一个子帧由相邻的两个时隙组成,时长为 1ms。其中,T_s 是采样点周期,是 LTE 系统的最小时间单位,其大小需要具体考虑子载波间隔和进行 FFT 运算时所使用的周期。时隙(slot)有两种方式:Normal CP(常规循环前缀)和 Extended CP(扩展循环前缀)。Normal CP 中的一个 slot 有 7 个符号;Extended CP 中的一个 slot 有 6 个符号。Extended CP 的每个符号前的 CP 保护时长较大,抗干扰能力更强。

LTE 中子载波间隔有两种,分别为 15kHz 和 7.5kHz。15kHz 的载波间隔用于单播(Unicast)和多播(MBSFN)传输;7.5kHz 的载波间隔仅可以应用于独立载波的 MBSFN 传输。LTE 系统一般采用 15kHz。FFT 的采样点数随着带宽的不同有所不同,在 20MHz 带宽配置的情况下,FFT 运算的采样点数为 2048。在 15kHz 子载波间隔(OFDM 符号长度是 1/15000s)和 FFT 采用 2048 采样点运算的情况下,采样间隔 $T_s =$ 时间/点数 $= 1/(15000 \times 2048) = 1/30720000 = 1/30.72\text{MHz} = 32.55\text{ns}$。一个子帧定义为两个连续时隙,即子帧 i 包括时隙 $2i$ 和 $2i+1$。对于 FDD,在每 10ms 的间隔内,10 个子帧可用于下行链路传输也可用于上行链路传输,上下行传输按频域隔离。在半双工 FDD 操作中,UE 不能同时发送和接收,而全双工 FDD 中没有这种限制。

TDD 双工方式需要考虑保护间隔,Type2 的无线帧结构如图 5-14 所示。

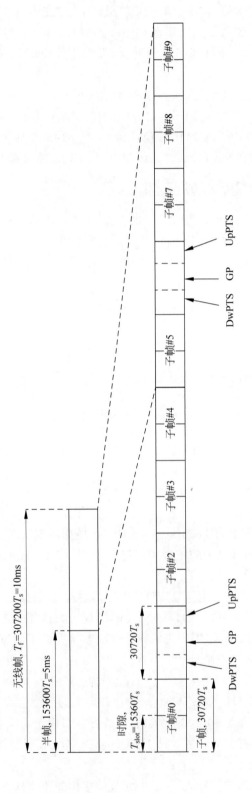

图 5-14 Type2 的无线帧结构

Type2 中帧结构的每个无线帧由两个半帧(HF)构成,每个 HF 长度为 5ms。每个 HF 包括 4 个常规子帧和一个特殊子帧。常规子帧由 2 个长度为 0.5ms 的时隙组成,每个特殊子帧由 DwPTS(下行导频时隙)、GP(保护周期,用于避免下行信号对上行信号造成干扰)和 UpPTS(上行导频时隙)3 个特殊时隙组成。一个常规时隙的长度为 0.5ms,而 DwPTS 和 UpPTS 的长度是可配置的,并且要求 DwPTS、GP 及 UpPTS 的总长度等于 1ms。通常,子帧 1 和子帧 6 包含特殊时隙 DwPTS、GP 及 UpPTS,而其他子帧包含两个相邻的时隙。其中,子帧 0、子帧 5 及 DwPTS 永远预留为下行传输,因为这两个子帧中包含了主同步信号(PSS)和从同步信号(SSS),同时子帧 0 中还包含了广播信息。TDD 模式支持 5ms 和 10ms 的切换点周期。在 5ms 切换周期情况下,UpPTS、子帧 2 和子帧 7 预留为上行传输。在 10ms 切换周期情况下,DwPTS 在两个半帧中都存在,但是 GP 和 UpPTS 只在第一个半帧中存在,在第二个半帧中的 DwPTS 长度为 1ms,UpPTS 和子帧 2 预留为上行传输,子帧 7 和子帧 9 预留为下行传输。

TDD 模式上下行子帧切换点配置如表 5-5 所示。表 5-5 中 D 表示用于下行传输的子帧,U 表示用于上行传输的子帧,S 表示包含 DwPTS、GP 及 UpPTS 的特殊子帧。

表 5-5　TDD 模式上下行子帧切换点配置

上下行配置	上下行比例	切换周期/ms	子帧序号									
			0	1	2	3	4	5	6	7	8	9
0	3∶1	5	D	S	U	U	U	D	S	U	U	U
1	1∶1	5	D	S	U	U	D	D	S	U	U	D
2	1∶3	5	D	S	U	D	D	D	S	U	D	D
3	1∶2	10	D	S	U	U	U	D	D	D	D	D
4	2∶7	10	D	S	U	U	D	D	D	D	D	D
5	1∶8	10	D	S	U	D	D	D	D	D	D	D
6	5∶3	5	D	S	U	U	U	D	S	U	U	D

上下行转换周期为 5ms,表示每 5ms 有一个特殊时隙。这类配置因为每 10ms 有两个上下行转换点,所以 HARQ 的反馈较为及时,适用于对时延要求较高的场景。

上下行转换周期为 10ms,表示每 10ms 有一个特殊时隙。这种配置对时延的保证略差一些,但是好处是每 10ms 只有一个特殊时隙,所以系统损失的容量相对较小。

特殊子帧的时隙配置如表 5-6 所示。

表 5-6　特殊子帧的时隙配置

特殊子帧配置	常规 CP(符号数)			扩展 CP(符号数)		
	DwPTS	GP	UpPTS	DwPTS	GP	UpPTS
0	3	10	1	3	8	1
1	9	4	1	8	3	1
2	10	3	1	9	2	1
3	11	2	1	10	1	1
4	12	1	1	3	7	2
5	3	9	2	8	2	2
6	9	3	2	9	1	2
7	10	2	2	—	—	—
8	11	1	2	—	—	—

5.3.3 物理资源相关概念

4G 系统的物理资源包括基本时间单位、天线端口、无线帧、子帧、时隙及 OFDM 符号，与 4G 系统的物理资源相关的概念包括物理资源块、资源粒子、资源单元组和控制信道。

1. 4G 系统基本时间单位

LTE 定义基本时间单元为 $T_s=1/(15000\times2048)=32.55\text{ns}$。$T_s$ 表示的是一个 OFDM 符号的采样时间，是 LTE 最小的基本时间单位，15000 表示的是每个子载波的宽度为 15kHz，2048 表示一个 OFDM 符号采样点数量。

2. 资源粒子

资源粒子(RE)表示一个符号周期长度的子载波，可以用来承载调制信息、参考信息或不承载信息。RE 在频域上占一个子载波，时域上占一个 OFDM 符号，是上下行传输使用的最小资源单位。

3. 物理资源块

物理资源块(PRB)是 LTE 系统中调度用户的最小单位，一个 PRB 由频域上连续 12 个子载波(子载波宽度 15kHz)、时域上连续 7 个 OFDM 符号构成。PRB 是 LTE 系统为业务信道分配的资源单元，用于描述物理信道到资源单元的映射，如表 5-7 所示。

表 5-7 物理资源块

子载波间隔	CP 长度	子载波个数	符号个数	RE 个数
$\Delta f=15\text{kHz}$	常规 CP	12	7	84
	扩展 CP	12	6	72
$\Delta f=7.5\text{kHz}$	常规 CP	24	3	72

4. 资源栅格

一个时隙中传输的信号所占用的所有资源单元构成一个资源栅格(RG)，它包含整数个 PRB，也可以用包含的子载波个数和 OFDM 或者 SC-FDMA 符号个数来表示。LTE 的物理资源如图 5-15 所示。

5. 资源粒子组和控制信道粒子

每个资源粒子组(REG)包含 4 个资源粒子 RE。每个控制信道粒子(CCE)对应 9 个 REG。REG 和 CCE 主要用于下行一些控制信道的资源分配，比如物理 HRAQ 指示信道(FHICH)，物理控制格式指示信道(PCFICH)和物理下行控制信道(PDCCH)等。

5.3.4 LTE 系统的物理信道

LTE 系统的物理信道包括上行物理信道和下行物理信道。

1. 下行物理信道

下行物理信道包括物理下行共享信道(PDSCH)、物理多播信道(PMCH)、物理下行控制信道(PDCCH)、物理广播信道(PBCH)、物理控制格式指示信道(PCFICH)、物理 HARQ 指示信道(PHICH)。

1) PDSCH

下行物理信道 PDSCH 的一般处理流程如图 5-16 所示。

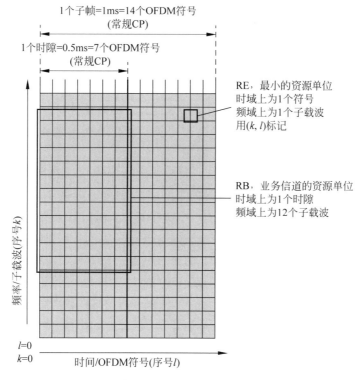

图 5-15　LTE 的物理资源

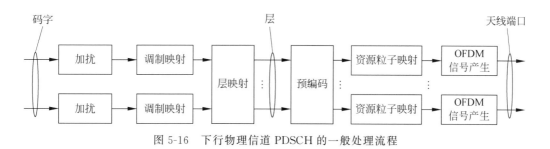

图 5-16　下行物理信道 PDSCH 的一般处理流程

图 5-16 处理流程中各模块的作用如下。

（1）码字。来自上层的业务流进行信道编码后的数据。在 LTE 标准中，每个码字与来自 MAC 层的 TB 对应，是 TB 经信道编码之后的比特流。

（2）层。对应于空间复用的空间流，每层对应一个预编码映射形成的映射模型，层的符号经过一个预编码向量映射到发送天线端口。传输的层数被称作传输的秩，LTE R8 的下行支持 2×2 的基本天线配置，传输层数为 2。

（3）加扰。对在一个物理信道上传输的每个码字中的编码比特进行加扰，对输入的码字使用伪随机序列进行随机化；同时可以避免成串的“0”或者“1”出现，使信号流更均匀，降低峰均比。

（4）调制。对加扰后的比特进行 QPSK/16QAM/64QAM 调制，使其产生复值调制符号。

（5）层映射。将串行的数据流空间化,完成码字数据到层数据的串并变换,即将复值调制符号映射到一个或者多个传输层上,为后面的预编码做准备。

（6）预编码。将每层上的复值调制符号进行预编码(将信道矩阵对角化),用于天线端口上的传输。LTE 系统中的开环空间复用、闭环空间复用、闭环传输分集以及多用户 MIMO 等 MIMO 传输模式都需要预编码操作。

（7）资源粒子映射。将每个天线端口上的复值调制符号映射到资源粒子上。用户数据放置在 RB 过程中,先放置频率列然后放置符号列。在用户数据填充过程中,避开参考信号、控制信道的 RE 占用。

（8）天线端口。天线端口是一个逻辑上的概念,它与物理天线并没有一一对应的关系。在下行链路中,天线端口与下行参考信号(RS)是一一对应的。如果通过多个物理天线来传输同一个 RS,那么这些物理天线就对应同一个天线端口;而如果有两个不同的 RS 是从同一个物理天线中传输的,那么这个物理天线就对应两个独立的天线端口。同一天线端口传输的不同信号所经历的信道环境是一样的,每个天线端口都对应了一个资源栅格。天线端口与物理信道或者信号有着严格的对应关系。

LTE R9 协议中定义了四种下行参考信号,天线端口与这些参考信号的对应关系如下。

（1）小区特定参考信号(CRS),或小区专用参考信号。CRS 支持 1 个、2 个或 4 个三种天线端口配置,对应的端口号分别是 $p=0$,$p=\{0,1\}$,$p=\{0,1,2,3\}$。

（2）MBSFN 参考信号,只在天线端口 $p=4$ 中传输,这种信号用得不多。

（3）UE 特定参考信号或 UE 专用参考信号,或称作解调参考信号(DMRS)。可以在天线端口 $p=5$,$p=7$,$p=8$,或 $p=\{7,8\}$ 中传输。

（4）定位参考信号(PRS),只在天线端口 $p=6$ 中传输,这种信号用得不多。

（5）OFDM 信号产生。为每个天线端口产生复值的时域 OFDM 信号。

下行物理信道的调制方式如表 5-8 所示。

表 5-8　下行物理信道的调制方式

物 理 信 道	调 制 方 式	物 理 信 道	调 制 方 式
PDSCH	QPSK/16QAM/64QAM	PBCH	QPSK
PMCH	QPSK/16QAM/64QAM	PCFICH	QPSK
PDCCH	QPSK		

2）PBCH

PBCH 承载的是小区 ID 等系统信息,用于小区搜索过程。广播信道中的 MIB 在 PBCH 上发布的信息内容很少,原始的 MIB 只有 10b 左右。包含接入 LTE 系统所需要的最基本的信息:下行系统带宽、PHICH 资源指示、系统帧号(SFN)、天线信息映射在 CRC 的掩码及天线数目等。

PBCH 在时域上映射到每帧的第 1 个子帧的第 2 个时隙的前 4 个符号;在频域位置, PBCH 映射到中心频带的 72 个子载波上。

PBCH 的传输周期为 40ms,每 10ms 发送一个可以自解码的 PBCH。自解码指的是这些无线帧的解码不依赖 PBCH 上后续发送的传输块信息。

3）PCFICH

PCFICH 作用是指出 PDCCH 上的控制信息在资源块上的位置、数量（引导 UE 读取 PDCCH 信息），携带控制格式指示（CFI 是一串二进制数）信息，指示 PDCCH 占用的 OFDM 符号的数量（1,2 或 3）。UE 在接收 PCFICH 后，就可以知道 PDCCH 位置，并进行 PDCCH 解调。采用 QPSK 调制，携带一个子帧中用于传输 PDCCH 的 OFDM 符号数及传输格式。

PCFICH 在时域上位于每个子帧的 Symbol0（符号 0）；在频域上具有固定的占用数量，需要占用 4 个 REG，即占用 16 个 RE，PCFICH 占用的 16 个 RE 尽量分散在频域内，目的是得到更好的频率分集作用。

4）PDCCH

PDCCH 在频域上占用的具体数量由 PDCCH 格式（或叫 DCI 格式）决定。不同的格式，PDCCH 占用不同的 CCE 的数量。PDCCH 承载下行控制信息（DCI），每个用户占用一个 PDCCH。其作用是可以告知用户的信息 PDSCH 安排在了资源格的什么位置；PDCCH 用来承载下行控制信息 DCI，如上行调度指令、下行数据传输指示、公共控制信息等。

与其他控制信道的资源映射以 REG 为单位不同，PDCCH 资源映射的基本单位是控制信道单元 CCE，1 个 CCE 包括 9 个连续的 REG。PDCCH 聚合度采用多少个 CCE 由基站决定，取决于负载量和信道条件因数。

（1）当包含 1 个 CCE 时，PDCCH 可以在任意 CCE 位置出现，即可以在 0、1、2、3、4 号等位置出现。

（2）当包含两个 CCE 时，PDCCH 每两个 CCE 出现一次，即可以在 0、2、4、6 号等位置出现。

（3）当包含 4 个 CCE 时，PDCCH 每 4 个 CCE 出现一次，即可以在 0、4、8 号等位置出现。

（4）当包含 8 个 CCE 时，PDCCH 每 8 个 CCE 出现一次，即可以在 0、8 号等位置出现。

PDCCH 在时域上的位置一般由 PCFICH 告知具体的占用符号数，正常子帧占用 1~3 个 OFDM 符号，特殊子帧占用 1~2 个 OFDM 符号。

5）PHICH

PHICH 作用是当用户发送了上行的 PUSCH 数据后，eNodeB 通过 PHICH 向 UE 发送 HARQ 的 ACK/NACK 消息。多个 PHICH 叠加之后可以映射到同一个 PHICH 组，一个 PHICH 组对应 12RE。对于 TDD 模式，不同子帧中的 PHICH 组数目不同。

2. 上行物理信道

上行物理信道包括物理上行共享信道（PUSCH）、物理上行控制信道（PUCCH）、物理随机接入信道（PRACH）。

1）PUSCH

物理上行共享信道是承载上层传输信道的主要物理信道。PUSCH 符号与资源粒子之间的映射关系同下行一样，也为参考信号和控制信令预留 RE 资源。

PUSCH 的处理流程如图 5-17 所示。

图 5-17　PUSCH 的处理流程

PUSCH 的处理流程的加扰、调制、预编码及资源单元映射的功能与下行的 PDSCH 信道相似,资源单元映射为每个天线端口生成复值时域 SC-FDMA 信号,在 RE 映射时,PUSCH 映射到子帧中的数据区域上。PUSCH 的调制方式如表 5-9 所示。

表 5-9 PUSCH 的调制方式

物 理 信 道	调 制 方 式
PUSCH	QPSK/16QAM/ 64QAM

2) PRACH

随机接入过程用于各种场景,如初始接入、切换和重建等。UE 在 PRACH 上向基站发送随机接入前导,从而获得上行的时间提前量(TA)及授权,进而在 PUSCH 上发送高层数据。为了降低随机接入冲突的概率(比如,几个 UE 选择相同的前导序列且同时发送),小区有 64 个随机接入前导序列供 UE 随机选择,这 64 个前导序列是根据小区配置的根序列经过循环移位生成的。相邻的小区应该配置不同的根序列索引,以避免 UE 发送的前导序列被相邻小区收到而误判。同时,由于上行信号的往返时延(RTT)不确定,因此必须通过保护时间接收延迟的上行信号。这样能使小区边缘 UE 发出的前导序列,在抵达基站时,落在窗口范围内。

协议定义了 5 种 PRACH Preamble 前导码结构,每种格式的帧都包括一个循环前缀和一个 ZC(Zadoff Chu)序列。前导码 Preamble 是 UE 在物理随机接入信道中发送的实际内容,由长度为 T_{CP} 的循环前缀 CP 和长度为 T_{SEQ} 的序列 Sequence 组成。频域上占用 6 个 PRB(72 个子载波)。Preamble 基本结构如图 5-18 所示。

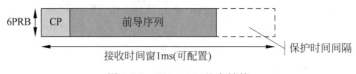

图 5-18 Preamble 基本结构

Preamble 的其他参数如表 5-10 所示。

表 5-10 Preamble 的其他参数

Preamble 格式	时 间 长 度	T_{CP}	T_{SEQ}	序 列 长 度
0	1ms	$3168 \times T_s$	$24576 \times T_s$	839
1	2ms	$21024 \times T_s$	$24576 \times T_s$	839
2	2ms	$6240 \times T_s$	$2 \times 24576 \times T_s$	839(传输两次)
3	3ms	$21024 \times T_s$	$2 \times 24576 \times T_s$	839(传输两次)
4(只能用于 TDD)	$\approx 157.3 \mu s$	$448 \times T_s$	$4096 \times T_s$	139

(1) 前导码的持续时间。前导码由循环前缀(CP)和序列(SEQ)组成,因此前导码持续时长 $= T_{CP} + T_{SEQ}$。比如,Preamble 格式 0,它的前导码持续时间 $= 3168 \times T_s + 24576 \times T_s = 27744 \times T_s = 0.9031ms$。

(2) 前导码格式占用的子帧个数。TDD-LTE 的每个子帧时长是 $30720T_s$,前导码格式 0 的 Preamble 时间 $27744T_s < 30720T_s$,因此只需要占用 1 个上行子帧,同样可以计算得

到其他格式的子帧占用情况。

（3）保护时间。在 OFDM 符号发送前，在码元间插入保护时间（GT），当保护时间足够大时，多径时延造成的影响不会延伸到下一个符号周期内，从而消除了符号间干扰和多载波间干扰。保护时间的长短和距离有关，GT 和小区半径是强相关的。GT 时间越长，小区的覆盖面积越大。

每个子帧的长度是 $30720T_s$，去掉前导码占用的时间就是保护时间，比如前导码格式 0 的保护时间 $GT = (30720 - 3168 - 24576) \times T_s = 2976 \times T_s = 2976 \times [1 \div (15000 \times 2048)] \mathrm{s} = 96.875 \mu\mathrm{s}$。

（4）每种前导码支持的最大小区半径的计算。在计算小区半径时，需要空出一部分的保护间隔。这是因为 UE 在随机接入之前，还没有和 eNodeB 完成上行同步，UE 在小区中的位置还不确定，因此需要预留一段时间，这样可以避免和其他子帧间发生干扰。考虑 eNodeB 和 UE 之间的往返传输需要时间，因此最大小区半径 $R = c \times GT \div 2 = (3.0 \times 10^8) \mathrm{m/s} \times 96.875 \mu\mathrm{s} \div 2 = 14.53 \mathrm{km}$。其中，$R$ 为小区半径、GT 为保护间隔、c 表示光速。同理，可以计算得到其他前导码格式的最大小区覆盖半径。因此，不同的小区覆盖半径，可以选择不同的前导码格式，这也是为什么前导码要分不同格式的原因。Preamble 的其他参数如表 5-11 所示。

表 5-11 Preamble 的其他参数

Preamble 格式	时间长度 （子帧个数）	支持最大小区 半径/km	PRACH 持续 时间/ms	保护时间/ms
0	1ms(1)	14.53	0.9031	0.0869
1	2ms(2)	77.34	1.4844	0.5156
2	2ms(2)	29.53	1.8031	0.1969
3	3ms(3)	100.16	2.2844	0.7156
4（只能用于 TDD）	≈157.3μs(UpPTS)	1.406	0.1479	0.009

Preamble 格式 0：持续 1ms，序列长度 800μs，适用于小、中型的小区，此格式满足网络覆盖的多数场景。

Preamble 格式 1：持续 2ms，序列长度 800μs，适用于大型的小区，最大小区半径为 77.34km。

Preamble 格式 2：持续 2ms，序列长度 1600μs，适用于中型小区。

Preamble 格式 3：持续 3ms，序列长度 1600μs，适用于超大型小区，一般用于海面、孤岛等需要超长距离覆盖的场景。

Preamble 格式 4：TDD 模式专用的格式，持续时间 157.3μs（2 个 OFDM 符号的突发），适用于小型小区，一般应用于短距离覆盖，特别是密集市区、室内覆盖或热点补充覆盖等场景。它是对半径较小的小区的一种优化，可以在不占用正常时隙资源的情况下，利用很小的资源承载 PRACH 信道，有助于提高系统上行吞吐量，某种程度上也可以认为有助于提高上行业务信道的覆盖性能。

Preamble 格式 4 在帧结构类型 2 中的 UpPTS 域中传输。Preamble 使用 Zadoff Chu（简称 ZC）序列产生，一个小区需要支持 64 个 Preamble。一个小区的 Preamble 由一个 Zadoff Chu 根序列通过不同的循环移位产生，如果这种方式不能提供足够的 Preamble 数目,可以使用逻辑序号与其相邻的 Zadoff Chu 根序列产生。系统共使用 838 个 ZC 序列作为前导的物理根序列,共分为 32 个序列组,每组中的根序列按照 CM 值(Cubic Metric,立方度量,是上行功率放大器非线性影响的衡量标准,比 PAPR 更准确,直接表征功放功率的降低,也称为功率退化的程度,CM 越低,对射频硬件要求越低)排序,位置连续的根序列 CM 值始终接近,可以实现一致的小区覆盖,重新排序后的根序列序号称为根序列的逻辑序号。根据 CM 值的大小将 838 个序列可以分为低 CM 组和高 CM 组。根序列逻辑序号 0～455 为低 CM 组,根序列逻辑序号 456～837 为高 CM 组,CM 值越低,越有利于小区覆盖,因此低 CM 值的根序列优先使用。对于 Preamble 格式 0～3,存在 838 个根序列;对于 Preamble 格式 4,存在 138 个根序列。

Preamble 信号采用的子载波间隔与上行其他 SC-FDMA 符号不同,如表 5-12 所示。

表 5-12　Preamble 的子载波间隔

Preamble 格式	子载波间隔/Hz	Preamble 格式	子载波间隔/Hz
0～3	1250	4	7500

3) PUCCH

UE 通过 PUCCH 上报必要的上行控制信息,包括下行发送数据的 ACK/NACK、信道质量指示(CQI)报告、调度请求(SR)、MIMO 反馈、预编码矩阵指示(PMI)及秩指示(RI)。

PUCCH 在频域位于上行子帧的两侧,对称分布。PUCCH 信道可以在多个维度上进行进一步划分,可以通过 RB 进行划分。不同的 PUCCH 资源块在上行子帧的时隙间跳频,从而实现频率分集的效果。

UE 的大部分物理层控制信息可以通过 PUSCH 发送,但是当 PUSCH 没有被调度时,UE 需要 PUCCH 进行上行控制比特的发送,比如发送"调度请求"。为了接入更多的 UE,每个 PUCCH 资源块又可以被多个用户复用(通过使用不同的序列进行区分)。在 PUCCH 上,每个 UE 可以拥有其固定的资源(不需要基站调度)。

5.3.5　LTE 系统的物理信号

信道是信息的通道,不同信息类型需要经过不同的处理过程。物理信号是物理层产生并使用的、有特定用途的一些无线资源粒子(RE)。物理信号不携带从高层而来的任何信息,它们对高层而言不是直接可见的,即不存在与高层信道的直接映射关系。

LTE 的物理信号分为上行物理信号和下行物理信号。

1. 下行物理信号

下行物理信号包括同步信号和参考信号。同步信号又分为 PSS 和 SSS,同步信号用来确保小区内 UE 获得下行同步。同时,同步信号也用来表示物理小区 ID(PCI),以便区分不同的小区。参考信号又分为小区专用参考信号(CRS)、MBSFN 参考信号、终端专用参考信号(DRS)。下行物理信号主要用于信道估计(用于相干解调和检测,包括控制信道和数据信道)、信道质量的测量(用于调度、链路自适应)及导频强度的测量(为切换、小区选择提供依据)。在设计下行参考信号时需要考虑的因素包括:图样的时/频密度,在时域上要求导频间隔小于相干时间、在频域上要求导频间隔小于相干带宽;序列(相关性、序列数量、复杂度等)。

1）CRS

CRS 在支持非 MBSFN 传输的小区中所有下行子帧中传输，以小区为单位，全频带广播发送的参考信号，是小区内用户进行下行测量、调度下行资源及数据解调的参考信号。当子帧用于 MBSFN 传输时，CRS 仅在一个子帧第一个时隙的前两个 OFDM 符号中传输。CRS 最多支持 4 个天线端口，在天线端口 0～3 中的一个或者多个端口上传输。天线端口 0～1 的每个时隙有 2 个 OFDM 符号携带 RS；天线端口 2～3 的每个时隙有 1 个 OFDM 符号携带 RS，RS 的频域间隔为 6 个子载波。

RS 映射初始位置与小区 ID、RB 序号、天线端口号及 OFDM 符号序号等有关。CRS 参考信号子载波在频域的起始位置与小区的 ID 有关，不同的小区形成频域相对偏移，避免不同小区 RS 之间的同频干扰。任何一个天线端口的某个时隙中用来传输参考信号的 RE(k,l)，在另一个天线端口的同一个时隙和时隙零上不能用于任何信息传输。在时域位置固定的情况下，下行参考信号在频域有 6 个频移，如果 PCI 模 6 值相同，会造成下行 RS 的相互干扰。

总之，CRS 用于下行信道估计及非波束赋型模式下的解调、调度上下行资源、切换测量及小区搜索，如图 5-19 所示。

2）MBSFN 参考信号

MBSFN 参考信号要求同时传输来自多个小区具有完全相同的波形。因此，UE 接收机可以将多个 MBSFN 小区视为一个大的小区。MBSFN 分成两种，专用载波的 MBSFN 和与单播混合载波的 MBSFN。MBSFN 参考信号用于 MBSFN 的信道估计和相关解调，只能在 PMCH 传输时通过天线端口 4 上发送。MBSFN 只支持扩展 CP，只在分配给 MBSFN 传输的子帧中传输。MBSFN 参考信号序列由 PN 序列产生，相邻 RS 间的频域间隔是 30kHz，$\Delta f=15$kHz 时 MBSFN 参考信号示意图如图 5-20 所示。

3）DRS

DRS 可用于 PDSCH 的天线端口传输，并与 UE 特定参考信号在天线端口 5 或者端口 7/8 发送。DRS 主要用于下行信道的估计和相关解调，且其只有在 PDSCH 传输与相应的天线端口一致时，才作为 PDSCH 解调用的有效参考信号。DRS 用于波束赋形传输，只在 UE 分配的 PDSCH 所在 RB 中传输，用于 UE 解调，如图 5-21 所示。

4）PSS/SSS

UE 可根据 PSS 获得符号同步、部分 Cell ID 检测。

（1）时域上的位置。对于 LTE-FDD 制式，PSS 周期出现在时隙 0 和时隙 10 的最后一个 OFDM 符号上，SSS 周期出现在时隙 0 和时隙 10 的倒数第二个符号上；对于 LTE-TDD 制式，PSS 周期出现在子帧 1、6 的第三个 OFDM 符号上，SSS 周期出现在子帧 0、5 的最后一个符号上。如果 UE 在此之前并不知道当前是 FDD 还是 TDD，那么可以通过这种位置的不同来确定制式。

（2）频域上的位置。PSS 和 SSS 映射到整个带宽中间的 6 个 RB 中，因为 PSS 和 SSS 都是 62 个点的序列，所以这两种同步信号都被映射到整个带宽（不论带宽是 1.4MHz 还是 20MHz）中间的 62 个子载波（或 62 个 RE）中，即序列的每个点与 RE 一一对应。在 62 个子载波的两边各有 5 个子载波，不再映射其他数据。

在 LTE-FDD 制式中，同步信号用于小区搜索过程中 UE 和 E-UTRAN 的时频同步，如图 5-22 所示。UE 根据 SSS 最终获得帧同步、CP 长度检测和小区组 ID 检测。

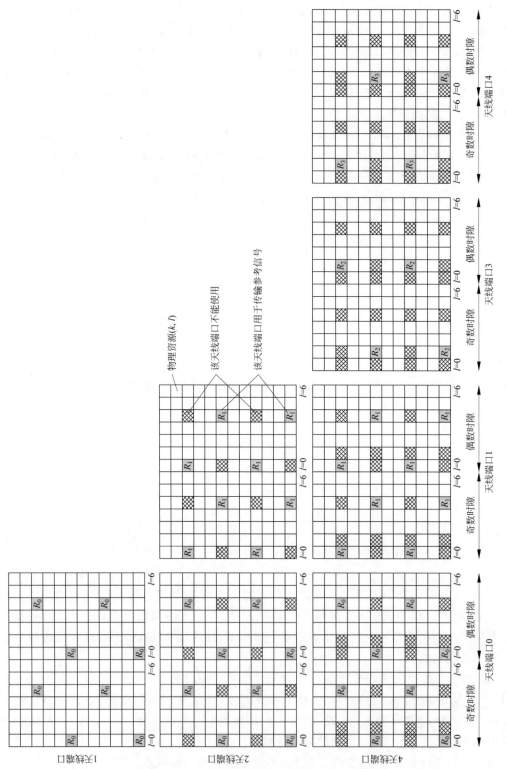

图 5-19 小区专用参考信号分布示意图

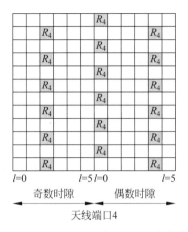

图 5-20　$\Delta f = 15\text{kHz}$ 时 MBSFN 参考信号

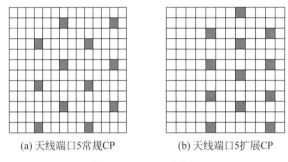

(a) 天线端口5常规CP　　　　(b) 天线端口5扩展CP

图 5-21　DRS 示意图

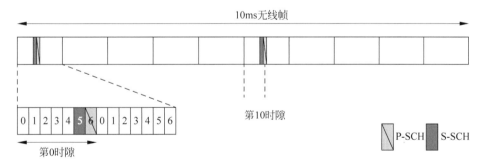

图 5-22　同步信号发射时隙

PSS 使用 Zadoff-Chu 序列，SSS 使用的序列由两个长度为 31 的二进制序列通过交织级联产生，并且使用由 PSS 决定的加扰序列进行加扰，长度为 31 的二进制序列及加扰序列都由 m 序列产生。

对于 TDD-LTE 制式，同步信号（PSS/SSS）占用的 72 子载波位于系统带宽中心位置 1.08MHz 位置，如图 5-23 所示。

同步过程通过两步完成，即首先检测 PSS，完成半帧定时（获得半帧 5ms 边界）、频偏校正并获得组内 ID（利用 3 条 ZC 序列区分 3 个组内 ID）；然后再检测 SSS，完成长/短 CP 检测（符号同步）、帧定时，即获得一个无线帧 10ms 边界（SSS 由两条短码序列交叉组成，用不

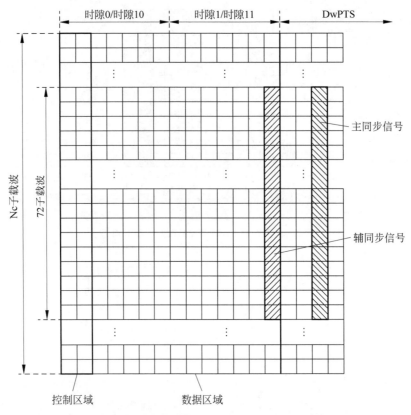

图 5-23 主/辅同步信号位置示意图(TDD-LTE,常规 CP)

同的顺序区分两个半帧并获得组 ID)。

5) PCI 规划

PCI 总数有 504 个,分为 168 组,每组有 3 个,其中组号对应为 SSS,组内本地号对应为 PSS。PCI 规划应遵循以下原则:同一基站的 PCI 建议连续规划(按自然序列号依次分配);初始 PCI 规划时,PCI 模 3 可与小区序列保持一定的规律性(如第一小区模 3 为 0,第二小区模 3 为 1,第三小区模 3 为 2),可为优化预留 10%~20% 的 PCI。

除此之外,由于 PCI 被用于决定小区中 PSS、RS 和 PCFICH 等信号的频域位置,因此规划时还应考虑一般性原则:避免相同的 PCI 分配给邻区;避免模 3 相同的 PCI 分配给邻区,规避相邻小区的 PSS 序列相同,或规避双端口小区 RS0 和相邻另一双端口小区 RS1 信号之间的频域位置相同;避免模 6 相同的 PCI 分配给邻区,规避相邻小区 RS0 信号的频域位置相同;避免模 30 相同的 PCI 分配给邻区,规避相邻小区的 SRS 和 DMRS 频域位置相同;规避模 50 相同的 PCI 分配给邻区,规避相邻小区的 PCFICH 频域位置相同。如果 PCI 模 3 值相同,会造成 PSS 的干扰;如果 PCI 模 6 值相同,会造成下行 RS 的相互干扰;PUSCH 信道中携带了 DMRS 和 SRS 的信息,这两个参考信号对于信道估计和解调非常重要,它们由 30 组基本的 ZC 序列构成,即有 30 组不同的序列组合,所以如果 PCI 模 30 值相同,那么会造成上行 DMRS 和 SRS 的相互干扰。

2. 上行物理信号

上行物理信号包括解调用参考信号(DMRS)、探测用参考信号(SRS)。

解调参考信号与 PUSCH 或 PUCCH 相关联；探测参考信号与 PUSCH 或 PUCCH 不关联。DMRS 和 SRS 具有相同的基本序列集合。由于 LTE 上行采用 SC-FDMA 技术,因此参考信号和数据是采用 TDM 方式复用在一起的。上行物理信号的作用主要是进行上行信道估计,即 DMRS 用于 eNodeB 端的相干检测和解调;SRS 用于上行信道质量测量。

由于上行物理信号发送是在取得上行同步后进行的,因此和下行相似,也可以设计正交的上行物理信号,用于支持 UE 的上行多流 MIMO,实现 eNodeB 内不同 UE 之间的正交参考信号。

1）DMRS

DMRS 用于 LTE 上行解调的参考信号。由于不同 UE 的信号在不同的频带内发送,因此如果每个 UE 的参考信号是在该 UE 的发送带宽内发送,则这些参考信号会自然以 FDM 方式相互正交,类似下行的 DRS。对于 PUSCH,其解调用参考信号占用每个时隙中的第 4 个 SC-FDMA 符号。不同用户使用参考信号序列的不同循环移位值进行区分,普通 CP 的上行解调参考信号如图 5-24 所示。

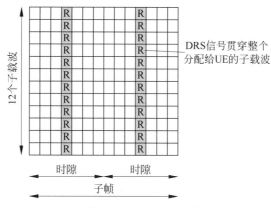

图 5-24　普通 CP 的上行解调参考信号

2）SRS

SRS 主要用于上行调度。为了支持频率选择性调度,UE 需要对较大的带宽进行探测,远超过其传输数据的带宽。换句话说,SRS 是一种“宽带的”参考信号。多个用户的 SRS 可以采用分布式 FDM 或 CDM 的方式复用在一起。在 UE 数据传输带宽内的 SRS 也可以考虑用作数据解调,类似下行的 CRS,如图 5-25 所示。

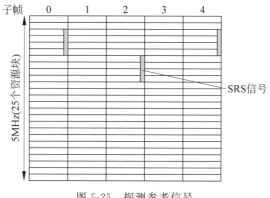

图 5-25　探测参考信号

5.4 EPC 网络原理

3GPP 在 2004 年底制订了长期演进计划(LTE),包括无线侧和网络侧两个部分。网络侧的工作目标主要包括以下几个方面:时延、容量、吞吐量的性能提高;核心网简化;基于 IP 业务和服务的优化;对非 3GPP 接入技术的支持和切换的简化。

5.4.1 EPC 网络

1. EPC 网络结构

EPC 是 LTE 系统的整个网络体系的总称,主要分为三个部分:①UE 是移动用户设备,可以通过空中接口发起、接收呼叫;②LTE 的无线接入网部分,又称为 E-UTRAN,处理所有与无线接入有关的功能;③SAE 的核心网部分,即 EPC,主要包括 MME、S-GW、P-GW、HSS 等网元。EPC 作为 LTE 系统的核心网,在整个网络架构中承担了非常重要的角色。EPC 网络架构如图 5-26 所示。

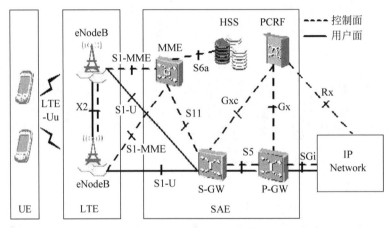

图 5-26　EPC 网络架构

2. EPC 网络功能

EPC 网络实现的逻辑功能主要包括:网络接入控制功能;数据路由和转发功能;移动性管理功能;安全功能;无线资源管理功能;网络管理功能。

网络接入控制功能主要包括:网络选择/接入网络选择;鉴权和授权功能;准入控制功能(准入控制功能的目的是确定用户请求的资源是否可获取并保留这些资源);增强的策略和计费功能;合法监听。无线资源管理功能是由接入网实施的,关注无线通信链路的分配和维护。网络管理功能则提供相关的操作维护。

3. EPC 主要逻辑网元功能

1) MME 移动性管理实体

负责控制面的移动性管理、用户上下文和移动状态管理、分配用户临时身份标识等。MME 相当于 LTE 网络总管家,所有内部事务和外部事务均由 MME 总协调完成。

MME 控制 UE 如何通过 NAS 信令与网络进行交互。对 UE 进行鉴权并控制其是否能接入网;控制 UE 对网络的接入(如分配网络资源);维持所有 UE 的 EPC 移动性管理

（EMM）状态，支持寻呼、漫游和切换。

MME 控制 S-GW 执行承载管理功能。承载平面的用户数据不经过 MME；MME 支持对 P-GW 和 S-GW 的选择功能，以便决定 UE 所使用的承载的路径；MME 支持对 MME 的选择功能，以决定 MME 改变时的切换路径；MME 支持对演进的高速分组数据（eHRPD）接入节点的选择功能，以实现 LTE 到 eHRPD 的切换；支持信令流的合法监听。

2）S-GW

S-GW 服务网关是 3GPP 内不同接入网络间的用户锚点，负责用户在不同接入技术之间移动时用户面的数据交换，用来屏蔽 3GPP 内不同接入网络的接口。S-GW 承担 EPC 的网关功能，终结 E-UTRAN 方向的接口。

S-GW 是本地数据的移动性锚定点，其包括 eNodeB 之间切换的本地锚定点；空闲模式下的下行链路数据缓存；分组路由与转发；传输层上下行链路上基于 QCI 对数据包做标记；eNodeB 与其他网络之间切换的本地锚定点；非 3GPP 接入系统的本地切换锚点；合法监听等。

3）P-GW

PDN 是 Packet Data Network，指采用分组协议（基本是 IP 协议）的数据网络，泛指移动终端访问的外部网络。P-GW 是 3GPP 接入网络和非 3GPP 接入网络之间的用户锚点。P-GW 是与外部 PDN 连接的网元，P-GW 承担着 EPC 的网关功能，终结与外部 PDN 相连的 SGi 接口（P-GW 跟外部网络互联的接口）。一个终端可以同时通过多个 P-GW 访问多个 PDN。

P-GW 是 EPS 承载在 IP 层面的锚定点，负责 UE 的 IP 地址的管理和分配，控制上行和下行链路承载的绑定，在传输层上/下行链路上基于 QCI 对数据包做标记，对每用户每业务的 QoS 控制和分组包过滤，QoS 策略执行，支持计费，合法监听等。

4）HSS

HSS 归属用户服务器，存储了 LTE 网络中用户所有与业务相关数据，提供用户签约信息管理和用户位置管理。类似于 2G/3G 网络的 HLR，签约、鉴权信息都保存在 HSS 中。HSS 具有用户签约数据存储功能，包括附着过程中用的鉴权向量、默认 TFT、每 UE 每 APN 汇聚 MBR（AMBR）、存储 PCRF 用户策略配置、提供 PDN 签约信息、RAT/频率检测级别索引，用于建立 RRC 连接的用户位置信息；HSS 还可以触发去附着流程（如对欠费用户进行去附着流程）。

5）PCRF

PCRF 可以对用户业务 QoS 进行控制，为用户提供差异化的服务，并且能为用户提供业务流承载资源保障以及流计费策略，以合理利用网络资源，创造最大利润，为 PS 域开展多媒体实时业务提供可靠的保障。

4. EPC 网络接口

整个 EPC 网络接口分成如下三大类。

（1）纯控制面接口。S1-MME（eNodeB 与 MME 间接口）、S10（MME 与 MME 间接口）、S11（MME 与 S-GW 间接口）、S6a（MME 与 HSS 间接口）、Gx（P-GW 与 PCRF 间接口）、Gxc（S-GW 与 PCRF 间接口）、Rx（PCRF 与 PCSCF（代理呼叫会话控制功能）间）接口。

（2）纯用户面接口。S1-U（eNodeB 与 S-GW 间接口）。

（3）既是控制面又是用户面接口。Uu（UE 与 eNodeB 间接口）、S1（eNodeB 与 EPC 间接口）、X2（eNodeB 与 eNodeB 间接口）、S5/S8（S-GW 与 P-GW 间接口）、SGi（P-GW 与 PDN 间接口）。

各接口功能如表 5-13 所示。

表 5-13　EPC 网络接口功能

接口	协议	物理承载方式	功　　能
S1-MME	S1-AP SCTP	IP	E-UTRAN 与 MME 间控制平面参考点，用于各种控制信令的传输。S1-AP 是 MME 和 eNodeB 间的应用层协议；SCTP 保证 MME 和 eNodeB 间的信令可靠传递
S1-U	GTP-U	IP	E-UTRAN 和 S-GW 之间为每个承载建立用户面隧道和 Enode B 间切换时路径交换的参考点
S5	GTP-C GTP-U	IP	S-GW 和 P-GW 之间的参考点，支持网关之间的承载管理和用户面隧道管理，用于 S-GW 建立到 P-GW 的连接过程及 UE 移动性管理中 S-GW 重定位过程
S6a	Diameter	IP	该接口用于 MME 和 HSS 之间的鉴权和认证
Gx	Diameter	IP	P-GW 与 PCRF 之间的参考点，支持从 PCRF 向 EPC 提供策略控制和计费规则传递
S8	GTP-C GTP-U	IP	与 S5 相同，用于漫游架构，在 VPLMN 和 HPLMN 的 P-GW 之间提供用户面控制
S10	GTP-C	IP	MME 之间用于 MME 重定位的参考点，提供 MME 之间的信息传递
S11	GTP-C	IP	MME 和 S-GW 之间控制面的参考点，支持承载管理
SGi	TCP/UDP	IP	P-GW 和 PDN 网络之间的参考点。这里的 PDN 网可以是外部公共数据网，也可以是内部私有数据网（比如运营商的 IMS 网络）

5.4.2　EPC 网络工作原理

1. EPC 的典型业务流程

1）典型的分组业务

EPC 网络典型的分组业务流程如图 5-27 所示。

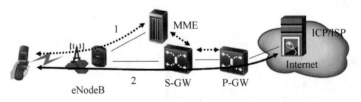

图 5-27　EPC 网络典型的分组业务流程

（1）信令（虚线表示）：用户完成 MME 的注册，MME 会为用户选择一个 S-GW 和 P-GW，并分配资源。P-GW 会给 UE 分配一个 IP 地址，当一切准备就绪，MME 会发接收消息给 UE，并为 UE 建立好相关承载通道。

（2）数据（实线表示）：UE 使用由核心网分配的 IP 地址和上一步建立的承载接入网络

进行数据通信,比如 Internet。

2）典型的语音业务

EPC 网络典型的语音业务流程,如图 5-28 所示。

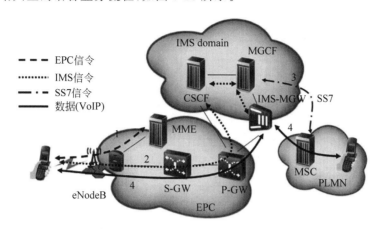

图 5-28　EPC 网络典型的语音业务流程

（1）VoLTE 终端通过开机,完成 EPC 和 IMS 网络注册,并建立 IMS 默认承载。

（2）UE 通过 IMS 承载,向被叫 UE 发送 INVITE Requests(发起请求),被叫信息被封装进会话初始协议(SIP)消息中。

（3）IMS 网络通过域选试图找到被叫方,并在主被叫之间完成语音业务专有承载建立。

（4）通过语音业务专有承载通道,主被叫 UE 就可以进行通话了。

2．移动管理流程

下面介绍几个与移动管理流程相关的概念。

1）跟踪区域（TA）

第 29 集

TA 是 LTE/SAE 系统为 UE 的位置管理设立的概念,其被定义为 UE 不需要更新服务的自由移动区域。TA 功能可以实现对终端位置的管理,分为寻呼管理和位置更新管理。UE 通过跟踪区注册告知 EPC 自己的跟踪区。当 UE 处于空闲状态时,核心网络能够知道 UE 所在的跟踪区,同时当处于空闲状态的 UE 需要被寻呼时,必须在 UE 所注册的跟踪区的所有小区进行寻呼。TA 是小区级的配置,多个小区可以配置相同的 TA,且一个小区只能属于一个 TA。

跟踪区设计的原则是对于 LTE 的接入网和核心网应保持相同的位置区域的概念;当 UE 处于空闲状态时,核心网能够知道 UE 所在的跟踪区;当处于空闲状态的 UE 需要被寻呼时,必须在 UE 所注册的跟踪区中的所有小区进行寻呼;在 LTE 系统中应尽量减少因位置改变而引起的位置更新信令。

2）多注册 TA

多个 TA 组成一个 TA 列表,同时分配给一个 UE,UE 在该 TA 列表内移动时不需要执行 TA 更新。当 UE 进入不在其所注册的 TA 列表中的新 TA 区域时,需要执行 TA 更新,MME 给 UE 重新分配一组 TA,新分配的 TA 也可包含原有 TA 列表中的一些 TA。

3）EPS 移动性管理（EMM）

EMM 是在移动网络中针对用户移动所涉及的管理问题,是移动网络支持用户移动性的关键技术,是移动网络不同于固定网络的一个重要方面。移动性管理的主要目的是实现资源均衡、频率复用,使用户始终在网络质量较好的小区进行业务。移动性管理根据 UE 状态的不同分为空闲态的移动管理和连接态的移动管理。空闲态下的移动管理主要通过小区选择或者重选来实现小区的转换,由 UE 控制转换的发生;连接态下的移动性管理主要通过小区切换实现,由基站控制切换的发生。移动性管理能够辅助 LTE 系统实现负载均衡,提高用户体验及系统整体性能。

小区选择、重选属于空闲状态下的移动性。基本沿用 UMTS 系统的原则,仅修改了测量属性、小区选择/重选的准则等。切换属于连接状态下的移动性。LTE 系统内的切换采用网络控制、UE 协助的方式。LTE 的切换指源基站主动将 UE 上下文(Context)发送给目标基站,是网络控制/终端辅助的切换。

(1) EMM 取消注册状态(EMM-DEREGISTERED):在此状态下,UE 对 MME 来说不可达,因为 EMM 上下文中不包括用户的有效位置和路由信息。UE 的部分上下文仍可保存在 UE 和 MME 中,这样做的目的就是避免在每次附着的时候发起认证和密钥协商(AKA)过程,也就是鉴权过程。

(2) EMM 注册状态(EMM-REGISTERED):UE 可以通过一次成功的附着流程(附着/位置更新)来进入此状态。这种状态下,MME 知道 UE 的确切位置或者是用户所在的追踪区列表。

4) EPS 连接管理(ECM)

ECM 状态描述了 UE 和 EPC 之间的信令连接状态。

(1) EPS 连接管理空闲态(ECM-IDLE):一个用户与网络没有 NAS 信令连接时,用户进入了 IDLE 态。此状态下的 UE 在 eNodeB 内没有上下文,也没有 S1-MME、S1-U 连接。

(2) EPS 连接管理连接态(ECM-CONNECTED):这种状态下,UE 和网络有 NAS 信令连接,有上下文。UE 处在这个状态下,MME 将会知道为它服务的 eNodeB 的 ID。

ECM 和 EMM 状态是互相独立的。从 EMN-REGISTERED 到 EMM-DEREGISTERED 的状态转换可以不管 ECM 的状态如何,比如通过 ECM-CONNECTED 状态下的显式分离流程,或者通过 ECM-IDLE 状态下的 MME 隐式分离流程。当然,也会存在一定的联系,比如从 EMN-DEREGISTERED 到 EMM-REGISTERED 状态的转换,UE 必须位于 ECM-CONNECTED 状态。

5) 移动性管理 UE 的状态

移动性管理 UE 的状态包括 RRC 状态(RRC_IDLE 状态和 RRC_Connected 状态)、EMM 状态和 ECM 状态。

移动管理各状态迁移图如图 5-29 所示。

6) LTE 测量

参考信号接收功率(RSRP)表示每个 RB 上 RS 的接收功率,提供了小区 RS 信号强度度量。系统根据 RSRP 对 LTE 候选小区排序,且 RSRP 作为切换和小区重选的输入。载波接收信号强度(RSSI)指示表示 UE 对所有信号来源观测到的总接收带宽功率。参考信号接收质量(RSRQ),$RSRQ = N \times RSRP/RSSI$,$N$ 为 RSSI 测量带宽的 RB 个数,其反映了小区 RS 信号的质量。当仅根据 RSRP 不能提供足够的信息来执行可靠的移动性管理时,

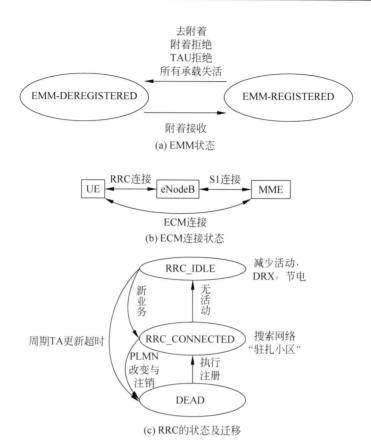

图 5-29　移动管理各状态迁移图

根据 RSRQ 对 LTE 候选小区排序,作为切换和小区重选的输入。

3. LTE 小区选择/重选

1) LTE 小区选择

（1）空闲状态。空闲状态指 EPS 连接管理（ECM）空闲状态,即 ECM-IDLE。其主要特征为：UE 和网络之间没有信令连接,在 E-UTRAN 中不为 UE 分配无线资源并且没有建立 UE 上下文；UE 和网络之间没有 S1-MME 和 S1-U 连接；UE 在有下行数据到达时,数据应终止在 S-GW,并由 MME 发起寻呼；网络对 UE 位置所知的精度为 TA 级别；当 UE 进入未注册的新 TA 时,应执行 TA 更新；应使用非连续接收（DRX）等节省电力的功能。

（2）小区选择类型。UE 对小区的选择分为不同场景和不同时机。不同场景包括初始小区选择和存储信息的小区选择。不同时机包括 UE 开机、从 RRC_CONNECTED 返回到 RRC_IDLE 模式、重新进入服务区等。

（3）小区选择相关概念。包括 IDLE 模式下的服务类型和小区分类。IDLE 模式下的服务类型分为受限服务（在一个可接受的小区上进行紧急呼叫）、正常服务（合适小区上普遍使用）、操作人员服务。按可提供的服务使用小区可以分为可接收小区（可获得受限服务,如紧急呼叫）、合适的小区（UE 可驻留并获得正常服务）、禁止的小区（系统信息中指示小区为 Barred）、保留的小区（系统信息中指示小区为 Reserved）。

（4）小区选择标准采用 S 准则,即小区搜索中的接收功率 $S_{rxlev}>0$ dB 且小区搜索中接

收的信号质量 $S_{qual} > 0$ dB。

$$S_{rxlev} = Q_{rxlevmeas} - (Q_{rxlevmin} + Q_{rxlevminoffset}) - P_{compensation} \qquad (5\text{-}1)$$

$$P_{compensation} = \max(P_{emax} - P_{umax}, 0) \qquad (5\text{-}2)$$

$$S_{qual} = Q_{qualmeas} - (Q_{qualmin} + Q_{qualminoffset}) \qquad (5\text{-}3)$$

式(5-1)～式(5-3)中的各参数含义如表 5-14 所示。

表 5-14 S 准则各参数含义

名　　称	含　　义
S_{rxlev}	小区选择接收电平值,单位 dB
$Q_{rxlevmeas}$	测量小区接收电平值,单位 dBm
$Q_{rxlevmin}$	小区要求的最小接收电平值,该参数的取值应使得被选定的小区能够提供基础类业务的信号质量要求,单位 dBm
$Q_{rxlevminoffset}$	最低接收电平偏置,即相对于 $Q_{rxlevmin}$ 的偏移量,防止"乒乓"选择,单位 dB
$P_{compensation}$	用于惩罚达不到小区最大功率的 UE,单位 dB
P_{emax}	小区允许 UE 的最大上行发射功率,单位 dBm
P_{umax}	UE 能发射的最大输出功率,单位 dBm
$Q_{qualmeas}$	测量小区信号质量 RSRQ 值,单位 dBm
$Q_{qualmin}$	最小接收信号质量,单位 dB
$Q_{qualminoffset}$	最小接收信号接收质量偏置值,单位 dB

2) LTE 小区重选

(1) 概念。小区重选指 UE 在空闲模式下通过监测邻区和当前小区的信号质量以选择一个最好的小区提供服务信号的过程。当邻区的信号质量及电平满足 S 准则且满足一定重选判决准则时,终端将接入该小区驻留。UE 成功驻留后,将持续进行本小区测量。RRC 层根据 RSRP 测量结果计算 S_{rxlev},并将其与 $S_{intrasearch}$(同频测量启动门限)和 $S_{nonintrasearch}$(异频/异系统测量启动门限)比较,作为是否启动邻区测量的判决条件。小区重选包括小区重选时机和小区重选准则。

(2) 小区重选过程。UE 评估基于优先级的所有 RAT 频率;UE 用排序的准则并基于无线链路质量来比较所有相关频率上的小区;一旦重选目标小区,UE 验证该小区的可接入性;无接入受限,重选到目标小区。

(3) 小区重选测量启动准则。系统消息指出的优先级高于服务小区时,UE 总是执行对这些高优先级小区的测量;对于同频/同优先级小区,若服务小区小于或等于同频测量启动门限 $S_{intrasearch}$,UE 执行测量,若低于此门限则不测量;系统消息指出优先级低于服务小区时,若服务小区的 S_{rxlev} 值小于或等于异频/异系统测量启动门限 $S_{nonintrasearch}$,执行测量,大于不测量;若 $S_{nonintrasearch}$ 参数没有在系统消息内广播,UE 开启异频小区测量。

(4) 小区重选准则。如果最高优先级上多个邻小区符合条件,则选择最高优先级频率上的最优小区。对于同等优先级频点(或同频),采用同频小区重选的 R 准则。

① 高优先级频点的小区重选,需满足以下条件:

◆ UE 驻留原小区时间超过 1s;

◆ 高优先级频率小区的 S_{rxlev} 值大于预设的门限(高优先级重选门限值),且持续时间超过重选时间参数 T。

② 同频或同优先级频点的小区重选,需满足以下条件:

◆ UE 驻留原小区时间超过 1s;

◆ 没有高优先级频率的小区符合重选要求条件;

◆ 同频或同优先级小区的 S_{rxlev} 值小于或等于预设的门限(同频测量启动门限)且在 T 时间内持续满足 R 准则。

③ 低优先级频点的小区重选,需满足以下条件:

◆ UE 驻留原小区的时间超过 1s;

◆ 没有高优先级(或同等优先级)频率的小区符合重选要求条件;

◆ 服务小区的 S_{rxlev} 值小于预设的门限(服务频点低优先级重选门限),并且低优先级频率小区的 S_{rxlev} 值大于预设的门限(低优先级重选门限),且持续时间超过重选时间参数值。

对于同频小区或者异频但具有同等优先级的小区,UE 采用 R 准则对小区进行重选排序。R 准则是指目标小区在重选 Treselection 时间内(同频和异频的 Treselection 可能不同),R_{t}(目标小区)持续超过 R_{s}(服务小区),那么 UE 就会重选到目标小区。

$$服务小区 \qquad R_{\mathrm{s}} = Q_{\mathrm{meas,s}} + Q_{\mathrm{hyst}} \tag{5-4}$$

$$目标小区 \qquad R_{\mathrm{t}} = Q_{\mathrm{meas,t}} - Q_{\mathrm{offset}} \tag{5-5}$$

式(5-4)和式(5-5)中的各参数含义如表 5-15 所示。

表 5-15 R 准则各参数含义

名　　称	含　　义
$Q_{\mathrm{meas,s}}$	测量小区 RSRP 值,单位 dBm
Q_{hyst}	小区重选迟滞值,减少"乒乓效应",单位 dB
$Q_{\mathrm{meas,t}}$	目标小区 RSRP 值,单位 dBm
Q_{offset}	小区偏置,单位 dB

4. LTE 切换

1)切换概述

第 30 集

切换是指在连接状态下,UE 在不同的小区间移动,完成 UE 上下文的更新。在无线的移动环境中,由于 UE 位置的不断变化以及每个小区覆盖范围的有限性,UE 可以通过覆盖的切换来保证 UE 业务的连续性。eNodeB 通过控制消息下发相关配置信息,UE 据此完成切换测量,并在 eNodeB 控制下完成切换的过程,保证不间断的通信服务。切换前后的 UE 连接切换分硬切换和软切换两种,如图 5-30 所示。其区别在于,在软切换过程中,源小区和目标小区均与 UE 有 RRC 连接。目前,LTE 采用硬切换方式进行系统内切换。

对于 LTE 网络,系统内切换包含三种,如图 5-31 所示。站内切换,连接态的 UE 从某基站的一个小区切换至另一个小区;站间 X2 切换,连接态的 UE 从某基站的一个小区切换至另一个基站的一个小区,这两个基站存在并配置了 X2 接口;站间 S1 切换,连接态的 UE 从某基站的一个小区切换至另一个基站的一个小区,这两个基站未配置 X2 接口。

(1)连接状态。连接状态指 ECM-CONNECTED 状态,其主要特征包括:UE 和网络之间有信令连接,这个信令连接包括 RRC 连接和 S1-MME 连接两部分;网络对 UE 位置所知精度为小区级;UE 移动性管理由切换过程控制;S1 释放过程将使 UE 从 ECM-

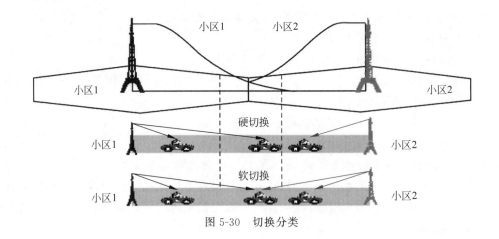

图 5-30　切换分类

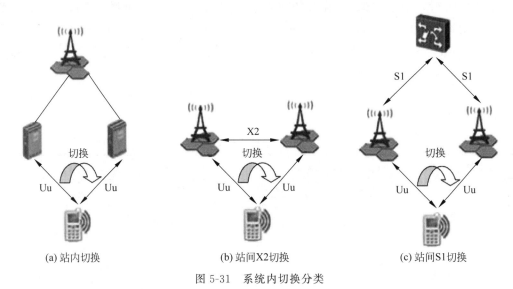

(a) 站内切换　　　　　　　　(b) 站间X2切换　　　　　　　(c) 站间S1切换

图 5-31　系统内切换分类

CONNECTED 状态迁移到 ECM-IDLE 状态。

（2）切换目的。切换目的包括基于当前网络服务质量的切换、基于当前网络覆盖的切换和基于当前网络负荷的切换。基于当前网络服务质量的切换将指示 UE 切换到比当前服务小区信道质量更好的小区通信,为 UE 提供连续的无中断的通信服务,包括同频切换和异频切换。基于当前网络覆盖的切换指当 UE 失去当前 RAT 的覆盖时,进行异系统切换。基于当前网络负荷的切换指当覆盖当前区域小区负载不平衡时,会资源共享,进行同频/异频/异系统切换。

（3）切换的三个阶段。切换的三个阶段包括测量、决策和执行。测量包括测量控制,测量的执行与结果的处理,测量报告,主要由 UE 完成,UE 根据 eNodeB 下发的测量配置消息进行相关测量,并将测量结果上报给 eNodeB。决策包括以测量为基础的资源申请与分配,其主要由网络端完成,eNodeB 根据 UE 上报的测量结果进行评估,决定是否触发切换。执行包括信令过程、支持失败回退和测量控制更新,eNodeB 根据决策结果,控制 UE 切换到目标小区,由 UE 完成切换。

（4）切换的测量对象及测量值。同频测量包括 RSRP、RSRQ、Pathloss（路径损耗）；异频测量包括 RSRP、RSRQ、Pathloss；异系统测量包括 PCCPCH RSCP（公共物理控制信道接收信号功率）、CPICH（公共导频信道）的 RSCP、CPICH 的 Ec/No（Ec/No 是 WCDMA 无线网络优化最重要的一个指标）定义为导频信道 RSCP 与 RSSI（RSSI 是终端频点内的接收总功率）的比值、GSM Carrier RSSI、BSIC Identification（基站标识码）、BSIC Reconfirmation（BSIC 再确认）。

（5）测量报告。UE 满足测量报告条件时，会通过事件报告给 E-UTRAN。测量报告包括测量 ID、服务小区的测量结果（RSRP 和 RSRQ 的测量值）以及邻小区的测量结果（可选）。

（6）同系统内测量事件。同系统内的测量事件采用 AX 来标识。①事件 A1 指服务小区比绝对门限好，用于停止正在进行的异频/IRAT 测量，在 RRC 控制下激活测量间隙。②事件 A2 指服务小区比绝对门限差，指示当前频率的较差覆盖，可以开始异频/IRAT 测量，在 RRC 控制下激活测量间隙。③事件 A3 指邻小区比服务小区质量好，用于频内/频间切换。④事件 A4 指邻小区比绝对门限好，可用于负载平衡，与移动到高优先级的小区重选相似。⑤事件 A5 指服务小区比绝对门限 1 差，邻小区比绝对门限 2 好，可用于负载平衡，与移动到低优先级的小区重选相似。

（7）异系统测量事件。异系统测量事件用 BX 来标识。①事件 B1 指邻小区比绝对门限好，用于测量高优先级的 RAT 小区。②事件 B2 指服务小区比绝对门限 1 差，邻小区比绝对门限 2 好，用于相同或低优先级的 RAT 小区的测量。

整个切换流程采用 UE 辅助网络控制的思路，基站下发测量控制，UE 进行测量上报，基站执行切换判决、资源准备、切换执行和原有资源释放。即当 UE 在已连接模式下时，eNodeB 可以根据 UE 上报的测量信息来判决是否需要执行切换，如果需要切换，则发送切换命令给 UE，UE 执行切换到目标小区。

2）切换流程

LTE 切换的发起总是由源侧决定，源侧的 eNodeB 控制并评估 UE 和 eNodeB 的测量结果，并考虑 UE 的覆盖限制情况，判定是否发起切换。LTE 会在目标系统中预留切换后所需的资源，待切换命令执行后再为 UE 分配这些预留的资源。当 UE 同步到目标系统后，网络控制释放源系统中的资源。对于 eNodeB 站内小区切换，此类切换只是更新 Uu 口资源，源小区和目标小区的资源申请和资源释放都通过 eNodeB 内部消息实现，没有 eNodeB 间的数据转发，同时也没有 UE 的随机接入过程，也不需要与核心网有信令交互。

站内小区间切换信令流程如图 5-32 所示，切换流程如图 5-33 所示。当 eNodeB 源小区收到 UE 的测量上报，并判决 UE 向目标小区切换时，eNodeB 自行调配资源，完成目标小区的资源准备，之后通过空口的重配消息通知 UE 向目标小区切换，在切换成功后，eNodeB 通知源小区释放原来小区的无线资源。

图 5-32　站内小区间切换信令流程

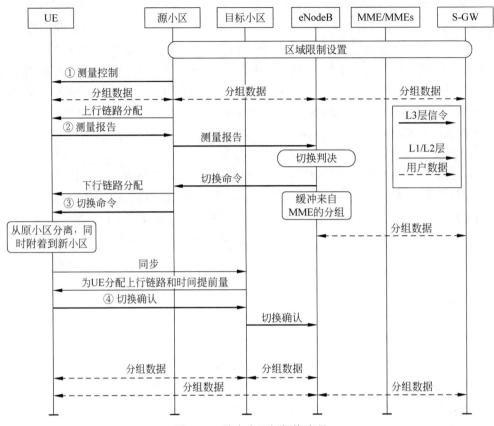

图 5-33　站内小区间切换流程

源 eNodeB 决定发起基于 S1 接口的切换,原因可能是源 eNodeB 和目标 eNodeB 之间没有 X2 连接,或者源 eNodeB 发起的基于 X2 接口的切换没有成功,或者源 eNodeB 通过一些动态信息作为基于 S1 接口发起切换的决定。S1 接口切换流程和信令流程如图 5-34 和图 5-35 所示。

S1 接口的切换过程从信令流程上分为切换准备、切换资源分配、切换通知等过程。切换准备过程由源 eNodeB 发起,通过核心网节点,要求目标 eNodeB 为本次切换准备资源。切换资源分配过程由 MME 发起,在目标 eNodeB 中为本次切换准备和预留所需要的资源。在 UE 成功接入目标 eNodeB 后,由目标 eNodeB 发起切换通知过程,通知 MME 这个 UE 已经成功转移到目标小区。

详细流程解析如下:

(1) Measurement Reports(测量报告)。

方向:UE→Source eNodeB(源 eNodeB)。

解析:UE 在执行测量过程中,如果发现测量环境满足 Measurement Control(测量控制)中描述的事件,则通过 Measurement Reports(测量报告)消息上报给 eNodeB。

(2) Handover Required(切换需求)。

方向:Source eNodeB→MME。

解析:源 eNodeB 参考 UE 上报的测量结果,根据自身切换算法,进行切换判决。判决

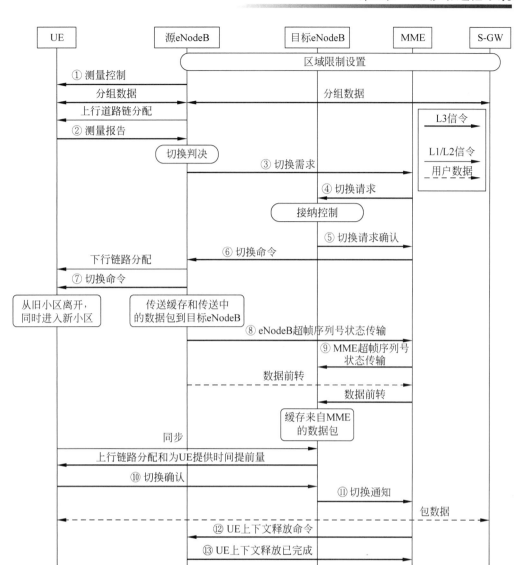

图 5-34　S1 口切换流程

切换后,向 MME 发送 Handover Required 消息。

（3）Handover Request（切换请求）。

方向：MME→Target eNodeB（目标 eNodeB）。

解析：MME 接收到源 eNodeB 的 Handover Required 消息后,将其作为 Handover Request 消息转发给目标 eNodeB。

（4）Handover Request ACK（切换请求确认）。

方向：Target eNodeB→MME。

解析：目标 eNodeB 接收到 Handover Request 后,开始进行 L1/L2 的切换准备,同时向 MME 发送切换请求 ACK 消息。

（5）Handover Command（切换命令）。

方向：MME→Source eNodeB。

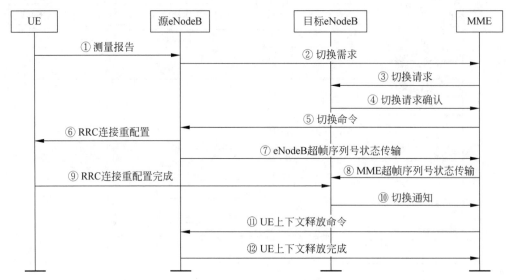

图 5-35   S1 口信令流程

解析：MME 收到目标 eNodeB 的切换请求 ACK 后,向源 eNodeB 下发切换命令。

（6）Handover Command。

方向：Source eNodeB→UE。

解析：源 eNodeB 接收到 MME 的切换命令后,通过 RRC Connection Reconfiguration（RRC 连接重配置）消息向 UE 下发切换命令,携带了移动性控制信息的 RRC 连接重配置消息。

（7）eNodeB Status Transfer（eNodeB 状态转换）。

方向：Source eNodeB→MME。

解析：源 eNodeB 发送序列号（Sequence Number,SN）状态传输消息到 MME,其目的是将无损切换的 EPS Bearer 的 PDCP 状态通知目标 eNodeB。

（8）MME Status Transfer（MME 状态转换）。

方向：MME→Target eNodeB（目标 eNodeB）。

解析：MME 发送序列号状态传输消息到目标 eNodeB。

（9）Handover Confirm（切换确认）。

方向：UE→Target eNodeB。

解析：UE 接到切换命令后,从源 eNodeB 中去附着,并执行与目标小区的同步。如果在切换命令中配置了随机接入专用 Preamble 码,则使用非竞争随机接入流程接入目标小区,如果没有配置专用 Preamble 码,则使用竞争随机接入流程接入目标小区。UE 通过 L1/L2 消息获取目标 eNodeB 提供的相关上行资源分配和时间提前 TA 信息后,开始发送 RRC Connection Reconfiguration Complete 消息,向目标 eNodeB 确认切换过程完成。

（10）Handover Notify（切换通知）。

方向：Target eNodeB→MME。

解析：UE 接入目标 eNodeB 后,目标 eNodeB 发送 Handover Notify 消息给 MME。

（11）UE Context Release Command（UE 上下文释放命令）。

方向：MME→Source eNodeB。

解析：MME 收到 Handover Notify 消息确认切换完成,马上发送 UE Context Release Command 消息给源 eNodeB,通知其切换成功并释放 UE 上下文。

（12）UE Context Release Completed(UE 上下文释放完成)。

方向：Source eNodeB→MME。

解析：源 eNodeB 收到 MME 的 UE Context Release Command 消息开始释放 UE 上下文,并回复该消息通知 MME 切换 UE 的上下文已释放完成。

以上流程为 MME 内 S1 口切换流程,如果是 MME 间切换,则存在源 MME 和目标 MME 的区别,两者之间互传源 eNodeB 和目标 eNodeB 的上下行信令,而且还涉及 MME 或 S-GW 的选择。

5. TAU 信令流程与信令解析

当 UE 进入一个小区,该小区所属 TAI 不在 UE 保存的 TAI list(列表)内时,UE 发起正常追踪区更新(TAU)流程,分为 IDLE(空闲)和 CONNECTED(连接时)。 如果 TAU Accept 分配了一个新的 GUTI,则 UE 需要回复 TAU Complete(完成),否则不用回复。

第 31 集

1）CONNECTED 下发起的 TAU

CONNECTED 下发起的 TAU,如图 5-36 所示。

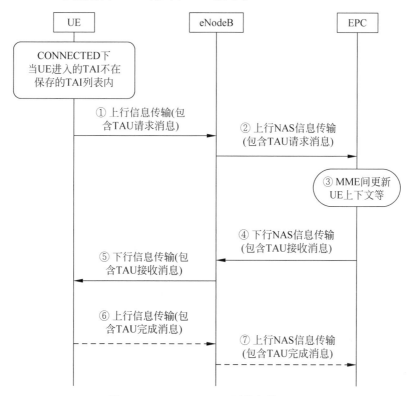

图 5-36　CONNECTED 下发起的 TAU

2）IDLE 下发起的 TAU

IDLE 下,如果有上行数据或者上行信令(与 TAU 无关的)发送,UE 可以在 TAU request 消息中设置 Active 标识,来请求建立用户面资源,并且 TAU 完成后保持 NAS 信令连接。如果没有设置 Active(激活)标识,则 TAU 完成后释放 NAS 信令连接。IDLE 下发起的 TAU 也可以带 EPS bearer context status IE(EPS 承载上下文状态的 IE)，如果 UE 携带该 IE，MME 回复消息也携带该 IE，双方 EPS 承载通过这个 IE 保持同步。IDLE 下发起的不设置 Active 标识的正常 TAU 流程如图 5-37 所示。

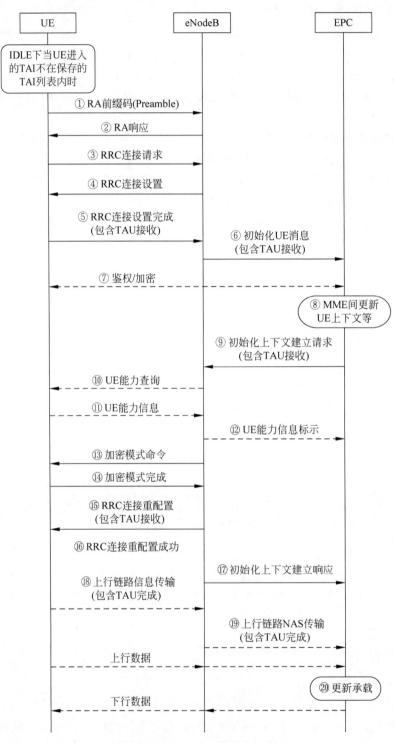

图 5-37　IDLE 下发起的 TAU 流程

解析如下:

(1) 如果 TAU 接收未分配一个新的 GUTI,则无过程⑥、⑦;

(2) 切换下发起的 TAU,完成后不会释放 NAS 信令连接;

(3) CONNECTED 下发起的 TAU,不能带 Active 标识。

6. UE 接入信令流程

第 32 集

UE 刚开机时,先进行物理下行同步,搜索测量进行小区选择,选择到一个合适或者可接纳的小区后,驻留并进行附着。协议定义的 UE 接入的信令流程如图 5-38 所示。

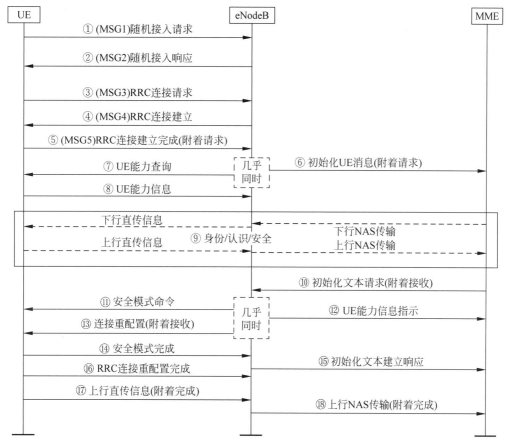

图 5-38 UE 接入信令流程

UE 接入信令流程进行解析如下:

(1) (MSG1)Random Access Request(随机接入请求)。

方向:UE→eNodeB。

解析:MSG1 为 UE 在小区 RACH 信道上发送的随机接入前缀。

(2) (MSG2)Random Access Response(随机接入响应)。

方向:eNodeB→UE。

解析:eNodeB 接收到 UE 的 MSG1 后,在 MAC 层产生随机接入响应,在 DLSCH 上发送给 UE。

(3) (MSG3)RRC Connection Request(RRC 连接请求)。

方向：UE→eNodeB。

解析：UE 接收到 eNodeB 的 MSG2 后，在 RRC 层产生 RRC Connection Request 消息，映射到在上行共享信道 ULSCH 上的 CCCH 逻辑信道发送给 eNodeB。

（4）（MSG4）RRC Connection Setup（RRC 连接建立）。

方向：eNodeB→UE。

解析：eNodeB 接收到 UE 的 MSG3 后，在 RRC 层产生 RRC Connection Setup 消息，映射到在 DLSCH 上的 CCCH 或 DCCH 逻辑信道发送给 UE。

（5）（MSG5）RRC Connection Setup Complete（RRC 连接建立完成）。

方向：UE→eNodeB。

解析：UE 接收到 eNodeB 的 MSG4 后，根据 eNodeB 指示的资源建立 RRC 连接，并回复 RRC Connection Setup Complete 消息给 eNodeB，包含 Attach Request（附着请求）、PDN Connective Request（PDN 连接请求）等消息。

（6）INITIAL UE MESSAGE（初始化 UE 消息）。

方向：eNodeB→MME。

解析：eNodeB 接收到 UE 的 MSG5 消息，表示 RRC 链路建立完成，此后便开始建立 S1 通道和 NAS 通道；该步骤为 eNodeB 向核心网发出初始 UE 消息，将 UE 在 RRC Connection Setup Complete 上报的 NAS 消息透传给核心网，即 Attach Request。

（7）UE Capability Enquiry（UE 能力查询）。

方向：eNodeB→UE。

解析：eNodeB 接收到 UE 的 MSG5 消息，表示 RRC 链路建立完成，此后便开始建立 S1 通道和 NAS 通道；该步骤为 eNodeB 向 UE 发起 UE 能力查询。

（8）UE Capability InfoRMation（UE 能力消息）。

方向：UE→eNodeB。

解析：UE 接收到 eNodeB 的 UE Capability Enquiry 后，在此信令中上报本 UE 的实际能力，包括 UE 能力等级、PDCP 层的 ROHC（健壮性头压缩）支持情况、物理层能力、支持频段能力及 Feature Group 信息。

（9）Identity/Authentication/Security（身份/认识/安全）。

方向：UE←→eNodeB←→MME。

解析：Identity/Authentication/Security 为 UE 与 MME 之间的 NAS 层鉴权加密信息交互，eNodeB 负责中间的透传，MME 发给 UE 的 NAS 层消息经过 eNodeB 中转，UE 回复给 MME 的 NAS 层消息也经过 eNodeB 中转，因此 MME 与 UE 信息交互的一个来回包含有四条信令，依次为 DL NAS TRANSPORT（下行 NAS 传输）（MME → eNodeB）、DL InfoRMation Transfer（下行信息传输）（eNodeB→UE）、UL InfoRMation Transfer（上行信息传输）（UE → eNodeB）、UL NAS TRANSPORT（上行 NAS 传输）（eNodeB→ MME），一般情况下，UE 与 MME 之间的 NAS 层鉴权加密信息交互需要两个来回，第一个为鉴权，第二个为 NAS 层加密。

（10）INITIAL CONTEXT SETUP REQUEST（初始化文本请求）。

方向：MME→eNodeB。

解析：MME 完成 UE 鉴权加密之后，确认 UE 合法，准备与 UE 建立上下文，向

eNodeB 发出初始上下文建立请求,包含了 Attach Accept(附着接收)消息,请求 eNodeB 建立承载资源,同时带安全上下文、用户无线能力、切换限制列表等参数。

(11) Security Mode Command(安全模式命令)。

方向:eNodeB→UE。

解析:eNodeB 接收到 MME 的 INITIAL CONTEXT SETUP REQUEST 后,准备建立 UE 上下文,因此向 UE 发起加密模式命令。

(12) UE CAPABILITY INFO INDICATION(UE 能力信息指示)。

方向:eNodeB→MME。

解析:eNodeB 接收到 MME 的 INITIAL CONTEXT SETUP REQUEST 后,向 MME 反馈 UE 的无线能力消息。

(13) RRC Connection Reconfiguration(RRC 连接重配置)。

方向:eNodeB→UE。

解析:eNodeB 发出 Security Mode Command(安全模式命令)消息后,不用等待 UE 的反馈,直接向 UE 发 RRC 重配请求,携带 Attach Accept 消息告诉 UE 核心网已经同意 Attach。

(14) Security Mode Complete(安全模式完成)。

方向:UE→eNodeB。

解析:UE 收到 eNodeB 发出 Security Mode Command 消息后,回复 Security Mode Complete 消息表示空口的加密完成。

(15) INITIAL CONTEXT SETUP RESPONSE(初始化上下文建立响应)。

方向:eNodeB→MME。

解析:eNodeB 接收到 UE 的加密完成信令后,说明建立上下文的条件已具备,因此向 MME 反馈初始上下文建立响应。

(16) RRC Connection Reconfiguration Complete(RRC 连接重配置完成)。

方向:UE→eNodeB。

解析:UE 接收到 eNodeB 的 RRC 重配后,开始重配 RRC 连接,完成后向 eNodeB 反馈 RRC 重配置完成。

(17) ULInfoRMationTransfer(上行直传信息)。

方向:UE→eNodeB。

解析:UE 完成 RRC 重配后,激活相关准备,并在 NAS 层向核心网反馈 Attach Complete 消息。

(18) UPLINK NAS TRANSPORT(上行 NAS 传输)。

方向:eNodeB→←MME。

解析:eNodeB 将 NAS 层中 UE 向核心网反馈的 Attach Complete 消息转发给 MME。

5.5　4G 系统的关键技术

第 33 集

LTE 的主要设计目标是高峰值速率、高频谱效率和高移动性,采用低时延、低成本和扁平化的网络架构。为了实现这样的目标,LTE 运用了多种关键技术。

5.5.1 正交多址接入技术

LTE系统下行采用OFDMA技术,上行采用SC-FDMA技术。

1. 下行OFDMA

1) OFDM原理

OFDM的主要思想是将信道分成若干正交子信道,将高速数据信号转换成并行的低速子数据流,调制到每个子信道上进行传输,如图5-39所示。

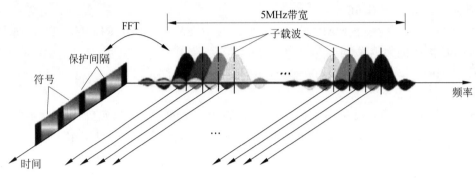

图5-39 OFDM基本原理

OFDM可以利用快速傅里叶反变换(IFFT)和快速傅里叶变换(FFT)来实现调制和解调,如图5-40所示。

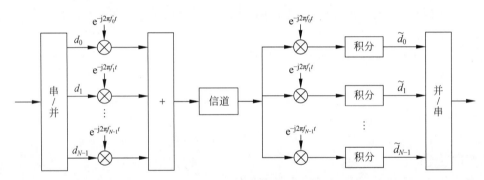

图5-40 OFDM调制解调过程

OFDM的调制解调流程如下:

(1) 发射机在发射数据时,将高速串行数据转为低速并行数据,利用正交的多个子载波进行数据传输;

(2) 各个子载波使用独立的调制器和解调器;

(3) 各个子载波之间要求完全正交,各个子载波收发完全同步;

(4) 发射机和接收机要精确同频、同步,准确进行位采样;

(5) 接收机在解调器的后端进行同步采样,获得数据,然后转为高速串行。

在向B3G/4G演进的过程中,OFDM是关键的技术之一,可以结合分集、时空编码、信道间干扰抑制及智能天线技术,最大限度地提高系统性能。OFDM具体原理在第3章抗衰落技术中已经进行描述,这里不再赘述。

2）LTE 中 OFDM 参数

基本 OFDM 参数包括：子载波间隔 $\Delta f=1/T_u$（T_u 为时域有用符号的时间）；子载波数目 N_c（频域可用子载波数目）；N_c 与 Δf 一起可以确定 OFDM 信号的传输带宽 B_w；循环前缀长度 T_{CP}；T_{CP} 与 T_u 一起可以确定整个 OFDM 符号的时间长度 $T=T_{CP}+T_u$。

对于 LTE 的下行传输，其基本的 OFDM 参数如下：

（1）子载波间隔。LTE 系统下行支持两种子载波间隔，分别为 $\Delta f=15\text{kHz}$，用于单播和 MBSFN 传输；$\Delta f=7.5\text{kHz}$ 仅可以应用于独立载波的 MBSFN 传输。

（2）子载波数目 N_c。不同的系统带宽，其子载波数目不同，LTE 系统规定的子载波数目如表 5-16 所示。

表 5-16 LTE 系统规定的子载波数目

信道带宽/MHz	1.4	3	5	10	15	20
子载波数目 N_c	72	180	300	600	900	1200

（3）循环前缀长度 T_{CP}。对于 $\Delta f=15\text{kHz}$，LTE 支持两种长度的循环前缀：常规 CP 和扩展 CP 分别适用于不同的传输环境。对于 $\Delta f=7.5\text{kHz}$，LTE 仅支持扩展 CP。同时，为了保证一个时隙的长度为 0.5ms，一个时隙中不同 OFDM 符号的循环前缀长度不同，如表 5-17 所示。

表 5-17 LTE OFDM 循环前缀长度

配 置		循环前缀长度 $N_{CP,l}$
常规 CP	$\Delta f=15\text{kHz}$	$160, l=0$ $144, l=1,2,\cdots,6$
扩展 CP	$\Delta f=15\text{kHz}$	$512, l=0,1,\cdots,5$
	$\Delta f=7.5\text{kHz}$	$1024, l=0,1,2$

其中，$N_{CP,l}$ 表示一个时隙中第 l 个 OFDM 符号对应的循环前缀包含的样点值。

2. SC-FDMA

LTE 上行传输采用 SC-FDMA（单载波频分多址）。SC-FDMA 信号可以在时域生成，也可以在频域生成。为了和下行链路兼容，LTE 选择了在频域生成 SC-FDMA 技术，采用 DFT-S-OFDM 技术。该技术在 OFDM 的 IFFT 调制之前对信号进行 DFT 扩展，这样系统发射的是时域信号，从而可以避免 OFDM 系统发送频域信号带来的高 PAPR 问题。

1）DFT-S-OFDM 原理

DFT-S-OFDM 传输的基本原理如图 5-41 所示。M 个调制符号首先进行 M 点的 DFT 变换，然后进行 N 点的 IDFT 变换，其中 $N>M$，其他点设置为 0。特别需要说明的是，IDFT 的大小应该选择为 $N=2^n$，从而可以使用基数为 2 的 IFFT 来实现。与 OFDM 类似，循环前缀将被插入每个传输块中，使用循环前缀可以更方便地在接收端应用低复杂度的频域均衡来抵抗衰落。

如果 DFT 的采样大小 M 与 IDFT 的采样大小 N 相同，那么两个相互级联的 DFT 和 IDFT 可以互相抵消。如果 $N>M$，IDFT 的输出信号将是一个具有单载波特性的信号，即信号具有低的峰均比，信号带宽取决于 M。更准确地说，假设 IDFT 输出的采样率为 f_s，那

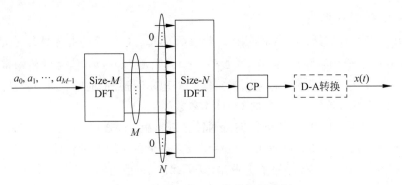

图 5-41　DFT-S-OFDM 传输的基本原理

么传输信号名义上的带宽将为 $B_W = M/N \cdot f_s$。这样,通过改变块大小 M,就可以改变传输信号的瞬时带宽。

　　为了保证瞬时带宽的高灵活性,不能确保 DFT 大小,M 可以表示为 2^m,且 m 是整数。但是,只要保证 M 可以表示为相对小的素数乘积,DFT 依旧可以使用相对低复杂度的基数非 2 的 FFT 来实现。比如,DFT 的采样大小为 $M = 144$,可以通过基数为 2 和基数为 3 的 FFT 处理来实现($144 = 3^2 \times 2^4$)。

　　DFT 的输出到 IDFT 的输入进行映射时,可以采用两种方式,分别为 Localized DFT-S-OFDM(集中式 DFT-S-OFDM)和 Distributed DFT-S-OFDM(分布式 DFT-S-OFDM),其中 Localized DFT-S-OFDM 是指将 DFT 的输出映射到 IDFT 的多个连续的输入上;而 Distributed DFT-S-OFDM 是指将 DFT 的输出映射到 IDFT 的多个等间隔的输入上,其他输入补零,如图 5-42 所示。

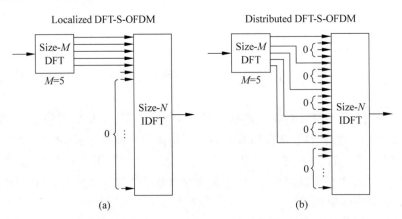

图 5-42　Localized DFTS-OFDM 与 Distributed DFTS-OFDM

　　Localized DFTS-OFDM 和 Distributed DFTS-OFDM 信号的频谱如图 5-43 所示。虽然 Distributed DFTS-OFDM 信号的频谱分散在整个系统带宽内,但是其同样具有单载波的特性。

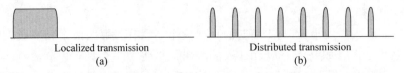

图 5-43　Localized DFTS-OFDM 与 Distributed DFTS-OFDM 信号的频谱

特别需要注意的是，LTE 中并不支持采用 Distributed DFT-S-OFDM 方式进行信号传输。

2）LTE DFT-S-OFDM 参数

与 OFDM 类似，DFTS-OFDM 的基本参数包括：子载波间隔 $\Delta f = 1/T_u$；子载波数目 N_c；N_c 与 Δf 一起可以确定 DFT-S-OFDM 信号的传输带宽 B_w；循环前缀长度 T_{CP}；T_{CP} 与 T_u 一起可以确定整个 OFDM 符号的时间长度 $T = T_{CP} + T_u$。

LTE 系统上行仅支持一种子载波间隔，即 $\Delta f = 15\text{kHz}$。不同的系统带宽，其子载波数目 N_c 不同，目前 LTE 系统规定的子载波数目如表 5-18 所示。

表 5-18　LTE 系统规定的子载波数目

信道带宽/MHz	1.4	3	5	10	15	20
子载波数目 N_c	72	180	300	600	900	1200

LTE 支持两种长度的循环前缀，即常规 CP 和扩展 CP。为了保证一个时隙的长度为 0.5ms，一个时隙中不同 DFT-S-OFDM 符号的循环前缀长度不同，如表 5-19 所示。

表 5-19　LTE DFT-S-OFDM 循环前缀长度

配　　　置	循环前缀长度 $N_{CP,l}$
常规 CP	$160, l=0$ $144, l=1,2,\cdots,6$
扩展 CP	$512, l=0,1,\cdots,5$

其中，$N_{CP,l}$ 表示一个时隙中第 l 个 DFT-S-OFDM 符号对应的循环前缀包含的样点值。

3. OFDMA 与 SC-FDMA 对比

SC-FDMA 的用户原始信息符号在时域传输，可以利用时域选择性衰落，OFDMA 的用户原始信息在频域传输，可以利用频率选择性衰落；SC-FDMA 比 OFDMA 多了一个 DFT 预编码过程。实际上，信道大都是慢衰落信道（时域选择性不强），但多径延时严重（频率选择性强），所以利用频率选择性的 OFDMA 的性能一般比利用时域选择性的 SC-FDMA 要好。

SC-FDMA 在任何时刻传输的都是单个符号，但带宽却是所分配的整个带宽，而 OFDMA 在任何时刻都是多个独立符号的叠加。从 IDFT 前端来看，SC-FDMA 的频域子载波信号是相关的数据，OFDMA 则将相互独立的信息符号直接输入子载波上，存在多个独立符号叠加的问题。所以，应用统计分析或者从直观上看，SC-FDMA 的峰均比会比 OFDMA 低。

现举例说明两者差别，如图 5-44 所示。

假设图 5-44 满足条件：① 只用 4 个子载波，实际上的 LTE 最小分配 12 个子载波；② 只演示 2 个符号周期；③ 只用 QPSK 调制。

从图 5-44 中可以看出，OFDM 中一个符号占用一个载波，但是 SC-FDMA 中一个符号占用了整个带宽，更像是单载波。需要注意的是，OFDM 和 SC-FDMA 的每个符号长度均为 66.7μs，但是 SC-FDMA 中的每个符号包含了 M 个子符号。OFDM 的时域数据并行传

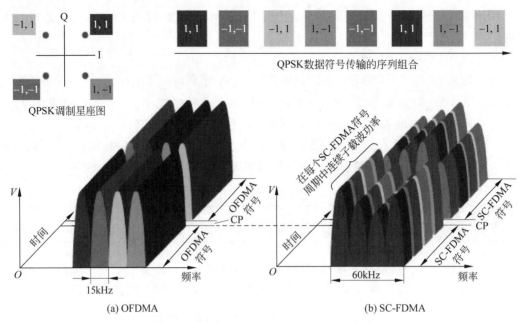

(a) OFDMA

(b) SC-FDMA

图 5-44   OFDMA 与 SC-FDMA 对比示意图

输导致了很高的峰均比产生,而 SC-FDMA 则是 M 倍速率的串行传输,虽然占用了与 OFDM 一样的带宽,但是其峰均比却和原始数据的峰均比大小一样,在终端侧比较容易实现。

5.5.2　多天线技术

1. 传输分集

传输分集包括发射分集和接收分集,其优点是易获得相对稳定的信号、提高信噪比及获得分集处理增益。

1)循环时延分集

传统延时分集是指在不同天线上传输同一个信号的不同时延副本,从而人为增加信号所经历的信道的时延扩展值。CDD 是通过不同天线传输同一个信号的不同时延副本,该信号本身等效于经过一个时延扩展增大的无线信道,即增加了信道的频率选择性。此时传输天线分集被转换为频率分集。图 5-45 所示是两天线情况下的时延分集示意图。

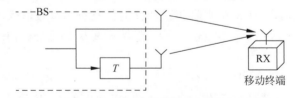

图 5-45   两天线情况下的时延分集示意图

原则上,在应用时延分集的情况下,终端只看到一个发送信号,所有时延分集可以很方便地应用到任何一个无线通信系统中,并且不需要标准支持。此时,需要参考信号也进行 CDD 才可以估计出等效的空间信道。这就对参考信号提出了较强的要求,使其可以估计出较大时延扩展的信道。所以,一般情况下,使用时延分集时只能延时较小的时延。

对于 OFDM 传输,可以很方便地应用循环时延分集,即可以在增加 CP 之前,将在不同天线上发送的信号时域样点值进行循环移位,获得频率分集增益,如图 5-46 所示。其中,在 OFDM 传输情况下,时域信号的循环移位对应频域的相位偏移。

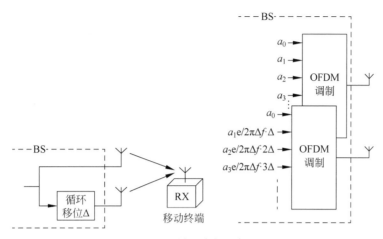

图 5-46 循环分集示意图

2)空时/频编码

对于两根传输天线的 STBC 来说,可以在第一根天线上传输原始信号,而在第二根天线上以两个符号为一组变换信号的传输顺序并进行共轭和/或取反的操作,如图 5-47 所示。

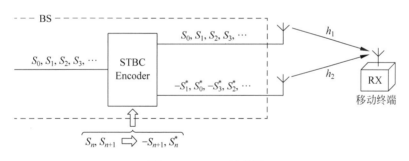

图 5-47 STBC 示意图

如果上述符号对应的是不同子载波上的符号,而不是时域上的符号,即 SFBC,如图 5-48 所示,其中图 5-48(a)为 SFBC,图 5-48(b)为 CDD 的频域描述。可以发现,SFBC 与两天线 CDD 的差别在于其第二根天线上的符号映射方法。SFBC 相对于 CDD 的好处是,SFBC 可以提供调制符号级别的分集,而 CDD 必须依靠信道编码及频域交织来提供分集。

LTE 在两天线发送时,采用的发射分集技术为 SFBC。特别强调的是,与上述描述不同的是,LTE 明确了 SFBC 的传输方式,如图 5-49 所示。

LTE 在四天线发射时,采用 SFBC 与 FSTD 结合的方式。四天线 LTE 支持 SFBC 与频率切换传输分集技术(FSTD)结合的传输分集方式,如图 5-50 所示。FSTD 可使用在 LTE 中的 PBCH 和 PDCCH 上,不同的天线支路使用不同的子载波集合进行发送,减少了子载波之间的相关性,使等效信道产生了频率选择性,因而可以利用纠错编码方式降低误码

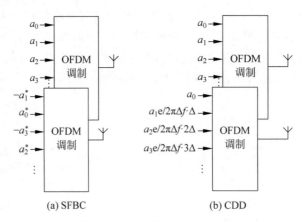

图 5-48　SFBC 与 CDD 的区别

率,提高系统性能。

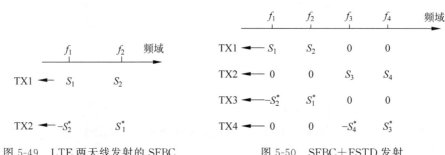

图 5-49　LTE 两天线发射的 SFBC　　　　图 5-50　SFBC＋FSTD 发射

3) 天线切换分集

天线切换分集技术是指当发射端存在多根传输天线时,从时间上或者频率上按照一定的顺序依次选择其中一根天线进行传输的技术。如果在不同的时间上进行天线的切换,即时间切换传输分集(TSTD);如果在不同的子载波上进行天线的切换,即 FSTD,如图 5-51 所示。

2. 波束赋形

波束赋形的主要原理是利用空间的强相关性及波的干涉原理产生强方向性的辐射方向图,使辐射方向图的主瓣自适应地指向用户来波方向,从而提高性噪比,提高系统容量。

根据应用波束赋形的天线之间的相关性,波束赋形可以分为传统的波束赋形和基于预编码的波束赋形。

当天线之间相关性比较高时,一般天线阵列为小间距的天线阵列,可以应用传统的波束赋形,如图 5-52(a)所示。同一个信号可以应用不同的相位偏移,映射到不同的天线上进行发送。由于天线之间的高相关性,可以在发射机端形成一个具有特定指向的较大的波束,如图 5-52(b)所示。通过调整不同天线上使用的相位偏移值,可以调整波束的方向,从而使得该方向的信号强度得到提高,并降低对其他方向的干扰,该相位偏移值可以通过估计信号的来波方向获得。

传统的波束赋形通常使用专用参考信号来实现,这是因为为了保证传统波束赋形的性能,一般需要较大的天线数目,如果在每根天线上都传输彼此正交的公共参考信号,其参考

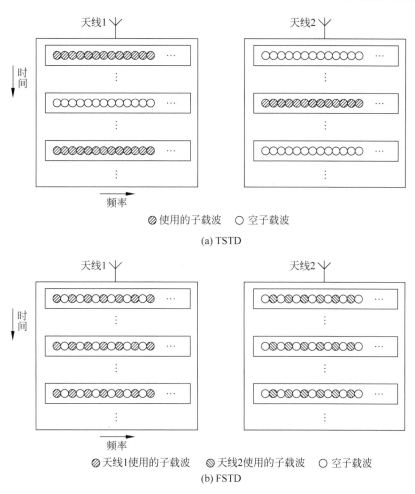

(a) TSTD

(b) FSTD

图 5-51　天线切换分集示意图

信号的开销过大。

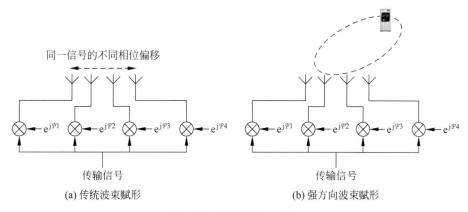

(a) 传统波束赋形

(b) 强方向波束赋形

图 5-52　波束赋形示意图

　　如果天线之间的相关性较小，一般天线阵列为大间距的天线阵列，或者是信号在不同极化方向上传输的极化天线阵列。与传统的波束赋形类似，天线之间的相关性较小时，基于预编码的波束赋形也是在不同的天线上应用不同的传输权值,不同之处在于,这里的权值不仅包括相位上的调整,也包括幅度上的调整,如图 5-53 所示。

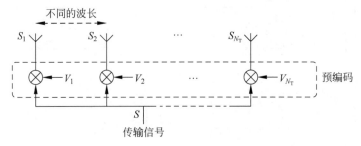

图 5-53　基于预编码的波束赋形示意图

相对于传统的波束赋形,基于预编码的波束赋形需要更详细的信道信息来进行其赋形权值的计算,比如瞬时的信道衰落。其赋形权值的更新需要在相对短的时间内完成,用来捕获衰落的变化。因此,基于预编码的波束赋形不仅可以提供赋形增益,还可以提供分集增益。基于预编码的波束赋形可以采用码本的方式实现,也可以采用非码本的方式实现。对于 TDD 系统来说,由于上下行信道之间的对称性,可以直接利用上行信道估计,进行下行方向赋形权值的计算,所以不需要使用码本方式。另外,使用码本方式进行基于预编码的波束赋形,需要在不同发射天线上传输彼此正交的参考符号。当天线数目较大时,其参考符号的开销可能过大。而使用非码本方式进行基于预编码的波束赋形,则需要使用专用参考信号,这与传统的波束赋形类似。

LTE R8 中仅支持基于专用导频的单流波束赋形技术。在传输过程中,UE 需要通过对专用导频的测量来估计波束赋形后的等效信道,并进行相干检测。为了能够估计波束赋形后传输所经历的信道,基站必须发送一个与数据同时传输的波束赋形参考信号,这个参考信号是用户专用的。LTE R9 中将波束赋形扩展到了双流传输,实现了波束赋形与空间复用技术的结合。为了支持双流波束赋形,LTE R9 中定义了新的双端口专用导频,并引入了新的控制信令。在双流赋形中,UE 基于对专用导频的测量估计波束赋形后的等效信道,其中预编码模块并不进行任何预处理操作。

3. 空间复用

发射的高速数据被分成几个并行的低速数据流,在同一频带从多个天线同时发射出去。由于多径传播,每个发射天线对于接收机产生不同的空间签名,接收机利用这些不同的签名分离出独立的数据流,最后再复用成原始数据流。因此,空间复用可以成倍提高数据传输速率。LTE 的空间复用具有多码字传输、采用预编码技术、与 CDD 结合使用和支持 MU-MIMO 的特征。

1) 多码字传输

一个码字就是在一个 TTI 上发送的包含 CRC 位并经过了编码和速率匹配之后的独立传输块。LTE 规定了每个终端在一个 TTI 上最多可以发送两个码字。通俗来说,码字就是带有 CRC 的传输块。所谓多码字传输,即复用到多根天线上的数据流可以独立进行信道编码和调制。而单码字传输是一个数据流进行信道编码和调制之后再复用到多根天线上。多码字传输可以使用每个码字的传输速率控制及 SIC(串行干扰消除)接收机来实现,如图 5-54 所示。

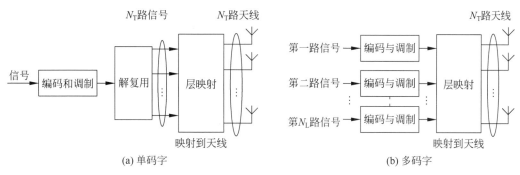

图 5-54   单码字和多码字传输示意图

2）预编码技术

预编码的主要目的是使传输的信号更好地匹配信道条件，以获得更好的传输质量。预编码有基于码本和非码本两种方式。LTE-FDD 主要使用基于码本的预编码方式，主要是因为 LTE-FDD 工作时上下行链路使用不同的频率，当有较大的双工间隔时，不能够直接使用反向信道的测量来估计正向信道的条件，所以主要依靠终端的反馈来辅助预编码。由于信道互易性，因此 TD-LTE 更容易实现基于非码本的预编码工作方式。与基于预编码的波束赋形类似，基于预编码的空间复用是将多个数据流在发送之前使用一个预编码矩阵进行线性加权，如图 5-55 所示。

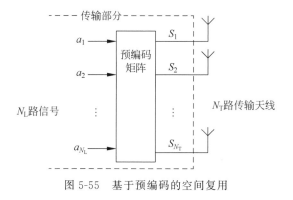

图 5-55   基于预编码的空间复用

使用基于预编码的空间复用有两个目的：①当被空间复用使用的信号数目 N_L 等于发送天线数目 N_T 时（$N_L = N_T$），预编码可以用来对多个并行传输进行正交化，从而增加在接收端的信号隔离度；②当被空间复用使用的信号数目 N_L 小于发送天线数目 N_T 时，预编码还起到增益的作用，即将 N_L 个空间复用信号映射到 N_T 个传输天线上，提供空间复用和波束赋形增益。

3）与 CDD 结合使用

空间复用与 CDD 结合有两种方式，当 CDD 的时延较小或者为 0 时，传输信号首先进行预编码操作，再进行 CDD 操作，如图 5-56 所示（以 2 天线发送为例）。

当 CDD 的时延较大时，传输信号首先进行 CDD 操作，再进行预编码操作，如图 5-57 所示（以 2 天线发送为例）。

4. MU-MIMO

当基站将占用相同时频资源的多个数据流发送给同一个用户时，就是单用户 MIMO

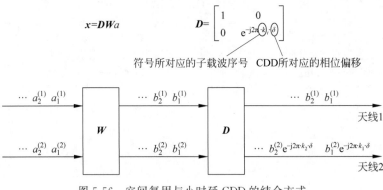

图 5-56　空间复用与小时延 CDD 的结合方式

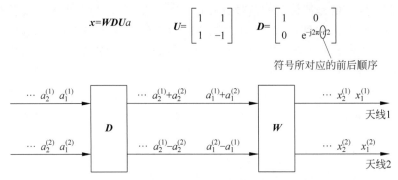

图 5-57　空间复用与大时延 CDD 的结合方式

（SU-MIMO），或者叫作空间复用（SDM），如图 5-58（a）所示；当基站将占用相同时频资源的多个数据流发送给不同的用户时，就是多用户 MIMO（MU-MIMO），或者叫作空分多址（SDMA），如图 5-58（b）所示。

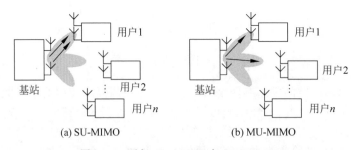

图 5-58　下行 SU-MIMO 与 MU-MIMO

　　两种实现 MU-MIMO 方式的主要差别是如何进行空间数据流的分离。一种方式是数据流的分离是在接收端进行的，它利用接收端的多根天线对干扰数据流进行取消和零陷达到分离数据流的目的。另外一种方式是在发射端使用波束赋形，此时空间数据流的分离是在基站进行的。基站利用反馈的信道状态信息，为给定的用户进行波束赋形，并保证对其他用户不会造成干扰或者只有很小的干扰，即传输给给定用户的波束对其他用户形成了零陷。此时，理论上终端只需要使用单根天线就可以工作。

　　与下行多用户 MIMO 不同，上行多用户 MIMO 是一个虚拟的 MIMO 系统，即每个终端均发送一个数据流,但是两个或者更多的数据流占用相同的时频资源,这样从接收机来看,这些来自不同终端的数据流,可以被看作来自同一个终端上不同天线的数据流,从而构成一个 MIMO 系统。如图 5-59 所示,其中图 5-59(a)为传统的 MIMO 系统,即 SU-MIMO,图 5-59(b)为 MU-MIMO。

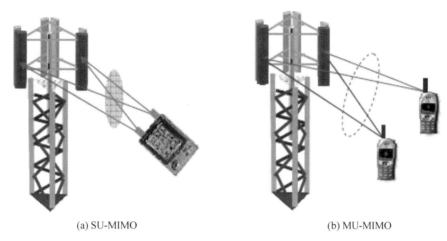

(a) SU-MIMO   (b) MU-MIMO

图 5-59 上行 SU-MIMO 及 MU-MIMO

与 SU-MIMO 相比,MU-MIMO 可以获得多用户分集增益。即对于 SU-MIMO,所有的 MIMO 信号都来自同一个终端上的天线;而对于 MU-MIMO,信号是来自不同终端的,它比 SU-MIMO 更容易获得信道之间的独立性。

5. LTE 系统中的多天线技术

为了满足 LTE 在高数据率和高容量方面的需求,LTE 系统采用的下行 MIMO 技术包括空间复用、波束赋形和传输分集,MIMO 技术下行基本天线配置为 2×2,即 2 天线发送和 2 天线接收,最大支持 4 天线进行下行方向四层传输。

上行 MIMO 技术包括空间复用和传输分集,MIMO 技术上行基本天线配置为 1×2,即 1 天线发送和 2 天线接收。MIMO 天线数据为虚拟天线数目。

在典型的信道容量曲线中,低信噪比区域的斜率比较大,应用传输分集技术和波束赋形技术可以有效提高接收信号的信噪比,从而提高传输速率或者覆盖范围;而在高信噪比区域,容量曲线接近平坦,再提高信噪比也无法明显改善传输速率,可以应用空间复用技术来提高传输速率。

LTE 系统下行多天线技术如图 5-60 所示,由层映射和预编码两个模块及一个标准中未规定的天线端口映射模块来实现。

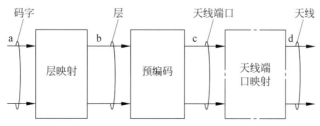

图 5-60 LTE 系统下行多天线技术

由于码字数量和发送天线数量不一致,需要将码字流映射到不同的发送天线上,因此需要使用层映射。层映射模块完成码字到层的映射操作,其中层有不同的解释,在使用单天线传输、传输分集及波束赋形时,层数目等于天线端口数目;在使用空间复用传输时,层数目等于空间信道的秩数目,即实际传输的流数目。

预编码是将信道矩阵对角化的方式,预编码模块完成层到天线端口的映射操作,空间复用中的预编码操作、传输分集操作主要在这个模块中完成。

天线端口是逻辑概念,一个天线端口可以是一个物理发射天线,也可以是多个物理发射天线的合并。在这两种情况下,终端的接收机都不会去分解来自一个天线端口的信号,因为从终端的角度来看,不管信道是由单个物理发射天线形成的,还是由多个物理发射天线合并而成的,这个天线端口对应的参考信号就定义了这个天线端口,终端都可以根据这个参考信号得到这个天线端口的信道估计。天线端口映射模块完成天线端口到物理天线单元的映射操作,波束赋形操作主要在这个模块中完成。

码字个数(C)、阶(秩,R)和天线端口数(P)之间的关系如下:

$$传输块个数 = 码字个数(C) \leqslant 阶(R) \leqslant 天线端口数(P)$$

对于 R8/R9 的终端,主要配置为双天线,但是采用单发双收的工作模式。上行链路 MIMO 的工作方式主要包括以下几种。

(1)单天线传输:采用上行单天线传输方式,使用固定天线发送(端口 0)。

(2)开环发送天线选择分集:采用上行单天线传输方式,终端选择天线进行上行传输。

(3)闭环发送天线选择分集:网络侧通过下行物理控制信道上承载的下行控制信息通知终端采用特定天线进行上行传输。

(4)上行 MU-MIMO:网络侧能够根据信道条件变化自适应地选择多个终端共享相同的时频资源进行上行传输。

在 3GPP R8/R9 版本中,上行未使用空间复用技术,主要是考虑到射频实现复杂度高、MIMO 信道非相关性实现较难、天线数量越多终端耗电越大、与其他无线通信系统(如 GPS、蓝牙等)的干扰问题严重等因素。以射频实现为例,若要保证终端上行可以实现空间复用技术,一般情况下要求天线间至少要保证半个波长的空间隔离。假如此时上行传输使用 2.6GHz 的载波,空间隔离约为 5cm,同市面的手持终端尺寸可比拟,相对容易实现;但是当载波低到 1GHz 以下,如 700MHz 时,半波长超过 10cm,大于目前市面销售的一般手持终端的尺寸,所以对于 1GHz 以下的频率,实现手持终端的上行 MIMO 工作方式难度相对较大。上行只支持采用 MU-MIMO,其每个终端的上行传输即单天线传输。

5.5.3　链路自适应

移动无线通信信道的一个典型特征就是其瞬时信道变化较快,并且幅度较大,信道调度及链路自适应可以充分利用信道这种变化的特征,提高无线链路传输质量。

链路自适应技术包含两种,功率控制技术及速率控制技术。功率控制是指通过动态调整发射功率,维持接收端一定的信噪比,从而保证链路的传输质量。当信道条件较差时,增加发射功率,当信道条件较好时降低发射功率,从而保证恒定的传输速率,如图 5-61(a)所示。链路自适应技术在保证发送功率恒定的情况下,通过调整无线链路传输的调制方式与编码速率,确保链路的传输质量。当信道条件较差时选择较小制数的调制方式与编码速率,当信道条件较好时选择较大制数的调制方式,从而最大化传输速率,如图5-61(b)所示。显然,速率控制的效率要高于使用功率控制的效率,这是因为使用速率控制时总是可以使用满功率发送,而使用功率控制则没有充分利用所有的功率。

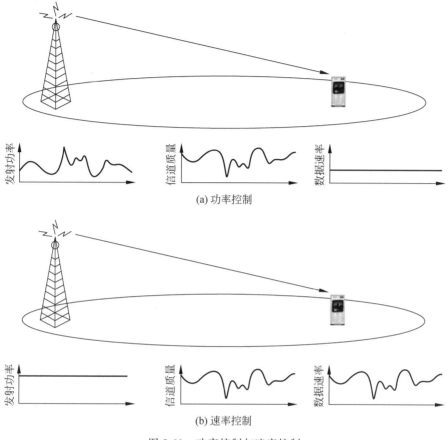

图 5-61　功率控制与速率控制

上述结论并不意味着不需要使用功率控制,在采用非正交的多址方式(比如CDMA)时,功率控制可以很好地避免小区内用户间的干扰。

对于LTE的链路自适应技术,下行链路支持自适应调制编码技术;上行链路支持自适应调制编码技术、功率控制技术及自适应传输带宽技术,这个可以认为是信道调度技术的一部分。在进行AMC时,一个用户的一个码字中所对应的资源块使用相同的调制与编码方式。

5.5.4　快速分组调度

对于同一块资源,由于移动通信系统用户所处的位置不同,其对应的信号传输信道也是不同的。LTE的调度分为上行调度与下行调度。

1. 下行调度

下行调度主要负责为UE分配PDSCH上的资源,并选择合适的调制与编码策略(MCS),以便用于系统消息和用户数据的传输。下行调度的输入参数包括UE能力级别、信道状态信息(CSI)、下行发射功率、ACK/NACK 反馈及 QoS 要求。UE 能力级别对应每个 TTI 能够传输的最大比特数和层数;CSI 是指调度器调度用户并给用户分配资源时会考虑信道质量信息,CSI 包括秩指示 RI、预编码矩阵指示和 CQI;下行发射功率由小区所有用户共享,调度也要考虑下行可用功率;ACK/NACK 反馈是指调度器依据 ACK/NACK 反馈决定是否重传数据或新传数据;QoS 要求是指调度器要考虑 QoS 参数,分配资源和计算优先级等。

下行调度的基本功能包括优先级计算、MCS 选择及资源分配。优先级计算是指根据调度输入的因素,确定承载的调度优先级并选定调度的用户,保证用户 QoS 的同时,最大化系统吞吐量;MCS 选择是指根据调度输入的信息,确定每个选定用户的 MCS;资源分配是指根据用户数据量和确定的 MCS,确定用户分配的 RB 数和 RB 的位置。调度的输出通过调度器来决定被调度的 UE、分配的 RB 数、RB 的位置、MCS 大小和 MIMO 模式等。

下行调度支持四种调度算法,包括最大载干比算法(Max C/I)、轮询算法(RR)、比例公平算法(PF)和增强型比例公平算法(EPF)。四种调度算法的差异主要体现在选择调度用户的优先级计算方面。

1) Max C/I 调度算法

Max C/I 调度算法分配空口资源时只考虑信道质量因素,即每个调度时刻只调度当前信道质量最优的业务。此算法可以最大化系统吞吐量,但由于系统中用户不可能都处于相同信道质量的情况,因此不能保证小区各用户之间的公平性。若用户持续处于信道质量差的条件,将永远得不到调度,小区用户感受差。此调度算法不支持用户业务的 QoS。

2) RR 调度算法

RR 调度算法分配空口资源时,只保证各用户之间调度机会的公平,和 Max C/I 相比,此算法可以保证小区各用户的调度公平性,但是不能最大化系统的吞吐量。此调度算法不支持用户业务的 QoS。

3) PF 调度算法

PF 调度算法分配空口资源会同时考虑业务的调度公平性和用户的信道质量及用户历史传输比特数,是 Max C/I、RR 调度算法的折中,但没有考虑业务的 QoS 信息,无法保证用户的业务感受。

4) EPF 调度算法

EPF 调度算法在 PF 调度算法的基础上进一步考虑用户的业务感受,保证业务的 QoS。

2. 上行调度

上行调度用于 UE 分配 PUSCH 资源,流程较下行调度复杂。主要区别为以下几个方面:上行调度由 UE 触发和维持;上行调度包括两个调度器,一个位于 eNodeB 侧,针对每个 UE 的逻辑信道组进行调度,另一个位于 UE 侧,针对逻辑信道组内的逻辑信道进行调度;上行调度的 MCS 算法和 RB 计算协议里没有规定,由各厂家定义。上行调度器在每 TTI 里按照优先级依次调度。上行动态调度的初传包括调度用户选择、调度资源获取、MCS 选择和调度用户资源块 RB 数及位置选择等功能。

1) 调度用户选择

上行调度和下行调度类似,也支持四种调度方式:Max C/I、RR、PF 和 EPF。与下行调度不同的是,下行调度输入的信道质量信息为 UE 上报的 CQI 信息,上行调度输入的信道质量信息为系统测量的上行 SINR。

2）上行调度资源获取

PUSCH、PUCCH、PRACH 共享上行带宽。PUSCH 可通过参数配置占用 PUCCH 的资源。

3）上行调度资源类型

上行资源调度类型包括频选方式、非频选方式和干扰随机化方式。非频选调度方式采用顺序方式分配 RB 资源，所有小区的用户都从频带高端开始顺序分配 RB 资源；干扰随机化调度下的每个小区选择不同的频域资源分配起始位置，可以在一定程度上避开不同小区的干扰。其中，物理小区标识（PCI）为奇数的小区从频带低端开始分配资源；PCI 为偶数的小区从频带高端开始分配资源；频选调度基于信道质量，通过利用 UE 频带上的信道质量差异，可以获得信道的频率选择性调度增益。每个用户根据所需 RB 数来设定滑动窗口宽度，在所有可选资源上选择预期增益最大的资源组合。

频选调度虽然能够跟踪信道波动或者干扰波动而获得增益，但可能会产生频带碎片，从而导致 RB 利用不充分。同时，频选调度的实现复杂度偏高，处理开销较大。

4）上行调度用户 RB 数的确定

上行调度器根据 UE 上报的缓冲区状态、QoS 保证的令牌桶状态、功率余量状态及单载波允许的 RB 个数等确定该 UE 在本 TTI 内所需的 RB 资源。至于调度的 RB 位置，需要综合 eNodeB 测量的 UE 的 SINR 值、系统资源利用率等进行选择。

5）上行调度用户 MCS 的确定

SINR 反映了 UE 业务的上行信道质量，LTE 系统根据 SINR 选择上行调度的 MCS。上行调度用户 MCS 的选择分为 SINR 调整、MCS 初选和 MCS 调整三个部分。

MAX C/I 调度如图 5-62 所示。假设资源块是时分的，每一时刻只有一个用户被调度，那么采用最大 C/I 调度时，尽管每个用户所经历的信道在不同时刻有好有坏，但是从基站角度来看，任何一个时刻总是能够找到一个用户的信道质量接近峰值，这种通过选择最好信道质量的用户进行信号传输的方法通常叫作多用户分集。信道的选择性越大，小区中的用户越多，多用户分集越大。

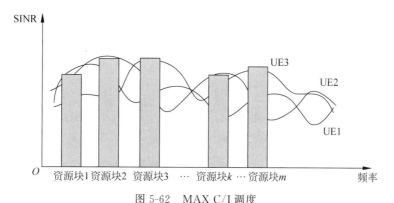

图 5-62 MAX C/I 调度

Max C/I 调度优先级计算函数可以表示为

$$k = \arg\max_{j=1,2,\cdots,k}\left\{\left(\frac{C}{I}\right)_j(t)\right\} \tag{5-6}$$

轮询调度的优先级计算函数为

$$k = \arg\max_{j=1,2,\cdots,k} \{T_j(t)\} \tag{5-7}$$

比例公平调度算法的优先级计算函数为

$$k = \arg\max_{j=1,2,\cdots,k} \left\{ \left(\frac{r_j(t)}{R_j(t)} \right) \right\} \tag{5-8}$$

$$R_j(t+1) = \left(1 - \frac{1}{T_C}\right) * R_j(t) + \frac{r_j(t)}{T_C} \tag{5-9}$$

其中,$\left(\dfrac{C}{I}\right)_j$ 为用户 j 的载干比,$r_j(t)$ 表示用户 j 的瞬时数据速率,$R_j(t)$ 表示用户 j 的平均数据速率,该平均值是通过一定的平均周期 T_C 计算出来的。平均周期的选取,应该保证既能有效利用信道的快衰落特性,又能限制长期服务质量的差别小到一定的程度。

从系统容量的角度来看,Max C/I 调度是有益的,但是从用户的角度来看,那些长时间处于深衰落或者位于小区边缘的用户将永远不会被调度,从而影响用户之间的公平性,如图 5-63(a)所示。RR 调度则充分考虑了用户之间的公平性,如图 5-63(b)所示,其调度策略是让用户依次使用共享资源,在调度时并不考虑用户所经历的瞬时信道条件。RR 调度虽然给每个用户相同的调度机会,但是从 QoS 来说并不是这样的,这是因为信道条件差的用户显然需要更多的调度机会才能完成基本相同的 QoS。一种 Max C/I 调度与 RR 调度的折中是比例公平调度,如图 5-63(c)所示。

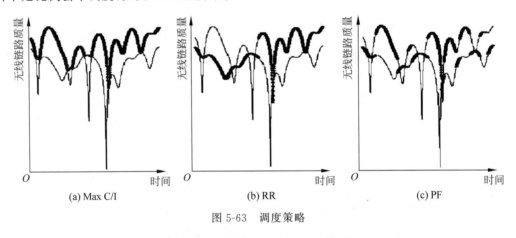

(a) Max C/I (b) RR (c) PF

图 5-63 调度策略

相对于单载波 CDMA 系统,LTE 系统的一个典型特征是可以在频域进行信道调度和速率控制,如图 5-64 所示,基站侧需要知道频域上不同频带的信道状态信息。对于下行可以通过测量全带宽的公共参考信号,获得不同频带的信道状态信息,量化为信道质量指示 CQI 并反馈给基站;对于上行可以通过测量终端发送的上行探测参考信号 SRS,获得不同频带的信道状态信息,进行频域上的信道调度和速率控制。

5.5.5 HARQ

1. FEC、ARQ 及 HARQ

利用无线信道的快衰特性可以进行信道调度和速率控制,但是总是有一些不可预测的干扰导致信号传输失败,因此需要使用前向纠错编码(FEC)技术。FEC 的基本原理是在传

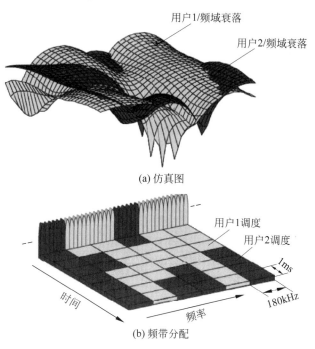

(a) 仿真图

(b) 频带分配

图 5-64 LTE 的频域调度

输信号中增加冗余,即在信号传输之前在信息比特中加入校验比特。校验比特使用由编码结构确定的方法对信息比特进行运算得到。这样,信道中传输的比特数目将大于原始信息比特数目,从而在传输信号中引入冗余。

另外一种解决传输错误的方法是使用 ARQ 技术。在 ARQ 方案中,接收端通过错误检测(通常使用 CRC 校验)判断接收到的数据包的正确性。如果数据包被判断为正确,那么说明接收到的数据是没有错误的,并且通过发送 ACK 应答信息告知发射机;如果数据包被判断为错误,那么通过发送 NACK 应答信息告知发射机,发射机将重新发送相同的信息。

大部分通信系统都将 FEC 与 ARQ 结合起来使用,称为混合自动重传请求(Hybird ARQ,HARQ)。HARQ 使用 FEC 纠正所有错误的一部分,并通过错误检测判断不可纠正的错误。错误接收的数据包被丢掉,接收机请求重新发送相同的数据包。

LTE 采用多个并行的停等 HARQ 协议。所谓停等,就是指使用某个 HARQ 进程传输数据包后,在收到反馈信息之前,不能继续使用该进程传输其他任何数据。单路停等协议的优点是比较简单,但是传输效率比较低,而采用多路并行停等协议,同时启动多个 HARQ 进程,可以弥补传输效率低的缺点。其基本思想在于同时配置多个 HARQ 进程,在等待某个 HARQ 进程的反馈信息过程中,可以继续使用其他的空闲进程传输数据包。确定并行的进程数目要求保证最小的往返时间(RTT)中任何一个传输机会都有进程使用。

对于 TDD 来说,其 RTT 大小不仅与传输时延 T_p、接收时间 T_sf 和处理时间 T_RX 有关,还与 TDD 系统的时隙比例(DL：UL)、传输所在的子帧位置有关。进程数目 N_proc 为 RTT 中包含同一方向的子帧数目。以下行 HARQ 进行说明,假设基站侧的处理时间为

$3 \times T_{sf}$，终端侧的处理时间为 $3 \times T_{sf} - 2 \times T_P$，如图 5-65 所示，同样对于子帧 0 开始的数据传输，不同的时隙比例，其 RTT 及进程数目是不同的，如图 5-65(a) 和图 5-65(b) 所示；在相同的时隙比例下，不同子帧位置开始的数据传输，其 RTT 及进程数目也是不同的，如图 5-65(a) 和图 5-65(c) 所示。

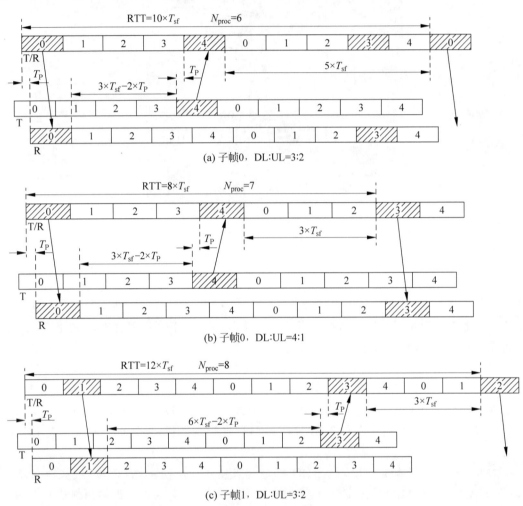

图 5-65 不同上下行配比

对于某一次传输，其应答消息（ACK/NACK）需要在约定好的时间上进行传输，对于 TDD 来说，由于其在任何一个方向的传输都是不连续的，因此 ACK/NACK 与上一次传输之间采用固定的时间间隔是无法保证的。对于 TDD 系统，下行不同时隙配比的进程数如表 5-20 所示。

表 5-20 下行不同时隙配比的进程数

时　　隙	DL/UL 配比	进　程　数
5ms 周期	1DL＋DwPTS：3UL	4
	2DL＋DwPTS：2UL	7
	3DL＋DwPTS：1UL	10

续表

时　　隙	DL/UL 配比	进 程 数
10ms 周期	3DL＋2DwPTS:5UL	6
	6DL＋DwPTS:3UL	9
	7DL＋DwPTS:2UL	12
	8DL＋DwPTS:1UL	15

对于 TDD 系统,上行不同时隙配比的进程数如表 5-21 所示。

表 5-21　上行不同时隙配比的进程数

时　　隙	DL/UL 配比	进 程 数
5ms 周期	1DL＋DwPTS:3UL	7
	2DL＋DwPTS:2UL	4
	3DL＋DwPTS:1UL	2
10ms 周期	3DL＋2DwPTS:5UL	6
	6DL＋DwPTS:3UL	3
	7DL＋DwPTS:2UL	2
	8DL＋DwPTS:1UL	1

如果重传在预先定义好的时间上进行,接收机则不需要显示告知进程号,则称为同步 HARQ 协议;如果重传在上一次传输之后的任何可用时间上进行,接收机则需要显示告知具体的进程号,则称为异步 HARQ 协议,如图 5-66 所示。LTE 中,下行采用异步 HARQ 协议,上行采用同步 HARQ 协议。同步 HARQ 协议并不意味着所有的初传与重传之间相隔固定的时间,而只要保证事先可知即可,因此为了降低上行传输延时,不同的时隙比例可以选取不同的 RTT。

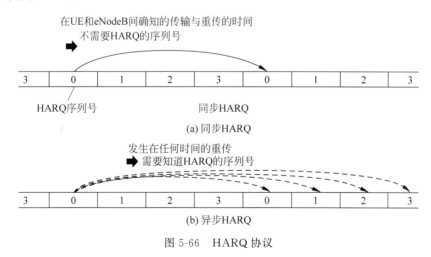

图 5-66　HARQ 协议

HARQ 又可以分为自适应 HARQ 与非自适应 HARQ。自适应 HARQ 是指重传时可以改变初传的一部分或者全部属性,比如调制方式及资源分配等,这些属性的改变需要信令额外通知。非自适应的 HARQ 是指重传时改变的属性是发射机与接收机提前协商好的,不需要额外的信令通知。

LTE 的下行采用自适应的 HARQ,上行同时支持自适应和非自适应的 HARQ。非自适应的 HARQ 仅由物理 HARQ 指示 PHICH 中承载的 NACK 应答信息来触发;自适应的 HARQ 通过 PDCCH 调度来实现,即基站发现接收输出错误之后,不反馈 NACK,而是通过调度器调度其重传所使用的参数。

2. HARQ 与软合并

前面介绍的 HARQ 机制中,接收到的错误数据包都是直接被丢掉的。虽然这些数据包不能独立地正确译码,但是其依然包含一定的有用信息,可以使用软合并来利用这部分信息,即将接收到的错误数据包保存在存储器中,与重传的数据包合并在一起进行译码。

HARQ 软合并技术根据重传比特和初传比特相同与否,分为追踪合并(CC)和增量冗余(IR)。使用 CC 时,重传包含与初始传输相同的编码比特集合,每次重传之后,接收机使用最大比特集合并对每个接收到的比特与前面传输中的相同比特进行合并,然后送到译码器进行译码。由于每次重传都是与原始传输相同的副本,CC 合并可以看作额外的重复编码。CC 合并没有传输任何新的冗余,因此 CC 合并不能提供额外的编码增益,其仅增加了接收到的解调门限 E_b/N_0,E_b 为每比特能量,N_0 为噪声功率谱密度,如图 5-67 所示。

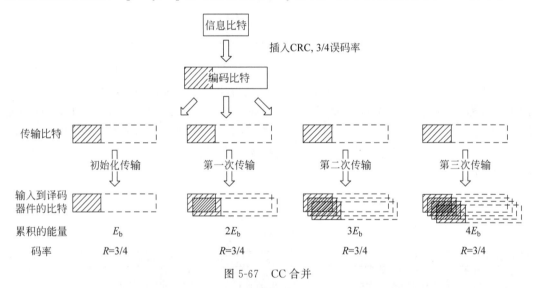

图 5-67　CC 合并

使用 IR 合并时,每次重传不一定与初始传输相同。相同的比特信息可以对应多个编码的比特集合,当需要进行重传时,使用与前面传输不同的编码比特集合进行重传。由于重传时可能包含前面传输中没有的校验比特,整体的编码速率被降低。进一步讲,每次重传不一定与原始传输相同数目的编码比特,不同的重传可以采用不同的调制方式。一般地,IR 合并通过对编码器的输出进行打孔获得不同的冗余版本,通过多次传输及合并之后降低整体的编码速率,如图 5-68 所示。

LTE 支持使用 IR 合并的 HARQ,其中 CC 合并可以看作 IR 合并的一个特例。

5.5.6　小区间干扰消除技术

LTE 的下行和上行都采用正交的多址方式,因此对于 LTE 来说,小区间干扰成为主要的干扰,而且与 CDMA 系统使用软容量来实现同频组网不同,LTE 无法直接实现同频组

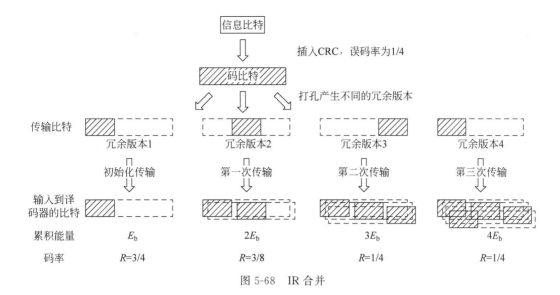

图 5-68　IR 合并

网,因此如何降低小区间干扰,实现同频组网成为 LTE 的一个主要问题。有多种方法可以消除小区间的干扰,LTE 系统至少支持四种小区间干扰消除方法,包括发射端波束赋形及干扰抑制合并(IRC)、小区间干扰协调、功率控制、比特级加扰。

1. 发射端波束赋形及 IRC

对于下行方向,基站可以使用发射端波束赋形技术,将波束对准期望用户来提高期望用户的信号强度并降低信号对其他用户的干扰,如图 5-69 所示。如果波束赋形时,基站已经知道被干扰用户的方位,基站就可以主动降低对该方向辐射能量,减少干扰。

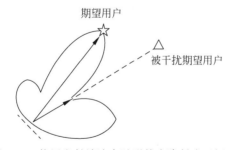

图 5-69　使用发射端波束赋形技术降低小区间干扰

发射端波束赋形是一种利用发射端多根天线降低用户间干扰的方法。当接收端也存在多根天线时,接收端也可以利用多根天线降低用户间干扰,其主要的原理是通过对接收信号加权来抑制强干扰,称为 IRC,如图 5-70 所示。

以下行方向为例进行说明,存在一个目标基站 s 和一个干扰基站 s_1,那么接收端的信号 $\bar{r}$ 用矩阵表示为

$$\bar{r} = \begin{bmatrix} r_1 \\ \vdots \\ r_{N_R} \end{bmatrix} = \begin{bmatrix} h_1 \\ \vdots \\ h_{N_R} \end{bmatrix} \cdot s + \begin{bmatrix} h_{I,1} \\ \vdots \\ h_{I,N_R} \end{bmatrix} \cdot s_I + \begin{bmatrix} n_1 \\ \vdots \\ n_{N_R} \end{bmatrix} = \bar{h} \cdot s + \bar{h}_I \cdot s_I + \bar{n} \qquad (5-10)$$

可以通过选取权值 $\bar{w}$ 满足式(5-10)来实现对干扰信号的抑制

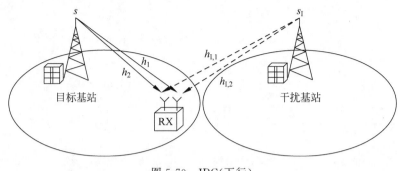

图 5-70　IRC(下行)

$$\bar{w}^{\mathrm{H}} \cdot \bar{h}_{\mathrm{I}} = 0 \qquad (5\text{-}11)$$

式中,$\bar{h}$ 为天线矩阵。N_{R} 根接收天线最多可以抑制 $N_{\mathrm{R}}-1$ 个干扰。

IRC 也可以用于上行,用来抑制来自外小区的干扰,这种方法通常也叫作接收端波束赋形,如图 5-71 所示。

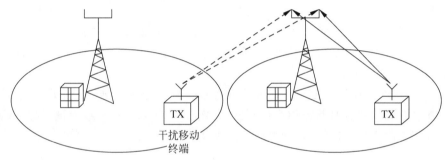

图 5-71　IRC(上行)

2. 小区间干扰协调

小区间干扰协调以小区间协调的方式对资源的使用进行限制,包括限制哪些时频资源可用,或者在一定的时频资源上限制其发射功率。小区间干扰协调可以采用静态的方式,也可以采用半静态的方式。静态的小区间干扰协调不需要标准支持,属于调度器的实现问题,可以分为频率资源协调和功率资源协调两种,这两种方式都会导致频率复用系统小于 1,一般称为软频率复用或者部分频率复用技术。

一种频率资源协调方法如图 5-72 所示,频率资源被划分为 3 部分,其中位于小区中心的用户可以使用所有的频率资源,而位于小区边缘的用户只能使用部分频率资源,并且相邻小区的小区边缘用户所使用的频率资源不同,从而可以降低小区边缘用户的干扰。

一种功率资源协调方法如图 5-73 所示,频率资源被划分为 3 部分,所有小区都可以使用全部的频率资源,但是不同的小区类型只允许一部分频率可以使用较高的发射功率,比如位于小区边缘的用户可以使用这部分频率,而且不同小区类型的频率集合不同,从而降低小区边缘用户的干扰。

半静态的小区间干扰协调需要小区间交换信息,比如需要交换资源使用信息。LTE 确定可以在 X2 接口交换 PRB 的使用信息进行频率资源的小区间干扰协调(上行),即告知哪个

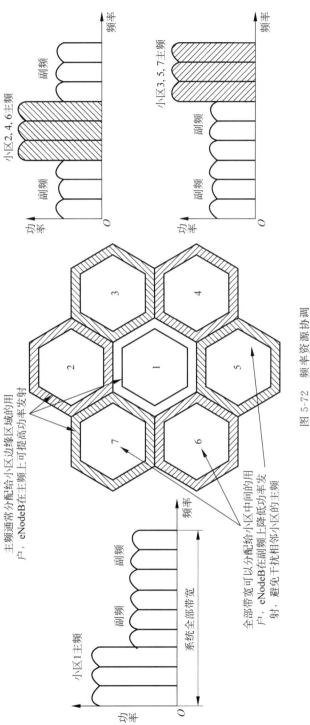

图 5-72 频率资源协调

PRB 被分配给小区边缘用户,以及哪些 PRB 对小区间干扰比较敏感。同时,小区之间可以在 X2 接口上交换过载指示信息,用来进行小区间的上行功率控制。

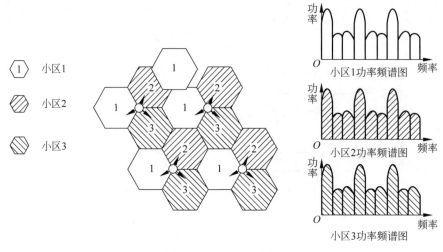

图 5-73　功率资源协调

3. 功率控制

LTE 上行方向可以进行功率控制(TPC),包括小区间功率控制和小区内的功率控制,如图 5-74 所示。小区内功率控制的主要目的是补偿传播损耗和阴影衰落,节省终端的发射功率,尽量降低对其他小区的干扰,使得热噪声干扰(IoT)保持在一定的水平之下。小区间功率控制可以通过告知其他小区本小区 IoT 的信息及控制本小区 IoT 的方法,这是因为本小区的 IoT 主要来自其他小区的干扰,如果干扰功率已经超过了 IoT 水平(超载),通过降低本小区的终端发射功率是无法降低本小区的 IoT 的。LTE 小区之间可以在 X2 接口上交换过载指示信息,进行小区间的上行功率控制。

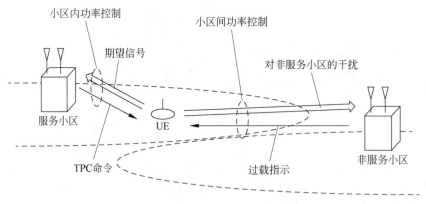

图 5-74　上行小区间及小区内功率控制

上行功率控制控制物理信道中一个 DFT-S-OFDM 符号上的平均功率,发射功率控制命令或者包含在 PDCCH 中的上行调度授权信令中,或者使用特殊的 PDCCH 格式与其他用户的 TPC 进行联合编码传输。

LTE 下行方向也可以进行功率控制,小区内的功率控制不需要标准支持。下行功率控制 EPRE(每个 RE 上的能量),下行小区专用参考信号的 EPRE 在所有子帧及整个带宽上恒定。

4. 比特级加扰

LTE 使用比特级加扰对小区间干扰进行随机化,即针对编码之后(调制之前)的比特进行加扰,如图 5-75 所示。

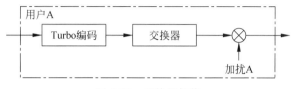

图 5-75 比特级加扰

使用比特级加扰后获得的干扰抑制增益与处理增益成正比。LTE 物理层协议确定对于 BCH、PCH 以及控制信令采用小区专用的加扰,并且其与物理层小区 ID 有一一映射关系;对于下行同步信道则采用 UE 专用加扰或者一组 UE 专用加扰;对于上行信道,LTE系统支持 UE 专用加扰,但是允许配置为使用或者不使用。

5.6 LTE-Advanced 系统的增强技术

2005 年 10 月 18 日,ITU 给 B3G 技术一个正式的名称 IMT-Advanced,即 4G 技术,主要包括 LTE-Advanced(包括 TDD 和 FDD 两种制式)和 IEEE 802.16m 两大类技术方案。其中,中国主导的具有自主知识产权的 TD-LTE-Advanced,作为 LTE-A 技术的 TDD 分支,获得欧洲标准化组织 3GPP 和国际通信企业的广泛认可和支持。IMT-2000、LTE-Advanced 及 LTE R8 的指标需求如表 5-22 所示。

表 5-22 IMT-2000、LTE-Advanced 及 LTE R8 的指标需求

参　　　数	单　　位	IMT-A	LTE-A	LTE R8
带宽	MHz	40	100	20
下行峰值速率	Mb/s	1000	1000	100
上行峰值速率	Mb/s	500	50	50
下行峰值频谱效率	b/s/Hz	15	30	15
上行峰值频谱效率	b/s/Hz	6.75	15	3.75
下行小区边缘频谱效率	b/s/Hz	0.07	0.09	—
上行小区边缘频谱效率	b/s/Hz	0.03	0.06	—

为了满足指标需求,LTE-A 引入载波聚合(CA)、多天线增强、中继技术、多点协作传输(CoMP)等关键技术。

5.6.1 载波聚合技术

CA 是 LTE-Advanced 系统大带宽运行的基础,而且能将多个较小的离散频带有效地整合起来,真正利用不同频带的传输特性,最大聚合带宽为 100MHz,从而能够实现更高的

系统峰值速率。LTE-Advanced 引入了成员载波的概念,每个成员载波的最大带宽不超过
20MHz,即 110 个 RB。在 LTE 中,每个小区只有一个成员载波,每个 UE 也只有一个成员
载波为其服务;在 LTE-Advanced 中,每个小区有多个成员载波,每个 UE 也可能有多个成
员载波为其服务。成员载波(CC)是指可配置的 LTE 系统载波,且每个 CC 的带宽都不大
于 LTE 系统所支持的上限(20MHz)。

根据聚合的 CC 在无线资源中的连续性及所在频带是否相同,可将 CA 分为三种聚合
场景:同一频带内连续载波聚合、同一频带内非连续载波聚合和不同频带内载波聚合,如
图 5-76 所示。按照系统支持业务的对称关系,聚合场景分为对称载波聚合和非对称载波聚
合,如图 5-77 所示。

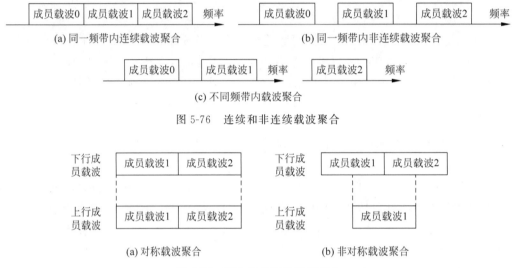

图 5-76　连续和非连续载波聚合

图 5-77　对称和非对称载波聚合

1. 连续和非连续载波聚合

在同一频带内的连续载波聚合中,所有载波单元在同一频带内,且载波单元之间没有间
隔的存在;在同一频带内不连续的载波聚合中,所有载波单元在同一频带内,但至少有两个
载波单元之间存在间隔。不同频带内的载波聚合的成员载波不在一个频带内。

根据频谱规划,4G 的频谱资源是比较稀少的,其频谱里面有些带宽还不到 100MHz,很
难为一个移动通信网络提供连续的 100MHz 带宽,因此非连续载波聚合在实际环境中显得
更具有普遍的适用性。但是不可避免的是,在非连续载波聚合下需要多个射频链路才能发
送和接收完整带宽的信号。除了给硬件实现带来困难,非连续载波聚合还会对一些链路和
系统级算法带来影响。

2. 对称和非对称载波聚合

对称和非对称载波聚合指的是下行与上行有相同或不相同的载波数目。非对称载波聚
合既可以是小区专用的,也可以是 UE 专用的,小区专用非对称载波是从系统的角度来看待
的,而 UE 专用非对称载波是从 UE 的角度来看待的。

图 5-77(a)从系统的角度来看是对称载波,但是由于不同的 UE 有不同的业务需求、射
频单元处理能力及基带模块结构,因此从 UE 角度来看,可以被配置为非对称载波聚合方

式,并能够通过静态或半静态配置进行切换。UE 专用不对称载波聚合技术的应用,为 LTE-A 中负载均衡、干扰协调、QoS 管理及功率控制等技术提供了更大的灵活性。

对于 FDD 模式,非对称聚合会引起混淆上下行成员载波之间对应关系的问题。此外, 数据传输在传输之前需要调度信息,传输之后需要 HARQ 功能反馈,这些都需要上行和下 行成员载波之间的对应关系。而 TDD 通过上下行时隙配置,可以实现非对称传输,其上下 行的对应关系是通过时间来对应的,不会混淆上下行成员载波之间的对应关系。

5.6.2 中继技术

1. 原理

传统蜂窝网络中,基站与用户之间的通信是靠无线信道直接连接的,即采用"单跳"的传 输模式,信号经发送端发射之后,直接通过无线链路传输至接收端。中继技术则通过在基站 和移动用户之间增加一个或者多个中继节点来实现信号的传输,即实现了无线信号的"多 跳"传输。信号在通过发送端发射之后,需经过中继节点的处理后才会转发至接收端。中继 技术为解决系统覆盖、提升系统吞吐量等问题提供了解决方案。中继站与传统直放站在工 作方式及作用方面均不相同。传统的直放站在接收到基站发射的无线信号后,直接对其进 行转发,仅起到了放大器的作用。而中继技术在数据传输的过程中,发送端首先将数据传送 至中继站,再由中继站转发至目的节点。通过中继技术来缩短用户和天线间的距离,从而达 到改善链路质量的目的,可有效提升系统的数据传输速率和频谱效率。若在小区原有覆盖 范围部署中继站,还可以达到提升系统容量的目的。

基站和中继之间的链路被称为回程链路,基站与直传用户之间的链路称为直传链路,中 继与中继所服务用户之间的链路称为接入链路。中继技术引入的主要目的是提升系统容量 和扩大系统覆盖范围,中继技术还具有布网灵活快速,避免盲点覆盖,实现无缝隙通信,提供 临时覆盖等诸多特点及优势。引入中继技术的网络示意图如图 5-78 所示。

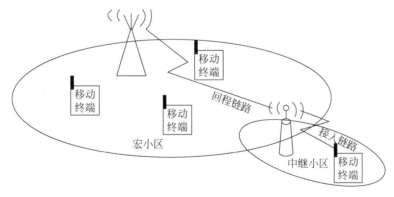

图 5-78 引入中继技术的网络示意图

2. 分类

1) 根据链路的频带不同分类

在 LTE-A 系统中根据基站与中继节点间链路的频带来分,中继可分为带内中继和带 外中继。带内中继是指基站与中继链路和中继与用户链路的频带相同;带外中继是指基站 与中继链路和中继与用户链路的频带不同。

2）根据协议栈的分类

LTE-A 系统中考虑的中继技术有三种方案：L0/L1 中继、L2 中继和 L3 中继。L0 中继指中继节点收到信号后直接放大转发；L1 中继有物理层，将接收到的信号通过物理层转发；L2 中继的协议栈包括物理层协议、MAC 层协议及无线路由控制协议；L3 中继接收和发送 IP 包数据，因此 L3 中继具有基站的所有功能，可以通过 X2 接口直接和基站通信。

3）根据是否存在小区 ID 分类

根据是否存在独立小区识别号可分为第Ⅰ类中继和第Ⅱ类中继。这两种中继方式最显著的特点是第Ⅰ类中继具有独立的小区识别号，第Ⅱ类中继没有独立的小区识别号。

第Ⅰ类中继属于 L3 或者 L2 中继，是一种非透明中继，用户在基站和中继站之间必然发生切换，类似于普通基站间的切换操作。第Ⅰ类中继发送自己的同步信道、参考信号及其他反馈信息，支持小区间的协作。第Ⅱ类中继属于 L2 中继，是透明中继，用户在基站和中继站之间不一定发生切换，类似于小区内的切换或者透明切换操作。基站可以和中继同时发送相同的信号给用户，其主要作用是扩大小区的覆盖范围，只有部分基站功能，不需要自己生成信令，建站成本较低。

3. 应用目的

（1）提高覆盖能力。终端不在基站的覆盖范围之内，使用中继技术可以提高系统的覆盖能力，如图 5-79 所示。

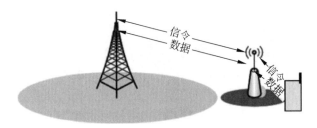

图 5-79　终端不在基站的覆盖范围的中继网络

（2）提高容量。使用中继技术可以提高小区边缘用户的传输数据速率或小区平均吞吐量，如图 5-80 所示。

4. 应用场景

通过部署中继可以实现：①密集城区提高高速业务的覆盖；②改善乡村环境；③高速铁路为用户提供更高的吞吐量，并降低本地用户的切换失败率；④室内环境解决较大的阴影衰落和墙壁的穿透损耗；⑤对于城市盲点区域可以扩充对盲点区域的覆盖。

5.6.3　协作式多点传输技术

1. 原理

为了提高频谱的利用率，LTE 采用了同频组网的方式，使得小区边缘的用户将受到相邻小区的同频干扰。并且下行和上行都采用基于 OFDM 的正交多址方式，而 OFDM 无法有效地消除小区间干扰。虽然采用多天线技术可以提高小区中心的数据速率，却很难提高小区边缘的性能，小区中心和边缘的性能差异较大。

协作式多点传输技术（CoMP）是指协调的多点发射/接收技术，通过移动网络中多节点

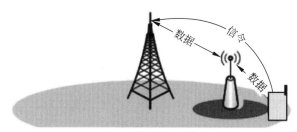

(a) 终端在基站的覆盖范围内

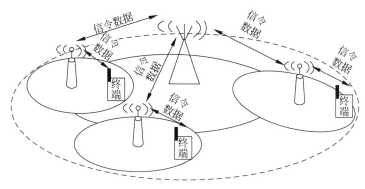

(b) 基站降低发射功率，中继补充覆盖

图 5-80　提高系统容量的中继网络

（基站、用户、中继节点等）协作传输，解决移动蜂窝单跳网络中的单小区和单站点传输对系统频谱效率的限制，更好地克服小区间干扰，提高无线频谱传输效率，提高系统的平均和边缘吞吐量，进一步扩大小区的覆盖。eNodeB 之间的 CoMP 技术可以采用 X2 接口进行有线传输，eNodeB 与中继之间的 CoMP 技术采用空口进行无线传输。

CoMP 分为上行和下行两部分。上行主要为多点的协作接收问题，其实质是多基站信号的联合接收问题，对现有的物理层的标准改变较小。下行则是协作多点传输问题，突破传统的单点传输，采用多小区协作为一个或多个用户传输数据，通过不同小区间的基站共享必要的信息，使多个基站通过协作联合为用户传输数据信息。协作的多个基站不仅需要共享信道信息，还需要共享用户的数据信息。整个协作的基站同时服务一个或多个用户。

2. 分类

从不同的角度出发，协作式多点传输技术的分类有所不同。

1）根据干扰处理的角度

从干扰处理的角度出发，可以分为协作调度/波束成形和联合处理/传输技术两种方式。

（1）在协调调度/波束成形中，要求协作传输的多个节点之间共享用户的信道状态信息，所要传输的用户数据信息只能由服务小区所在的基站进行传输，即用户数据信息不共享。通过在各个协作传输节点之间使用协作调度/波束赋形技术，有效地降低由于各个协作传输节点所覆盖区域之间的重叠而造成的用户间的相互干扰。从本质上说，这种协作方式属于干扰避免或干扰协调技术。在进行子载波分配时，相邻小区的地理位置上非常接近的不同用户避免分配相同或相近的子载波进行信号传输，这样能够很好地改善小区边缘用户接收信号的质量，小区边缘用户的吞吐量也会明显增加，进而提高整个网络的性能。协作调度/波束成形模型如图 5-81 所示。

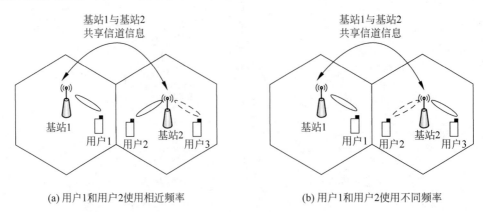

图 5-81　协作调度/波束成形模型

在图 5-81(a)中,用户 1 和用户 2 分别位于基站 1 与基站 2 所覆盖的重叠区域之中,其中用户 1 隶属于基站 1,用户 2 隶属于基站 2。在基站为用户提供服务时,当基站 1 分配给用户 1 的频率资源与基站 2 分配给用户 2 的频率资源相同或相近时,用户 1 和用户 2 之间将会产生相互干扰,这时基站 1 与基站 2 需要对用户 1 和用户 2 所使用的频谱进行相互协调,即协作调度/波束赋形。在图 5-81(b)中,通过基站 2 的调度或协调处理,将原来分配给用户 2 使用的频率资源分配给几乎不会对用户 2 造成干扰的用户 3 使用,对于用户 2 则重新分配另外的频率资源,这样能够大大减小用户 1 与用户 2 之间的相互干扰,但这样会在一定程度上导致频谱利用率低降低。而协作波束赋形是指各基站为用户提供服务时,使用单一的方向性波束,这样可以减小多用户之间的相互干扰。

(2) 联合处理/传输技术。联合处理是指多个协作传输的节点,同时为多小区中的多个用户提供服务,可以显著改善整个系统的吞吐量。在联合处理/传输技术中,需要协作传输的多个节点之间共享用户的信道状态信息及用户数据信息,即所需要传输的数据信息在 CoMP 协作集的每个传输节点间进行共享。各传输节点按照某种准则向用户传输数据信息。为一个终端服务的每个小区都保存有向该终端发送的数据包,网络根据调度结果及业务需求的不同,选择其中的所有小区、部分小区或者单个小区向该终端发送数据。信息在 CoMP 协作集的每个传输节点间进行共享。根据多个传输节点是否同时传输用户数据,又可将联合处理/传输技术分为联合传输技术和动态小区选择技术。

在联合传输技术中,用户将能获得来自多个传输节点发送的数据信息;而在动态小区选择技术中,用户不同时接收来自多个协作传输节点发送的数据信息,但是用户可以根据信道状态信息的好坏或参考信号接收功率的大小或信干噪比的大小等因素来选择能使自己获得最大协作增益的一个协作传输节点,而且用户可以在 CoMP 协作集中的多个传输节点间随时进行传输节点的更换。三小区联合处理/传输技术模型如图 5-82 所示。

图 5-82 中,基站 1、2、3 同时为隶属于基站 3 的用户 3 提供服务,基站 1 和基站 2 为隶属于基站 1 的用户 1 提供服务。在传输节点确定之后,用户的服务基可以选择采用联合传输或者动态小区选择来为用户提供服务。采用联合传输技术可以实现用户吞吐量的最大化,但是该技术频谱效率要比动态小区选择略低,所以基站应该根据实际系统的需要来选择

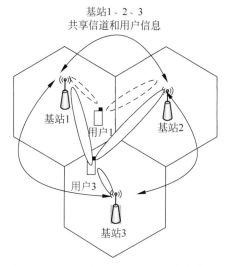

图 5-82 三小区联合处理/传输技术模型

合适的协作方式。

2）根据协作范围的不同

根据协作范围的不同,协作式多点传输技术可分为站内协作方式和站间协作方式。当多点协作发生在一个站点内时被称为站内协作,此时由于没有回传容量限制,因此可以进行大量的信息交互。对于站内协作方式,参与协作的小区都属于同一个基站,基站拥有全部协作小区的信息,因而实现协作多点传输比较简单。

5.6.4 增强型 MIMO

1. 概述

多天线技术的增强是满足 LTE-A 峰值谱效率和平均谱效率提升需求的重要途径之一。

LTE R8 下行支持 1、2 或 4 天线进行发射,终端侧支持 2 或 4 天线进行接收,下行可支持最大 4 层传输。上行只支持终端侧单天线发送,基站侧最多 4 天线接收。LTE R8 的多天线发射模式包括开环 MIMO、闭环 MIMO、波束成形及发射分集。除了 SU-MIMO,LTE 中还采用谱效率增强的 MU-MIMO 多天线传输方式,多个用户复用相同的无线资源通过空分的方式同时传输。

LTE-A 中为提升峰值谱效率和平均谱效率,在上下行都扩充了发射/接收支持的最大天线个数,允许上行最多 4 天线 4 层发送,下行最多 8 天线 8 层发送。

通信系统上行单端口发送扩展到支持最大 4 端口的空间复用,可以实现 4 倍的单用户峰值速率。下行从 LTE4 个端口扩展到 8 个,最大支持 8 发 8 收空间复用,用户峰值速率将因此提高一倍。

2. 应用场景

(1) TDD-LTE 模式下,MIMO 的几种模式分别适用于不同的场景,按照切换的边界条件来分,从离城市中心到郊区及小区边缘,分别可以用如下传输方式布网:离基站比较近、信号较强、靠近市中心、多径衰落较强的城市中心地区,可以使用闭环 MIMO,由于有闭环的 RI/PMI 反馈,其速率稳定、误码率较低,可以获得多天线增益,但是对边界条件要求比较严格;如果环境较为恶劣,SNR 值较低,信道相关性稍低,可以使用开环 MIMO 方式;在城市郊区较为开阔、信道相关性较高的郊区地区,依照速度的不同,选择波束赋形,波束赋形技术更可以利用 TD-LTE 系统中上/下行信道互易性,针对单个用户动态地进行波束赋形,从而有效提高传输速率和增强小区边缘的覆盖性能。以上各种模式均可切换成发射分集模式,发射分集模式的健壮性强,对速度、信道环境与 SNR 要求均不高,但是无法产生多天线速率增益,只可以享受由于多天线并行传输带来的分集增益。

(2) FDD-LTE 模式下,可以采用 4×4 或 8×8 MIMO 空分复用来提高系统容量。

本章习题

5-1 简述 LTE 的主要设计目标。

5-2 简述 LTE 的扁平化架构及特点。

5-3 4G 系统为何要采用 MIMO-OFDM 技术?

5-4 FDD-LTE 和 TDD-LTE 帧结构有什么不同?

5-5 简述 LTE 物理信道和物理信号。

5-6 LTE 系统引入循环前缀的主要作用是什么?

5-7 LTE 上行的 SC-FDMA 方式是采用何方式来实现多址的? 为何这种方式的峰均比较 OFDM 的低?

5-8 对于 2×2 BLAST,假设 x_1、x_2 都是 64QAM 调制符号,请问在平坦衰落信道环境下,对于接收端来说,发送端发送的符号共有多少种可能取值? 为什么?

5-9 简述空中分集、空间复用和波束赋形的基本原理。

5-10 LTE 的上、下行传输各采用了哪些传输技术,分别是基于什么来考虑的?

5-11 空时编码抗衰落的原理是什么?

5-12 空时分组码输出的码字与传统信道编码输出的码字有何关系?

5-13 LTE 系统的关键技术有哪些? LTE-A 系统的关键技术有哪些? 这些技术都解决了哪些问题?

5-14 什么是 LTE 系统的跟踪区? 简述其作用。

5-15 简述载波聚合的原理及其分类。

5-16 简述协作多点传输技术的原理及分类。

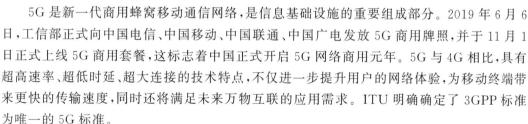

第6章

CHAPTER 6

5G 移动通信系统

学习重点和要求

本章主要介绍 5G 移动通信系统。内容包括系统的设计目标及关键性能；网络架构；无线网络和核心网及相应协议；5G 物理层过程，包括小区搜索、小区选择和重选、随机接入和功率控制；5G 系统的关键技术。要求：

- 掌握 5G 网络整体架构组成及主要网元功能；
- 了解 NR 结构及协议栈；
- 理解 5GC 结构及协议栈；
- 掌握 5G 物理层过程；
- 掌握 5G 移动通信系统的关键技术。

6.1 5G 概述

随着移动互联业务和超宽带应用的不断出现、物物互联设备需求量的指数级增长以及垂直行业可靠性应用的日益增长，4G 的网络性能在应对这些需求时面临着巨大的压力和挑战，并且不断涌现出的新业务和新场景对移动通信提出了更高的需求。因此，B4G 移动通信技术将从流量密度、时延、连接数等维度进行展开研究。

6.1.1 5G 演进和标准化

第 34 集

5G 是新一代商用蜂窝移动通信网络，是信息基础设施的重要组成部分。2019 年 6 月 6 日，工信部正式向中国电信、中国移动、中国联通、中国广电发放 5G 商用牌照，并于 11 月 1 日正式上线 5G 商用套餐，这标志着中国正式开启 5G 网络商用元年。5G 与 4G 相比，具有超高速率、超低时延、超大连接的技术特点，不仅进一步提升用户的网络体验，为移动终端带来更快的传输速度，同时还将满足未来万物互联的应用需求。ITU 明确确定了 3GPP 标准为唯一的 5G 标准。

5G 目前比较清晰的标准演进分为四个阶段。

（1）第一阶段是启动 R15 计划，其详细地对 5G 技术的实现方式、实现效果、实现指标进行了规划。在该阶段，5G 技术的主要标准有两个：独立组网标准（SA）和非独立组网标准（NSA）。

（2）第二阶段启动 R16 为 5G 标准的第二个版本，主要是对 R15 标准的一个补充和完善。R16 版本全面满足增强型移动宽带(eMBB)、超可靠低时延通信(URLLC)、海量机器类通信(mMTC)等场景的需求,特别是解决后两种场景的一些关键技术问题。在新空口(NR)方面,R16 将推进毫米波的多波束/ MIMO 技术,扩展 URLLC 和物联网(IoT)的应用领域;在 5G 核心网(5GC)方面,R16 将进一步研究 5GC 功能演进,以面向未来 5G 多样化业务应用。R16 继续了之前 R15 的功能(例如移动宽带),还引入动态频谱共享(DSS)、网络切片和专为 5G 专用网络设计(如卫星通信)的功能。网络切片是 R16 的关键部分,因为它可以使企业随着时间的推移更改其网络。

(3) 第三阶段是在 2021 年 6 月份完成整个 R17 标准的制定。在 5G 的 R17 标准中,一方面会对一些现有功能的继续增强和完善,另一方面也会新增很多新的功能,如更高速率要求的大规模物联网解决方案、多 SIM 卡、公共安全、基站节能改善和卫星访问等。

(4) 第四阶段是 3GPP 更新了其公开记录的信息,以 R18 作为 5G 版本。

6.1.2　5G 应用场景和关键性能

ITU 定义了 5G 三大应用场景:增强型移动宽带(eMBB)、海量机器类通信(mMTC)及高可靠低时延通信(URLLC)。三大应用场景如图 6-1 所示。eMBB 的典型应用场景有超高视频、高清视频会议、高清在线游戏及 VR 等。

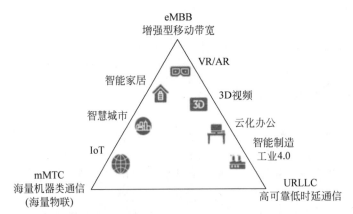

图 6-1　三大应用场景

5G 典型场景涉及人们居住、工作、休闲和交通等各种区域,特别是密集住宅区、办公室、体育场、地铁、快速路、高铁和广域覆盖等场景。这些场景具有超高流量密度、超高连接数密度、超高移动性等特征。

5G 移动通信更加关注用户的需求并为用户带来新体验,具有以下特征。

(1) 单位面积数据吞吐量显著提升,5G 的系统容量相比于 4G 要提高 1000 倍。

(2) 支持海量设备连接,在一些场景下每平方公里通过 5G 移动网络连接的设备数目可以达到 100 万以上,相对 4G 增长了 100 倍。

(3) 更低的延时和更高的可靠性,5G 时延只有 4G 时延的 20%,并提供真正的永远在线体验。

(4) 5G 使网络综合的能耗效率提高 1000 倍,达到 1000 倍容量提升的同时保持能耗与现有网络相当。

5G 关键性能指标主要包括用户体验速率、连接数密度、端到端时延、流量密度、移动性和用户峰值速率,相应术语定义如表 6-1 所示。5G 与 4G 的关键性能指标对比如图 6-2 所示。

表 6-1　相关术语定义

名　称	定　义
用户体验速率(bit/s)	真实网络环境下用户可获得的最低传输速率
连接数密度(km²)	单位面积上支持的在线设备总和
端到端时延(ms)	数据包从源节点开始传输到目的节点正确接收的时间
移动性(km/h)	满足一定性能要求时,收发双方间的最大相对移动速度
流量密度((bit/s)/km²)	单位面积区域内的总流量
用户峰值速率(bit/s)	单用户可获得的最高传输速率

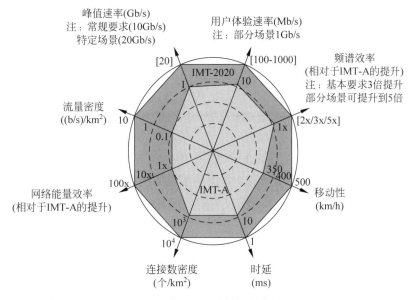

图 6-2　5G 与 4G 的关键性能指标对比

频谱利用、能耗和成本是移动通信网络可持续发展的三个关键因素。为了实现可持续发展,5G 系统相比 4G 系统在频谱效率、能源效率和成本效率方面需要得到显著提升。具体来说,频谱效率需提高 5～15 倍,能源效率和成本效率均要求有百倍以上提升。频谱效率、能源效率和成本效率的定义如表 6-2 所示。

表 6-2　频谱效率、能源效率和成本效率的定义

名　称	定　义
频谱效率((b/s)/Hz·小区或(b/s)/Hz·km²)	每小区或单位面积内,单位频谱资源提供的吞吐量
能源效率(bit/J)	每焦耳能量所能传输的比特数
成本效率(bit/Y)	每单位成本所能传输的比特数

为了研发 5G,中国专门成立了 IMT-2020(5G)推进组,其技术研发试验于 2016 年 1 月开始全面启动。中国在研发的过程中提出了 5G 之花,其包含了 9 个性能指标,如图 6-3 所示。

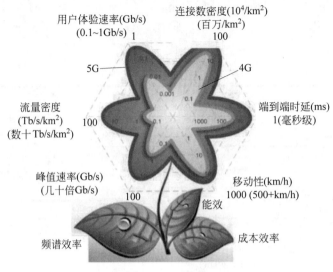

图 6-3　5G 之花

性能和效率需求共同定义了 5G 的关键能力,犹如一株绽放的鲜花。红花与绿叶相辅相成,其中花瓣代表了 5G 的六大性能指标,体现了 5G 满足多样化业务与场景需求的能力,而花瓣顶点代表了相应指标的最大值;绿叶则代表三个效率指标,是实现 5G 可持续发展的基本保障。

2015 年 10 月,在瑞士日内瓦召开的 2015 无线电通信大会上,国际电联无线电通信部门(ITU-R)正式批准了三项有利于推进 5G 研究进程的决议,并正式确定了 5G 的法定名称是"IMT-2020"。中国提出的"5G 之花"9 个技术指标中的 8 个也在这次大会上被 ITU 采纳。

6.1.3　5G NR 频谱规划

5G 移动通信系统比 4G 移动通信系统在业务层面存在革命性的变化。5G 业务更加丰富,其内容包括 eMBB、URLLC 和 mMTC。这三类业务要求用户体验速率大于 1Gbit/s、时延小于 1ms、每平方千米有 100 万个连接以上。这一切的实现有赖于丰富的频谱资源,所以在频谱资源的分配上 5G 比 4G 多了很多,也更加复杂。

5G 频谱分为两个区域 FR1 和 FR2,FR 的含义是 Frequency Range,即频率范围。基于 3GPP R16 版本规范,FR1 和 FR2 表示的频率范围如表 6-3 所示,其中 FR2 称为毫米波通信。

表 6-3　R16 频率范围

频 段 分 类	对应频率范围/MHz
FR1	410～7125
FR2	24250～52600

3GPP 在 TR38.101-1 中定义了 FR1 的工作频段,在 TR38.101-2 定义了 FR2 的工作频段。NR 的 FR2 的工作频带,是指有编号的、实际规定了上下频率边界的频带,如表 6-4

所示。表中第一列表示工作频带的编号,第二列和第三列分别表示上下行链路中各个工作频段的带宽大小和起始位置,第四列表示工作频带所支持的复用模式。

表 6-4　FR2 工作频带

NR 工作频带	上行 (基站接收终端发射)	下行 (基站发射终端接收)	复用模式
n257	26500MHz～29500MHz	26500MHz～29500MHz	TDD
n258	24250MHz～27500MHz	24250MHz～27500MHz	TDD
n260	37000MHz～40000MHz	37000MHz～40000MHz	TDD
n261	27500MHz～28350MHz	27500MHz～28350MHz	TDD

4G 的频段号和 5G FR1 的频段号基本上是相对应的,但是并不是完全一一对应。比如,4G LTE 的 B42(3.4～3.6GHz)和 B43(3.6～3.8GHz),在 5G NR 里面就变成 n78(3.4～3.8GHz)。而且,5G NR 里面的 n77 还包括了 n78。5G 的工作频带中有几个频段,复用模式既不是 FDD 也不是 TDD,而是 SDL 或 SUL,它们是辅助频段。

中国电信、中国移动、中国联通、中国广电的 5G 使用频段如图 6-4 所示。

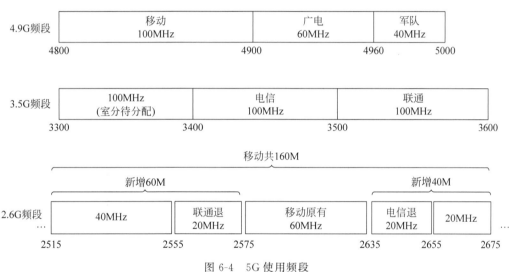

图 6-4　5G 使用频段

6GHz 以下低频频段主要用于满足 5G 网络覆盖需求和用于满足 5G 网络容量需求。随着 5G 商用逐渐成熟,毫米波频段将会应用于实际移动通信系统中。6GHz 以上高频频段用于满足 5G 网络容量需求和回传。低频段无线电波的穿透能力强、路径损耗小、覆盖范围更广,因此针对 5G 网络的 URLLC/mMTC 场景,频段建议优先选择 6GHz 以下的低频,如700MHz/900MHz 等。

6.1.4　5G 网络架构及网络部署

1. 5G 网络架构

5G 网络架构包括两部分,即下一代无线接入网(NG-RAN)和核心网(5GC,3GPP 有时也称为 NGC),如图 6-5 所示。NG-RAN 主要包括 gNodeB(简称 gNB)或增强型 4G 基站 ng-eNodeB(简称 ng-eNB)。5GC 主要包括接入和移动管理功能(AMF)、用户平面功能

第 35 集

（UPF）和会话管理功能（SMF）。5G 系统各网元功能如图 6-6 所示。

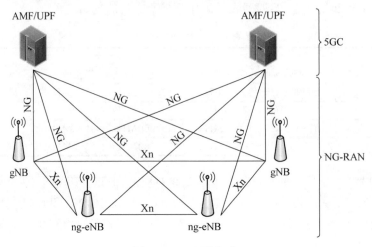

图 6-5　5G 网络架构

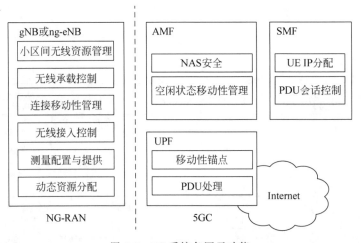

图 6-6　5G 系统各网元功能

2. 5G NR 组网策略

　　5G NR 组网架构演进分为非独立组网（NSA）和独立组网（SA）两种。NSA 指的是使用4G 基础设施,进行 5G 网络的部署。基于 NSA 架构的 5G 载波仅承载用户数据,其控制信令仍通过 4G 网络传输。SA 指的是纯 5G 网络,包括新基站、新回程链路及新核心网。3GPP 讨论了 8 种选项进行 5G NR 组网,其中选项 1,2,5,6 是独立组网,选项 3,4,7,8 是非独立组网;非独立组网的选项 3,4,7 还有不同的子选项;在这些选项中,选项 1 早已在 4G结构中实现,选项 6 和选项 8 仅是理论存在的部署场景,不具有实际部署价值,标准中不予考虑,如图 6-7 所示。各组网图中网元间的实线表示用户面的数据流,虚线表示控制面的信令流。

　　在非独立组网选项 3 中,核心网使用 4G 核心网（EPC）,无线侧有主站和从站两种基站,其中传输控制面数据作为主站。选项 3 系列根据数据分流控制点的不同,具体划分为三

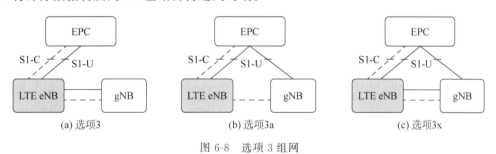

图 6-7　5G NR 网络部署方式

种选项方案,分别是选项 3、选项 3a 和选项 3x,如图 6-8 所示。在图 6-8(a)中,5G 基站的控制面和用户面均锚定于 4G LTE 基站;5G 基站不直接与 4G 核心网通信,它通过 LTE 基站连接到 4G 核心网;4G 和 5G 数据流量在 4G 基站处分流后再传送到手机终端;4G 基站和 5G NR 基站之间的 Xx 接口需同时支持控制面和 5G 数据流量,并要求满足时延需求。选项 3a 与选项 3 的差别在于,4G 和 5G 数据流量不再通过 4G LTE 基站分流和聚合,而是用户面各自直通 4G 核心网,仅控制面锚定于 4G LTE 基站。选项 3x 可以看成选项 3 和选项 3a 的合体。在选项 3x 下,控制面依然锚定 4G,但在用户面 5G NR 基站连接 4G 核心网,用户数据流量的分流和聚合也在 5G NR 基站处完成,要么直接传送到终端,要么通过基站间接口将部分数据转发到 4G 基站再传送到终端。

EPC	EPC	EPC
S1-C　S1-U	S1-C　S1-U	S1-C　S1-U
LTE eNB - - - gNB	LTE eNB - - - gNB	LTE eNB - - - gNB
(a) 选项3	(b) 选项3a	(c) 选项3x

图 6-8　选项 3 组网

　　非独立组网选项 7 系列选项将 LTE 核心网部分进行优先升级,也就是将 LTE 的 EPC 改为 5G 核心网 5GC。该系列选项需要同时升级 UE 和 eNodeB,使其具备接入 5G 核心网的能力,UE 和网络之间交互的控制信令则仍锚定在 LTE 空口和 N2 接口上传输。此选项方案下 4G 基站仍作为主站存在,5G 基站主要作用是能支持 eMBB 业务并分担用户面数据流量,提高覆盖和用户体验速率,以快速达到 5G 指标要求和加强 4G 覆盖的目的。选项 7 系列方案包括选项 7、选项 7a 和选项 7x,如图 6-9 所示。

　　非独立组网选项 4 引进了 5G 核心网和 5G 基站,但 5G 基站并未直接取代 4G 基站,5G 基站作为主站,4G 基站通过升级改造成为增强型 4G 基站作为从站,即 5G 基站成为了控制面锚点,在 5G 网络架构中向下兼容 4G。选项 4 系列方案包括选项 4 和选项 4a,如图 6-10 所示。在选项 4 下,4G 基站和 5G 核心网之间没有任何连接,4G 基站通过和 5G 基站之间的控制面和用户面链路访问核心网;而选项 4a 中 4G 基站和 5G 核心网之间只有用户面连接,控制面通过和 5G 基站之间的链路访问核心网。

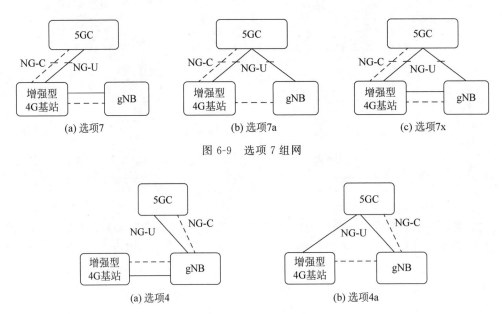

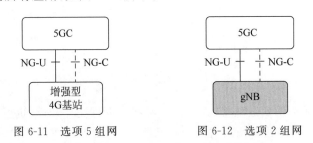

独立组网选项 5 把 4G 基站升级为增强型 4G 基站后连到 5G 核心网上,适用于 5G 核心网新建之后,不再使用原先的 4G 核心网,但 4G 基站需要连接到 5G 核心网的部署情况。但是,改造后的增强型 4G 基站跟 5G 基站相比,在峰值速率、时延、容量等方面依然有明显差别。后续的优化和演进,增强型 4G 基站也不一定都能支持,如图 6-11 所示。

独立组网的选项 2 组网采用 5G 基站连接 5G 核心网的全新 5G 网络架构的最终发展模式,可以支持 5G 的所有应用,如图 6-12 所示。

综上所述,5G 组网的模式可以分两种实现路径。

(1) 在资金允许的情况下,直接一步到位,进行选项 2 组网,实现全新 5G。

(2) 若运营商的部署不能一次到位,只能选择循序渐进的方式,即从 NSA 到 SA。可以选择选项 1→选项 3x→选项 7x→选项 4→选项 2,中间的步骤都是可选的,还可以演变为其他路径的多种方式。

3. 双连接技术

双连接是指用户在一个区域内可能接收到来自两个基站的信号。通过基站之间的协同调度进行资源传送有助于实现用户性能提升,对用户总体吞吐量和切换时延都有一定的帮助。其中一个基站是主节点(简称 MeNB),负责无线接入的控制面,即负责处理信令或控制消息;另一个基站为辅助节点(简称 SeNB),仅负责用户面,即负责承载数据流量。

由于 5G 网络部署是一个渐进的过程,所以在完全利用 5G 网络替换现有的 4G 网络架构 Q 之前,这种双连接机制会长期存在。

在 5G 网络的部署过程中,5G 小区既可以作为宏覆盖独立组网,也可以作为微站对现有的 4G 网络进行覆盖和容量增强。无论采用哪种组网方式,双连接技术都可以用来实现 4G 和 5G 系统的互连,从而提高整个移动网络系统的无线资源利用率,降低系统切换的时延,提高用户和系统性能。

双连接的建立有多种触发条件,合理的双连接建立触发机制决定了双连接的最终性能。从实现的角度来看,一般主要有以下几种双连接建立触发机制。

(1) 从节点 SgNodeB(Secondary gNodeB,辅基站)盲添加终端。如果终端支持 LTE/5G 双连接,而且 LTE 小区配置了支持 LTE/5G 双连接的 5G 邻区,且 Xx 链路状态是通的,就触发双连接建立过程为该终端添加一个 SgNodeB。

(2) 基于邻区测量报告的 SgNodeB 添加。终端接入 LTE 后,如果满足 SgNodeB 盲添加条件,增强型 4G 基站会给终端配置一个测量事件来触发终端对 5G 邻区进行测量。增强型 4G 基站将根据终端上报的测量结果,选择满足条件的 5G 邻区进行 SgNodeB 添加。这种添加方式能够保证选择的 SgNodeB 给终端提供更稳定可靠的双连接服务。

(3) 基于流量的 SgNodeB 添加。根据终端测量上报的结果,增强型 4G 基站会把满足 SgNodeB 添加条件的 5G 邻区保存下来,然后根据终端的流量或者待调度的数据量来决定是否添加 SgNodeB。如果某个终端待调度数据量超过一定的门限,增强型 4G 基站可以针对该终端选择一个最好的 5G 邻区发起 SgNodeB 添加流程。这种基于流量的 SgNodeB 添加方式只会给有需要的终端进行 SgNodeB 的添加,可以降低 Xx 接口上的信令负载。

4. 无线集中化或云化接入网

5G 时代,接入网发生了很大的变化,因此对基站和接入网架构都提出新的要求。

传统 BBU 与 RRU 间的通用无线电接口(CPRI)压力太大,需将部分功能分离,以减少前传带宽。5G 面向多业务,低时延应用需更加靠近用户,超大规模物联网应用需高效的处理能力,要求 5G 基站应具备灵活的扩展功能。

5G 基站被重构为三部分:集中单元(CU)、分布单元(DU)和有源天线单元(AAU)。AAU 与 DU 之间的网络称为前传,CU 和 DU 之间的网络称为中传,而 CU 到核心网之间的网络称为回传。这样的构架设计可以更好地促进 RAN 虚拟化,还可减少前传带宽,同时满足低时延需求。

无线集中化或云化接入网(C-RAN)是基于 Centralized Processing(集中化处理)、Collaborative Radio(协作式无线电)和 Real-time Cloud Infrastructure(实时云计算构架)的绿色无线接入网构架。其本质是通过减少基站机房数量来减少能耗,采用协作化、虚拟化技术实现资源共享和动态调度,提高频谱效率,以达到低成本、高带宽和灵活运营的目的。4G 与 5G 的 C-RAN 架构对比如图 6-13 所示。

图 6-13 中的 RRU 为 4G 基站中的射频拉远单元,BBU 为 4G 基站中的基带处理单元。C-RAN 用来解决因移动互联网快速发展而给运营商所带来的能耗、建设和运维成本增加、频谱资源紧缺等问题,目的是追求未来可持续的业务和利润增长。同时面对各种不同的通信业务需求,设计合理和高效的 C-RAN 面临诸多挑战,主要面对的技术挑战包括:

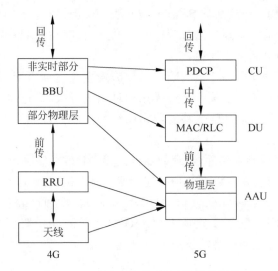

图 6-13　4G 与 5G 的 C-RAN 架构对比

（1）如何合理地分离集中单元和分布单元的功能；

（2）如何有效地定义各网元的接口；

（3）如何根据不同的部署条件采取合适的网络架构。

5. 5G 核心网部署

　　5G 核心网部署以网络功能虚拟化（NFV）技术为基础，旨在构建高性能、灵活可配的广域网络基础设施，全面提升面向未来的网络运营能力，其创新驱动力源于 5G 业务场景需求与新型信息和通信技术（ICT）使能技术。5G 核心网对云化 NFV 平台的关键需求包括开放、可靠、高效、简约、智能五种，其中开放、可靠和高效是 5G 网络功能在云化 NFV 平台部署的基础要求。

　　5G 核心网部署可采用"中心-边缘"两级数据中心的组网方案。中心级数据中心一般部署在大区或省会中心城市，主要用于承载全网集中部署的网络功能。边缘级数据中心一般部署在地市级汇聚或接入局点，主要用于地市级业务数据流卸载的功能。相比于传统 4G 核心网，5G 核心网采用原生适配云平台的设计思路，基于服务的架构和功能设计提供更泛在的接入，具有更灵活的控制和转发以及更友好的能力开放功能。

6.2　5G 无线接入网

6.2.1　NR 无线帧结构

1. 无线帧结构

　　5G 的新空中接口简称 5G NR，从物理层来说，5G NR 相对于 4G 最大的特点是支持灵活的帧结构。5G NR 引入了 Numerology 的概念，Numerology 可翻译为参数集或配置集，是指一套参数，包括子载波间隔（SCS）、符号长度、循环前缀长度等，这些参数共同定义了 5G NR 的帧结构。5G NR 帧结构由固定架构和灵活架构两部分组成，如图 6-14 所示。

　　在固定架构中，5G NR 的一个物理帧长度是 10ms，由 10 个子帧组成，每个子帧长度为

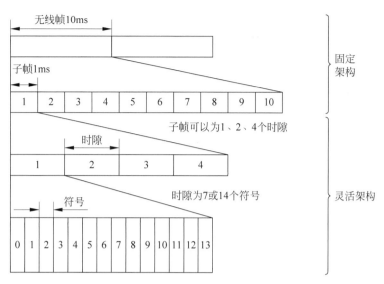

图 6-14　NR 无线帧结构

1ms。每个无线帧被分成两个半帧,每个半帧包括 5 个子帧,子帧 1~5 组成半帧 0,子帧 6~10 组成半帧 1,固定架构中的帧结构和 TD-LTE 的帧结构基本一致。

在灵活架构中,5G NR 的帧结构与 TD-LTE 的帧结构有明显的不同,主要是因为用于三种场景 eMBB、URLLC 和 mMTC 的子载波间隔是不同的。5G NR 定义的最基本子载波间隔也是 15kHz,但可灵活扩展。所谓灵活扩展,是指 NR 的子载波间隔设为 $2^\mu \times 15$kHz, $\mu \in \{-2,0,1,\cdots,5\}$,也就是说,子载波间隔可以设为 3.75kHz、7.5kHz、15kHz、30kHz、60kHz、120kHz、240kHz 等,这一点与 TD-LTE 的帧结构有着根本性的不同,TD-LTE 的帧结构只有单一的 15kHz 子载波间隔。NR 的基本时间单位为 $T_c = 1/(\Delta f_{max} \times N_f)$(ms),其中 $\Delta f_{max} = 480 \times 10^3$(kHz), $N_f = 4096$ 为 IFFT 的采样点数。

表 6-5 列出了 NR 支持的五种子载波间隔,表 6-5 中的符号 μ 称为子载波带宽指数,RB 为资源块。

表 6-5　NR 支持的五种子载波间隔

μ	$\Delta f = 2^\mu \times 15$ /kHz	循环前缀 (CP)	支持 数据	支持 同步	PRACH Preamble 序列	12 个子载波的带宽/kHz (1 个 RB)
0	15	正常	是	是	Short(短)	$15 \times 12 = 180$
1	30	正常	是	是	Short(短)	$30 \times 12 = 360$
2	60	正常,扩展	是	否	Short(短)	$60 \times 12 = 720$
3	120	正常	是	是	Short(短)	$120 \times 12 = 1440$
4	240	正常	否	是	/	$240 \times 12 = 2880$

由于 NR 的基本帧结构以时隙为基本颗粒度,当子载波间隔变化时,时隙的绝对时间长度也随之改变,每个帧内包含的时隙个数也有所差别。比如,在子载波带宽为 15kHz 的配置下,每个子帧时隙数目为 1,在子载波带宽为 30kHz 的配置下,每个子帧时隙数目为 2。正常 CP 情况下,每个子帧包含 14 个符号,扩展 CP 情况下包含 12 个符号。表 6-6 和表 6-7 给出了不同子载波间隔时,时隙长度以及每帧和每子帧包含的时隙个数的关系。从表 6-6

和表 6-7 可以看出,每帧包含的时隙数是 10 的整数倍,随着子载波间隔的增大,每帧或是子帧内的时隙数也随之增加。

表 6-6　正常循环前缀下 OFDM 符号数、每帧时隙数和每子帧时隙数分配

μ	$N_{\text{symb}}^{\text{slot}}$	$N_{\text{sl0t}}^{\text{frame},\mu}$	$N_{\text{sl0t}}^{\text{subframe},\mu}$
0	14	10	1
1	14	20	2
2	14	40	4
3	14	80	8
4	14	160	16

注:$N_{\text{symb}}^{\text{slot}}$ 表示一个时隙中的 OFDM 符号数;$N_{\text{sl0t}}^{\text{frame},\mu}$ 表示不同子载波带宽和指数 μ 下一个无线帧中的包含的时隙数;$N_{\text{sl0t}}^{\text{subframe},\mu}$ 表示不同子载波带宽和指数 μ 下一个子帧中的包含的时隙数。

表 6-7　扩展循环前缀的每时隙 OFDM 符号数、每帧时隙数和每子帧时隙数

μ	$N_{\text{symb}}^{\text{slot}}$	$N_{\text{sl0t}}^{\text{frame},\mu}$	$N_{\text{sl0t}}^{\text{subframe},\mu}$
2	12	40	4

5G NR 的不同帧结构配置有以下特点。

(1)虽然 5G NR 支持多种子载波间隔,但是不同子载波间隔配置下,无线帧和子帧的长度是相同的。无线帧长度为 10ms,子帧长度为 1ms。

(2)不同子载波间隔配置下,无线帧的结构有所不同,即每个子帧中包含的时隙数不同。另外,在正常 CP 情况下,每个时隙包含的符号数相同且都为 14 个。

(3)时隙长度因为子载波间隔不同会有所不同,一般是随着子载波间隔变大,时隙长度变小。

3GPP 技术规范 38.211 规定了 5G 时隙的各种符号组成帧结构。有兴趣的读者可以查找相关文献进行学习,本书不再具体列出,只给出不同帧结构选项的对比,如表 6-8 所示。

表 6-8　不同帧结构选项的对比

选　　项	属性(D：GP：U 配比)	优　　势	劣　　势
选项 1 (2.5ms 双周期)	DDDSUDDSUU,S 配比为 10：2：2(可调整)	上下行时隙配比均衡,可配置长随机接入前导码序列格式	双周期实现较复杂
选项 2 (2.5ms 单周期)	DDDSU,S 配比为 10：2：2(可调整)	下行有更多的时隙,有利于下行吞吐量,单周期实现简单	无法配置长随机接入前导码序列格式
选项 3 (2ms 单周期)	DSDU,S 配比为 10：2：2(可调整),U 配比为 1：2：11(GP 长度可调整)	有效减少时延	转换点增多,影响性能
选项 4 (2.5ms 单周期)	DDDDU,D 配比为 12：1：1,U 配比为 1：1：12	每个时隙都存在上下行,调度时延缩短	存在频繁上下换行,影响性能
选项 5 (2ms 单周期)	DDSU,S 配比为 12：2：0	有效减少调度时延	最多支持 5 束波束扫描,无法配置长 PRACH 格式

2. 物理资源

NR 的物理资源包括三部分: 频率资源、时间资源和空间资源。频率资源是指子载波,时间资源是指时隙/符号,空间资源是指天线端口。子帧时隙资源结构如图 6-15 所示。

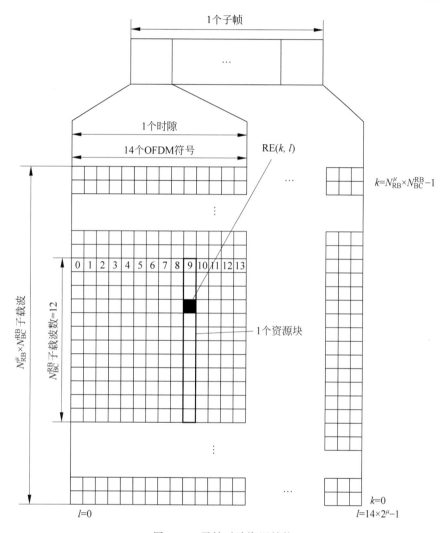

图 6-15 子帧时隙资源结构

1）天线端口

天线端口是由参考信号定义的逻辑发射通道,也就是天线逻辑端口。它是物理信道或物理信号的一种基于空口环境的标识,相同的天线逻辑端口的信道环境变化一样,接收机可以根据天线逻辑端口进行信道估计从而对传输信号进行解调。在同一天线端口上,某一符号上的信道可以由另一符号上的信道来推知。如果一个天线端口上某一符号传输的信道的大尺度性能可以被另一天线端口上某一符号传输的信道所推知,则这两个天线端口被称为准共址。大尺度性能包括一个或多个时延扩展、多普勒扩展、多普勒频移、平均增益、平均时延及空间接收参数等。

2）资源网格

与 4G 一样,5G 的物理资源是映射在时频资源网格上的,物理层进行资源映射是以时频资源单元(RE)为基本单位的,一个 RE 由时域上一个符号和频域上一个子载波组成,一个时隙上所有 OFDM 符号和频域上 12 个子载波组成一个资源块(RB),RE 的位置用 (k,l) 表示,k 表示 OFDM 的序号,l 标志子载波的序号,通过给出坐标 (k,l) 就可以定位到指定的 RE 上。图 6-15 中的 N_{RB}^{μ} 表示子载波间隔配置为 μ 时的 RB 数,取值为 1~275。给定一个资源网格有相应的天线端口 p、子载波间隔配置 μ 和传输方向(下行链路 DL 或上行链路 UL)与之对应,如表 6-9 所示。资源网格中使用的子载波间隔(SCS)由高层参数通知给 UE,目前频段 FR1 使用 SCS=15/30kHz,频段 FR2 使用 SCS=60/120kHz。

表 6-9　上/下行链路资源块的最大和最小数及子载波间隔关系

μ	$N_{RB,DL}^{min,\mu}$,$N_{RB,UL}^{min,\mu}$	$N_{RB,DL}^{max,\mu}$,$N_{RB,UL}^{max,\mu}$	SCS/kHz	最小频率带宽/MHz	最大频率带宽/MHz
0	24	275	15	4.32	49.5
1	24	275	30	8.64	99
2	24	275	60	17.28	198
3	24	275	120	34.56	396
4	24	138	240	69.12	397.44
5	24	69	480	138.24	794.88

$N_{RB,DL}^{min,\mu}$ 和 $N_{RB,UL}^{min,\mu}$ 分别为下行和上行对应参数 μ 的最小 RB 数,$N_{RB,DL}^{max,\mu}$ 和 $N_{RB,UL}^{max,\mu}$ 分别为下行和上行对应参数 μ 的最大 RB 数。

3）资源粒子

天线端口 p 和子载波间隔配置 μ 的资源格中的每个元素被称为资源粒子,并且由索引对 $(k,l)_{p,\mu}$ 唯一标识,其中 k 是频域索引,l 是时域符号索引。资源粒子 $(k,l)_{p,\mu}$ 对应的复数值为 $a_{k,l}^{p,\mu}$。在不会产生混淆时,或在没有指定某一天线端口或子载波间隔时,索引 p 和 μ 可以省略,表示为 $a_{k,l}^{p}$ 或 $a_{k,l}$。一个资源粒子分为 4 类,上行链路 RE、下行链路 RE、灵活(Flexible)RE 或保留(Reserved)RE。

如果 RE 被配置为"Reserved",UE 不应在上行链路中对该 RE 发送任何内容,也不对下行链路中的 RE 内容作出任何假设。

4）资源块

资源块定义为 N_{sc}^{RB}=12 个连续频域子载波,在时域上常规 CP 占 14 个符号。在不同的配置集下,不同的子载波间隔对应的最小和最大 RB 数是不同的。在 5G NR 中,最小频率带宽和最大频率带宽随子载波间隔变化而变化,包括参考资源块、公共资源块、物理资源块、虚拟资源块及载波聚合等。

参考资源块(RRB)在频域上从 0 开始编号。参考资源块 0 的子载波 0 对于所有的子载波配置是公共的,也被称为"参考点 A",并且用作其他资源块的公共参考点,参考点 A 从高层参数获得。

公共资源块(CRB)在子载波间隔配置 μ 的频域上从 0 开始编号。子载波间隔配置 μ 下的公共资源块 0 的子载波 0 与"参考点 A"一致。

虚拟资源块(VRB)在部分载波带宽(BWP)中定义,编号为 $0 \sim N_{BWP,i}^{size} - 1$,其中 i 是

BWP 的数据。BWP 是在给定参数集和给定载波上的一组连续的物理资源块。BWP 的起始位置 $N_{\text{BWP},i}^{\text{start}}$ 和资源块数 $N_{\text{BWP},i}^{\text{size}}$ 应满足 $0 \leqslant N_{\text{BWP},i}^{\text{size},\mu} < N_{\text{grid},x}^{\text{size},\mu}$。

对于给定载波上的参数 μ，BWP 是一组连续的 PRB。BWP 中的 RB 从 0 到 $N_{\text{RB},x}^{\mu}-1$ 编号，其中 x 表示 DL 或 UL，BWP 的 RB 数应满足 $N_{\text{RB},x}^{\text{min},\mu} \leqslant N_{\text{RB},x}^{\mu} \leqslant N_{\text{RB},x}^{\text{max},\mu}$。

部分带宽 BWP 是 CRB 的一个子集，是 UE 实际工作带宽，BWP0 和 BWP1 在频率上是不重叠的。但通常情况下，不同 BWP 在频率上部分重叠或者完全重叠都是有可能的。

载波聚合是指多个小区的传输载波可以被聚合起来，除了主小区之外最多可聚合 15 个次级小区。除非另有说明，3GPP 规范中的描述适用于多达 16 个服务小区中的每一个。

3．信道带宽

从基站的角度来看，可以在相同的频谱中支持不同的 UE 信道带宽，用于从连接到基站的 UE 发送和接收。基站信道带宽内可以支持将多个载波传输到相同的 UE 或多个载波传输到不同的 UE。

信道带宽（$\text{BW}_{\text{ChannelBand}}$）包括传输带宽和保护带宽，三者之间的关系如图 6-16 所示。

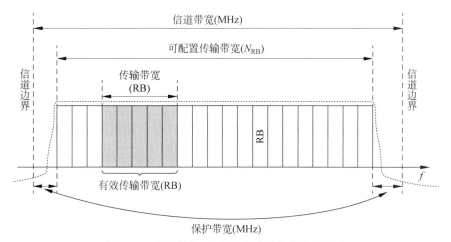

图 6-16　信道带宽、传输带宽和保护带宽的关系

传输带宽两边的保护带大小可不一致。最小保护带（$\text{BW}_{\text{GuardBand}}^{\text{min}}$）的计算方法为

$$\text{BW}_{\text{GuardBand}}^{\text{min}} = (\text{BW}_{\text{ChannelBand}} \times 1000 - N_{\text{RB}} \times \text{SCS} \times 12)/2 - \text{SCS}/2 (\text{kHz}) \quad (6\text{-}1)$$

FR1 的最大传输带宽配置与 SCS 有关，在不同的信道带宽下，其可配置的最大 RB 数如表 6-10 所示。其中，SCS 表示子载波间隔，N_{RB} 表示 RB 的数量。

表 6-10　FR1 不同传输带宽、SCS 可配置的最大 RB 数

SCS /kHz	N_{RB}												
	5 MHz	10 MHz	15 MHz	20 MHz	25 MHz	30 MHz	40 MHz	50 MHz	60 MHz	70 MHz	80 MHz	90 MHz	100 MHz
15	25	52	79	106	133	160	216	270	N/A	N/A	N/A	N/A	N/A
30	11	24	38	51	65	78	106	133	162	189	217	245	273
60	N/A	11	18	24	31	38	51	65	79	93	107	121	135

FR2 的最大传输带宽配置与 SCS 有关，在不同的信道带宽下，其可配置的最大 RB 数如表 6-11 所示。

表 6-11　FR2 不同传输带宽、SCS 可配置的最大 RB 数

SCS /kHz	N_{RB}			
	50MHz	100MHz	200MHz	400MHz
60	66	132	264	N/A
120	32	66	132	264

FR1 频段内的最小保护带宽如表 6-12 所示。

表 6-12　FR1 频段内的最小保护带宽

SCS /kHz	信道带宽/MHz												
	5	10	15	20	25	30	40	50	60	70	80	90	100
15	242.5	312.5	382.5	452.5	522.5	592.5	552.5	692.5	N/A	N/A	N/A	N/A	N/A
30	505	665	645	805	785	945	905	1045	825	965	925	885	845
60	N/A	1010	990	1330	1310	1290	1610	1570	1530	1490	1450	1410	1370

FR2 频段内的最小保护带宽如表 6-13 所示。

表 6-13　FR2 频段内的最小保护带宽

SCS /kHz	信道带宽/MHz			
	50	100	200	400
60	1210	2450	4930	N/A
120	1900	2420	4900	9860

FR1 中信道带宽为 100MHz，SCS 为 30kHz，其最小保护带宽为

$$\frac{(100\times1000-273\times30\times12)}{2}-\frac{30}{2}=845(\text{kHz})$$

6.2.2　NR 物理信道和物理信号

物理信道是一系列资源粒子 RE 的集合，用于承载源于高层的信息。同样地，物理信号也是一系列资源粒子 RE 的集合，但这些 RE 不承载任何源于高层的信息，物理信号一般具有时域和频域资源固定、发送内容固定、发送功率固定等特点。

5G NR 的物理信道可分为上行物理信道和下行物理信道。NR 的物理信道结构与 LTE 类似，上行链路物理信道分为 PUSCH、PUCCH、PRACH，物理信号分为 DMRS、PTRS、SRS。下行链路物理信道分为 PDSCH、PBCH、PDCCH，物理信号分为 DMRS、PTRS、信道状态信息参考信号(CSI-RS)、PSS、SSS。表 6-14 列出了上/下行链路物理信道/信号对应的天线端口。

表 6-14　上/下行链路物理信道/信号对应的天线端口

上行信道天线端口及应用	下行信道天线端口及应用
[0,1000)：用于上行共享信道(PUSCH)和相关的解调参考信号(DMRS)	[1000,2000)：用于下行共享信道(PSDCH)
[1000,2000)：用于探测参考信号(SRS)	[2000,3000)：用于下行控制信道(PDCCH)
[2000,4000)：用于上行共享信道(PUCCH)	[3000,4000)：用于信道状态信息参考信号(CSI-RS)
[4000,4000]：用于随机接入信道(PRACH)	[4000,+∞)：用于 SS 和广播信道(PBCH)

在 5G NR 或 4G LTE 中，MIMO 传输是下行链路的关键技术。gNodeB/eNodeB 通过不同的天线发送信号，即使 MIMO 天线位于同一站点，多个天线预编码也将经历不同的无线信道。

通常，对于 UE 而言，根据不同的下行链路传输所经历的无线信道之间的关系来考虑某些假设是非常关键的。例如，UE 需要了解哪些参考信号应该用于某个下行链路的信道估计，传输并确定调度和链路自适应所需的相关信道状态信息。

天线端口是与物理层相关的逻辑概念，而与天线塔上可见的类似于射频物理天线无关。如果通过多个物理天线来传输同一个参考信号，那么这些物理天线就对应同一个天线端口，而如果有两个不同的天线是从同一个物理层天线中传输的，那么这个物理天线就对应两个独立的天线端口。非相干的物理天线（或阵元）定义为不同的端口才有意义。多个逻辑天线端口的信号可以通过一个物理发送天线发送，同时一个逻辑天线端口的信号也可以分布到不同物理发送天线上。

在 NR 和 LTE 中，没有严格定义逻辑天线端口到物理天线端口的映射。如在 R8 LTE 中支持收发天线数为 2×2 和 4×4 的 MIMO，可以假设针对特定小区的参考信号 CRS，天线端口 0～3 进行 1：1 映射。但在 5G NR 中，MIMO 的顺序约为 64×64 或更多，甚至天线端口的编号上千，因此可以直接进行映射。NR 天线端口与物理天线对应关系如图 6-17 所示。

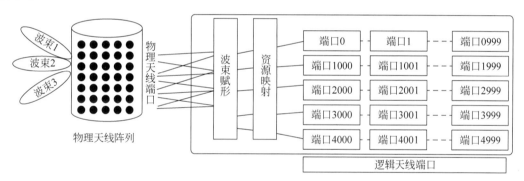

图 6-17　NR 天线端口与物理天线对应关系

6.2.3　NR 信道编码

3G 与 4G 均采用了 Turbo 码的信道编码方案。Turbo 码编码简单，它的 2 个核心标志是卷积码和迭代译码，解码性能出色，但迭代次数较多，译码时延较大，且 Turbo 码存在译码错误平层，不适用于 5G 高速率、低时延应用场景。5G 的峰值速率是 LTE 的 20 倍，时延是 LTE 的 1/10，这就意味着，5G 的信道编码技术需在有限的时延内支持更快的处理速度，比如 20Gbit/s，这相当于译码器每秒钟要处理几十亿比特数据。译码器数据吞吐率越高意味着硬件实现复杂度越高，处理功耗越大。同时，由于 5G 面向更多应用场景，对编码的灵活性要求更高，需要支持更广泛的码块长度和更多的编码率。比如，短码块应用于物联网，长码块应用于高清视频，低编码率应用于基站分布稀疏的农村站点，高编码率应用于密集城区。如果大家都用同样的编码率，这就会造成数据比特浪费，进而浪费频谱资源。因此，3GPP 最终选定 LDPC 和 Polar Code 为 5G 编码标准，它们都是逼近香农极限的信道编码。

5G NR 控制消息和广播信道采用 Polar 码,数据信道采用 LDPC 码。

通用物理信道数据发送过程和 LTE 相似。来自 MAC 层的传输块(TB)进行码字流的处理,包括信道编码、交织、速率匹配、加扰,而后再通过数据调制、RE 映射、OFDM 调制送到相应的天线端口,最终产生的基带信号变成射频信号通过天线发射出去。

6.2.4 5G 无线接入网架构和接口协议

无线接入网 RAN 是移动通信网的主要组成部分,其各种接口用来实现接入网中不同功能单元之间以及接入网和核心网之间的数据处理与交互。5G 无线接入网的根本特征是 CU 和 DU 分离,通过 CU 和 DU 在物理位置上的灵活部署来实现不同的业务功能。5G 的接入网除了有空中接口 Uu、核心网之间的接口 NG、基站之间的接口 Xn,还新增了 F1 接口和 E1 接口。

1. 5G 无线接入网架构

1) 基本架构和节点功能

5G RAN 简称 NG-RAN,是 5G 系统的重要组成部分。相对于 4G RAN,它发生了巨大变化,如图 6-18 所示。

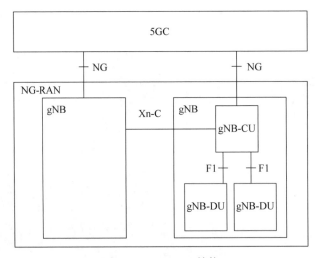

图 6-18 5G RAN 结构

NG-RAN 由一组通过 NG 接口连接到 5GC 的 gNodeB 组成。gNodeB 可以支持 FDD 模式、TDD 模式或 FDD/TDD 双模式。gNodeB 可以通过 Xn 接口互连。gNodeB 可以由 CU 和一个或多个 DU 组成。CU 和 DU 间通过 F1 接口连接。在工作时,一个 DU 仅连接一个 CU。但是为了可扩展性或者冗余配置,可以将一个 DU 连接到多个 CU 上。

对于 NG-RAN,由 CU 和 DU 组成的 gNodeB 的 NG 接口和 Xn-C 接口(gNodeB 和 gNodeB 之间接口的控制面)终止于 CU;CU 和连接的 DU 仅对其他 gNodeB 可见,而 5GC 仅对 gNodeB 可见。

gNodeB 功能如下:

(1) 无线资源管理功能:无线承载控制、无线接入控制、连接移动性控制、上行链路和下行链路中 UE 的动态资源分配及调度;

（2）IP 报头压缩,加密和数据完整性保护；

（3）在 UE 提供的信息不能确定到 AMF 的路由时,为 UE 在附着时选择 AMF；

（4）将用户面数据路由到 UPF；

（5）提供控制面信息向 AMF 的路由；

（6）连接设置和释放；

（7）调度和传输寻呼消息；

（8）调度和传输系统广播信息；

（9）用于移动性和调度的测量与测量报告配置；

（10）上行链路中的传输级数据包标记；

（11）会话管理；

（12）网络切片；

（13）QoS 流量管理和映射到数据无线承载；

（14）支持处于 RRC_INACTIVE 状态的 UE；

（15）NAS 消息的分发功能；

（16）无线接入网共享；

（17）双连接。

2）CU 和 DU 分离架构

5G 接入网 CU 和 DU 分离架构如图 6-19 所示。gNodeB 基站分为 CU 和 DU 两个功能模块。CU 在接入网内部能够控制和协调多个小区,具有协议栈高层控制和数据功能。CU 中的主要协议层包括控制面 RRC 功能和用户面的 IP、SDAP、PDCP 子层功能；DU 广义上主要实现射频处理功能和 RLC、MAC 及 PHY 等基带处理功能,狭义上主要是基于实际设备的实现,DU 仅负责基带处理功能,RRU 负责射频处理功能,DU 和 RRU 之间通过 CPRI 或增强通用无线协议接口(eCPRI)相连。CU/DU 具有多种切分方案,不同切分方案适用场景和性能增益均有所不同,不同的切分方案对前传接口的带宽、传输时延、同步等参数要求也有很大差异。采用 CU 和 DU 分离架构后,CU 和 DU 可以由独立的硬件来实现。

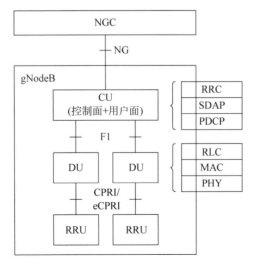

图 6-19　5G 接入网 CU 和 DU 分离架构

从功能上看,一部分核心网功能可以下移到 CU 甚至 DU 中,用于实现移动边缘计算。此外,原先所有的层 L1、L2、L3 等功能都能在 BBU 中实现,新的架构下可以将层 L1、L2、L3 功能分离,分别放在 CU 和 DU 甚至 RRU、AAU 中来实现,以便灵活地应对传输和业务需求的变化。5G 系统中采用 CU 和 DU 分离架构后,传统 BBU 和 RRU 网元及其逻辑功能都会发生很大变化。

CU 与 DU 功能灵活切分的好处在于硬件实现灵活,可以节省成本。CU 和 DU 分离架构可以实现性能和负荷管理的协调、实时性能优化并使用 NFV/SDN(网络功能虚拟化/软件定义网络)功能。功能分割的灵活配置能够满足不同应用场景的需求,如传输时延的多变性。

为了支持灵活的组网架构,适配不同的应用场景,5G 无线接入网将存在多种不同架构、不同形态的基站设备。从设备架构角度划分,5G 基站可分为 BBU＋AAU、CU＋DU＋AAU、BBU＋RRU＋天线、CU＋DU＋RRU＋天线、一体化 gNodeB 等不同的架构。从设备形态角度划分,5G 基站可分为基带设备、射频设备、一体化 gNodeB 设备及其他形态的设备。

2. 接口协议和功能

NG-RAN 接口主要包括 RAN 和 5GC 的 NG 接口,NG-RAN 节点(包括 gNodeB 或 NG-eNodeB)之间的 Xn 接口,NG-RAN 内部 gNodeB 的 CU 和 DU 功能实体之间互联的 F1 接口,NG-RAN 内部的 gNodeB-CU-CP(控制面)和 gNodeB-CU-UP(用户面)之间的点对点逻辑接口 E1。gNodeB 的 NG、Xn、F1 三个接口都可以在逻辑上分为控制面(C)和用户面(U)两部分,如图 6-20 所示。5G 的 UE 和 NG-RAN 之间的接口名称仍然沿用了 Uu 的名称,功能也和 LTE Uu 接口类似。

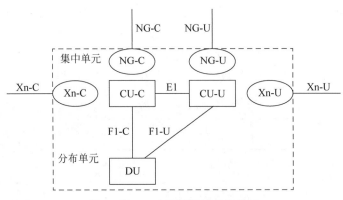

图 6-20 gNodeB 逻辑节点和接口

1) NG 接口

NG 接口是一个逻辑接口,规范了 NG-RAN 节点与不同制造商提供的核心网中的接入与 AMF 节点和 UPF 节点的互连,同时分离 NG 接口无线接入网络功能和传输网络功能。

NG 接口分为 NG-C(控制面)接口和 NG-U(用户面)接口两部分。从任何一个 NG-RAN 节点向 5GC 连接可能存在多个 NG-C 逻辑接口,然后通过 NAS 节点的选择功能来确定 NG-C 接口。从任何一个 NG-RAN 节点向 5GC 连接也可能存在多个 NG-U 逻辑接口。NG-U 接口的选择在 5GC 内完成,并由 AMF 发信号通知 NG-RAN 节点。

（1）NG-U 用于 NG-RAN 节点和 UPF 之间。NG-U 协议栈如图 6-21 所示。传输网络层建立在 IP 传输层之上，GTP-U 用于 UDP/IP 之上，以承载 NG-RAN 节点和 UPF 之间的 PDU 数据。

（2）NG-C 用于 NG-RAN 节点和 AMF 之间。NG-C 协议栈如图 6-22 所示。传输网络层建立在 IP 传输层之上，为了可靠地传输信令消息，在 IP 之上添加了 SCTP，能提供有保证的应用层消息传递；应用层使用 NG 应用协议（NGAP）；在传输中，IP 层点对点传输用于传递信令 PDU。

图 6-21 和图 6-22 中的 Data Link Layer 和 Physical Layer 分别表示数据链路层和物理层。

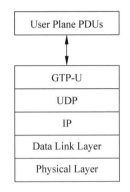

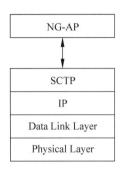

图 6-21 NG-U 协议栈 　　　　图 6-22 NG-C 协议栈

NG-C 提供以下主要功能。

（1）寻呼功能。寻呼功能支持向寻呼区域中涉及的 NG-RAN 节点发送寻呼请求消息，例如 UE 注册的 TAC 所属的 NG-RAN 节点。

（2）UE 上下文管理功能。UE 上下文管理功能允许 AMF 在 AMF 和 NG-RAN 节点中建立、修改或释放 UE 上下文。

（3）移动性管理功能。移动性管理功能包括用于支持 NG-RAN 内的移动性的系统内切换功能和用于支持来自或到 EPS 系统的移动性的系统间切换功能。它包括通过 NG 接口准备、执行和完成切换。

（4）PDU 会话管理功能。一旦 UE 上下文在 NG-RAN 节点中可用，PDU 会话功能负责建立、修改和释放所涉及的 PDU 会话 NG RAN 资源，用于用户数据传输。NGAP 支持 AMF 对 PDU 会话相关信息的透明中继。

（5）NAS 传输功能。NAS 传输功能通过 NG 接口传输 NAS 消息，或者重新路由特定 UE 的 NAS 消息（如用于 NAS 移动性管理）。

2）Xn 接口

Xn 接口分为 Xn-U 接口和 Xn-C 接口两部分。Xn 接口的规范原则如下：

（1）Xn 接口是开放的；

（2）Xn 接口支持两个 NG-RAN 节点之间的信令信息交换，以及 PDU 到各个隧道端点的数据转发。

从逻辑角度来看，Xn 是两个 NG-RAN 节点之间的点对点接口。即使在两个 NG-RAN 节点之间没有物理直接连接的情况下，点对点逻辑接口也应该是可行的。

（1）Xn-U 接口在两个 NG-RAN 节点之间定义，传输网络层建立在 IP 网络层之上，GTP-U 用于 UDP/IP 之上以承载用户面 PDU。

Xn-U 提供无保证的用户面 PDU 传送，并支持以下功能：

- 数据转发功能，允许 NG-RAN 节点间数据转发从而支持双连接和移动性操作；
- 流控制功能，允许 NG-RAN 节点接收第二个节点的用户面数据从而控制数据流向。

（2）Xn-C 接口在两个 NG-RAN 节点之间定义，传输网络层建立在 IP 网络层之上的 SCTP 上。应用层信令协议称为 Xn 应用协议（XnAP）。SCTP 层提供有保证的应用层消息传递，在网络 IP 层中进行点对点传输信令 PDU。

3）F1 接口

F1 接口定义为 NG-RAN 内部 gNodeB 的 CU 和 DU 功能实体之间互连的接口，或者与 E-UTRAN 内的 en-gNodeB（经过升级支持 5G 的 4G 基站）之间的 CU 和 DU 部分的互联接口。F1 接口功能是实现不同制造商提供的 gNodeB-CU 和 gNodeB-DU 之间的互连。

（1）F1-C 接口功能。

- 接口管理功能。包括差错指示、重置、F1 建立（gNodeB-DU 发起 F1 建立）、配置更新等功能（允许 gNodeB-CU 和 gNodeB-DU 间应用层配置数据更新，激活/去激活小区）。
- 系统信息管理功能。系统广播信息的调度在 gNodeB-DU 执行，gNodeB-DU 根据获得的调度参数传输系统消息；gNodeB-DU 负责 MIB 编码，若需要广播 SIB1 和其他 SI，gNodeB-DU 负责 SIB1 编码，gNodeB-CU 负责其他 SI 的编码。
- UE 上下文管理功能。支持所需要的 UE 上下文建立和修改。
- RRC 消息转发功能。允许 gNodeB-CU 与 gNodeB-DU 间 RRC 消息转发，gNodeB-CU 负责使用 gNodeB-DU 提供的辅助信息对专用 RRC 消息编码。

（2）F1-U 接口功能。

- 数据转发功能。允许 NG-RAN 节点间数据转发，从而支持双连接和移动性操作。
- 流控制功能。允许 NG-RAN 节点接收第二个节点的用户面数据，从而提供数据流相关的反馈信息。

4）E1 接口

E1 接口用于在 NG-RAN 内互连 gNodeB-CU-CP 和 gNodeB-CU-UP，或用于互连 gNodeB-CU-CP 和 en-gNodeB 的 gNodeB-CU-UP。E1 接口的主要功能如下：

（1）接口管理功能。包括错误指示功能、E1 设置功能、gNodeB-CU-UP 配置更新和 gNodeB-CU-CP 配置更新功能、E1 设置和 gNodeB-CU-UP 配置更新功能、E1 设置和 gNodeB-CU-UP 配置更新功能、E1 的 gNodeB-CU-UP 状态指示功能。

（2）E1 承载上下文管理功能。

（3）隧道终结点标识（TEID）分配功能。

3. 无线协议栈

NR 无线协议栈分为用户面协议栈和控制面协议栈。用户面协议栈，即用户数据传输采用的协议簇；控制面协议栈，即系统的控制信令传输采用的协议簇。无线协议栈数据流向图如图 6-23 所示。

在图 6-23 中，虚线标注的是信令信息的流向。一个 UE 在发起业务之前，首先要和核

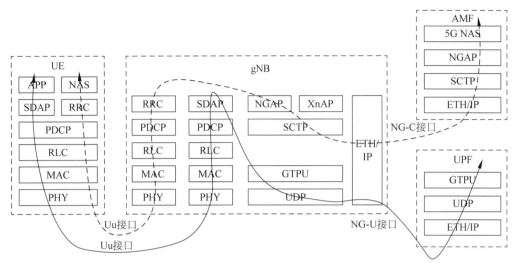

图 6-23　无线协议栈数据流向图

心网 AMF 建立信令连接,因此控制面的信令流程总是要先于用户面的数据流程建立。UE 经过认证、授权和加密等非接入层信令处理后,通过 RRC 信令和 gNodeB 建立无线信令连接;信令信息经过 PDCP 封装、RLC 封装,且经 MAC 层、PHY 层处理后,通过 Uu 空中接口发送到 gNodeB;gNodeB 经过和一个 UE 相同的逆向处理过程后,发给 NGAP;封装成 SCTP 信令后,通过 NG-C 接口发给 AMF;AMF 物理层接收到信令信息后,经过 SCTP 的解封装、NGAP 解封装,转换为 5G 的非接入层信令被 AMF 处理。

图 6-23 中,实线标注的是业务数据的流向。NR 用户面和控制面协议栈稍有不同,NR 控制面协议栈与 LTE 控制面协议栈一致,用户面协议栈相比 LTE 用户面协议栈在 PDCP 层之上增加了一个 SDAP 层。一个 UE 通过 APP 发起业务,首先经过 SDAP 协议封装,再经过 PCDP 封装和 RLC 封装后,经 MAC 层、PHY 层处理,通过 Uu 接口发送到 gNodeB;gNodeB 经过和一个 UE 相同的逆向处理过程后,经过 GTPU 和 UDP 封装后,通过 NG-U 接口发给 UPF;UPF 接收数据后,经过 UDP、GTP-U 的解封装,最终被 UPF 处理。

4. 无线接入的典型流程

本节重点介绍 5G 中与 4G 无线接入有所区别的几个流程,主要有 F1 启动和小区激活流程、Inter-gNodeB-DU 移动性、在 F1-U 上设置承载上下文流程、gNodeB-CU-CP 发起的承载上下文释放流程、涉及 gNodeB-CU-UP 改变的 gNodeB 间切换流程。

1) F1 启动和小区激活流程

F1 接口是 gNodeB-DU 和 gNodeB-CU 之间的接口,两者之间的数据交互首先要允许在 gNodeB-DU 和 gNodeB-CU 之间设置 F1 接口,并允许激活 gNodeB-DU 小区才可以进行。F1 启动和小区激活流程如图 6-24 所示。

需要强调的是,如果 F1 设置响应不用于激活任何小区,则可以在流程③之后执行流程②。在 gNodeB-CU 和 gNodeB-DU 之间的 F1 接口可能存在以下两种小区状态:

(1) 非活动状态。gNodeB-DU 和 gNodeB-CU 都知道小区,小区不应为 UE 服务。

(2) 活动有效状态。gNodeB-DU 和 gNodeB-CU 都知道小区,小区应该能够为 UE 服务。

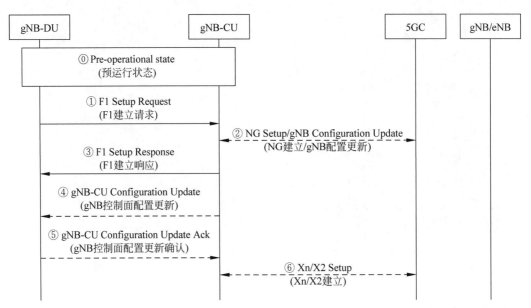

图 6-24 F1 启动和小区激活流程

gNodeB-CU 决定小区状态是非活动还是活动。gNodeB-CU 可以使用 F1 建立响应，gNodeB-DU 配置更新确认或 gNodeB-CU 配置更新消息来请求 gNodeB-DU 改变小区状态。gNodeB-DU 可以使用 gNodeB-DU 配置更新或 gNodeB-CU 配置更新确认消息来接收（或拒绝）改变小区状态的请求。

2）Inter-gNodeB-DU（gNodeB-DU 间）移动性

一个 gNodeB-CU 控制管理若干个 gNodeB-DU，如果 UE 从一个 gNodeB-DU 移动到同一个 gNodeB-CU 内的另一个 gNodeB-DU，则业务的用户面发生了变化，这时会启动 Inter-gNodeB-DU 流程，即 gNodeB 内部 DU 切换流程。NR 内的 gNodeB-DU 移动过程如图 6-25 所示。

3）在 F1-U 上设置承载上下文流程

由于 gNodeB 引入了 F1 接口，因此 gNodeB 业务的基础是通过 F1-U 接口在 gNodeB-CU-UP 中建立承载上下文，这样就可以在 gNodeB-CU-UP 和 gNodeB-DU 之间发起上下行数据传送的过程，如图 6-26 所示。

在 gNodeB-CU-UP 侧建立承载上下文的过程由 gNodeB-CU-CP 触发。

① F1-U 承载上下文建立触发条件成立。

② gNodeB-CU-CP 向 gNodeB-CU-UP 发送承载上下文建立请求，携带 S1-U 或 NG-U 的 UL TNL 地址信息。根据实际情况，可选择性地携带 X2-U 或 Xn-U 的 DL TNL 地址信息。对于 NG-RAN，gNodeB-CU-CP 决定 Flow-to-DRB（流到 DRB）映射，并将 SDAP 和 PDCP 配置带给 gNodeB-CU-UP。

③ gNodeB-CU-UP 向 gNodeB-CU-CP 回复承载上下文建立响应，携带 F1-U 的 UL TNL 地址，S1-U 或 NG-U 的 DL TNL 地址。根据实际情况，可选择性地携带 X2-U 或 Xn-U 的 UL TNL 地址信息。

④ F1 UE 上下文建立过程，在 gNodeB-DU 侧建立一个或多个承载。

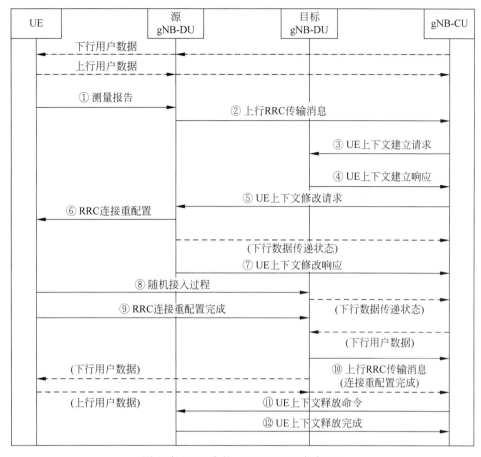

图 6-25 NR 内的 gNodeB-DU 移动过程

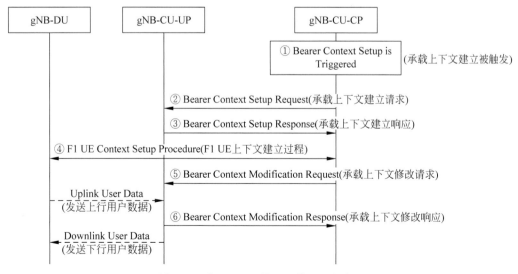

图 6-26 在 F1-U 上设置承载上下文流程

⑤ gNodeB-CU-CP 向 gNodeB-CU-UP 发送承载上下文修改请求,携带 F1-U 的 DL TNL 地址信息和 PDCP 状态。

⑥ gNodeB-CU-UP 向 gNodeB-CU-CP 回复承载上下文修改响应。

完成 F1-U 承载上下文建立后,进行上下行数据传输。

4) gNodeB-CU-CP 发起的承载上下文释放流程

当 gNodeB 结束业务时,需要释放 gNodeB-CU-CP 发起的 gNodeB-CU-UP 中的承载上下文,以结束 gNodeB-CU-UP 和 gNodeB-DU 之间上下行数据传送的过程,如图 6-27 所示。

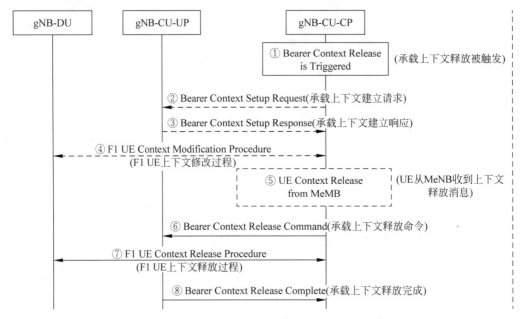

图 6-27　gNodeB-CU-CP 发起的承载上下文释放流程

6.3　5G 核心网络和接口协议

5G 系统架构被定义为支持数据连接和服务,能够使用 NFV 技术和 SDN 架构。5G 系统架构可以确保各控制平面网络功能之间实现基于服务的无阻碍流畅交互。3GPP 规范里规定了 5G 核心网最基本的网络架构是基于服务接口的非漫游网络架构,如图 6-28 所示。图 6-28 中描述了基于服务接口的非漫游参考架构中的控制面和用户面。对比 LTE 架构其有下面几个关键的变化。

(1) 相比传统的核心网,5G 核心网中用网络功能代替网络网元。

(2) 接口分成两种,一种是基于服务的接口,一种是基于参考点的功能接口。

(3) 在核心网控制平面内,接口基于服务,Nnssf、Nnef、Nnrf 等为网络功能之间的接口,这些接口的命名都是在网络功能单元前面加上一个字母 N。5GC 与接入网的 N2 接口还是采用传统的功能对等接口模式。

(4) UE 和 AMF 之间有一个接口 N1,这个接口在 LTE 网络架构中并不存在。

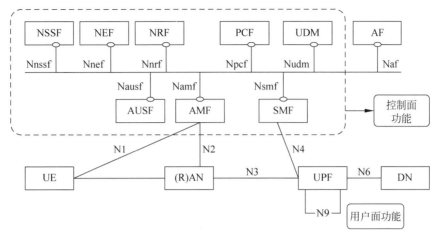

图 6-28　5G 核心网架构

6.3.1　5GC 的网络功能和接口协议

5GC 系统架构主要由网络功能(NF)组成,采用分布式功能,根据实际需要进行部署,新的网络功能加入或撤出并不影响整体网络的功能。

1. AMF 的主要功能

(1) 终止 RAN CP 接口(N2);

(2) 终止 NAS(N1 接口),对 NAS 进行加密和完整性保护;

(3) 注册管理、连接管理、可达性管理、移动性管理;

(4) 合法拦截;

(5) 在 UE 和 SMF 之间传输 SM 消息;

(6) 接入身份验证,接入授权;

(7) 在 UE 和短消息服务功能(SMSF)之间提供传输短消息服务(SMS)消息的功能;

(8) 安全锚功能;

(9) 用于监管的定位服务管理;

(10) 为 UE 和位置管理功能之间以及 RAN 和位置管理功能之间传输位置服务消息;

(11) 当与 EPS 互通时,分配 EPS 承载的 ID;

(12) UE 移动事件通知。

在 AMF 的单个实例中可以支持部分或全部 AMF 功能,无论网络功能的数量如何,UE 和 CN 之间的每个接入网络只有一个 NAS 接口实例,至少实现 NAS 安全性和移动性管理的网络功能之一。

按照 3GPP 的设计,AMF 还可以与非 3GPP 网络单元连接进行消息交互。

2. UPF 的主要功能

(1) 用于无线接入技术(RAT)内或 RAT 间移动性的锚点;

(2) 用于外部 PDU 与数据网络互连的会话点;

(3) 分组数据路由和转发,例如支持上行链路分类器以将业务流路由到具体的数据网络实例,支持分支点以支持多宿主的 PDU 会话;

（4）数据包检查，支持基于数据流模板的应用流程检测，也可以支持从 SMF 接收的可选分组流描述（PFD）检测；

（5）用户平面部分策略规则实施，例如门控、重定向、流量转向；

（6）合法拦截；

（7）流量使用报告；

（8）用户平面的 QoS 处理，例如 UL/DL 速率控制、DL 中的反射 QoS 标记等；

（9）上行链路流量验证，比如服务数据功能到 QoS 流量映射；

（10）对上行链路和下行链路中的传输数据进行分组标记；

（11）下行数据包缓冲和下行数据通知触发；

（12）将一个或多个结束标记发送和转发到源 NG-RAN 节点。

UPF 通过提供与请求发送的 IP 地址相对应的 MAC 地址来响应地址解析协议（ARP）或 IPv6 邻居请求。在 UPF 的单个实例中可以支持部分或全部 UPF 功能，并非所有 UPF 功能都需要在网络切片的用户平面功能的实例中得到支持。

3. SMF 的主要功能

（1）会话管理，例如会话建立、修改和释放，包括 UPF 和 AN 节点之间的通道维护；

（2）UE IP 地址分配和管理；

（3）DHCPv4（动态主机配置协议）功能和 DHCPv6 功能，SMF 通过提供与请求发送的 IP 地址相对应的 MAC 地址来响应 ARP 或 IPv6 邻居请求；

（4）选择和控制 UP 功能，包括控制 UPF 代理 ARP 和 IPv6 邻居发现，或将所有 ARP 或 IPv6 邻居请求流量转发到 SMF；

（5）配置 UPF 的流量控制，将流量路由到正确的目的地；

（6）根据策略控制功能终止接口；

（7）合法拦截；

（8）收费数据收集和支持计费接口；

（9）控制和协调 UPF 的收费数据收集；

（10）终止 SM 消息的 SM 部分；

（11）下行数据通知；

（12）发起针对 AN 的特定 SM 信息，通过 AMF 的 N2 发送到 AN；

（13）确定会话和服务连续模式；

（14）漫游功能。

4. NEF（网络开放）的主要功能

（1）能力和事件的开放。3GPP 的 NF 通过 NEF 向其他 NF 公开功能和事件，例如三方接入、应用功能、边缘计算等。NEF 使用标准化接口 Nudr 将信息作为结构化数据存储或检索到统一数据仓储（UDR）。需要注意的是，NEF 可以接入位于与 NEF 相同的 PLMN 中的 UDR。

（2）从外部应用程序提供安全信息给 3GPP 网络。它为应用功能提供了一种手段，可以安全地向 3GPP 网络提供信息，例如预期的 UE 行为。在这种情况下，NEF 可以验证、授权外部应用，在需要时协助限制应用功能。

（3）内部与外部信息的翻译。它在与 AF 交换的信息和与内部网络交换的信息之间进行转换。特别指出,NEF 根据网络策略对外部 AF 的网络和用户敏感信息进行屏蔽。

(4) 网络开放功能从其他网络功能接收信息(基于其他网络的公开功能),NEF 使用标准化接口将接收到的信息作为结构化数据存储到 UDR 中。所存储的信息可以由 NEF 访问并重新展示到其他网络功能和应用功能并用于其他目的。

(5) NEF 还支持分组流描述(PFD)功能。NEF 中的 PFD 功能可以在 UDR 中存储和检索 PFD,并且响应 SMF 的拉模式请求将 PFD 提供给 SMF。特定 NEF 实例可以支持上述功能中的一个或多个。

(6) 支持通用 API 框架(CAPIF)。当 NEF 用于外部开放时,可以支持 CAPIF。支持 CAPIF 时,用于外部开放的 NEF 支持 CAPIF API 过程域功能。

5. PCF(策略控制)的主要功能

(1) 支持统一的策略框架来管理网络行为。

(2) 为控制平面功能提供策略规则并强制执行。

(3) 访问与 UDR 中的策略决策相关的用户信息,PCF 访问位于与 PCF 相同的 PLMN 中的 UDR。

6. UDM(统一数据管理)的主要功能

(1) 生成 3GPP 的认证与密钥协商(AKA)身份验证凭证。

(2) 用户识别处理,例如对 5G 系统中每个用户的用户永久标识符进行存储和管理。

(3) 支持对需要隐私保护的用户隐藏用户标识符。

(4) 基于用户数据的接入授权,例如漫游限制。

(5) NF 注册管理 UE 的各种服务,例如为 UE 存储 AMF 服务信息,为 UE 的 PDU 会话存储 SMF 服务信息。

(6) 保持服务/会话的连续性,例如通过 SMF/DNN 的分配保持正在进行的会话和服务不中断。

(7) 支持移动终端 SMS,即服务提供商发给用户的信息。

(8) 合法拦截功能。

(9) 用户管理。

(10) 短信管理。

6.3.2 5G 核心网协议栈

5GC 的协议栈分为用户平面和控制平面两部分协议栈。

1. 用户平面协议栈

用户平面协议栈如图 6-29 所示。

用户平面协议栈主要完成如下功能。

(1) PDU 层对应 PDU 会话中 UE 和数据网络之间承载的 PDU。

(2) GTP-U 是用户平面的 GPRS 通道协议。

(3) 5G 用户面封装,该层支持在 N9 上,即在 5GC 的不同 UPF 之间复用不同 PDU 会话的流量,它在每个 PDU 会话级别上提供封装,该层还携带 QoS 流相关联的标记。

(4) 5G-AN 协议层是 5G 的接入网协议层,取决于具体的接入网类型,从 eNodeB 接入、从 gNodeB 接入或者从 Non-3GPP 网络接入,对应的协议栈是不同的。

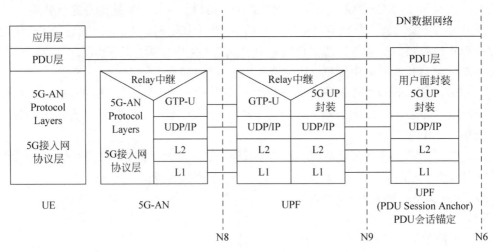

图 6-29 用户平面协议栈

（5）UDP/IP 层是骨干网络协议。

2. 控制平面协议栈

控制平面包括 5G-AN 与 5GC 间的 N2、5G-AN 与 SMF 间的控制面，以及 UE 与 5GC 间的控制面。

1）5G-AN 和 5GC 的接口（N2）

NG-AP 协议定义在 3GPP TS38.413 中，SCTP 协议定义在 RFC 4960 中，5G-AN 和 5GC 的 N2 接口协议栈如图 6-30 所示。

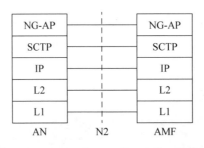

图 6-30　5G-AN 和 5GC 的 N2 接口协议栈

5G-AN 和 5GC 之间的控制平面接口支持以下功能。

（1）通过独特的控制平面协议将多种不同类型的 5G-AN（如 3GPP RAN、用于不可信接入 5GC 的 N3 IWF（互通功能））连接到 5GC；单个 NG-AP 协议用于 3GPP 接入和非 3GPP 接入。

（2）无论 UE 的 PDU 会话的数量如何，对于给定的 UE，在每个接入的 AMF 中存在唯一的 N2 终止点。

（3）AMF 与诸如 SMF 等其他功能之间的去耦可能需要控制 5G-AN 支持的服务（例如控制用于 PDU 会话的 5G-AN 中的 UP 资源）。NG-AP 支持 AMF 负责的 5G-AN 和 SMF 间中继的信息，该信息称为 N2 SM 信息。N2 SM 信息在 SMF 和 5G-AN 之间透明地交换到 AMF。

2）5G AN-SMF 之间控制面协议

AN-SMF 之间控制面协议栈如图 6-31 所示。图 6-31 中的 N2 SM 信息层是 AMF 在 AN 和 SMF 之间透明传输的 NG-AP 信息的子集，并且包括在 NG-AP 消息和参考点 N11 相关消息中。AN 和 SMF 之间的控制平面协议栈从 AN 的角度来看，可以看作发生 N2 单个终止的情况，即 N2 信令主动终结于 AMF。

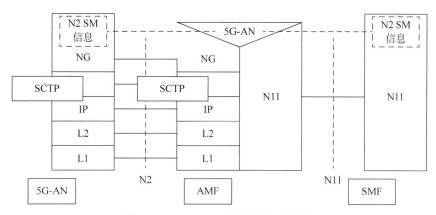

图 6-31　AN-SMF 之间控制面协议栈

3）UE 和 5GC 之间控制面协议

在 5G 网络中承载 UE 与 AMF 之间信令传递的就是 N1 接口，其功能和传递的消息分别在 3GPP TS23.501 和 24.501 中定义。其中，NAS 为 UE 和 AMF 之间的控制面最高层。功能包括支持 UE 移动性管理的一般过程，如认证、鉴权、通用 UE 配置更新和安全控制模式过程；支持会话管理过程以及建立和维持 UE 与数据网络之间的数据连接；支持 NAS 传输过程以提供 SMS、位置服务和 UE 策略容器等，如图 6-32 所示。

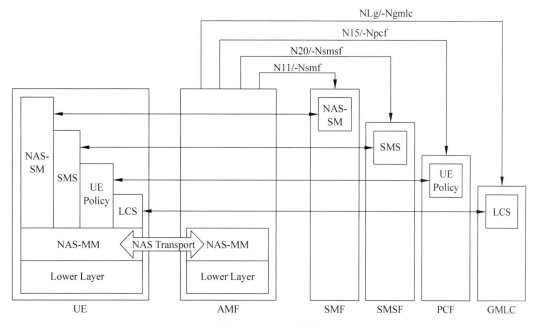

图 6-32　NAS 传输

6.4　5G 物理层过程

6.4.1　物理层概述

物理层完成的主要功能包括：传输信道的错误检测，并向高层提供指示；传输信道的 FEC 编码/解码；HARQ 软合并；编码的传输信道向物理信道映射；物理信道功率加权；物理信道调制与解调；频率与时间同步；无线特征测量，并向高层提供指示；MIMO 天线处理；物理射频处理。

移动通信中，数据在无线网络上是以帧为单位进行传输的。5G 中无线帧、子帧、时隙以及符号间的逻辑关系与功能如图 6-33 所示。

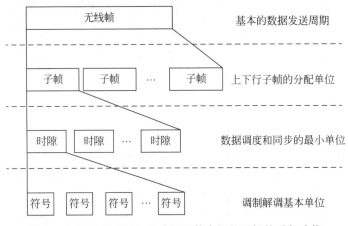

图 6-33　无线帧、子帧、时隙以及符合间的逻辑关系与功能

与 LTE 相同，5G 无线帧和子帧的长度固定，从而允许更好地保持 LTE 与 NR 间共存。不同的是，5G NR 定义了灵活的子构架，时隙和字符长度可根据子载波间隔 SCS 灵活定义。即 1 无线帧=10ms，1 子帧=1ms，1 时隙=12(扩展 CP)/14(常规 CP)个符号周期，单位为 ms，1 符号周期=1/SCS+CP 长度，单位为 ms。

与 LTE 按子帧进行调度不同的是，时隙是 NR 的基本调度单位，更高的子载波间隔导致了更小的时隙长度，因而数据调度粒度就更小，更适合于时延要求高的传输。并不是所有频段支持的 SCS 均相同，NR 不同频段及支持的 SCS 如表 6-15 所示。

表 6-15　NR 不同频段及支持的 SCS

频段/GHz	支持的 SCS/kHz
1	15/30
1～6	15/30/60
24.24～52.6	60/120

5G 的时隙格式具有更好的灵活性，例如在上行链路传输繁忙时采取全上行配置。在上下行配置上，5G 相比 4G 有了很大的不同。4G 中，上下行的设置是以子帧为单位的，包括上行子帧、下行子帧和特殊子帧。但是 5G 中，上下行的配置变成了以符号为单位，上下行

的转换间隔大大缩短了。NR 支持每个时隙包含最多两个转换点。

NR 帧结构具有以下特点。

(1) 不再沿用 LTE 的固定帧结构方式,而是采用半静态 RRC 配置和动态 DCI 配置相结合的方式进行灵活配置。

(2) RRC 配置,采用小区专用和 UE 专用的两种方式。

(3) DCI 配置,采用时隙格式指示(SFI)和 DCI 调度两种方式。

(4) 支持不同的周期配置。

(5) 支持双周期配置。

目前 5G 基站网络的典型配置如表 6-16 所示。

表 6-16　5G 基站网络的典型配置

参　　数	取　　值	参　　数	取　　值
NR 频率/MHz	2515-2615	AMC	启用
NR 带宽/M	100	终端形态	SA：2T4R
NR 帧结构/ms	5		NSA：2T4R
特殊子帧配比	6DL：4GP：4UL	终端发射功率/dBm	总功率≤26
上下行时隙比例	2：7(DD DD DD DS UU)	业务类型	TCP 业务
子载波间隔/kHz	30	基站天线	64T64R
上行功率控制	启用(PUCCH/PUSCH/Sounding)		

需要说明的是,5G 主流商用终端都采用 2T4R,即两根天线用于发射,四根天线用于接收。基于双天线发射,通过发射分集可提升上行覆盖 1～2dB,同时通过双流 MIMO 可实现上行峰值速率翻倍。不过目前双天线发射仅支持 SA 模式。在 SA 组网下,两根天线均连接 NR。在 NSA 模式下,一根天线连接 NR,一根天线连接 LTE,只能分别在 LTE 和 NR 单发。

6.4.2　小区搜索

1. 小区搜索流程

移动终端入网和小区搜索流程如图 6-34 所示。

和 LTE 相同,NR 中小区搜索的主要目的也是获得下行时频资源的同步,两者基本流程相同,只是由于 NR 中 SSB 的位置不再固定,导致了一些不同。其中,SSB 是指同步信号和 PBCH 块合称,由 PSS、SSS、PBCH 三部分共同组成。

2. 几个基本概念

1) 全局频点栅格

绝对无线频道编号(Absolute Radio Frequency Channel Number,ARFCN)是指在 GSM 无线系统中用来鉴别特殊射频通道的编号方案。现在 5G NR 中无线频道编号记为 NR-ARFCN。

3GPP 定义了 Global raster(全局频点栅格,用 ΔF_{Global} 表示),频段越高,栅格越大,用于计算 5G 频点号。不再像 LTE 那样需要根据使用的波段号和对应的起始频点来查表计算。5G 的频点计算公式如下:

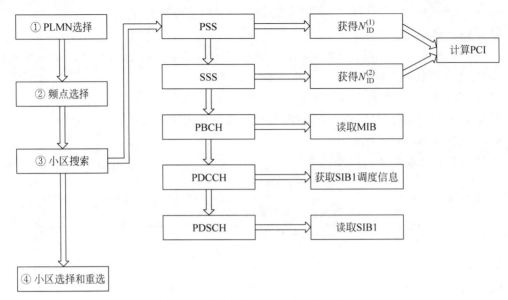

图 6-34　移动终端入网和小区搜索流程

$$N_{\text{REF}} = N_{\text{REF-Offs}} + (F_{\text{req}} - F_{\text{REF-Offs}})/\Delta F_{\text{Global}} \tag{6-2}$$

或

$$F_{\text{REF}} = F_{\text{REF-Offs}} + \Delta F_{\text{Global}} \times (N_{\text{REF}} - N_{\text{REF-Offs}}) \tag{6-3}$$

其中，F_{REF} 为中心频率，$F_{\text{REF-Offs}}$ 查表获得，ΔF_{Global} 与频带有关，查表获得，N_{REF} 为输入的 5G 下行绝对频点号，$N_{\text{REF-Offs}}$ 查表获得。

NR 对应的频点如表 6-17 所示。

表 6-17　NR 对应的频点

频率范围/MHz	ΔF_{Global}/kHz	$F_{\text{REF-Offs}}$/MHz	$N_{\text{REF-Offs}}$	N_{REF} 范围
0～3000	5	0	0	0～599999
3000～24250	15	3000	600000	600000～2016666
24250～100000	60	24250	2016667	2016667～3279167

如果使用的中心频率是 1920MHz，那么对应的频点为

$N_{\text{REF}} = N_{\text{REF-Offs}} + (F_{\text{req}} - F_{\text{REF-Offs}})/\Delta F_{\text{Global}} = 0 + (1920\text{MHz} - 0)/5\text{kHz} = 38400$

如果使用的中心频率是 4800MHz，那么对应的频点为

$N_{\text{REF}} = N_{\text{REF-Offs}} + (F_{\text{req}} - F_{\text{REF-Offs}})/\Delta F_{\text{Global}} = 600000 + (4800\text{MHz} - 3000)/15\text{kHz}$
$\quad = 720000$

2）信道栅格

信道栅格(channel raster)的值是人为规定值，表示各个不同的频点之间的间隔应该满足的条件。信道格栅用于指示空口信道的频域位置，进行资源映射，即小区的实际频点位置必须满足信道栅格的映射。也就是说，在实际组网时有些频点号能用，有些频点号不能用。相比于 4G 的信道栅格，5G 的信道栅格大小是可变的，FR1 中 n1、n77、n78、n79 有 15kHz 和 30kHz 两种配置，其余 NR 频段信道栅格为 100kHz，每个频段对应频点的步进不一定是

1,比如 n1 频段,栅格是 100kHz,频点步长是 20(每间隔 100kHz,频点相差 20),此处频点为 NR 的绝对频点。

以 n1 为例,信道栅格为 100kHz,而 n1 属于全局的频点栅格表中的 0～3000MHz,而 0～3000MHz 对应的频点栅格为 5kHz,所以 5G 小区使用该频段时,中心频点号的取值只能以 20 为单位来选取。工作频率 n1 为 2110～2170MHz,2110MHz 对应频点 422000,而下一个小区可以使用的中心频率点只能是 2110.1MHz(对应频点 422020),而 2110.005,2110.01,…,2110.095(对应频点 422001～422019)均不能作为小区的中心频率点。

此外,n41、n77、n78 和 n79 的 ΔF_{Global} 的取值有两种,具体使用哪种基于如下原则:当小区中的 SCS 等于较高的那个时,采用高的信道栅格,其他情况使用低的信道栅格。如果当前小区信道的 SCS 为 30kHz,那么信道栅格就是 30kHz,否则信道栅格为 15kHz。

3）同步频率栅格

同步频率栅格(synchronization raster)指示开机时,搜索 SSB 的扫频步长。5G 使用的带宽非常大,Sub 6G 最大可以用到 100MHz,因此不可能按照全局频点中 5/15/60kHz 的步长去搜索 SSB 完成下行同步,3GPP 定义了一个新的步长更大的频率栅格,即同步频率栅格。Sub 3G 频段步长为 1200kHz;C-Band 步长为 1.44MHz;毫米波步长为 17.28MHz。

UE 开机后进行小区搜索,以完成时间和频率的同步并获取 PCI,这一过程主要依靠于对 SSB 的搜索,UE 在其支持的频带上以 Synchronization Raster 的步长进行 SSB 盲检。

4）全局同步信道（GSCN）

GSCN 用于标记 SSB 的信道号,每个 GSCN 对应一个 SSB 的频域位置 SS_{REF},GSCN 按照频域增序进行编号,使用 GSCN 的目的是加快 UE 同步速度。

GSCN 规范了 SSB 中心频率可部署的位置,SSB 中心频率可部署位置与同步频率栅格保持同步,GSCN 参数配置如表 6-18 所示。

表 6-18 GSCN 参数配置

频率范围/MHz	SS_{REF}	GSCN	GSCN 范围
0～3000	$N \times 1200kHz + M \times 50kHz$ $N = 1:2499, M \in \{1,3,5\}$	$3N + (M-3)/2$	2～7498
3000～24250	$3000MHz + N \times 1.44MHz$ $N = 0:14756$	$7499 + N$	7499～22255
24250～100000	$24250.08MHz + N \times 17.28MHz$ $N = 0:4383$	$22256 + N$	22256～26639

备注:带有 SCS 信道格栅的默认值为 $M = 3$。

5）SSB/PCI

一个 SSB 包含 PSS/SSS/PBCH/PBCH-DMRS,用于下行同步信号和广播信号的发送。SSB 在时域上占 4 个符号,频域上占据连续的 20 个 RB,时域上位置可以配置 PSS/SSS 映射到 12 个 PRB 中间的连续 127 个子载波,共占用 144 个子载波,两侧分别为 8/9 个子载波作为保护带宽,以零功率发送,PBCH RE 数为 432 个,使用天线端口 4000 发送。UE 搜索到 PSS 和 SSS 后,可以获得小区 PCI,共 1008 个。NR 中 PCI 规划与 LTE 网络 PCI 中的扰码规划非常相似。与 LTE 相比,NR 的 PCI 规划将相对简单,这是由于 NR 比 LTE 多一倍。计算公式为

$$N_{ID}^{Cell} = 3N_{ID}^{(1)} + N_{ID}^{(2)} \qquad (6\text{-}4)$$

式中，N_{ID}^{Cell} 表示物理小区的 ID(PCI)；$N_{ID}^{(1)}$ 为 SSS，取值为 $\{1,3,\cdots,335\}$；$N_{ID}^{(2)}$ 为 PSS，取值为 $\{0,1,2\}$。

NR 不再支持 CRS，要解调 PBCH 信道需要获取 PBCH-DMRS 位置。PBCH-DMRS 在时域上和 PBCH 具有相同符号位置，在频域上间隔 4 个子载波，初始偏移由 PCI 确定。

$$v = N_{ID}^{Cell} \bmod 4 \qquad (6\text{-}5)$$

在进行网络规划时，应避免 PCI 碰撞，相邻小区之间不能使用相同 PCI；使用物理上间隔 PCI，可避免 UE 收到多个(相同 PCI)小区信号；需尽量增大 PCI 复用距离。

3. 小区搜索过程

小区搜索是 UE 获取与小区的时间和频率同步并检测该小区的小区 ID 的过程。NR 小区搜索基于位于同步栅格上的 PSS、SSS、PBCH-DMRS。

小区搜索过程解析如下。

(1) UE 调谐到特定频率。

(2) UE 尝试检测 PSS、SSS。如果 UE 在此步骤中失败，则重新确定调谐频率；一旦 UE 成功检测到 PSS/SSS，UE 尝试解码 PBCH。

(3) 一旦 UE 成功检测到 PBCH，它将解码 MIB 并存储。

(4) 检查小区是否为 BAR(禁止)，如果是，停止流程；如果否，进一步处理其他消息。

(5) 使用 MIB 中参数解码 SIB1，储存结果。

(6) 根据 SIB1 指示，请求和解码其他 SIBs 消息。

(7) 小区搜索成功。

需要说明的是，PBCH 信道发送的 MB 消息包括高 6b 的系统帧号，并不包括 SSB 索引，SSB 索引在 PBCH 信道物理层处理时，加入额外编码信息位并通过 DMRS 序列来得到。UE 使用 8 种 DMRS 初始化序列去盲检 PBCH 信道。NR 中的 SIB1 消息通过下行 PDSCH 信道发送，而 PDSCH 信道需要 PDCCH 信道的 DCI 调度，UE 需要在 MIB 中得到调度 SIB1 的 PDCCH 信道信息，在 PDCCH 上进行盲检并获得 SIB1。

6.4.3 小区选择和重选

1. 小区选择

1) 概述

如果 UE 想要获取网络服务，就需要选择一个 PLMN 下的小区驻留。在小区搜索过程中会搜到很多的小区，需要根据小区系统消息及终端属性确认当前小区是否适合驻留，小区电平和信号质量是评价标准之一。

小区选择是指 UE 在 RRC_IDLE 和 RRC_INACTIVE 状态下进行的过程。UE 首先需要完成 PLMN 的选择，在已选择的 PLMN 上寻找合适的小区，获取合适的服务，监听控制信道，这个过程即小区选择过程。

小区选择的目的是接收小区的系统消息，进行 RRC 连接建立，发起初始接入，监听寻呼消息以及接受相关的 ETWS 和商业移动警报系统(CMAS)通知消息。

2) 小区选择策略

(1) 初始小区选择。UE 扫描所支持的 NR 波段中的所有射频信道；在每个载波上，

UE 搜索信号最强的小区,读取小区系统广播消息,以识别其 PLMN;一旦找到合适小区,UE 进入正常驻留状态。

(2) 基于已存储信息的小区选择。UE 按已存储的载频信息进行搜索;一旦找到合适小区,UE 进入正常驻留状态;若没找到合适小区,UE 执行初始小区选择策略。

3) 小区测量

UE 要完成小区选择需要进行测量。多波束情况下,UE 根据检测到的 SS/PBCH 块最大波束数进行逐一测量,并将测量值和小区配置的门限值进行对比,最终确定该小区的测量值。如果 UE 检测到的最强波束的测量值低于门限值,以最强波束的测量值作为小区的最终测量值;否则对检测到的所有最强波束的测量值进行线性平均,作为小区的最终测量值。

4) 小区选择准则

如果 UE 想在该小区驻留,需要满足条件为

$$S_{\text{rxlev}} > 0 \text{ 且 } S_{\text{qual}} > 0 \tag{6-6}$$

$$S_{\text{rxlev}} = Q_{\text{rxlevmeas}} - (Q_{\text{rxlevmin}} + Q_{\text{rxlevminoffset}}) - P_{\text{compensation}} - Q_{\text{offsettemp}} \tag{6-7}$$

式中,$P_{\text{compensation}} = \max(P_{\text{EMAX1}} - P_{\text{PowerClass}}, 0)(\text{dB})$

$$S_{\text{qual}} = Q_{\text{qualmeas}} - (Q_{\text{qualvmin}} + Q_{\text{qualminoffset}}) - Q_{\text{offsettemp}} \tag{6-8}$$

式(6-6)～式(6-8)使用的变量中,只有 $Q_{\text{rxlevmeas}}$ 和 Q_{qualmeas} 是 UE 在接通时测量的值,其他大部分参数由特定的 SIB 确定或者由其他预定义的值计算得来。各参数解析如下。

(1) S_{rxlev} 为小区选择接收电平值,单位 dB,S_{qual} 为小区选择的质量值,单位 dB。

(2) $Q_{\text{rxlevmeas}}$ 为终端实际测量到小区接收电平 RSRP 值,单位 dBm。PHY 上报的参考信号接收功率反映该小区的信号强度。

(3) Q_{rxlevmin} 为 UE 驻留在该小区的最小接收电平,是 SIB 消息中配置的参数,单位 dBm,典型设置值 −128(该参数可影响用户接入)。如果计算当前服务小区的 S_{rxlev},则查看 SIB1 消息的配置。如果 UE 支持 SUL 频率且 Q_{rxlevmin}SUL 存在,优先使用 Q_{rxlevmin}SUL,否则使用 Q_{rxlevmin}。小区配置的值越大,使得该小区更难符合 S 准则,则 UE 选择驻留该小区的难度越大。该参数在 SIB2/SIB4/SIB5 中都存在,分别用在同频小区、异频小区、异系统小区的计算中。

(4) $Q_{\text{rxlevminoffset}}$ 为最小接收电平偏移值,为 UE 正常驻留在 VPLMN 中时定期搜索更高优先级 PLMN 使用,目的是减少 PLMN 之间的乒乓选择,此参数只在 UE 驻留的 PLMN 周期性地搜寻更高级别的 PLMN 时使用。

(5) $P_{\text{compensation}}$ 是功率惩罚值。假如小区配置的最大发射功率是 P_{MAX},但是终端允许的最大发射功率是 $P_{\text{PowerClass}}$,且 $P_{\text{PowerClass}}$ 小于 P_{MAX},就需要考虑这个惩罚因子。

P_{EMAX1} 可以分别对应 SIB1、SIB3、SIB5 里面的 P_{MAX},其分别针对服务小区、同频邻区及异频邻区,理论上这三个值可以各不相同,但是设置是必选的。如果支持上行补充频点,则 P_{EMAX1} 选择补充频点对应的 P_{MAX}。

(6) $Q_{\text{offsettemp}}$ 为针对多次 T300 超时的小区引入的惩罚因子,即 UE 多次在该小区上发送 RRCSetupRequest(RRC 建立请求),但是未收到 RRCSetup(RRC 建立)消息。该参数在 SIB1 中指定。

(7) Q_{qualmeas} 为 UE 测量到的小区信号质量(RSEQ)。

(8) Q_{qualvmin} 为驻留在该小区的最小接收质量水平,单位为 dB,是 SIB 消息中配置的参

数。如果计算当前服务小区的 S_{rxlev}，则查看 SIB1 消息的配置。

（9） $Q_{\mathrm{qualminoffset}}$ 为正常驻留在 VPLMN 中时定期搜索更高优先级 PLMN 所需的最小 RSRQ 偏移值，在 S_{qual} 评估中考虑了信号 Q_{qualvmin} 的偏移，为的是降低找到更高优先级 PLMN 的门槛。如果计算当前服务小区的 S_{qual}，则查看 SIB1 消息的配置。

（10） P_{EMAX} 为 UE 最大发射功率。 $P_{\mathrm{PowerClass}}$ 为 UE 最大射频输出功率，目前只规定了 Class3 的 23dBm。

5）影响小区选择的因素

（1）S 准则不知足；

（2）在该小区接收 MIB 或 SIB1 消息失败；

（3）MIB 指示该小区为禁止的；

（4）SIB1 指示该小区为保留的；

（5）UE 不支持 SIB1 配置的频段；

（6）SIB1 没有配置 TAC；

（7）SIB1 中配置了 TAC，可是该 TAC 属于禁止的。

2．小区重选

小区重选是指 UE 在空闲模式下通过监测邻区和当前小区的信号质量以选择一个最好的小区提供服务信号的过程。当邻区的信号质量及电平满足 S 准则且满足一定重选判决准则时，终端将接入该小区驻留。若重选后的小区不在 UE 已注册的 TAC 列表内，UE 需要发起位置登记。小区重选主要包括同频重选和异频重选。

1）重选优先级

重选优先级是按照 SSB 频点优先级来完成的，典型取值为 0～7。频点优先级分为通用优先级和专用优先级两类。所谓通用优先级，是指在系统消息中指定的频率优先级；专用优先级则是指通过 RRC 释放消息携带或从其他系统继承来的优先级。小区重选终端优先级处理遵循以下原则。

（1）当 UE 驻留在一个合适小区时，如果 RRC 连接释放消息中携带了专用优先级，则 UE 将丢弃通过 SIB2 /SIB4 消息获取到的小区重选公共优先级。

（2）当 UE 驻留在一个可接收小区时，UE 会采用 SIB2 /SIB4 消息获取到的小区重选公共优先级。即使有专用优先级，UE 只保存专用优先级信息，并不使用专用优先级进行重选。

若有以下情况之一，UE 将丢弃由 RRC 连接释放消息中消息携带的专用优先级。

（1）UE 的 NAS 消息指示 AS 层执行 PLMN 选择过程。

（2）UE 进入连接状态。

（3）专用优先级有效时间定时器 T320 超时。

（4）T320 固定取值为 180 分钟，和频点专用优先级一起在 RRC 连接释放消息中下发给 UE。

小区重选流程示意图如图 6-35 所示。

2）小区重选参数消息块

UE 进行小区重选时，所需的重选参数消息块如表 6-19 所示。

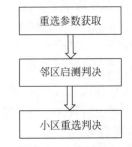

图 6-35　小区重选流程示意图

表 6-19　小区重选参数消息块

消 息 块	对 应 内 容
SIB2	同频、异频、异系统间小区重选公共参数
SIB3	同频小区重选的邻小区参数
SIB4	异频小区重选的邻小区参数
SIB5	异系统小区重选的邻小区参数

在 UE 进行邻区测量和小区重选时,根据邻频点的小区重选优先级与小区重选子优先级之和来确定该频点的优先级,通过与服务频点的小区重选优先级比较,确定测量和重选的对象。不同系统的频点不能配置为相同优先级。E-UTRAN 至 NG-RAN 小区重选时,NR频点的小区重选优先级和小区重选子优先级通过 SIB2/SIB4 广播,最多支持广播 8 个 NR频点的小区重选优先级和小区重选子优先级,每个小区配置的 NR 频点建议不超过 8 个。

3）重选邻区测量

UE 根据服务小区 S_{rxlev} 及邻区重选频点优先级,判断是否启动对在系统消息广播的邻区频点进行测量。小区重选测量条件如表 6-20 所示。

表 6-20　小区重选测量条件

系　　统	优先级	启　测　条　件
同频	相同	满足 $S_{rxlev} \leqslant S_{IntraSearchP}$ 和 $S_{qual} \leqslant S_{IntraSearchQ}$,需要测量,否则不进行测量
异频/异系统	高	高优先级频率和 RAT,应该启动异频测量或异系统频率测量
	同/低	满足 $S_{rxlev} \leqslant S_{nonIntraSearchP}$ 和 $S_{qual} \leqslant S_{nonIntraSearchQ}$,需要测量,否则不进行测量

其中,$S_{IntraSearchP}$ 和 $S_{IntraSearchQ}$ 为邻区频点的接收电平值和质量,携带在 SIB2 系统消息的 intraFreqCellReselectionInfo(邻区小区重选信息)中。$S_{nonIntraSearchP}$ 为 NR 频率间和 RAT 间测量的 S_{rxlev} 阈值。$S_{nonIntraSearchQ}$ 为 NR 频率间和 RAT 间测量的 S_{qual} 阈值。

4）重选准则

(1) 同频和异频同优先级小区重选。

UE 启动重选邻区测量后,同频或异频同优先级小区重选过程如下。

① 选择满足小区选择规则(S 规则)的邻区。同频邻区计算 S_{rxlev} 时,$Q_{rxlevmin}$ 使用SIB2 广播的小区最低接收电平值。异频邻区计算 S_{rxlev} 时,$Q_{rxlevmin}$ 使用 SIB4 广播的小区最低接收电平值。

② 针对满足上述条件的邻区,UE 选择信号质量等级 R_n 最高的邻区作为最先优选的小区。

$$R_n = Q_{meas,n} - Q_{offset} \tag{6-9}$$

其中,$Q_{meas,n}$ 是基于 SSB 测量出来邻区的接收信号电平值,即邻区的 RSRP 值。Q_{offset} 为邻区重选偏置。

对于同频邻区,Q_{offset} 为 SIB3 广播的 q-OffsetCell(系统消息);对于异频邻区,Q_{offset}为 SIB4 广播的 q-OffsetCell 加上 q-OffestFreq(系统消息)。

③ 在满足小区选择规则(S 规则)的邻区中,UE 识别出信号质量满足如下条件的邻区。

$$RSRP_{highest\text{-}ranked\text{-}cell} - RSRP_n \leqslant (rangToBestCell(系统消息)) \tag{6-10}$$

$RSRP_{highest\text{-}ranked\text{-}cell}$ 为最高排名小区的 RSRP 值。$RSRP_n$ 为各邻区的 RSRP 值。

rangeToBestCell(重选到最好小区的范围)值固定为 3dB,在 SIB2 消息中指示。

④ 在 highest ranked cell 和满足上述条件的邻区中,UE 选择小区中波束级 RSRP 值大于门限,且波束个数最多的小区作为 best cell(最好小区)。若同时有多个此类小区,再在其中选择小区 R_n 值最高的小区作为 best cell。

⑤ 判断 best cell 是否满足如下两个条件。若满足,UE 重选到该小区;若不满足,则继续驻留在原小区。

best cell 在持续 1s 的时间内,都满足如下小区重选规则(又称 R 规则),记为

$$R_n > R_s \tag{6-11}$$

$$R_s = Q_{\text{meas},s} + Q_{\text{hyst}} \tag{6-12}$$

其中,$Q_{\text{meas},s}$ 是基于 SSB 测量出来服务小区的接收信号电平值,即服务小区的 RSRP 值。Q_{hyst} 为小区重选迟滞。UE 在当前服务小区的驻留时间大于 1s。

(2) 异频不同优先级小区重选。

UE 启动重选邻区测量后,异频不同优先级的小区重选时,需要选择满足小区选择规则(S 规则)的异频邻区,计算异频邻区的 S_{rxlev} 时,Q_{rxlevmin} 使用 SIB4 广播的小区最低接收电平值。异频不同优先级的小区重选分为对高优先级小区重选和低优先级小区重选。

① 若同时满足以下条件,小区重选将选择高优先级。对于异频小区,UE 在当前服务小区超过 1s,在 SIB4 广播的异频邻区重选时间(固定 1s)内,被评估邻区的 S_{rxlev} 大于 SIB4 中广播的 threshX-HighP。如果存在多个小区同时满足条件,则按照同频和异频同优先级小区重选,且选择信号质量等级 R_n 最高的邻区进行小区重选。

② 若同时满足以下条件,小区重选将选择低优先级。对于异频小区,高优先级异频邻区都不满足高优先级小区重选条件;UE 在当前服务小区超过 1s;在 SIB4 广播的异频邻区重选时间(固定 1s)内,同时满足如下条件:服务小区的 S_{rxlev} 值小于 SIB2 广播的 threshServingLowP(服务小区阈值低的 RSRP)。被评估邻区的 S_{rxlev} 大于 SIB4 中广播的 threshX-LowP(可选小区阈值低的 RSRP)。

高优先级小区重选准则如表 6-21 所示。

表 6-21　高优先级小区重选准则

优 先 级		发生重选条件
高	下发参数	UE 在服务小区驻留超过 1s
		$\text{Treselection}_{\text{RAT}}$ 时间内,满足 $S_{\text{qual}} > \text{Thresh}_{X,\text{HighP}}$
	不下发参数	UE 在服务小区驻留超过 1s
		$\text{Treselection}_{\text{RAT}}$ 时间内,满足 $S_{\text{rxlev}} > \text{Thresh}_{X,\text{HighP}}$

低优先级小区重选准则如表 6-22 所示。

表 6-22　低优先级小区重选准则

优先级		重 选 条 件
低		UE 在服务小区驻留超过 1s
	下发参数	$\text{Treselection}_{\text{RAT}}$ 时间内,满足 $S_{\text{qual}} < \text{Thresh}_{\text{Serving},\text{LowQ}}$(服务小区)且 $S_{\text{qual}} > \text{Thresh}_{X,\text{Low}}$(低优先级小区)
	不下发参数	$\text{Treselection}_{\text{RAT}}$ 时间内,满足 $S_{\text{rxlev}} < \text{Thresh}_{\text{Serving},\text{LowP}}$(服务小区)且 $S_{\text{rxlev}} < \text{Thresh}_{X,\text{LowP}}$(低优先级小区)

6.4.4　随机接入

1. 概述

UE 完成下行同步后,根据不同的触发场景,进行随机接入过程,完成 UE 和基站之间的上行同步。随机接入包括竞争随机接入和非竞争随机接入。

随机接入的场景包括:

(1) UE 在 IDLE 下的初始接入;

(2) RRC 连接重建过程;

(3) RRC 连接态时,上行失步状态下,且有上行数据到达;

(4) RRC 连接态时,上行失步状态下,下行数据需要传输;

(5) 从 RRC_INACTIVE(RRC 失活)到 RRC 连接态;

(6) 波束失败恢复;

(7) 请求其他系统消息。

对于基于竞争的随机接入过程,UE 只能在 PCell(主小区)发起,而基于非竞争的随机接入过程,UE 既可以在 PCell 发起也可以在 SCell(辅小区)发起。

2. preamble

preamble 由循环前缀 CP 和 preamble 序列组成。preamble 支持 4 种长度为 839 的长序列前导和 9 种长度为 139 的短序列前导,preamble 序列长度由高层参数 prach-RootSequenceIndex(系统参数)指示。在 FR1 下,系统支持长序列和子载波间隔为 15kHz 和 30kHz 的短序列,而在 FR2 下,系统仅支持子载波间隔为 60kHz 和 120kHz 的短序列。

每个小区有 64 个可用的 preamble 序列,UE 会选择其中一个(或由 gNodeB 指定)在 PRACH 上传输,这些序列可分为两部分,一部分为 totalNumberOfRA-Preambles(系统消息)指示用于基于竞争和基于非竞争随机接入的前导;另一部分是除了 totalNumberOfRAPreambles(系统消息)之外的前导,这一部分前导用于其他目的,如 SI 请求。对于基于竞争的随机接入参数的配置,gNodeB 是通过 RACH-ConfigCommon(SIB1 中 BWP-Common 携带的系统消息)来发送这些配置的,而对于基于非竞争的随机接入参数的配置,gNodeB 通过 RACH-ConfigDedicated 进行参数的配置。

3. 基于竞争的随机接入

基于竞争的随机接入流程如图 6-36 所示。

基于竞争的随机接入流程解析如下:

(1) MSG1:UE 发送 preamble 序列,进行上行同步;

(2) MSG2:基站检测到 preamble 序列后,发送随机接入响应;

(3) MSG3:UE 检测到属于自己的随机接入响应后,利用分配的资源发送高层信令消息;

(4) MSG4:基站发送冲突解决响应,UE 判断是否竞争成功。

图 6-36　基于竞争的随机接入流程

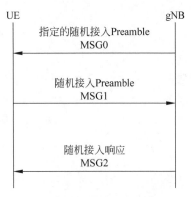

图 6-37　基于非竞争的随机接入流程

第 37 集

第 38 集

4. 基于非竞争的随机接入

基于非竞争的随机接入流程如图 6-37 所示。

基于非竞争的随机接入流程解析如下：

（1）MSG0：基站根据需求，给 UE 分配一个特定的 preamble 序列；

（2）MSG1：UE 使用特定的资源发送指定的 preamble 序列；

（3）MSG2：基站接收到随机接入 preamble 序列后，发送随机接入响应。

6.5　5G 关键技术

为了满足 5G 多场景应用的需求，5G 网络中采用了各种各样的新技术，包括新型多址、大规模 MIMO、同时同频全双工技术、新型调制编码技术、毫米波通信、NFV、SDN、SON、D2D、超密集组网、网络切片、边缘计算等。

6.5.1　新型多址和波形技术

多址和波形技术是无线通信制式的基石，处于无线通信网络的物理层。移动通信系统从 1G 到 4G 的多址技术都采用正交多址技术，正交多址技术只能达到多用户容量的下限。随着移动通信技术的发展及移动通信业务的发展，移动通信网络需要解决多场景应用、传输容量及频谱效率等问题，在频谱资源受限的情况下，非正交多址接入（NOMA）应运而生。

新型多址技术通过功率复用或特征码本设计，允许不同用户占用相同的频谱、时间和空间等资源发送信号，信号在空/时/频/码等域进行叠加传输，以降低时延来实现多种场景下系统频谱效率和接入能力显著提升。此外，新型多址技术可实现免调度传输，也可有效简化信令流程，显著降低信令开销，缩短接入时延，降低空口传输时延，节省终端功耗。

目前，主流的 NOMA 技术方案包括基于功率分配的 NOMA（PD-NOMA）、基于稀疏扩频的图样分割多址接入（PDMA）、稀疏码多址接入（SCMA）以及基于非稀疏扩频的多用户共享多址接入（MUSA）等。此外，还包括基于交织器的交织分割多址接入（IDMA）和基于扰码的资源扩展多址接入（RSMA）等 NOMA 方案。尽管不同的方案具有不同特性和设计原理，但由于资源的非正交分配，NOMA 较传统的 OMA 具有更高的过载率，从而在不影响用户体验的前提下增加了网络总体吞吐量，实现 5G 的海量连接和高频谱效率的需求。其中，NOMA 是最基本的非正交多址技术，它基于简单的功率域叠加方式；SCMA、MUSA 是基于码域叠加的非正交多址技术；PDMA 是空域、码域和功率域的联合优化非正交多址技术。新型多址技术的原理如图 6-38 所示。

1. NOMA

NOMA 的基本思想是在发送端采用非正交方式发送，主动引入干扰信息，在接收端通过串行干扰删除，保证接收机实现正确解调。NOMA 技术的本质是通过提高接收机的复杂度来换取频谱效率，从而解决频谱资源受限的问题。

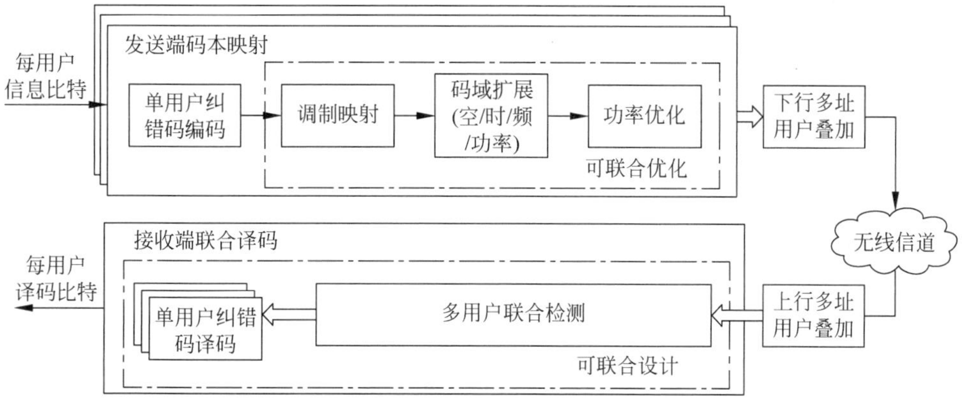

图 6-38　新型多址技术的原理

NOMA 的各子信道传输依然采用正交频分复用技术,子信道之间是正交的,互不干扰,但是与正交多址技术相比,一个子信道不再只分配给一个用户,而是多个用户共享。同一子信道上不同用户之间是非正交传输,导致产生用户间的干扰问题,在接收端需要采用 SIC 技术进行检测。在发送端,对同一子信道上的不同用户采用功率复用技术进行发送,不同用户的信号功率按照相关的算法进行分配,保证到达接收端的每个用户信号功率都不一样。SIC 接收机再根据不同用户信号功率大小,按照一定的顺序进行干扰消除实现正确解调,同时也达到了区分用户的目的。

NOMA 技术是基于功率叠加的非正交多址技术,即发射端使用功率域区分用户,接收端使用串行干扰消除接收机进行多用户检测。在 RRC CONNECTED 状态下(假设 UE 已事先完成了上行同步),采用 NOMA 可以节省调度请求过程的时间。在 RRC INACTIVE 状态下,数据可以在没有 RACH 程序的情况下进行传输。因此,NOMA 节省了信令开销,同时减少了延迟并提高了系统容量。

NOMA 可以在功率域引入,也可以在码域和功率域混合引入,其原理示意图如图 6-39。为满足不同类型的需求,非正交多址技术进一步将功率域与扩频序列进行结合,如为提升接收可靠性,可以将功率域与正交序列结合;为提升连接能力,可将功率域与非正交序列结合。

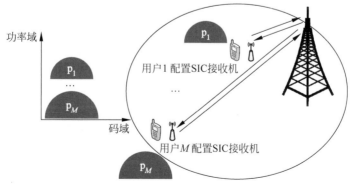

图 6-39　NOMA 原理示意图

正交多址技术与非正交多址技术的比较如表 6-23 所示。

表 6-23　正交多址技术与非正交多址技术的比较

正 交 多 址	非正交多址
单用户容量受限	可以获得多用户容量
同时进行传送的用户数受限	支持过载传输
不支持免调度传输	支持可靠和低时延的免调度传输
MU-MIMO 和 CoMP 严重依赖信道状态信息 CSI	支持开环 MU 复用和 CoMP,支持灵活的业务复用

2. SCMA

SCMA 引入稀疏编码对照簿,在不增加系统资源的前提下,发送端采用调制波形和稀疏码本设计,接收端接收机采用低复杂度最优用户检测设计,多个用户在码域进行非正交多址接入,实现了无线频谱资源利用效率的提升和系统容量的增加。

SCMA 是一种基于码域叠加的新型非正交多址技术,它将低密度码扩频和调制技术相结合,通过共轭、置换和相位旋转等操作方式,选择最优性能的码本集合,让不同用户采用基于分配的不同码本进行信息传输。

SCMA 系统的发送端处理过程如图 6-40 所示,信道编码后的比特根据预先编排的 SCMA 码本对照簿直接被映射成多维调制符号表示的稀疏码字,一个单用户数据流被看作一层,每层对应一个 SCMA 码本,同一个码本中的不同码字具有相同的稀疏图样,如图 6-41 所示。

图 6-41 所示的 SCMA 主要采用了低密度扩频技术和多维或高维调制技术两个关键技术。SCMA 码本采用了低密度扩频的方式对单个子载波进行扩展,并将其在频域方向扩展到 4 个子载波上,实现多个用户共享这 4 个子载波。低密度扩频是指每个用户数据在频域方向上只占用了其中的两个子载波,而另外两个子载波则是空载的。低密度扩频技术中原本 4 个子载波承载 4 个用户,经过 SCMA 扩展到了 6 个用户,使用 4 个子载波来承载 6 个用户的数据,子载波之间就为非正交形式了,在单个子载波上存在 3 个用户的数据,会发生冲突,给多用户解调带来了较大的困难,同时增加了接收端的复杂度。针对这个问题,SCMA 利用多维或高维调制技术来解决。

多维或高维调制技术通过幅度和相位的高维调制,增大多用户星座点之间的欧氏距离,提升多用户的抗干扰及解调能力,每个用户的数据都使用系统统一分配的稀疏编码对照簿进行多维或高维调制,就可以较容易地实现在不正交的情况下对用户进行快速识别。

SCMA 综合使用低密度扩频技术与多维或高维调制技术,可使多个用户在同时使用相同无线频谱资源的情况下引入码域的多址,大大提升了无线频谱资源的利用效率,而且通过使用数量更多的子载波组(对应服务组),并调整稀疏度(多个子载波组中的单用户承载数据子载波数)来进一步提升无线频谱资源的利用效率。

3. PDMA

PDMA 是基于多用户间引入合理不等分集度提升容量的原理,通过设计多用户不等分集的 PDMA 图样矩阵,实现空域、码域和功率域等多维度的非正交信号叠加传输,获得更高多用户复用和分集增益的非正交多址接入技术。

PDMA 以多用户信息通信理论为基础,采用发送端和接收端的联合优化设计,整体技术框架如图 6-42 所示。

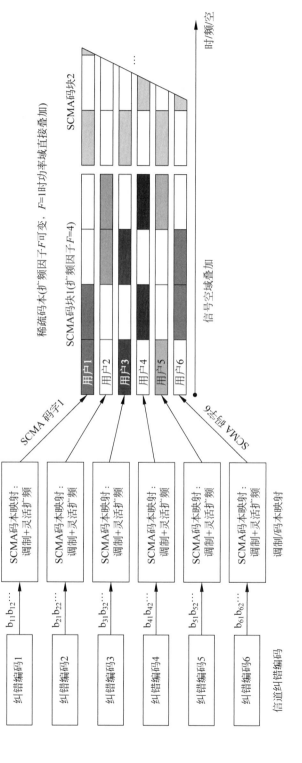

图 6-40 SCMA 系统的发送端处理过程

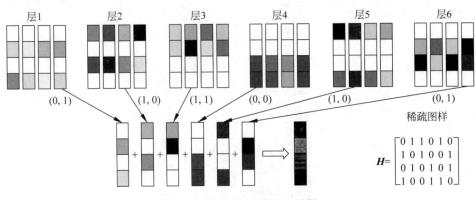

图 6-41　SCMA 码本稀疏图样

通过改变 PDMA 图样设计，可以改变用户的传输分集度，进一步减少 SIC 接收机的误差传播问题；通过优化 SIC 接收机检测算法设计可以减少检测时间。PDMA 关键技术包括发送端/接收端关键技术和多天线结合的关键技术等。PDMA 在发送端需要考虑的关键技术有图样矩阵设计、图样分配方案设计、功率分配方案设计和链路自适应等。PDMA 在接收端需要考虑的关键技术有高性能且低复杂度的检测算法和基于导频的激活检测算法等。

4. MUSA

多用户共享接入（MUSA）是面向 5G 海量连接和移动宽带两个典型场景的新型多址技术，是一种基于复数域多元码的上行非正交多址接入技术。MUSA 中使用低相关性的短扩频码，有助于降低复杂度、时延、误码率及功耗。对于上行链路，将不同用户的已调符号经过特定的扩展序列扩展后在相同资源上发送，接收端则采用串行干扰消除接收机对用户数据进行译码，基于复数域多元码的叠加可以支持真正的免调度接入，免除资源调度过程，并简化同步、功率控制等过程，从而能极大简化终端的实现、降低终端的能耗，特别适合作为 5G 海量接入的解决方案。MUSA 原理示意图如图 6-43 所示。首先，各接入用户使用基于 SIC 接收机的、具有低互相关的复数域多元短码序列对其调制符号进行扩展，然后各用户扩展后的符号可以在相同的时频资源里发送，最后接收端使用线性处理方法加上码块级 SIC 技术来分离各用户的信息。MUSA 中使用的短随机复扩频码，其实部和虚部由一个多层次的均匀分布的实值集得到，比如{−1,1}或{−1,0,1}复扩频码的元素。

6.5.2　5G 中的双工技术

双工是指终端与网络间上下行链路协同工作的模式。FDD 和 TDD 这两种双工方式都不能实现在同一频率信道上同时进行信息交互。FDD 在高速移动场景、广域连续组网和上下行干扰控制方面具有优势，而 TDD 在非对称数据应用、突发数据传输、频率资源配置及信道互易特性对新技术的支持等方面具有天然的优势。由于 5G 网络要支持不同的场景和多种业务，因此需要 5G 系统能根据不同的需求，能灵活智能地使用 FDD/TDD 双工方式，发挥各自优势，全面提升网络性能。5G 网络对双工方式的总体要求是：

（1）支持对称频谱和非对称频谱，满足上下行及不同场景频谱不对称的要求；

（2）支持上行链路、下行链路、边缘链路，用来实现物与物之间的通信、回传；

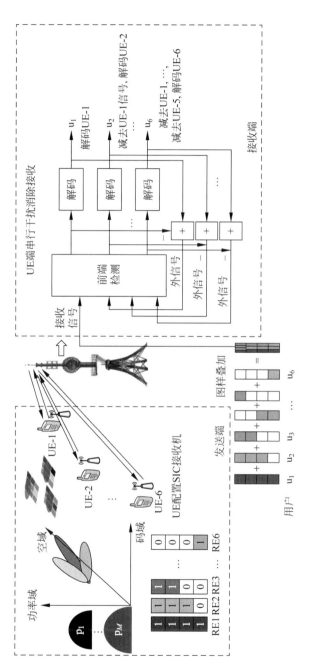

图6-42 PDMA 整体技术框架

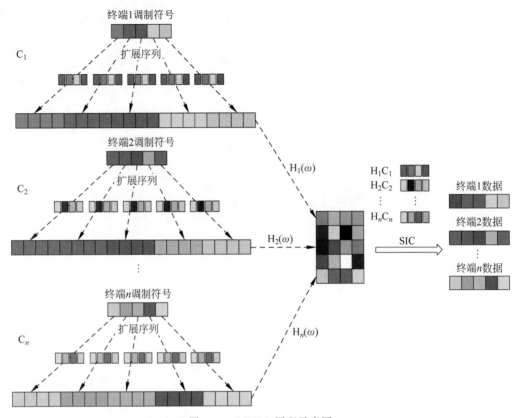

图 6-43　MUSA 原理示意图

（3）支持灵活双工，能够根据上下行业务变化情况动态分配上下行资源，有效提高系统资源利用率；

（4）支持全双工，同频同时全双工技术采用干扰消除的方法，减少传统双工模式中频率或时隙资源的开销，从而达到提高频谱效率的目的，可以支持 TDD 上下行灵活配置。

5G 网络把 FDD 和 TDD 双工方式紧密结合在一起，通过对业务和环境的感知，智能调整和使用双工模式，使整个网络在频谱效率、业务适配性、环境适应性等诸多方面产生了 $1+1>2$ 的效果。为了应对 5G 不同场景和多业务的应用，目前主要的双工改进技术有同时同频全双工和灵活全双工。

1. 同时同频全双工

同时同频全双工技术是指设备的发射机和接收机占用相同的频率资源同时进行工作，使得通信双方在上下行可以在相同时间使用相同的频率。理论上讲，同时同频全双工可提升一倍的频谱效率，但由于上下行链路是用同一频率同时传输信号，因而存在严重的自干扰问题。在全双工模式下，如果发射信号和接收信号不正交，再加上双工器泄漏、天线反射、多径反射等因素，发射信号掺杂进接收信号发射端所产生的干扰信号，有时比接收到的有用信号要强数十亿倍（大于 100dB），需要在设备研发和网络部署时严格控制自干扰问题。目前消除干扰的技术主要有：天线干扰消除，包括天线分离、方向分离及偏振去耦；射频主动干扰抑制，包括直接射频干扰抑制和间接射频干扰抑制；数字干扰消除，包括导频估计干扰抑制、自适应干扰抑制及数控天线去耦等。

全双工工作方式可以最大限度地提升网络和收发设备设计的自由度,消除 FDD 与TDD 的差异性,具备网络频谱效率提升能力,适合频谱紧缺和碎片化的多种通信场景,如室内低功率场景、低速移动场景、宏站覆盖场景及中继节点场景等。

随着在线视频业务的增加,以及社交网络的推广,未来移动流量呈现出多变特性,如上下行业务需求随时间、地点而变化等。目前通信系统采用相对固定频谱资源的分配方式,这将无法满足不同小区变化的业务需求,而灵活全双工则能从业务上灵活定义信道的全双工模式,能够根据上下行业务变化情况动态分配上下行资源,有效地提高系统资源利用率。

2. 灵活全双工

灵活全双工可以通过时域和频域融合方案来实现。对于 FDD 系统,在时域上每个小区根据业务量需求将上行频谱配置成不同的上下行时隙配比;在频域上可以将上行频带配置为灵活频带以适应上下行非对称的业务需求。对于 TDD 系统,每个小区可以根据上下行业务量需求来决定用于上下行传输的时隙数目。灵活双工工作方式将主要应用于承载业务的小站,在降低基站发射功率的同时,还可有效避免灵活双工系统对邻频通信系统的干扰。5G 网络可以通过使用灵活双工技术来提升网络容量。

6.5.3 毫米波通信

5G 的传输速率可实现 1Gb/s,比 4G 快 10 倍以上。要实现如此大的速度提升,可以通过增加频谱利用率或者增加频谱带宽。根据通信原理可知,无线通信的最大信号带宽大约是载波频率的 5%,因此载波频率越高,可实现的信号带宽也越大。毫米波属于极高频段,通常频段在 30~300GHz,以直射波的方式在空间进行传播且波束窄,具有良好的方向性且是一种典型的视距传播,具有"大气窗口"和"衰减峰"的特点。毫米波频段的电信号在室外传播过程中会受到路衰和雨衰的影响,而在多障碍物的室内传输时则会引发严重的多径效应。在实际组网过程中,可以通过将 5G 高频锚在 4G 低频或者 5G 低频上,实现高低频的混合组网架构,低频承载控制面信息和部分用户面数据,高频在热点地区提供超高速率用户面数据,如图 6-44 所示。

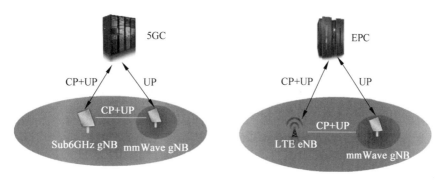

图 6-44 高低频混合组网

在毫米波通信系统中,信号的空间选择性和分散性会受毫米波高自由空间损耗和弱反射能力限制,同时由于 5G 网络中配置了大规模天线阵列,因此很难保证各天线之间的独立性,所以在毫米波系统中天线的数量要远远高于传播路径的数量。因此,传统的 MIMO 系统中独立同分布的瑞利衰落信道模型不再适用于描述毫米波信道特性。

6.5.4 大规模 MIMO 技术

1. 大规模 MIMO 技术概述

MIMO 可以改善通信质量，能充分利用空间资源，在不增加频谱资源和天线发射功率的情况下，使信号在空间获得阵列增益、分集增益、复用增益，且可以实施干扰抵消来提高系统容量。MIMO 技术对于提高数据传输的峰值速率与可靠性、扩展覆盖、抑制干扰、增加系统容量、提升系统吞吐量等都发挥着重要作用。

大规模 MIMO 天线也称 Massive MIMO 天线。Massive MIMO 天线相对于传统基站天线或者传统一体化有源天线，其形态差异为阵列数量非常大、单元具备独立收发能力。相当于更多天线单元实现同时收发数据。高频 Massive MIMO 天线用于热点地区、室内容量提升和无线回传。可以实现高低频混合组网，达到最佳频谱利用，如图 6-45 所示。

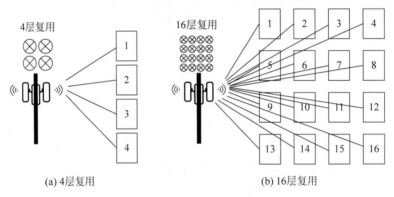

(a) 4层复用   (b) 16层复用

图 6-45   大规模 MIMO 天线示意图

大规模 MIMO 系统的优点包括大大提升系统总容量、改善信道的干扰、提升空间分辨率以及有效降低发射端的功率消耗等。大规模 MIMO 天线与传统 MIMO 天线的不同主要表现在以下两方面。

（1）天线数。传统 TDD 网络的天线基本是 2 天线、4 天线或 8 天线，而 Massive MIMO 天线通道数达到 64/128/256 个。

（2）信号覆盖的维度。传统的 MIMO 称为 2D-MIMO，以 8 天线为例，实际信号在做覆盖时，只能在水平方向移动，垂直方向是不动的，信号类似一个平面发射出去；而 Massive MIMO 天线信号在水平维度空间基础上引入垂直维度的空域进行利用，信号的辐射状是电磁波束。

2. 大规模 MIMO 系统模型

大规模 MIMO 系统可以进一步划分为 SU-MIMO 和 MU-MIMO。在 SU-MIMO 中，空间复用的数据流调度给一个单独的用户，以提升该用户的传输速率和频谱效率；分配给该 UE 的时频资源由该 UE 独占，如图 6-46 所示。在 MU-MIMO 中，空间复用的数据流调度给多个用户，多个用户通过空分方式共享同一时频资源，系统可以通过空间维度的多用户调度技术来获得额外的多用户分集增益；多个 UE 使用相同的时频资源，彼此之间通过空分方式进行区别，如图 6-47 所示。

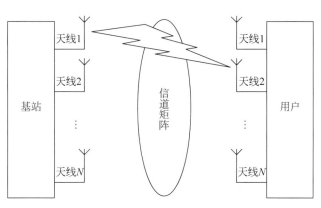

图 6-46　SU-MIMO 示意图

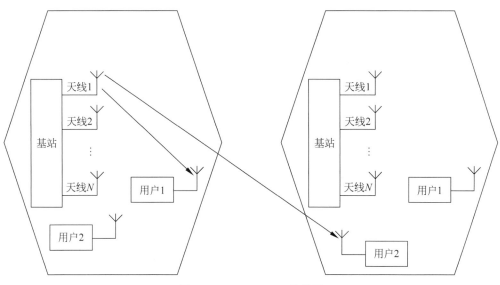

图 6-47　MU-MIMO 示意图

3. 大规模 MIMO 的系统架构

大规模 MIMO 的系统架构包括射频收发单元阵列、射频分配网络和多天线阵列。射频收发单元阵列包含多个发射单元和接收单元,其中发射单元获得基带输入并提供射频发送输出,射频发送输出将通过射频分配网络分配到天线阵列,接收单元则执行与发射单元操作相反的工作;射频分配网络会将输出信号分配到相应天线路径和天线单元,并将天线的输入信号分配到相反的方向;天线阵列可包括各种实现和配置,如极化、空间分离等。大规模MIMO 的系统架构如图 6-48 所示。

4. 大规模天线优点

(1) 可以提供丰富的空间自由度,支持空分多址 SDMA;

(2) 基站能利用相同的时频资源为数十个移动终端提供服务;

(3) 提供更多可能到达路径,提升信号的可靠性;

(4) 提升小区峰值吞吐率;

(5) 提升小区平均吞吐率;

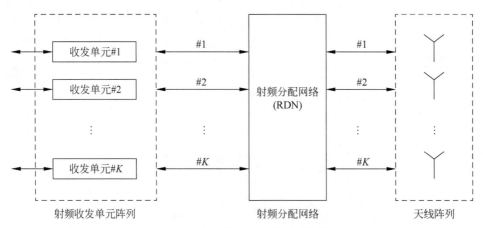

图 6-48　大规模 MIMO 的系统架构

（6）降低对周边基站的干扰；

（7）提升小区边缘用户平均吞吐率。

6.5.5　SDN 技术

严格上讲，软件定义网络（SDN）并不是一项具体的技术，而是一种新型网络架构，是网络虚拟化的一种实现方式，其核心思想是将网络设备的控制面与数据面分离开来，从而实现网络流量的灵活控制，使网络更加智能化。SDN 最早由美国斯坦福大学提出，其设计理念是在网络设备中只保留简单的数据转发功能，通过集中控制以软件编程的方式来实现对网络设备的控制。SDN 技术应具有控制面与转发面分离、控制面集中化及开放的可编程接口三个特性。SDN 的典型架构分为应用层、控制层、数据转发层三个层面。应用层包括各种不同的业务和应用，以及对应用的编排和资源管理；控制层负责数据平面资源的处理，维护网络状态、网络拓扑等；数据转发层则处理和转发基于流表的数据，以及收集设备状态。SDN 技术可以与云计算相结合，如 SDN 控制器以及上面的网络应用软件都可以运行在云计算的虚拟机，简化系统。

传统网络中，各个转发节点（例如路由器、交换机）都是独立工作的，内部管理命令和接口也是厂商私有的，不对外开放，如图 6-49 所示。而 SDN 网络在网络之上建立了一个 SDN 控制器节点，统一管理和控制下层设备的数据转发。所有下级节点的管理功能被剥离（交给了 SDN 控制器），只剩下转发功能，如图 6-50 所示。

对于上层应用来说，即使网络再复杂，也是不可见的。管理者只需要像配置软件程序一样进行简单部署，就可以让网络实现新的路由转发策略。如果是传统网络，每个网络设备都需要单独配置。

SDN 的工作过程是基于流（Flow）的。SDN 控制器和下级节点之间的接口协议就是 OpenFlow（开放流）。支持 OpenFlow 的设备才能被 SDN 控制器进行管理。SDN 控制的方式就是下发流表（FlowTable）。采用 SDN 网络架构之后，整个数据网络的灵活性和可扩展性会大大增强。同时，SDN 具有简化网络配置、节约运维成本的特点。除了移动通信之外，很多广域网、城域网、专线业务都在拥抱 SDN。

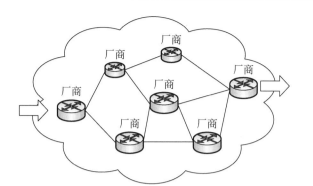

图 6-49　传统承载网

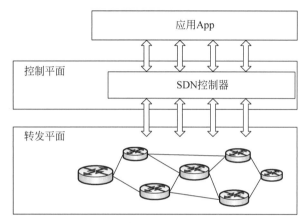

图 6-50　SDN

6.5.6　NFV 技术

网络功能虚拟化(NFV)中的网络功能是指移动通信网络设备的功能,而虚拟化是指一种云计算技术。NFV 是指通过使用 x86 等通用性硬件及虚拟化技术,承载专用硬件的软件功能,从而降低昂贵的设备成本,利用软硬件解耦及功能细化,使网络设备功能不再依赖于专用硬件,可以实现新业务的快速开发和部署,以及基于实际业务需求进行自动部署、弹性伸缩、故障隔离和自愈等。在虚拟化平台的管理下,若干台物理服务器就变成了一个大的资源池。在资源池之上,可以划分出若干虚拟服务器(虚拟机),安装相应的操作系统和软件服务,实现各自功能。移动通信网络的核心网是由很多网元设备组成的。传统网络的这些网元都是各个厂家自行设计制造的专用设备。NFV 中引入云计算技术,系统将使用 x86 通用服务器替换厂商专用服务器,实现核心网"云化"。除核心网外,运营商也在推动 NFV 在接入网的使用,让基站也实现虚拟化。

下面分析 SDN 与 NFV 的不同。从移动通信的角度来看,NFV 主要应用于核心网和接入网,SDN 则主要应用于承载网,两者用于不同的领域,其不同点主要如表6-24 所示。

表 6-24　SDN 与 NFV 的不同

类型	SDN	NFV
目的	转发和控制分离、控制面集中、网络可编程化	将网络功能从原来的专用设备转移到通用设备
针对场景	重点是数据中心/云/企业网	主要是运营商网络
针对设备	商用交换机等数通设备	专用服务器
适用设备	交换机	防火墙、网关、广域网加速器等
通用协议	OpenFlow	暂无
标准组织	ONF(开放网络基金会)/OpenDayLight 组织	ETSI(欧洲电信标准协会)NFV 工作组

实际上,SDN 实现了控制和转发解耦,NFV 实现了软件和硬件解耦。

6.5.7　网络切片

5G 网络的三类应用场景的服务需求是不一样的,实际上并不需要为每一类应用场景构建一个物理网络,可以将一个物理网络分成多个虚拟的逻辑网络,每个虚拟网络对应不同的应用场景,这就叫网络切片。虚拟网络间是逻辑独立的,互不影响。网络切片是 SDN/NFV技术应用于 5G 网络的关键服务。一个网络切片将构成一个端到端的逻辑网络,按切片需求方的需求灵活地提供一种或多种网络服务。不同的切片依靠 NFV/SDN 通过共享的物理/虚拟资源池来创建,如图 6-51 所示。

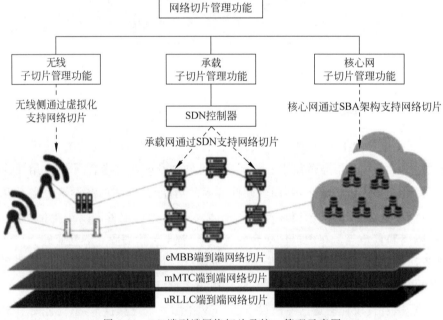

图 6-51　5G 端到端网络切片及统一管理示意图

图 6-51 核心网通过 SBA 架构支持网络切片,其中 SBA 是指服务化架构。

基于 SDN 和 NFV 的网络切片架构主要由 5 部分组成,包括运营支撑系统/业务支撑系统(OSS/BSS)模块、虚拟化层、SDN 控制器、硬件资源层及管理和编排(MANO)模块,其架构如图 6-52 所示。

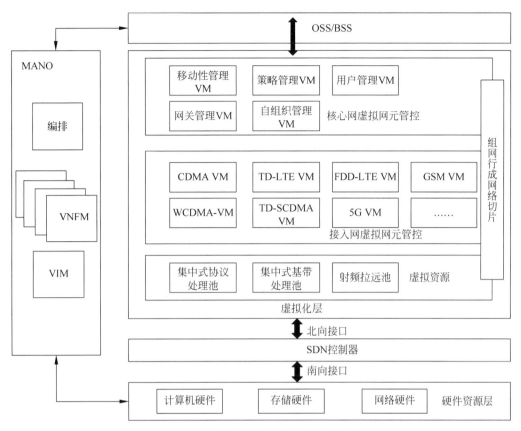

图 6-52 基于 SDN/NFV 网络切片架构

OSS/BSS 模块是全局管控的角色,负责整个网络的基础设施和功能的静态配置,是整个网络的总管理模块;虚拟化层主要由核心网虚拟网元管控、接入网虚拟网元管控和虚拟资源模块组成;SDN 控制器是逻辑上可以集中或分散的控制实体,在控制面,通过对计算硬件、存储硬件和网络硬件资源进行统一的动态调配和软件编排,实现硬件资源与编排能力的衔接;硬件资源层主要包括计算硬件、存储硬件和网络硬件;MANO 是 NFV 的管理编排模块,主要由虚拟化基础设施管理者 VIM、虚拟网络功能管理 VNFM 和编排 3 个实体组成,主要负责整个网络的基础设施和功能的动态配置,完成对虚拟化层、硬件资源层的管理和编排,负责虚拟网络和硬件资源间的映射以及 OSS/BSS 对业务资源流程的实施等。

6.5.8 边缘计算

1. 边缘计算概述

根据中国边缘计算产业联盟的定义,边缘计算是指在靠近物体或数据源头的网络边缘侧,融合网络、计算存储、应用核心能力的开放平台,就近提供边缘智能服务,满足行业数字化在敏捷连接、实时业务、数据优化、应用智能安全与隐私保护等方面的关键需求。

移动网络下的边缘计算通常被称作"移动边缘计算"(MEC)。MEC 的概念最早源于卡内基梅隆大学在 2009 年研发的一个叫作 Cloudlet(云集)的计算平台。这个平台将云服务器上的功能下放到边缘服务器,以减少带宽和时延,又被称为"小朵云"。2014 年,欧洲电信标准协会(ETSI)正式定义了 MEC 的基本概念并成立了 MEC 规范工作组,开始启动相关标准化工作。

2016 年,ETSI 把 MEC 的概念扩展为 Muti-access Edge Computing,意为"多接入边缘计算",并将移动蜂窝网络中的边缘计算应用推广至其他无线接入方式。

边缘计算是以云计算为核心,以现代通信网络为途径,以海量智能终端为前沿,集云、网、端、智四位一体的新型计算模型。云是指云计算以及用以支撑云计算的基础设施及资源,也被称作云端,是提供服务的中心节点;边是指边缘,也就是边缘计算节点,即离终端最近的服务节点;网是指云端和边缘以及边缘和用户之间的网络;端也就是终端,是云、边、网服务的对象,包含手机,平板,电视等一切可以联网的设备,其位置在网络的最外围,是各种数据的消费者,也成为内容的生产者(如短视频,直播等)。移动边缘计算的技术特征主要体现为邻近性、低时延、高宽带和位置认知。

2. 5G 边缘计算的部署

边缘计算是一种在数据源附近的网络边缘执行数据分析处理以优化云计算系统的方法。通过在数据源处或附近执行分析和知识生成任务,来减少云端不必要的数据存储以及传感器和中央数据中心间传输所需的通信带宽。5G 网络和 MEC 之间的结合点是 UPF,所有的数据必须经过 UPF 转发才能流向外部网络。也就是说,负责边缘计算的 MEC 设备,必须连接在 5G 核心网的 UPF 这个网元之后。5G 核心网的灵活设计,可以减少数据传输的迂回,同时 UPF 的部署位置一般也比控制面网元要靠近用户侧,也就是通常所说的 UPF 下沉。

根据服务区域的大小和个性化需求,MEC 可以跟核心网位于同一数据中心,如图 6-53(a)所示;也可以跟下沉的 UPF 一起位于汇聚节点(图 6-53(b)),还可以和 UPF 一起集成在某个传输节点(图 6-53(c)),甚至还能跟基站融合到一起(图 6-53(d)),离用户近在咫尺。

MEC 的整体设计架构如图 6-54 所示。

3. MEC 关键技术

5G 移动边缘计算的实现除了需要 NFV、云技术及 SDN 技术的支持之外,还需要无线侧内容缓存、本地分流、业务优化及网络能力开放等技术的支持。

1)无线侧内容缓存

MEC 应用平台与业务系统对接,获取业务中的热点内容,包括视频、图片、文档等,并进行本地缓存。在业务进行过程中,MEC 平台对基站侧数据进行实时深度包解析,如果终端申请的业务内容已在本地缓存中,则直接将缓存内容定向推送给终端。

2)本地分流

用户可以通过 MEC 平台直接访问本地网络,本地业务数据流无须经过核心网,直接由 MEC 平台分流到本地网络。本地业务分流可以降低回传带宽消耗和业务访问时延,提升业务体验。

3)业务优化

通过靠近无线侧的 MEC 服务器,可以对无线网络的信息进行实时采集和分析,基于获得的网络情况对业务进行动态快速优化,选择合适的业务速率、内容分发机制、拥塞控制策略等。

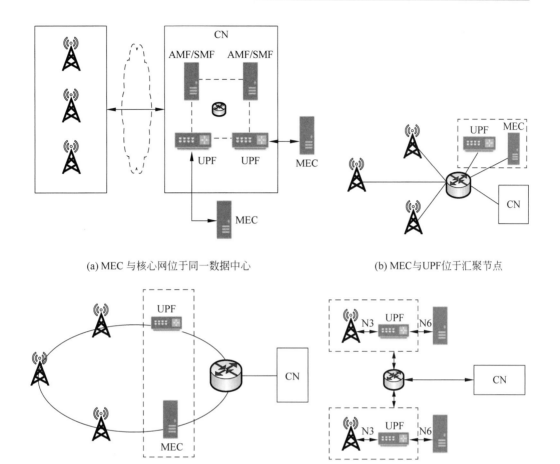

(a) MEC 与核心网位于同一数据中心　　　　　　　(b) MEC与UPF位于汇聚节点

(c) MEC与UPF位于传输节点　　　　　　　(d) MEC与基站融合

图 6-53　5G MEC 部署方案

4）网络能力开放

通过 MEC 平台，移动网络可以面向第三方提供网络资源和能力，将网络监控、网络基础服务、QoS 控制、定位、大数据分析等能力对外开放，充分挖掘网络潜力，与合作伙伴互惠共赢。

6.5.9　超密集组网技术

随着各种智能终端和 5G 网络的普及，移动数据流量呈现爆发式增长。应用传统的无线传输技术，如编码技术、调制技术、多址技术等，最多只能将数据传输速率提升 10 倍左右。如果再增加频谱带宽，也只能将传输速率提升几十倍，远不能满足 5G 网络的数据传输速率的要求。因此，为满足 5G 网络数据流量较 4G 增加 1000 倍以及用户体验速率提升 10 倍到 100 倍的需求，除了增加频谱带宽、利用先进的无线传输技术外，还需增加单位面积内小基站的部署数量，即利用超密集组网技术（UDN）进一步提升频谱利用效率，加快数据传输速率。UDN 是指通过增加更密集的无线网络基础设施数（如基站等）进行无线网络组网的方式。

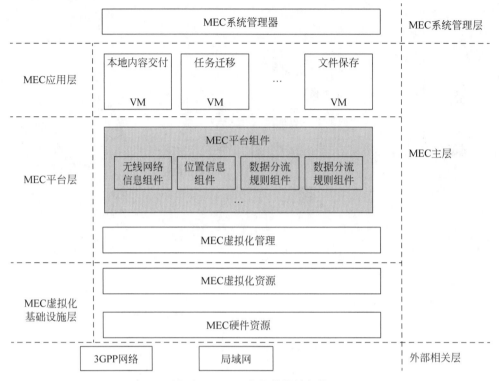

图 6-54　MEC 的整体设计架构

常用的无线基站一般有 4 类,即宏基站、微基站、皮基站和飞基站。其中,宏基站是指通信运营商的无线信号发射基站,其覆盖距离较远。传统的移动通信网络以宏基站为主,以区域覆盖为目的,而在 5G 时代,这样的网络架构难以应对通信业务需求爆炸式增长的挑战。

超密集组网技术就是以宏基站为"面"覆盖区域范围,在室内/外热点区域,密集部署低功率的小基站,将这些小基站作为一个个"节点",打破传统的扁平、单层宏网络覆盖模式,形成"宏-微"密集立体化组网方案,以消除信号盲点、改善网络覆盖环境,如图 6-55 所示。通常在宏基站覆盖区域内,小基站的站点间距将保持在 10～200m。超密集组网的典型应用场景主要包括办公室、密集住宅、密集街区、校园、大型集会、体育场、地铁、公寓等。

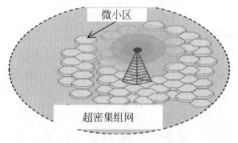

图 6-55　超密集组网示意图

随着基站部署密度的增加,超密集组网技术也将面临许多挑战。比如,因各个发射节点间距离较小而产生网络干扰,以及随着基站数量增多,部署成本上涨等问题。为了应对上述挑战,通常采用接入和回传联合设计、干扰管理和抑制、小区虚拟化、边缘计算等技术来完善超密集组网技术,超密集组网场景示意图如图 6-56 所示。

图 6-56　超密集组网场景示意图

（1）ICIC 和 eICIC（增强型小区间干扰协调）技术可以实现异构网络在频域和时域上进行小区协调,减少小区边缘用户干扰。

（2）COMP 可解决小区边缘密度较高的同频重叠覆盖场景的干扰问题,通过协调有限的干扰小区数,对边缘用户性能和整网性能有一定程度改善。

（3）Supercell（超级小区）合并,可解决控制信道干扰。

（4）3D-MIMO 聚焦密集组网有大容量需求场景下的同频干扰问题,并且可以兼顾干扰解决和容量提升等。

5G 网络采用异构网络（HetNet）部署方式,同时也支持全频谱的接入,低频段提供广覆盖能力,超密集组网采用高频段,从而提供高速无线数据接入能力。根据工信部现有频谱,划分 3.3～3.6GHz 和 4.8～5GHz 的低频为 5G 的优选频段,解决覆盖的问题,高频段如 28GHz 和 73GHz 邻近频段主要用于提升流量密集区域的网络系统容重。但高频段穿墙损耗非常大,不适合用于室外到室内的通信覆盖场景。5G 超密集组网可以分为"宏基站＋微基站""微基站＋微基站"等模式,其通过不同的方式实现干扰与资源的调度。

本章习题

6-1　5G 有哪些关键能力指标？其典型的应用场景有哪些？

6-2　5G NR 频谱如何划分？各使用于哪些场景？

6-3　NR 无线帧结构有什么特点？这样设计的目的是什么？

6-4　5G 系统中的终端如何实现小区搜索？

6-5　5G 系统中的终端如何实现小区选择和重选？

6-6　5G 系统为何要引入非正交多址方式？

6-7　同频同时全双工技术有哪些优势和不足？

6-8　毫米波通信技术有哪些优势和不足？

6-9　Massive MIMO 技术的基本原理是什么？它有哪些优势和不足？

6-10　5G 系统为何要引入超密集网络？

6-11　5G 系统如何实现网络切片？

第7章

CHAPTER 7

无线网络规划与优化

学习重点和要求

本章主要介绍移动无线网络的规划与优化。无线网络规划包括覆盖规划、容量规划、规模估算及无线参数配置；无线网络优化包括单站优化、簇优化、覆盖优化、网络结构优化、智能优化等。要求：

- 了解 5G 无线网络规划的流程及相应规划内容；
- 了解网络优化。

系统所能提供的服务质量是电信运营商最关心的问题，无缝覆盖是提高服务质量的重要手段。在无线频率资源一定的情况下，如何增加网络容量，以及如何满足网络未来发展的需求，在网络设计时必须进行系统考虑。

网络规划是一项系统工程，从无线传播理论的研究到天馈设备指标分析，从网络能力预测到工程详细设计，从网络性能测试到系统参数调整优化，贯穿整个网络建设的全部过程，大到总体设计思想，小到每个小区参数。网络规划又是一门综合技术，需要用到从有线到无线多方面的知识，需要积累大量的实践经验。

新兴移动互联业务的发展，对无线网络提出更高要求，多样化应用场景下的差异化性能指标也对 5G 网络带来了新的挑战，因此 5G 无线网络规划必须更精准、更细致、更经济，合理部署 5G 无线网络，既能满足移动通信的需求，又能促使 5G 无线网络技术在通信领域中进一步发展。

网络优化工作在基站开通以后、基站各部分工作完好情况下进行。网络优化的目的是检查网络是否符合设计要求，最大限度地提高网络性能。

7.1 无线网络规划

网络规划包括无线网络规划、传输网络规划以及核心网络规划，本章主要介绍无线网络规划。无线网络规划主要指通过链路预算、容量估算，给出基站规模和基站配置，以满足覆盖、容量的网络性能指标。网络规划必须要达到服务区内最大程度无缝覆盖；科学预测话务分布，合理布局网络，均衡话务量，在有限带宽内提高系统容量；最大程度减少干扰，达到所要求的 QoS；在保证话音业务的同时，需满足高速数据业务的需求；优化无线参数，达到系统最佳的 QoS；在满足覆盖、容量和服务质量前提下，尽量减少系统设备单元，降低成本。

7.1.1 无线网络规划流程

无线网络规划内容主要包括网络规划需求分析、网络规模估算、网络站点选择、无线环境分析、规划仿真验证等,如图 7-1 所示。

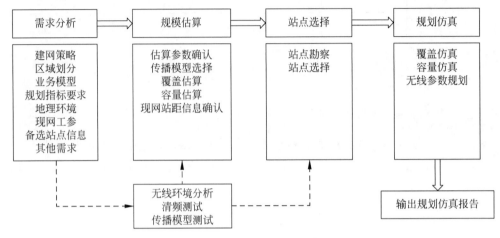

图 7-1 无线网络规划内容

无线网络规划流程分析如下:

(1) 网络建设需求分析。主要是分析网络覆盖区域、网络容量和网络服务质量,这是网络规划要求达到的目标。

(2) 无线环境分析。包括清频测试和传播模型测试校正。清频测试是为了找出当前规划项目准备采用的频段是否存在干扰,并找出干扰方位及强度从而为当前项目选用合适频点提供参考,也可用于网络优化中问题定位。传播模型测试校正是指通过针对规划区的无线传播特性测试,由测试数据进行模型校正后得到规划区的无线传播模型,从而为覆盖预测提供准确的数据基础。

(3) 无线网络规模估算。包含覆盖规模估算和容量规模估算。针对规划区的不同区域类型,综合分析覆盖规模估算和容量规模估算,做出比较准确的网络规模估算。

(4) 预规划仿真。根据规模估算的结果在电子地图上按照一定的原则进行站点的模拟布点和网络的预规划仿真。

(5) 无线网络勘察。根据拓扑结构设计结果对候选站点进行勘察和筛选。

(6) 无线网络详细设计。主要指工程参数(经纬度、天线高度、方向角、下倾角、波束)和无线参数(小区编号、TAC、PCI、PRACH、邻区)的规划等。

(7) 网络仿真验证。验证网络站点布局后的网络覆盖、容量性能是否达到网络规划的需求。

(8) 规划报告。输出最终的网络规划报告。

5G 与 4G 的网络规划流程基本一致,但 5G 系统需要能够满足超高速率、超低时延、超高可靠性、超高速移动及海量连接等性能要求,并且能够提供多样化和差异化的业务应用。同时,5G 无线新空口技术对无线网络规划提出了新的挑战。

5G 网络规划面临新的挑战:

(1) 多业务多场景的挑战。多样化的业务应用对 5G 网络提出了不同的性能要求,针对每种业务应用需采用对应的网络部署方式。例如,不同业务应用需考虑 CU/DU 部署方式, eMBB 业务需考虑超密集组网方式,URLLC 业务需考虑 MEC 部署需求等,5G 无线网络规划需要考虑场景精细化划分。

（2）高频段带来的挑战。5G 网络采用 Sub 6GHz 和 24GHz～72GHz 高频频段。与低频段相比,高频段具有更大的穿透损耗和路径损耗。与 1.8GHz 相比,2.6GHz 链路损耗大 4～7dB,3.5GHz 链路损耗大 11～15dB,4.9GHz 链路损耗大 17～21dB。24～72GHz 频段覆盖能力有限,以视距传播为主,对叶衰、雨衰等较为敏感。5G 通过多天线增大上行分集增益等技术来补偿高频段带来的部分损耗。总体来讲,5G 基站覆盖范围变小,需要更多的站址资源。

（3）Massive MIMO 带来的挑战。Massive MIMO 通过波束权值调整,实现覆盖能力和频谱效率的提升。在大规模阵列天线波束方案中,不同方位角和倾角将会组合出大量的覆盖波形,将改变传统移动网络基于扇区级的宽波束规划方法。

（4）超密集组网带来的挑战。在高流量热点区域场景中,5G 将采用宏微异构的超密集组网架构进行部署,以实现 5G 网络的高容量和高速率性能。但是,超密集组网技术的一些需求给 5G 无线网络规划带来了挑战。

（5）新网络架构带来的挑战。

5G 无线网络规划主要是定位和规划无线网络中节点的位置部署和配置,规划目标如下:

（1）以良好数据速率和服务质量获得对目标区域足够覆盖;

（2）为区域提供所需网络容量;

（3）网络容量具有低服务阻塞、令人满意的用户吞吐量和低掉话率;

（4）经济高效的网络基础设施实施方案;

（5）用最少数量站点来满足覆盖范围、质量和容量要求。

5G 无线网络规划中通过正确选择站点位置、小区设置和天线参数（如模型、倾斜度、角度、高度、方位角等）来实现覆盖目标。因为 5G 部署的小区数量远高于此前几代网络,所以在 5G 无线网络规划中引入了自动选址。

5G 网络架构中的 NSA 以 4G 基站为锚点,进行 5G 网络部署。与 SA 相比,NSA 组网方案在信令锚点的选择、异厂家设备的兼容性、对站址约束和互操作等方面带来新的挑战。同时,NSA 采用双连接方式,涉及业务面数据分流的问题,需考虑其对现有 4G 网络的性能影响。

5G 无线网络覆盖规划流程如图 7-2 所示。

7.1.2　覆盖规划

覆盖规划的简单流程如图 7-3 所示。

1. 传播模型选择

目前 NR 网络规划采用的传播模型主要有两种。

1）UMa/RMa/UMi 模型

5G NR 使用的传播模型（3GPP TR36.873 用于 2GHz～6GHz,3GPP TR38.901 用于 0.5GHz ～100GHz）UMa 模型用于密集城区、城区及郊区的宏站,典型站高为 25m;UMi

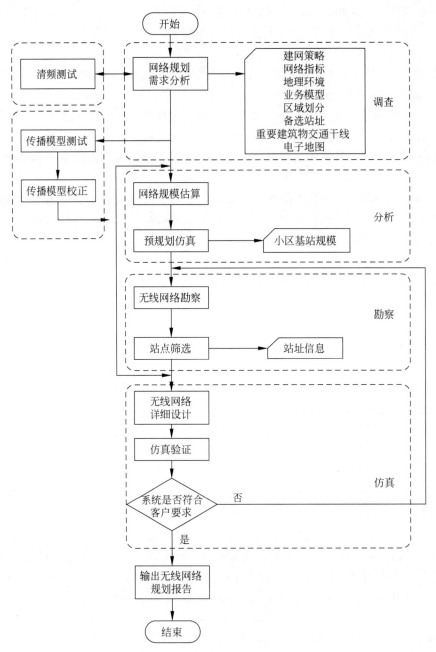

图 7-2 无线网络覆盖规划流程

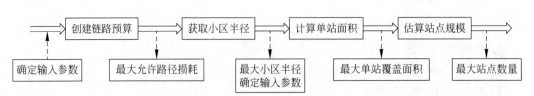

图 7-3 覆盖规划的简单流程

用于密集城区、城区、郊区的微站,如城区杆站(典型站高 10m);RMa 模型用于农村宏站,典型站高为 35m。RMa 模型适用于站点高度和建筑物平均高度不超过 50m、街道平均宽度不大于 50m、UE 的高度在 1.5m～22.5m 的场景。对于每个场景又分别基于不同维度给出不同选择,如 6GHz 以下或 6GHz 以上、LOS 或 NLOS、近端或远端(主要是 6GHz 以下)、室内场景又分为办公隔间或商场类等。

2)3D 射线追踪传播模型

实际应用中,3GPP 标准模型不够准确,在实际规划中需要对模型做适当修正。射线追踪传播模型建立在高精度电子地图和多径建模基础上,在 5G 无线网络规划中起着重要作用,该模型基于波束的射线追踪传播,能够精确体现直射、反射、衍射和透射等特征。信号传输能量与材料的介电常数和磁导率有关,且多路径组合的传输方式可以被边缘化。射线跟踪模型对 GIS 地图的图层有不同要求,如海拔图层、地物图层、格栅建筑物(有高度数据的地物类型包括建筑物、树木(高频必选)等类型)和向量建筑物(包含 3D 物体的轮廓和高度信息,不同种类 3D 物体要进行分类等)等。两种模型的对比如表 7-1 所示。

表 7-1　两种模型的对比

模 型 分 类	优　　点	缺　　点
传统经验模型 (UMa/RMa/UMi)	通过多项式计算,计算效率高;对地图要求不高,可用 2D 地图,成本低	通过经验公式计算,准确性不高;适应范围不广
3D 射线追踪模型	准确性高,对电磁传播原理建模;适应范围广,各种场景都可适应	计算效率低;对地图要求高,依赖高精度 3D 地图

在实际规划过程中,需要考虑对传播模型做适当修正,尤其是在 CBD/商业街/高端别墅区/园区等场景。

2. 链路预算

链路预算基于业务边缘速率要求,通过分析发射端、无线传播、接收端参数,计算不同传播环境中无线信号在空中传播最大允许路径损耗(MAPL),然后通过合适的传播模型计算小区最大覆盖半径,由此计算覆盖区域最小基站数目。链路预算后结合容量规划能够估算覆盖区域内基站数量并以此测算项目投资。

通常上/下行链路预算需要独立计算,以受限的链路作为最终结果(往往是上行受限),同时需要针对每个物理信道和信号分别计算,以受限的信道作为最终的结果,但一般情况只考虑 PUSCH/PDSCH 链路预算,主要目的是获得最大路径损耗。

根据传播模型,通过链路预算分别计算满足上/下行覆盖要求的小区半径;链路预算通过对上/下行信号传播途径中各种影响因素的考察和分析来估算覆盖能力,得到保证一定信号质量下链路所允许的最大传播损耗。链路预算中,有两大类影响因素,包括确定因素和不确定因素。

确定性因素是指一旦产品形态及场景确定,相应的参数也就确定,如功率、天线增益、噪声系数、解调门限、穿透损耗、人体损耗等;不确定性因素是指链路预算还需要考虑一些不确定性因素影响,如慢衰落余量、雨雪影响、干扰余量,这些因素不是随时或随地都会发生,应当作为链路余量进行考虑。

5G 和 4G 在 C 波段或 2.6GHz 上链路预算基本没有差别,但在毫米波频段需要额外考虑人体遮挡损耗、树木损耗、雨衰、冰雪损耗的影响。对于 5G 无线网络,结合实际用户需求,可设置链路预算各参数,得出上下行链路预算结果。链路预算流程如图 7-4 所示。

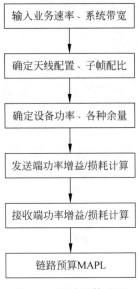

输入业务速率、系统带宽

↓

确定天线配置、子帧配比

↓

确定设备功率、各种余量

↓

发送端功率增益/损耗计算

↓

接收端功率增益/损耗计算

↓

链路预算MAPL

图 7-4　链路预算流程

5G 链路预算与 LTE 关键差异主要表现如表 7-2 所示。

表 7-2　5G 链路预算与 LTE 关键差异主要表现

链路影响因素	LTE 链路预算	5G NR 链路预算(C 波段)
馈线损耗	RRU 形态,天线外接存在馈线损耗	AAU 形态,无外接天线馈线损耗; RRU 形态,天线外接存在馈线损耗
基站天线增益	单个物理天线仅关联单个 TRX,单个 TRX 天线增益即为物理天线增益	大规模天线阵列,阵列关联多个 TRX,单个 TRX 对应多个物理天线,链路预算里面的天线增益仅为单个 TRX 代表的天线增益。 C-band 64T64R,64TRX,每个 TRX 天线增益为 10dBi,整体单极化天线增益为 24dBi,其中 14dB 为 BF(波束赋形)增益,体现在解调门限里,不在天线增益里体现
传播模型	COST231-Hata	3GPP TR36.873 UMa/UMi 适用频段为 2GHz～6GHz,3GPP TR38.901/RMa 演变后扩展到 0.5GHz～100GHz
穿透损耗	相对较小	频段越高,穿透损耗越高
干扰余量	相对较大	大规模天线波束带有干扰消除效果,干扰较小

1)下行链路预算

链路预算是系统总增益和总损耗的计算,终端(UE)接收到信号电平与接收机灵敏度(RXS)进行比较,以检查信道状态是否正常。如果接收信号电平(RXSL)优于接收灵敏度,则信道状态为"通过(可用)",否则为"失败(不可用)"。

下行链路预算是指通过对系统中从基站到终端信号传播途径中各种影响因素进行考察,对系统的覆盖能力进行估计,获得保持一定通信质量下行链路所允许的最大传播损耗。

路径损耗(dB)=基站发射功率(dBm)−10lg(10×(子载波数))+基站天线增益(dBi)−基站馈线损耗(dB)−穿透损耗(dB)−植被损耗(dB)−人体遮挡损耗(dB)−干扰余量(dB)−雨/

冰雪余量(dB)－慢衰落余量(dB)－人体损耗(dB)＋UE天线增益(dB)－热噪声功率(dBm)－UE噪声系数(dB)－解调门限SINR(dB)＋切换增益(dB)　　　　　　　　　　(7-1)

下行等效全向辐射功率(EIRP)＝基站的每子载波的发射功率＋基站的天线增益－线损－插入损耗　　　　　　　　　　(7-2)

每子载波发射功率＝基站最大功率(dBm)－10lg(子载波数)　　　　　　　　(7-3)

例如,带宽为100MHz,AAU的功率为200W,则每载波功率＝53dBm－10lg(273×12)＝18dBm。

(1) 基站发射功率。基站最大的发射功率由AAU/RRU的型号及相关配置决定,典型配置下小区最大发射功率为200W(53dBm)。发射功率和单通道天线增益典型值如表7-3所示,工程上可以参考实施。

表7-3　发射功率和单通道天线增益典型值

天线配置		gNodeB最大功率/dBm	每TRX天线增益/dBi	波束赋形增益/dB	馈线损耗/dB
C波段/2.6GHz	64T64R AAU	53	10	14	0
	32T32R AAU	53	12	12	0
	16T16R AAU	53	15	9	0
	8T8R RRU	53.8	16	5	0.5
毫米波	4T4R	34	28	3	0

由于5G采用Massive MIMO技术,天线的增益通常为10dBi。理论上,64通道赋形天线下行可获得18dB的赋形增益。根据系统仿真与测试结果,一般取14～15dB。

(2) 干扰余量。链路预算是单个小区与单个UE之间的关系。而实际网络是由很多站点共同组成的,网络中存在干扰,因此链路预算需要针对干扰预留一定的余量,即干扰余量。通常情况下,同一场景,站间距越小,则干扰余量越大;网络负荷越大,则干扰余量越大。在链路预算时会考虑通过干扰余量补偿来自负载邻区的干扰。干扰余量是针对底噪提升设置的,和地物类型、站间距、发射功率、频率复用度有关。若设置50%邻区负载情况下,干扰余量一般取值为3～4dB。邻区的负载越高,干扰余量就越大。对于频段为3.5GHz,天线为64T64R且连续组网或28GHz非连续组网的典型干扰余量参考值如表7-4所示。

表7-4　典型干扰余量参考值

频点/GHz	35				28			
场景	室外		室外到室内		室外		室外到室内	
	上行	下行	上行	下行	上行	下行	上行	下行
密集城区/dB	2	17	2	7	0.5	1	0.5	1
城区/dB	2	15	2	6	0.5	1	0.5	1
郊区/dB	2	13	2	4	0.5	1	0.5	1
农村地区/dB	1	10	1	2	0.5	1	0.5	1

(3) 阴影衰落余量。阴影衰落即慢衰落,其衰落符合正态分布,对下行链路预算会造成小区的理论边缘覆盖率只有50%。为了满足系统需要的覆盖率引入额外的余量,称为阴影衰落余量。阴影衰落余量是指未来保证长时间统计中,达到移动电平覆盖概率而预留的余

量,通过边缘覆盖率和阴影衰落标准差得出。阴影衰落余量取决于传播环境,不同环境的标准偏差不同。阴影衰落标准偏差是指从不同的簇类型中获取的一个测量值,它基本代表距站点一定距离测得的射频(RF)信号强度的变量(该值在平均值周围呈对数正态分布)。3GPP TR38.901 规定的慢衰落标准差如表 7-5 所示。

表 7-5 3GPP TR38.901 慢衰落标准差

场　　景	LOS/NLOS	衰落余量/dB
RMa(农村宏蜂窝)	LOS	4
	NLOS	8
UMa(城区宏蜂窝)	LOS	4
	NLOS	6
UMi-Street Canyon (城区微蜂窝街道)	LOS	4
	NLOS	7.82
InH-Office (室内热点办公区域)	LOS	3
	NLOS	8.03

(4)馈线损耗。馈线损耗是指馈线(或跳线)和接头损耗。5G 采用 AAU 部署方式时,不需要考虑馈线损耗;当 5G 采用分布式基站时,从 RRU 到天线的一段馈线及相应的接头损耗通常取 1dB。馈线损耗和馈线长度及工作频带有关。

(5)人体损耗。人体损耗是指 UE 离人体很近造成的信号阻塞和吸收引起的损耗。语音(VoIP)业务的人体损耗参考值为 3dB。数据业务若以阅读观看为主,UE 距人体较远,人体损耗取值为 0dB。测试结果表明,高频时人体损耗与人和接收端、信号传播方向的相对位置以及收发端高度差等因素相关,人体遮挡比例越大,损耗越严重,室外典型人体损耗值约为 5dB。对于 WTTx(无线宽带到户)场景,链路预算中无须考虑人体损耗。对于 eMBB 场景,高频时人体损耗受人和接收端、信号传播方向的相对位置、收发端高度差等因素影响,人体遮挡比例越大,损耗越严重。对于 28GHz,典型人体损耗值约为 15dB。NLOS 场景下,因为信号多径传播,所以实际人体损耗会减小,人体损耗值约为 8dB。不同频段人体损耗参考值如表 7-6 所示。

表 7-6 不同频段人体损耗参考值

频段/GHz	3.5	4.5	28	39
智能手机损耗/dB	3	4	8	10

(6)穿透损耗。穿透损耗是指当人在建筑物或车内打电话时,信号穿过建筑物或车体造成的损耗。穿透损耗与建筑物结构、材料、电磁波入射角度和频率等因素有关,应根据目标覆盖区域实际情况来确定。实际商用网络建设中,穿透损耗余量一般由运营商统一指定,以保证各家厂商规划结果可比较。不同场景下的穿透损耗参考取值如表 7-7 所示。

表 7-7 不同场景下的穿透损耗参考取值

地物类型	频段/GHz							
	0.9	1.8	2.1	2.3	2.6	3.5	28	39
密集城区/dB	18	19	20	20	20	26	38	41

续表

地 物 类 型	频段/GHz							
	0.9	1.8	2.1	2.3	2.6	3.5	28	39
城区/dB	14	16	16	16	16	22	34	37
郊区/dB	10	10	12	12	12	18	30	33
农村地区/dB	7	8	8	8	8	14	26	29

在室外覆盖室内的场景下,需要额外考虑建筑物墙体带来的损耗,该损耗和建筑物材质与频率密切相关,可以通过现场测试来取得。

(7) 雨衰。通常情况下,对于 Sub 6G 频段、SUL(补充上行链路)频段,不考虑雨衰对于链路预算的影响。对于高于 6G 高频段(如 28GHz/39GHz 等),在降雨比较充沛的雨区,当降雨量和传播距离达到一定水平时,会带来额外的信号衰减,链路预算、网络规划设计需要考虑这部分影响。根据实测结果,对于 28GHz 和 39GHz,小区覆盖半径小于 500m 时取 1～2dB。对于毫米波场景还应该考虑植被损耗,对于 5G 尤其是高频,树木遮挡导致的衰减非常重要,通常取 17dB 作为典型衰减值,可根据规划场景实际情况做调整。

下行链路预算最大损耗计算基本参数如表 7-8 所示。

表 7-8　下行链路预算最大损耗计算基本参数表

类　　　别	参　　　数	公　　　式
发射端	基站最大发射功率/dBm	A
	下行带宽(RB 数)	C
	下行子载波数	$D=12C$
	每子载波的功率/dBm	$E=A-10\lg(D)$
	基站天线增益/dBi	G
	基站馈线损耗/dB	H
	每子载波 EIRP/dBm	$J=E+G-H$
接收端	SINR 门限/dB	K
	噪声系数/dBm	L
	背景噪声/dBm	M
	最小信号接收强度/dBm	$R=K+M+L$
其他损耗及余量	损耗/dB	S
	干扰余量/dB	Q
	阴影余量/dB	T
	最大路径损耗/dB	$U=J-R-S-T-Q$

通过链路预算可以得到最大允许路径路损,再根据相应的传模模型公式,可以得到小区最大覆盖半径。

2) 上行链路预算

上行链路预算与下行链路预算有所不同,上行链路预算原理如图 7-5 所示。对图 7-5 中的相应参数进行说明,如表 7-9 所示。

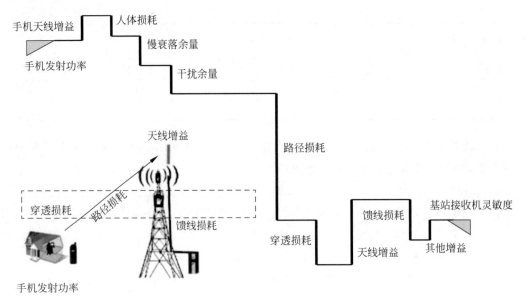

图 7-5　上行链路预算原理

表 7-9　相应参数说明

参 数 类 型	类型	参 数 含 义	典 型 取 值
TDD 上下行配比	公共	5G 支持灵活的上下行配比	8：2
TDD 特殊时隙配比	公共	特殊子帧(S)由 DL、GP 和 UL 符号三部分组成,这三部分的时间比例(等效为符号比例)	10：2：2/6：4：4
系统带宽	公共	包括 5～100MHz,不同带宽对应不同的 RB 数	100MHz
人体损耗	公共	话音通话时通常取 3dB,数据业务取值为 0,高频要考虑	低频 0dB
UE 天线增益	公共	UE 的天线增益	0dBi
基站接收天线增益	公共	基站接收天线增益	18dBi
馈线损耗	公共	如果采用 AAU,则需考虑馈线损耗,如果 RRU 上塔,则只有跳线损耗	1～4dB
穿透损耗	公共	室内穿透损耗为建筑物紧挨外墙以外的平均信号强度与建筑物内部的平均信号强度之差,其结果包含了信号的穿透和绕射的影响,和场景关系很大	10～30dB
植被损耗	公共	低频密集城区植被较少区域不需要考虑,高频植被较多区域视场景选择	高频 17dB
雨衰	公共	低频不需要考虑,高频视降雨量和覆盖半径选择	高频 1～2dB
阴影衰落标准差	公共	室内阴影衰落标准差的计算可以通过假设室外路径损耗估计标准差 X dB,穿透损耗估计标准差 Y dB,则相应的室内用户路径损耗估计标准差 $=\sqrt{X^2+Y^2}$	6～12dB
边缘覆盖概率	公共	公共小区边缘电平值大于门限的概率,视运营商要求而定	90%
阴影衰落余量	公共	阴影衰落余量(dB)=边缘覆盖概率要求×阴影衰落标准差(dB)	根据实际情况而定

续表

参 数 类 型	类型	参 数 含 义	典 型 取 值
UE 最大发射功率	上行	上行 UE 的业务信道最大发射功率一般为额定总发射功率	23dBm/26dBm
基站噪声系数	上行	上行基站放大器的输入信噪比与输出信噪比之比	4dB
干扰余量	上行/下行	上行/下干扰余量随负载增加而增加	根据实际情况而定
基站发射功率	下行	基站总的发射功率(链路预算中通常指单天线),下行 gNodeB 功率在全带宽上分配	53dBm

3. 单站覆盖面积与覆盖站点数计算

1) 小区覆盖半径计算

通过上下行链路预算,将受限的链路最大允许路径损耗(MAPL)代入选择的传播模型计算小区半径。

2) 单站覆盖面积计算

根据站型选择来计算单个站点覆盖面积,在进行单站面积计算前,一般需要进行站型选择。站型一般包括全向站和三扇区定向站,根据广播信道水平 3dB 波瓣宽度的不同,常用的定向站又分为水平 3dB 波瓣宽度为 65°和 90°度两种。根据得出的小区半径,对应表 7-10 可计算得出不同站型选择下单站覆盖面积。

表 7-10　不同站型小区面积

名称	全向站	65 度定向站(三扇区)	90 度定向站(三扇区)
站间距	$D=\sqrt{3}R$	$D=1.5R$	$D=\sqrt{3}R$
面积	$S=2.6R^2$	$S=1.95$	$S=2.6R^2$

表 7-10 中的 R 表示小区的半径,S 表示单站的面积,D 为基站间距离。

3) 覆盖站点数计算

用规划区域面积除以单个站点覆盖面积得到满足覆盖的站点数。

(1) 计算单站最大覆盖面积。根据不同站型,通过小区半径,计算单站最大覆盖面积。

(2) 计算覆盖站点数。覆盖站点数=规划区域面积/单站最大覆盖面积。

假设某规划区域的面积为 M,则该规划区域需要的基站数 $N=M/(\lambda S)$,λ 是扇区有效覆盖面积因子,一般取值为 0.8,S 为单站覆盖面积。

7.1.3　容量规划

容量规划通常包括基站吞吐量和系统吞吐量的估算。计算基站吞吐量是根据系统仿真结果,得到一定站间距下的单站吞吐量。而计算系统吞吐量是根据场景选择业务模型计算用户业务的吞吐量需求,其中影响吞吐量需求的因素包括地理分区、用户数量、用户增长预测、保证速率等。最终根据以上两个结果计算容量,即站点数。容量估算流程如图 7-6 所示。

1. 业务模型分析

为了使容量估算更精确一些,话务模型需要考虑的主要因素有以下几点。

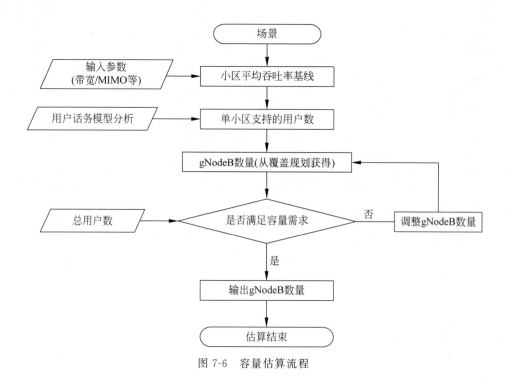

图 7-6　容量估算流程

（1）业务种类和流量需求。业务模型是在对用户使用网络可提供的各种业务的频率、时长、承载速率进行统计的基础上得出的业务量模型。对于 eMBB 场景，5G 提供数据业务，如 VoIP、实时视频、交互式游戏、流媒体、视频点播、网上电视等。为了简化分析，业务模型的关键因子只包含每次会话中的激活数和每次激活的数据量。

（2）用户分类。各种不同的用户所需要的数据业务模型和呼叫模型不同，需要对不同的数据业务用户进行分类。通常不同用户群的业务模型的差异要小一些，呼叫模型的差异是主要的。这是因为业务模型主要受限于技术能力和业务开发情况，业务模型的变化是缓慢的，不同用户群之间的差异主要是由终端类型的差异引起的（如终端屏幕的大小）；而呼叫模型则主要由运营策略和资费策略所决定，在不同用户群之间的差异更大，变化也更快。

（3）每种业务的忙时呼叫次数。不同用户种类和业务种类的忙时呼叫次数，加上业务的单位数据流量需求，决定了总的数据业务流量需求。同时，每种业务的忙时呼叫次数与用户分类、用户行为、运营商策略等因素直接相关。

根据话务模型的上述主要因素，以及覆盖场景和建网时期的不同，可以得到需要的数据吞吐量需求。结合系统容量、规划区域用户数，可以进行容量估算，确定满足容量需求的站点数。

$$容量估算站点数＝规划区域总的吞吐量需求/单站平均吞吐量\qquad(7\text{-}4)$$

2. 单小区平均吞吐量估算

5G 容量估算包括小区容量（吞吐量）估算和用户容量估算。小区容量反映了小区的业务承载能力，和覆盖规划结果及用户分布相关，可以通过工具仿真；单用户容量估算使用精准的业务模型和用户行为模型，早期 5G 网络规划主要参考 4G 现网统计结果。

小区平均吞吐量反映了小区的业务承载能力，和小区配置、覆盖半径、小区用户的分布情况有关,和实际的用户话务模型无关。

1)小区平均吞吐量仿真

仿真的前提是确定好小区的配置,如 AAU 型号等;需要假设用户分布情况(蒙特卡洛仿真);设所有用户采用 Full Buffer(全缓冲,是一种理想的业务模型,每个用户的数据包无限长,仿真持续的整个过程中系统的用户数保持不变),确保可以使用完所分配的 PRB 资源。根据 SINR 的仿真结果得到 MCS 和流数,再结合调度算法仿真每个用户分配的 RB 情况,就可以计算每个用户的速率,最后把小区中所有用户速率相加就得到小区吞吐量。

2)单用户忙时速率

$$单用户忙时速率 = 单用户忙时流量/3600 \text{ b/s} \tag{7-5}$$

其中,影响单用户忙时流量的因素包括业务类型和用户上网行为(使用业务的频次、时间等)。

$$总的网络流量需求 = 单用户忙时速率 \times 签约用户数 \tag{7-6a}$$

$$小区数 = 总的网络流量需求 \div 单小区平均吞吐率 \tag{7-6b}$$

5G 业务模型下,单用户忙时速率可以通过以下方式进行估算。

(1)各项业务单用户流量 = 单用户业务建立次数 × 每会话数据流量。

(2)根据用户上网行为统计各项业务比例。

(3)单用户忙时速率 = 各项业务比例 × 各业务保障速率。

3. 速率计算

假设带宽为 100MHz,子载波间隔为 30kHz,频段为 Sub 6GHz,根据 3GPP TS 38.101 规定,PRB(资源块)数目为 273(一个 PRB 包含 12 个子载波)。根据 3GPPTS 38.211,每个时隙占用时长为 0.5ms,并且包含 14 个 OFDM 符号(考虑到部分资源需要用于发送参考信号,这里扣除开销部分做近似处理,认为 3 个符号用于发送参考信号,剩下 11 个符号用于传输数据)。

1)5G 上行理论峰值速率的粗略计算

如果上行链路基本配置为 2 流,调制方式为 64QAM(每个符号可表示 6b 数据)。

对于 2.5ms 双周期 Type 1(类型 1)帧结构:在特殊子帧时隙配比为 10∶2∶2 的情况下,5ms 内有(3+2×2/14)个上行时隙,则每毫秒的上行时隙数目约为 0.657。类型 1 帧结构如图 7-7 所示。

图 7-7 类型 1 帧结构示意图

则上行理论峰值速率可以通过以下方式进行粗略计算

273RB×12 子载波×11 符号(扣除开销)×0.657/ms×6b(64QAM)×2 流 = 284Mb/s

对于 5ms 单周期的 Type 2(类型 2):帧结构,在特殊子帧时隙配比为 6∶4∶4 的情况下,5ms 内有(2+4/14)个上行时隙数,则每毫秒的上行时隙数目约为 0.457。类型 2 帧结构如图 7-8 所示。

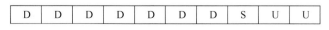

图 7-8 类型 2 帧结构示意图

则上行理论峰值速率可以通过以下方式进行粗略计算

273RB×12 子载波×11 符号（扣除开销）×0.457/ms×6b(64QAM)×2 流＝198Mb/s

2）5G 下行理论峰值速率的粗略计算

如果下行基本配置为 4 流，调制方式为 256QAM（每个符号可表示 8b 数据），对于 2.5ms 双周期 Type 1 帧结构，在特殊子帧时隙配比为 10∶2∶2 的情况下，5ms 内有(5＋2×10/14)个下行时隙，则每毫秒的下行时隙数目约为 1.28。

下行理论峰值速率的粗略计算为

273RB×12 子载波×11 符号×1.28/ms×8b(256QAM)×4 流＝1.48Gb/s

对于 5ms 单周期 Type 2(类型 2)：帧结构，在特殊子帧时隙配比为 6∶4∶4 的情况下，5ms 内有(7＋6/14)个下行时隙，则每毫秒的下行时隙数目约为 1.48。

下行理论峰值速率的粗略计算为

273RB×12 子载波×11 符号（扣除开销）×1.48/ms×8b(256QAM)×4 流＝1.7Gb/s

4. 站点选址

通过前期的勘察确认初始 RF 规划结果是否合理，并且最终确定可实施的 RF 参数，如经纬度（天面各扇区天线位置较远时，需要精确到小区级别）、AAU 挂高（基于现网 4G 工参数和建筑楼层估算；需考虑新建 5G 设备能否与现网设备安装在相同高度）、方位角（基于现网 4G 方位角和测试区域，避免扇区正对面有明显遮挡，如 4G 有新建建筑物遮挡，需要调整 5G 覆盖范围）、下倾角（基于塔高及覆盖大小选择合理下倾，严格控制越区覆盖）、周边环境（以照片形式记录站点周边各方向环境，一般 45 度一张照片，对特殊区域，如可用的测试位置、特殊的建筑或阻挡物等）、天面特殊情况（可参考现网天线，记录可能影响施工安装或优化调整的情况，如美化安装、挂墙安装、天面空间紧张、设备涂色等）。

在实际组网时，完成基站数量和站点位置选择后，可以将站点信息和覆盖区域 3D 地物地图导入仿真软件中进行规划仿真预测。根据仿真结果，识别网络中弱覆盖区域后，再次调整参数进行仿真，直到仿真结果满足网络建设目标。

在预规划阶段，需要达到的目标是给出预测的基站数量和配置。通常的做法是从容量与覆盖容量两方面进行综合考虑。目前，大多数城市仅考虑 5G 链路预算，不考虑容量估算。当用户忙时速率依赖 5G 业务模型，此时 5G 容量估算以小区容量仿真为主，容量仿真结果作为后续容量规划的参考。

7.1.4 无线小区参数设计

1. Massive MIMO 场景化波束设计

5G NR 与 LTE 网络中的 Massive MIMO 波束设计规划存在差异。

对于广播信道，5G SSB 使用静态波束发送，且该波束为场景化的时分扫描，可以对天线波瓣分布、方向角、数字下倾角进行数字调整。对于业务信道来说，上下行业务信道 PDSCH、PUSCH 以动态赋形的窄波束为主，基于 SRS 或 PMI 权值，对终端用户进行精确覆盖，提升用户速率的同时，改善边缘区域业务信道的干扰情况。同时，上下行业务信道 PDSCH、PUSCH 可实现 MU-MIMO 多用户复用，用以提升网络容量和单用户体验。对于调度信道，PDCCH 也可通过空分复用实现多层发送，来提升小区多用户的调度能力。

Massive MIMO 的规格与射频模块 AAU 的选型相关，AAU 方案不用考虑馈线损耗、电调插入损耗等。同时,Massive MIMO 性能严重依赖于上下行的互易性,对于移动速率、干扰、通道校正等有较高的要求。在实际规划部署时需要根据现场情况来定。

例如,对于小区边缘波束的设计,若采用 16T 单层波束,垂直宽度有限,仅考虑扇区近、中、远点整体覆盖效果,通过下倾角使天线主瓣上 3dB 方向对准小区边缘,边缘覆盖较差;若采用 32T 两层波束,下层波束覆盖中近点,上层波束覆盖小区边缘,小区边缘覆盖可提升 4～6dB;若采用 64T 四层波束,对中近点区域覆盖效果更好,较 32T 的两层波束覆盖可进一步提高小区边缘覆盖(提升 5～8dB)。

2. 时隙配比设计

3GPP 定义多种时隙格式,使 5G NR 的调度更加灵活,特别适用于 TDD 模式,通过对不同时隙格式的应用,可以实现各种不同类型的调度,而 FDD 模式则不需要此过程。目前,对于子载波间隔为 30kHz 的系统来说,5G 典型的时隙配比主要有 3 种:2.5ms 单周期,上下行配置为 4∶1(DDDSU,S 时隙符号配置为 10,即 DL∶2GP∶2UL,GP 符号数可配置),适用于 Sub 6G、6G 以上频段;5ms 单周期,上下行时隙配置为 8∶2(DDDDDDDSUU),S 时隙符号配置为 6,即 DL∶4GP∶4UL(保持和 LTE TDD 同步),GP 符号数可配置,仅 Sub 6G 频段支持;2.5ms 双周期,上下行时隙配置为 7∶3(DDDSUDDSUU),S 时隙符号配置为 10,即 DL∶2GP∶2UL,GP 符号数可配置,仅 Sub 6G 频段支持。在实际组网时,需根据上下行业务需求进行全网统一规划。这里,D 表示下行时隙,U 表示上行时隙,S 时隙表示自包含时隙。不同的帧结构配置,自包含时隙中的 GP 符号(时长)也不同,GP 的时长将影响上行信道的 TA 调整上限,从而限制物理连接的覆盖距离,其参考值如表 7-11 所示。

表 7-11 不同 GP 时长影响覆盖距离

GP 符号数	空口传播距离/km	
	子载波间隔/30kHz	子载波间隔/120kHz
1	3.3	—
2	8.6	1.3
3	14.0	2.7
4	19.3	4.0
5	24.7	5.3
6	30.0	6.7

3. PCI 设计

PCI 为物理小区标识,是 5G 小区的重要参数。每个 NR 小区对应一个 PCI,用于无线侧区分不同的小区。PCI 参数设计的好坏将影响下行信号的同步、解调及切换。为 5G 小区分配合适的 PCI,对 5G 无线网络的建设、维护有重要意义。PCI 计算公式为

$$N_{\mathrm{ID}}^{\mathrm{Cell}} = 3 \times N_{\mathrm{ID}}^{(1)} + N_{\mathrm{ID}}^{(2)} \tag{7-7}$$

其中,$N_{\mathrm{ID}}^{(1)}$ 为辅同步码,取值范围为 0～335;$N_{\mathrm{ID}}^{(2)}$ 为主同步码,取值范围为 $\{0,1,2\}$,$N_{\mathrm{ID}}^{\mathrm{Cell}}$ 取值范围为 0～1008。5G 的 PCI 无须考虑 PCI 模 3 干扰的问题,实际取值根据网络组网情况进行规划。LTE 中的 PCI 与 5G NR 中的 PCI 设置对比如表 7-12 所示。

表 7-12　LTE PCI 与 5G NR PCI 对比

序列	LTE	5G NR	区别及影响
同步序列	主同步信号使用了 $N_{ID}^{(2)}$，基于 ZC 序列，序列长度 62	主同步信号使用了 $N_{ID}^{(2)}$，基于 m 序列，序列长度 127	LTE 要求相邻小区间 PCI 模 3 错开，避免无法接入问题；5G 相邻小区间 PCI 模 3 错开，同步时延影响较小，对用户体验不感知
上行参考信号	PUCCH-DMRS /PUSCH-DMRS 和 SRS 基于 ZC 序列，有 30 组根与 PCI 关联	PUSCH-DMRS 和 SRS 基于 ZC 序列，有 30 组根，根与 PCI 关联	5G 与 LTE 一样，相邻小区需要 PCI 模 30 不同
下行参考信号	CRS 资源位置由 PCI 模 3 确定	DMRS for PBCH 资源位置由 PCI 模 4 取值确定	5G 没有 CRS，5G 增加 PBCH-DMRS，PCI 模 4 不同可错开导频，但导频仍受 SSB 数据干扰

5G PCI 规划的原则如下。

（1）避免 PCI 冲突。作为网络规划原则的一部分，相邻小区不能分配同一 PCI。如果相邻小区被分配相同的 PCI，则在重叠区域的初始小区搜索过程中只能同步其中一个相邻小区。然而，此时的小区可能不是最合适的小区，影响切换、驻留。因此，使用同一 PCI 的小区之间的物理隔离应该足以确保 UE 不会从多个小区接收到相同的 PCI，这可以通过最大化 PCI 的重复使用距离来实现。服务小区的频率相同邻区不能分配相同的 PCI，如果分配相同的 PCI，则当 UE 上报邻区 PCI 到源小区所在的基站时，源基站无法基于 PCI 判断目标切换小区，若 UE 不支持 CGI（小区全球标识）上报，则不会发起切换。

因此，PCI 冲突将会导致重叠区域的下行同步延迟、高误块率，使用 PCI 加扰的物理信道将解码失败、切换失败等。

（2）需要满足 PCI 模 3 规则。有相同 PCI 模 3 结果的小区将发送相同的 PSS；UE 可以将来自不同小区的 PSS 视为多径，认为这些 PSS 来自单个小区。

（3）需要满足 PCI 模 4 规则。PBCH-DMRS 的频域位置遵循 PCI 模 4 规则，即具有相同 PCI 模 4 结果的小区将相同的子载波分配给 PBCH-DMRS；存在 DMRS 与 DMRS 间干扰，而并不是 DMRS 与 PBCH 间干扰；如果通过每个 3 扇区基站分配一个 PCI 组的方式使得基站内部满足 PCI 模 3 规则，则基站内部也将满足 PCI 模 4 规则。

（4）需要满足 PCI 模 30 规则。当 PUSCH 使用 TF 预编码（即使用 DFT-S-OFDM）时，可以基于 PCI 模 30 规则选择 DMRS 序列组，具有相同 PCI 模 30 结果的小区可以发送相同的 PUSCH-DMRS。

（5）提升网络性能。3GPP PUSCH-DMRS、ZC 序列组号与 PCI 模 30 相关；对于 PUCCH-DMRS、SRS，其算法使用 PCI 模 30 作为高层配置 ID 来选择序列组。所以，邻近小区的 PCI 模 30 应尽量错开，保证上行信号的正确解调。而大部分干扰随机化算法，均与 PCI 模 3 有关，因此邻近小区的 PCI 模 3 设计上尽量错开，这样可以确保算法增益的实现。

（6）PCI 复用距离。使用相同 PCI 的两个小区之间的距离需要满足最小复用距离，复用层数为使用相同 PCI 的两个小区之间间隔的基站数量。

4. PRACH 规划

5G 和 4G 有相似的 PRACH 规划原则，一般使用软件自动完成。规划内容包括

PRACH 格式选择、PRACH 配置索引号、零相关域、高速标志、根序列索引及 PRACH 频率偏置等。PRACH 信道传输的前导码由三部分组成：循环前缀 CP、前导码 ZC 序列、保护时隙 GP(GT)。不同的小区覆盖半径，可以选择不同的前导码格式。不同的 GP 保护时间决定了小区的最大覆盖半径，GP 时间越长，小区的覆盖面积越大。由于在设计时，GP 与 CP 是正相关的且近似相等，因此 CP 决定了小区半径的大小。ZC 序列类似"IQ 相位调制"，通过控制 I 路和 Q 路的幅度来控制相位，不同的是相位调制中的相位值是相对确定的，而 ZC 序列中的相位不是固定的，而是一个连续的相位值序列。相位的序列值是可变的，序列的长度也可变，且序列每个离散点相位值是可变的。PRACH 的规划步骤如下：

(1) 根据小区半径和最大时延扩展，计算小区根序列循环移位长度(NCS)取值范围；

(2) 根据 3GPP TS38.211 的协议表格，查询表格中 NCS 值；

(3) 计算一个 ZC 序列根使用该 NCS 可以产生的前导序列的个数；

(4) 计算一个小区所需的 ZC 根数量；

(5) 基于 NR 所需的 ZC 根数量，对总的 ZC 根资源进行分组来计算 ZC 根组的数量；

(6) 为 NR 小区分配一组 PRACH ZC 根，尽量保证满足邻近的同频、同 PRACH SCS 的小区的 ZC 根不相同，PRACH ZC 根的复用隔离度尽可能大。

5. 跟踪区 TA 规划

TAC 全称为 Tracking Area Code，该参数是 PLMN 内跟踪区域的标识，用于 UE 的位置管理，在 PLMN 内唯一。TAC 包括的小区多可能导致寻呼成本高，TAC 包括的小区少可能导致位置更新成本高，应合理进行 TAC 的规划。相比于 4G，5G 支持扩展的 TAC。扩展的目的是提高部署灵活性，例如满足更多的小站需求。4G 支持 0~65535(16b)，5G 支持 0~16777215(24b)。在 5G 无线网络规则中，需要为每个无线小区分配 TAC。TAC 总体规划的注意事项与 4G 相同，可以遵循以下原则：

(1) 4G 的 TA 跟踪区边界可以重用于 5G；

(2) 如果寻呼负荷变大，则可以相应减小 TA 跟踪区大小；

(3) TA 跟踪区不应靠近或平行于主要道路或铁路，边界不应穿过密集的用户区域；

(4) TA 应该规划得相对较大(例如 100 个 gNodeB 左右)，但是过大的 TA 将导致寻呼负荷增加，移动性将导致 TA 更新需求减少。

6. 邻区配置

邻区规划的目的是保证在小区服务边界的手机能及时切换到信号最佳的邻小区，以保证通话质量和整个络网的性能。邻区规划原则如下。

(1) 地理位置上直接相邻的小区一般要作为邻区。

(2) 邻区一般都要求互为邻区，在一些特殊场合，可能要求配置单向邻区。

(3) 邻区个数要适当，邻区不是越多越好，也不是越少越好，应该遵循适当原则。如果太多，可能会加重手机终端测量负担；如果太少，可能会因为缺少邻区导致不必要的掉话和切换失败。初始邻区配置推荐在 8 个以内。

(4) 邻区应该根据路测情况和实际无线环境而定。尤其对于市郊和郊县的基站，即使站间距很大，也尽量把位置上相邻的小区作为邻区，保证能够及时做需要的切换。

7.2 无线网络优化

移动通信网是一个不断变化的网络,网络结构、无线环境、用户分布和使用行为都在不断地变化,需要持续不断地对网络进行优化调整以适应各种变化。无线网络优化是一个长期的过程,它贯穿于网络发展的全过程。无线网络优化通过一定的方法和手段对通信网络进行数据采集与数据分析,找出影响网络质量的因素,然后通过对系统参数和设备进行调整,使网络达到最优运行状态,使现有网络资源获得最佳效益,同时也会对网络以后的维护及规划建设提出合理的建议。从运营商的角度来分,网络优化可分为主要工程优化(工程期站点)、日常优化(日常运维站点)及专项优化(专项指标、业务、场景站点等);从具体执行工作来分,无线网络优化可分为单站优化、簇优化、RF 优化、参数优化、设备优化等。在 5G 网络建设初期阶段,大批 5G 基站开通入网,优化工作的主要任务是确保这些入网基站能够达到网络规划的预期目标,保证基站平稳运行及基本的覆盖效果和容量需求;而随着基站入网商用交付的完成,网优工作逐步进入日常优化阶段,这个阶段的主要目的是使每台基站都能高效地运行,不断提升基站的各项运行指标,比如切换成功率、掉话率、上下行速率、最大吞吐率、寻呼成功率等都保持在一个较高的水平。随着商用网络逐步成熟复杂,用户对网络质量提出了更高要求,用户对网络在下载速率、上传速率、时延、切换感受、语音清晰度、视频清晰度这些直观体验方面的要求越来越高,因此必须制定专门的方案采取特殊的手段解决某单一问题,提升用户感知度,网络优化进入了专项运维优化阶段。

5G 网络具有新业务、新网络、新技术特性,因此对传统网络运营方式带来了巨大挑战,迫切需要建立以端到端为基础,以大数据+AI 赋能为核心的自动化、智能化的新型运营方式,因此对网络优化提出了更高的要求和挑战。5G 时代网络优化将以 5G 智能运营平台为依托,以网络数据为依据,以质量数据为反馈,以专项优化为维度,快速迭代全网差异性进行优化。无线网络优化流程如图 7-9 所示。

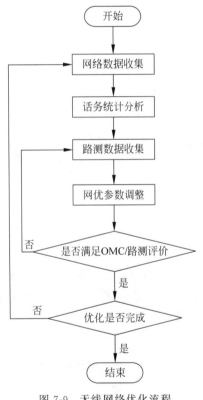

图 7-9 无线网络优化流程

7.2.1 单站优化

网络优化从单个站点的基础优化开始,单个站点数量达到一定程度可定义为簇,进行片区优化。单站优化和簇优化属于基础工作,绝对不能掉以轻心,站点业务正常且簇优化好,才便于后期各项专题优化的开展。

单站优化是网络优化的基础性工作,其目的是保证站点的基本功能和信号覆盖正常,保证安装、参数配置等与规划方案一致,包括宏站和室分系统。对于宏站,网优人员一定要保证路测(DT)时遍历每个小区覆盖范围,保证此宏站与周围其他小区出入切换正常及本小区内部切换正常,保证每个小区按要求进行通话质量测试(CQT)时,可以进行定点测试(根据客户要求是否区分好中差站点)。对于室分系统,要确保楼层(1层、顶楼、信号交界两边、电梯、地下等)及所有出口的切换正确可靠;保证每个小区按要求 CQT 定点测试。另外,网络优化人员还需要熟悉优化区域内的站点位置、无线环境等信息,获取准确的站点基础资料,为更高层次的优化打下良好基础。

单站优化主要完成以下任务。

(1) 检查天线方向角、下倾角、挂高、安装位置,使用路测方式检查是否有天馈连接问题;

(2) 基站经纬度确认;

(3) 建站覆盖目标验证(是否达到规划前预期效果);

(4) 空闲模式下参数配置检查(PCI 等),基站信号覆盖检查(RSRP 和 SINR);

(5) 基站基本功能检查(切换、PING、FTP 上传下载等)。

(6) 告警及规划数据检查。告警及规划数据内容均需从网管侧进行检查。前提是基站已经安装完成,站点已经开通。根据检查结果对网络进行整改。在单站优化前,首先检查小区是否存在驻波比告警、PA(A 符号的功率)告警、GPS(全球定位系统)告警或其他影响业务的告警等,同时检查参数配置是否与规划一致。针对存在的告警信息需要安排人员进行解决,在告警排查结束后,继续单站优化,未解决则继续处理告警。原则上网管配置数据和规划数据应保持一致,对于不一致的信息,根据规划的参数信息进行修改。保证在测试前,网管配置参数与规划参数保持一致。

(7) 基站天馈基础信息验证。验证目的是验证小区天馈基础信息是否与规划数据一致。基础信息验证时,通过测试用的 USB GPS 检查站点经纬度是否与工参表一致;检查天线方向角、天线下倾角、天线挂高是否与规划数据相符,若有较大差异,需要通知相关人员进行整改。检查覆盖方向是否有阻挡,与其他系统的隔离度是否足够大等。

(8) 道路测试。目的是检查覆盖是否正常,是否存在扇区接反,扇区方位角是否与规划数据一致,切换是否正常,业务是否正常等。通过不锁小区进行测试,终端在连接状态下,采用测试软件进行 FTP 下载业务,选择 1GB 或以上的大文件,脚本内选择最大进程数(10);沿小区覆盖方向,车速一般保持在 10～40km/h;测试范围内需要跑到小区边缘业务中断处才能折返,路线尽量遍历待测基站三个小区的覆盖区域,尽可能跑全待测基站周围所有主要街道;通过路测,检查终端接收的 RSRP、SINR 是否异常(例如,是否存在其中一个测试小区的 RSRP、SINR 明显差于其他的小区),确认是否存在站内小区间无法切换、功率异常、扇区接反、天线安装位置设计不合理、周围环境发生变化导致建筑物阻挡、硬件安装时天线倾角/方向角与规划时不一致等问题。通过锁定小区进行测试,为了解待测小区的实际覆盖距离和范围,可通过锁定小区的方法进行测试,其他测试方法与不锁小区测试相同。

(9) 业务性能验证。目的是定点性能测试,主要用于核查以下业务是否正常,如 PING 时延、FTP 下载速率、FTP 上传速率、附着成功率、数据业务掉线率及接入成功率等。可以通过在每个小区的主覆盖范围内,选择 RSRP>-90dBm 的点进行定点测试,记录每个点的 RSRP/SINR 的测量结果,填在单站优化表格中。也可以进行 PING 业务测试,采用 32 bytes 包 PING 指定服务器 10 次,取其平均值。若测试过程中因个别偶然性较大值影响结果,可选择重新测试,记录 10 次 PING 时延的平均值和 PING 成功率。或通过 FTP 下载业务测试,选择 2 个测试点,1 个"极好"点,每个点测试一次为 60s。选择 1GB 以上的大文件,打开测试软件,建立 FTP 下载业务。待 FTP 下载速率稳定之后计时一分钟,记录 FTP 下载速率的峰值和平均值并截图保存。或通过 FTP 上传业务测试,选择 2 个测试点,1 个"极好"点,每个点测试一次为 60s。选择 1GB 以上的大文件,打开测试软件,建立 FTP 上传业务。待 FTP 上传速率稳定之后计时一分钟,记录 FTP 上传速率的峰值和平均值并截图保存。或进行附着成功率进行测试,使用测试软件在每个小区下进行附着测试,共计做 10 次,记录附着成功率。或进行数据业务掉线率测试,在站内的每个小区进行 FTP 下载,下载 30s,共计做 10 次,统计数据业务掉线率。或进行接入成功率测试,在站内的每个小区进行 FTP 下载,下载 30s,共计做 10 次,统计业务接入的成功率。

单站优化流程图如图 7-10 所示。

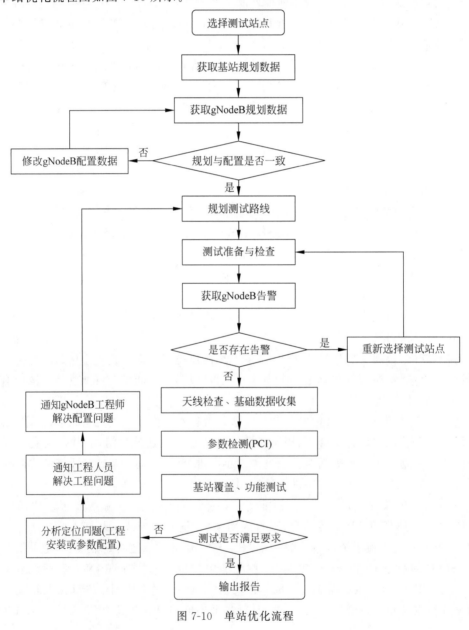

图 7-10　单站优化流程

7.2.2　簇优化

簇优化需要反复进行拉网,反复测试处理问题,一些暂时无法优化解决的问题需要准备应急方案。根据基站开通情况,对于密集城区和一般城区,选择开通基站数量大于80%的簇进行优化。对于郊区和农村,只要开通的站点连线,即可开始簇优化。在开始簇优化之前,除了要确认基站已经开通外,还需要检查基站是否存在告警,确保优化的基站正常工作。簇优化是工程优化的最初阶段,首先需要完成覆盖优化,然后开展业务优化。

1. 簇内覆盖优化

根据实际情况,选取簇内的优化测试路线,尽量遍历簇内的道路;配置簇内站点的邻区关系,并检查邻区配置的正确性;开展簇内的DT测试,由于通信系统中的UE上电后会自动激活,处于RRC连接状态,所以DT处在RRC连接态下进行测试;分析测试数据,找出越区覆盖、弱场覆盖、邻区切换不合理等问题点,并输出RF、邻区优化方案;实施RF优化方案,并开展验证测试;循环DT测试和数据分析步骤,直至解决问题,完成簇内覆盖优化。

2. 覆盖优化方法

为解决覆盖空洞、弱覆盖、越区覆盖、导频污染(或弱覆盖和交叉覆盖)的覆盖问题,覆盖优化通常采用调整天线下倾角、调整天线方位角、调整RS的功率、升高或降低天线挂高、站点搬迁、增加新站点或RRU等方法。

3. 簇内业务优化

通常按照测试规范开展DT或者定点测试;根据测试规范要求的优化目标分析网络性能指标,如分组数据协议激活成功率、RRC连接建立成功率、FTP等上传和下载速率、PING包时延、切换成功率等关键指标,对异常事件开展深入分析,查找原因和制定优化方案;执行制定的优化方案并开展验证测试;循环测试并优化方案步骤直至解决问题,使指标达到优化目标值。

簇优化的具体工作内容如表7-13所示。

表 7-13　簇优化的具体工作内容

顺　　序	工 作 内 容	具 体 描 述
1	拉网测试	根据相应方案规定,定期进行拉网测试
2	报告输出	输出拉网测试报告
3	问题分析	根据测试日志,分析测试遇到的问题
4	优化处理	优化调整测试遇到的问题,并进行复测,确认问题解决方案
5	报告完善	问题优化完成后,输出问题处理报告并完善拉网报告
6	拉网测试	再一次拉网测试,进行优化前后指标对比,完善报告
7	应急方案	对一些暂时无法解决的问题准备一套应急方案(闭站、应急车等)

7.2.3　覆盖优化

1. 造成网络覆盖问题的原因分析

良好的无线覆盖是保证移动通信网络质量和关键性能指标的前提,在此基础上设置合理的参数才能形成一个高性能的无线网络。TDD网络一般采用同频组网,同频干扰严重,良好的覆盖和干扰控制对网络性能意义重大。

移动通信网络中涉及的覆盖问题主要表现为四个方面：覆盖空洞、弱覆盖、越区覆盖和重叠覆盖。

无线网络覆盖问题产生的原因主要有如下几类。

（1）无线网络规划准确性。无线网络规划直接决定后期覆盖优化的工作量和未来网络所能达到的最佳性能。从传播模型选择、传播模型校正、电子地图、仿真参数设置及仿真软件等方面保证规划的准确性，避免规划导致的覆盖问题，确保在规划阶段就满足网络覆盖要求。

（2）实际站点与规划站点位置偏差。规划的站点位置经过仿真能够满足覆盖要求，而实际建设中由于各种原因无法获取到合理的站点位置，导致网络在建设阶段产生覆盖问题。

（3）实际工参和规划参数不一致。由于安装质量问题，出现天线挂高、方位角、下倾角、天线类型与规划的不一致，使得原本规划已满足要求的网络，在建成后出现很多覆盖问题。虽然后期优化可以通过一些手段来消除或减少这些问题，但是会大大增加成本。

（4）覆盖区域内无线环境的变化。一种是无线环境在网络建设过程中发生变化，个别区域增加或减少建筑物，导致出现弱覆盖或越区覆盖；另外一种是由于街道效应和水面的反射导致形成越区覆盖和重叠覆盖。通过控制天线的方位角和下倾角，尽量避免沿街道直射，减少信号的传播距离。

（5）增加新的覆盖需求。增加覆盖范围、新增站点、搬迁站点等原因，导致网络覆盖发生变化。

实际的网络建设中，应尽量从上述五个方面规避网络覆盖问题的产生。

2. 覆盖优化的方法

在路测中存在两个维度的考核指标，分别为网络覆盖率和重叠覆盖度。网络覆盖率和重叠覆盖度优化的主要目的是提升基础网络覆盖水平，降低网内小区级干扰，提升整体网络质量，以及为用户创造良好的业务体验。

1）射频（RF）优化覆盖

RF方式解决网络覆盖问题的主要手段如下：

（1）调整天线方位角/下倾角；

（2）调整天线波束的权值；

（3）调整功率配置；

（4）更换不同增益或波束宽度的天线；

（5）调整站点高度；

（6）站址搬迁调整及新建补盲等。

按照以上方法结合网络实际无线环境进行网络优化调整，以达到提升网络覆盖的目的。

需要注意的是，LTE传统宽波束小区只有一个宽波束，下倾角仅分为机械下倾角和电下倾角两部分，LTE机械下倾＋电下倾的规划原则是波束3dB波宽外沿覆盖小区边缘，控制小区覆盖范围，就可以抑制小区间干扰。而5G下倾角和LTE传统波束不同，分为机械下倾、预置电下倾、可调电下倾三种，最终下倾角是三种组合在一起的结果。5G下倾角的定义为垂直法线刨面外包络3dB垂直波宽中间指向，对于传统天线只有小区倾角的概念，倾角的调整同时对整个小区所有信道同时进行调整，而5G MIMO天线的公共波束下倾角由机械下倾角和可调电下倾角确定，业务波束下倾角由机械下倾角和预置电下倾角确定。

2）合理规划网络布局提升覆盖

网络规划是解决网络覆盖问题的源头,要从根本上解决网络覆盖问题,就要从源头进行把关,严控网络规划,合理布局网络结构,从根源提升网络覆盖。

网络规划提升网络覆盖的主要手段如下:

(1)通过精确网络规划,引导资源投放,解决网络弱覆盖问题;

(2)通过网络仿真,对现网弱覆盖问题进行评估分析,制定规划解决方案;

(3)通过网络仿真,对全网网络结构进行评估分析,给出调整优化方案;

(4)对网络优化调整通过仿真进行效果预验,避免顾此失彼,引入其他覆盖问题;

(5)通过网络规划仿真对入网站点进行审核分析,指导站点合理有效入网,解决网络覆盖问题。

3）无线参数优化覆盖

在做好 RF 优化的基础上,还可以通过精细的参数优化,合理控制用户的驻留来达到进一步提升网络覆盖的目的。调整的参数主要是影响网络覆盖及用户驻留的相关参数。通过对网络局部功率类参数如 RS 功率、PA、PB 等的优化调整,提升网络覆盖;通过对邻区关系的完善、切换门限的优化,提升用户移动过程的覆盖质量来提升全网覆盖;合理优化最小接入电平及异系统互操作参数。

5G 网络中的部分参数与 4G 网络参数相似,如 RLC 传输模式、PDCP 序列号长度等,均需与 4G 网络保持一致。5G 参数优化如表 7-14 所示。

表 7-14　5G 参数优化

参数分类	参 数 名 称	参 数 含 义	推荐值	备　　注
接入优化	LTE-NR 的双连接支持指示	E-UTRAN 与 NR 双连接功能开关,取值范围 ON、OFF	TRUE	TURE/FALSE
	SSB 的 RSRP 门限	E-UTRAN 与 NR 双连接功能开关。取值范围 ON、OFF	31	N/A
	CSI IM 资源所占的 RB 个数	该参数指示了 CSI IM(信道状态指示中干扰抑制)资源所占的 RB 个数,它必须是 4 的整数倍	272	该参数和带宽联动,100MHz 带内对应 272RB
	PUSCH 256QAM 使能开关	上行 256QAM 使能开关,信道条件较好时使能,采用高阶调度	FALSE	不关会导致无法接入,目前有些终端不支持上行 256QAM 调制
	出入流个数	表示 SCTP 偶联的出入流数量	3	N/A
	下行 BWP RB 个数	162(带宽 60M)/273(带宽 100MHz)	272	N/A
速率优化	上/下行 PDCP 序列号长度	NR UE 承载的 PDCP 层 SN 号长度	18b	针对 QoS 等级标识=6/8/9 的修改,建议与 4G 保持一致
	RLC 模式	NR UE 承载 RLC 传统模式	AM	
	上行传输模式集合	指示在上行 MIMO 功能中的上行传输模式配置,各传输模式在近中远点有各自的特点,根据需求选择对应的传输模式	自适应	N/A

续表

参数分类	参数名称	参数含义	推荐值	备注
速率优化	下行传输模式集合	置 0,最佳波束模式/BF 模式自适应; 置 1,最佳波束传输模式;置 2,最佳波束传输模式/RI=1 的 BF 传输模式;置 3,最佳波束传输模式/RI=2 的 BF 传输模式; 置 4,最佳波束传输模式/RI=3 的 BF 传输模式;置 5,最佳波束传输模式/RI=4 的 BF 传输模式;置 6,PMI 传输模式; 置 7,最佳波束模式/BF 模式/PMI 模式自适应;置 8,最佳波束模式/PMI 模式自适应	PMI 传输模式(6)	N/A
切换优化	SSB 测量结果合并上报 RSRP 门限	UE 进行 NR 小区的 RSRP 测量时,只有当 NR SS 波束信号高于此门限,才会参与小区 RSRP 进行计算	−130dBm	N/A
	评估小区级质量的 SSB 最大个数	指示用于评估小区级质量的最大 SSB 个数	16	N/A
	A3 事件偏移	事件触发 RSRP 上报的触发条件,即邻区与本区的 RSRP 差值比该值实际 dB 值大时,触发 RSRP 上报	1dB	N/A
	判决迟滞范围	指示进行判决时迟滞范围,用于事件的判决	1	N/A
	事件发生到上报的时间差	指示监测到事件发生的时刻到事件上报的时刻之间的时间差。该参数设置越大,表明对事件触发的判决越严格,设置过长会影响用户的通信质量	320ms	N/A
	RS 测量上报是否包含波束测量结果	用于指示 RS 测量上报是否包含波束测量结果	TRUE	TURE/FALSE

4)加强室分建设提升覆盖

针对网络深度覆盖造成的移动通信网络覆盖率低的问题,在常规 RF 手段无法解决时,建议利用旧的 2/3G/LTE 室分系统补充 5G 室分来强化 5G 网络深度覆盖。根据 5G 网络部署目标,室内组网模式细分为 SISO 组网和 MIMO 组网来加快网络部署,解决网络深层覆盖问题。

5)小区合并方式降低重叠覆盖

对于部分室内天线分布较多、信号较多的特殊场景,通过常规优化手段无法有效控制覆盖,造成重叠覆盖较高,建议采用超级小区组网模式降低重叠覆盖。将互干扰严重的相邻几个小区,合并起来组成一个超级小区。每个传统小区成为超级小区的一个组成部分,称为 CP(Cell Portion,部分小区)。同一个超级小区内的 CP 共用相同的 Cell ID 及其相关的公共信道。超级小区在终端看来是一个小区,用户看不到 CP 的概念。

7.2.4　网络结构优化

移动通信网络的网络结构问题主要体现在四个方面:覆盖空洞、弱覆盖、越区覆盖和重叠覆盖,处理好这四点网络结构问题,能有效地提高网络性能,提升用户的感知度。

1．覆盖空洞

覆盖空洞是指在连片站点中间出现完全没有 5G 信号的区域。UE 终端的灵敏度一般为 -124dBm,考虑部分商用终端与测试终端灵敏度的差异,预留 5dB 余量,则覆盖空洞可定义为 RSRP$<-119\text{dBm}$ 的区域。

1）引起覆盖空洞的原因

引起覆盖空洞不仅与系统许多技术指标如系统的频率、灵敏度、功率等有直接的关系,与工程质量、地理因素、电磁环境等也有直接的关系。一般系统的指标相对稳定,但如果系统所处的环境比较恶劣、维护不当或工程质量不过关,则可能会造成基站的覆盖范围减小。发射机输出功率减小或接收机的灵敏度降低、天线的方位角发生变化、天线的俯仰角发生变化、天线渗水、馈线损耗等因素都可能导致覆盖空洞。

2）解决覆盖空洞的方法

一般的覆盖空洞都是由于规划的站点未开通、站点布局不合理或新建建筑阻挡导致。最佳的解决方案是增加站点或增加 RRU/AAU,其次是调整周边基站的工程参数和功率来尽可能地解决覆盖空洞。对于隧道,优先增加 RRU/AAU 解决。

2．弱覆盖

弱覆盖一般是指有信号但信号强度不能够保证网络能够稳定达到要求的性能指标。实际工作中多以 RSRP 小于 -110dBm 定义为弱覆盖。

1）弱覆盖的原因分析

造成弱覆盖原因主要有:网络规划考虑不周全或无线网络结构不完善,设备和工程质量不满足要求,发射功率配置低、无法满足网络覆盖要求,建筑物等引起的阻挡。外场优化常见弱覆盖原因有建筑物、广告牌阻挡(无线环境变化)导致的弱覆盖;特殊场景深度覆盖不足(部分 5 级道路的网格路线);站址过低无法有效覆盖等。

2）解决弱覆盖的方法

优先考虑调整信号最强小区的天线下倾角、方位角,增加站点或 RRU/AAU、增加 RS 参考信号的发射功率。对于电梯井、隧道、地下车库或地下室、高大建筑物内部的信号盲区可以利用室内分布系统、泄漏电缆、定向天线等解决。还需要注意分析场景和地形对覆盖的影响,如弱覆盖区域周围是否有严重的山体或建筑物阻挡,弱覆盖区域是否需要特殊覆盖解决方案等。

3．越区覆盖

一个小区的信号出现在其周围一圈邻区及以外的区域,并且能够成为主服务小区的情况,称为越区覆盖。

1）越区覆盖的原因分析

在无线网络规划过程中,应结合基站站址的间距以及周围的地物地形数据进行基站天线挂高、方向角、下倾角、发射功率等参数的设计。如果对某些基站周围的地形地物的情况欠缺了解,盲目进行一些参数的设计,比如天线设计不合理,便会产生远端越区覆盖情况。特别是一些沿道路方向发射信号的小区,又或者江河两岸,无线传播环境良好,更容易产生这种越区覆盖问题。

2）解决越区覆盖的方法

首先考虑降低越区信号的信号强度,可以通过调整下倾角、方位角、降低发射功率等方式进行。降低越区信号时,需要注意测试该小区与其他小区切换带和覆盖的变化情况,避免影响其他地方的切换和覆盖性能。在覆盖不能缩小时,考虑增强该点被越区覆盖小区的信号并使其成为主服务小区。在上述两种方法都不行时,再考虑规避方法。在孤岛形成的影响区域较小时,可以设置单边邻小区解决,即在越区小区中的邻小区列表中增加该孤岛附近的小区,而孤岛附近小区的邻小区列表中不增加孤岛小区;在越区形成的影响区域较大时,PCI 不冲突的情况下,可以通过互配邻小区的方式解决,但需慎用。

4. 重叠覆盖

在同频的网络中,可将弱于服务小区信号强度 6dB 以内且 CRS RSRP 大于 −110dBm 的重叠小区数目超过 3 个(含服务小区)的区域,定义为重叠覆盖区域。重叠覆盖问题主要体现为多个小区存在深度交叠、RSRP 较强,但是 SINR 较差,或者多个小区之间乒乓切换导致用户感知差。

1）重叠覆盖的原因分析

无线网络中产生重叠覆盖的原因有很多,影响因素主要有基站选址、天线挂高、天线方位角、天线下倾角、小区布局、RS 的发射功率及周围环境影响等。有些重叠覆盖是由某一因素引起的,而有些为多个因素同时影响导致的。

2）解决重叠覆盖的办法

发现重叠覆盖区域后,首先根据距离判断重叠覆盖区域应该由哪个小区作为主导小区,明确该区域的切换关系,尽量做到相邻两小区间只有一次切换。然后看主导小区的信号强度是否足够强,若不满足,则优化主导小区的下倾角、方位角、功率等。同时,增大其他在该区域不需要参与切换的相邻小区的下倾角、降低功率或调整方位角等,降低重叠覆盖度。

7.2.5　4G/5G 协同邻区配置优化

1. 4G/5G 邻区规划优化

4G 与 5G 之间邻区规划的基本原则,是希望与 5G 小区存在重叠覆盖关系的所有锚点小区,都需要将该 5G 小区配置为邻区。在现网实际规划时,主要方式有共扇区邻区继承和距离原则两种方式。

1）共扇区邻区继承

（1）提取某 5G 小区对应的共扇区 4G 锚点小区所有的同频邻区关系;

（2）针对同频邻区对应的每个 4G 锚点小区,均添加 5G 小区作为 4G/5G 邻区关系;

（3）当 4G/5G 邻区超过门限时,可提取"特定两小区间切换"话务统计指标,按照切换次数从多到少排序,优先参考切换次数多的同频邻区关系添加 4G/5G 的邻区关系。

需说明的是,切换尝试次数的门限可以基于各本地网的邻区配置规格调整;邻区规格以各厂家提供为准。

2）距离原则

（1）梳理并核实 5G 建设区域内的锚点小区工程参数,包含经纬度、方位角、站高等关键数据。

（2）以 2 层邻区范围为基准,圈定 5G 站点周边的锚点小区(包含 4G/5G 共站邻区),密集城区对应 800m 左右距离。

（3）对于邻区超规格的情况，则优先考虑邻区层数更小、方位角相向配置的 4G/5G 具有邻区关系的小区。需说明的是，基于距离原则规划邻区一般基于工具实现，邻区层数、方位角方向等实现方式依托于工具能力。

（4）基于现场测试情况进行 4G 与 5G 邻区添加。4G 与 5G 邻区规划主要通过距离原则完成主要的邻区规划，同时结合现场测试情况，针对漏配的邻区进行增补，保证覆盖的连续性，NR 邻区增补后，需要核查对应锚点 LTE 的邻区关系以及 NR 对应的锚点关系需要重新梳理，避免 NR 小区间配置邻区后，对应的锚点无邻区。

如果锚点覆盖连续且已完成基础性能优化，且锚点与 5G 站点 1 比 1 建设，则可以直接继承共扇区邻区，即某锚点小区的所有同频 4G 邻区，均需添加与该锚点小区同扇区的 5G 小区为 4G 与 5G 邻区；若锚点未连续覆盖，则优先推荐基于地理拓扑规划的方式。现阶段推荐采用两种方式相结合的方法进行 4G 与 5G 的邻区规划。

对邻区规划完成后，网优人员还需要根据现场实测情况进行邻区的相应优化，以满足 4G/5G 协同邻区配置的距离原则。

2．5G-5G 邻区规划优化

NSA 组网下，如果控制面信令由锚点 FDD1800MHz/F 频段小区承载，则 NR 邻区规划依赖于服务小区对应锚点的规划，可参考 NR 至锚点的添加，即保证锚点 FDD1800/F 小区对应的 NR 小区均需要配置邻区关系。邻区规划优化原则包括距离原则和强度原则。

（1）距离原则。除同站 3 个扇区添加邻区外，第一圈至第二圈对打的小区需进行互为邻区配置，同时对应的锚点 FDD 小区需要保证有邻区关系，可直接参考 FDD 锚点对应的 NR 小区关系配置，同一锚点下 NR 小区均需要保证邻区关系。

（2）强度原则。根据现场实测情况，进行邻区的相应优化，保证终端测试的连续性，NR 邻区增补后，需要核查对应锚点 FDD1800MHz/F 频段的邻区关系且 NR 对应的锚点关系需要重新梳理，避免 NR 小区间配置邻区后，对应的锚点无邻区。

7.2.6　基于 Massive MIMO 的场景化波束优化

5G 中引入了 Massive MIMO 的机制，所有下行信道都采用多个窄波束来发送，而 TD-LTE 系统则采用单个宽波束的机制。所以在进行 5G 无线 RF 优化时，需要专门针对 Massive MIMO 的波束进行优化。包括 5G SSB 波束优化和基于 Massive MIMO 的下倾角调整。

1．5G SSB 波束优化

在无线网络规划阶段，应当结合实际场景应用不同的场景化波束，但往往可能达不到预期的效果。通常可以通过相应的参数来调整广播场景化波束，从而灵活地调整覆盖范围，减少越区覆盖、乒乓切换及邻区干扰等问题。波束场景优化一般需要遵循如下原则。

（1）通过窄波束减少非必要的波束，减少重叠覆盖区，避免乒乓切换及影响后续加载的性能。

（2）若面对笔直的路面覆盖，则场景化波束建议配置为水平面窄的波束。

（3）若覆盖十字路口，则场景化波束建议配置为水平面宽的波束。

2. 基于 Massive MIMO 的下倾角调整

由于 Massive MIMO 引入了垂直面的多层波束,因此 5G 的下倾角包含了传统的机械下倾角和波束下倾角。波束下倾角包含以下两种波束。

(1) 针对 SSB 的波束,其垂直面波束与波束场景相关,不同场景下 SSB 的垂直面波束数量不一样,其下倾角可以单独调整,默认配置为 6°。

(2) 针对其他的下行信道,其波束分布和 CSI-RS 的波束数量一样,总共有 4 层垂直面的波束,每层波束的天然下倾角都不相同,从上到下分别为 $-3°$、$4°$、$11°$ 和 $18°$。

SSB 波束的下倾角可以通过参数进行调整,其他下行信道波束的下倾角只能通过调整机械下倾角进行调整。由于其他下行信道一共有 4 层垂直面的波束,所以在进行下倾角优化时,首先需要确认使用哪层波束作为边缘覆盖的波束,在优化下倾角时,需要考虑该层波束实际的倾角是多少。

选取下倾角的参考波束的原则包括:

(1) 如果是密集城区场景且覆盖目标为室内(覆盖受限场景),可以将第二层的 CSI-RS 波束指向小区边缘,在考虑下倾角时,需要考虑默认的 4° 波束下倾。

(2) 如果是密集城区场景且覆盖目标为室外(干扰受限场景),建议将第一层的 CSI-RS 波束指向小区边缘,在考虑下倾角时,需要考虑默认的 $-3°$ 波束下倾。

(3) 如果是郊区及农村等广覆盖场景,同原则(1)。

7.2.7 5G 智能优化

1. 大数据智能优化

大数据具有海量的数据规模、快速的数据流转、多样的数据类型和价值密度低等特点。在移动通信领域,特别是在万物互联时代,其服务对象以及为其服务衍生的频谱、接入、传输、网络和应用将会产生大量数据,大数据分析将会对 5G 网络优化及提升网络质量起到重要作用。

大数据处理流程包括大数据采集、大数据认知和大数据决策三个阶段。大数据首先经过采集和预处理,然后进行基本特性和规律的认知,最后进行大数据分析,完成询因和决策。数据在三个阶段之间进行流转,形成持续优化的闭环流程。

大数据对 5G 网络的各方面(如运营及服务、市场销售、网络架构部署、业务分类、网络优化、垂直业务推广)都会产生深刻的影响,这里仅介绍大数据对无线网络优化方面的影响。

1) 覆盖盲区定位

无线网络的覆盖好坏对 KPI 有决定性的影响,有效识别出覆盖盲区并加以优化,对于提升网络 KPI 的效果最明显。依靠常规的网优路测寻找盲区,费时、费力且见效慢。利用无线大数据平台分析采集到的网络日志及终端测量报告、位置信息,可以即时有效地发现覆盖盲区。

从基站的角度分析,如果没有开通定位功能,网络将无法获得终端的准确位置信息。常规的方法是通过基站的位置、天线朝向以及收集到的终端测量报告,使用三角定位的方法来进行粗略的位置计算。采用监督模式并结合路测数据,再采用大数据算法模型(如隐式马尔可夫模型的指纹匹配算法)对数据进行训练,可以将终端定位的精度范围从误差 100m 提升到 20m。基于大数据算法和大数据平台收集到手机上报的测量报告,计算出移动速度和方向,并结合路测数据可以估算出新的位置。结合其他 KPI 数据,如掉话、小区切换失败、无线连接重建事件,可以将弱覆盖及盲区显示到地图上,供工程维护人员进行定向优化。

现有的数据收集方法是各厂家将自定义的日志通过运维接口形式上报至数据采集平台。在无线大数据网络架构中,可以增加无线设备和大数据平台的专用数据采集通路,规范日志的结构化输出,提升平台的数据收集及处理效率。

2）用户体验问题定位

伴随着数据业务的增长,以及丰富多样的创新应用的出现,用户越来越关注所用业务的使用体验。因此,运营商的关注点也从 KPI(性能指标)转向 QoE(体验质量)/KQI(关键质量指标)。QoE/KQI 是更偏重用户体验,同时也受客户主观影响的指标。它以用户体验为中心,把用户感知数值化,以便近似衡量客户的真实体验和满意度,指标有用户网页访问成功率、响应时间、会话级别的时延、抖动、丢包率等。

可以通过无线大数据平台汇聚接入网、核心网网元的控制面信令、用户面数据及各种即时的测量数据,以及时间戳、用户在网元接口的唯一标识,将用户的信息关联起来,使得系统可以对用户行为进行细致的分析。利用机器学习算法将需要人工分析的性能问题交由系统自动识别,并通过大数据对结果进行聚类、分类。

例如,用户在使用数据业务时,若网络访问请求在 1s 之内返回,用户感觉良好,当时延大于 5s 时,体验就很糟糕。在无线大数据平台,可以将速率低于下行 64kb/s 或上行 32kb/s 的所有用户进行分类,通过大数据算法来识别出是网络覆盖问题还是设备问题,或是终端问题还是应用服务器问题等,并将相关用户记录按问题汇总,以方便维护人员进行相应处理。

3）定制化移动性管理

当前,5G 的注册区域与 4G 的跟踪区域类似,维持在 UE 及 AMF 中,并且 5G RAN 需要按照该注册区域广播 UE。5G UE 中存在三种移动模式,包括不移动、限制区域内移动、非限制区域内移动。没有大数据分析的帮助,追踪及归类 UE 的移动模式是非常困难的。因此,可以使用大数据分析挖掘收集到的网络信息并精准预测 UE 的移动模式。例如,分析一个人每天活动范围的 gNodeB 列表或者小区列表,并将预测结果反馈给网络侧,使得 AMF 能够在 gNodeB 列表或者小区列表范围内寻呼 UE,从而减轻 gNodeB 的寻呼负担,节省 gNodeB 的寻呼资源。

另外,切换参数与不同的网络传播环境、干扰、负载、业务类型等信息关系紧密,如果切换参数设置不合理,会出现过早切换、过晚切换或者发生乒乓切换,恶化切换性能及负载均衡性能,从而导致用户体验不佳。可使用大数据分析收集和学习不同小区、切片、用户类型、业务类型等网络环境下的切换数据,预测小区干扰及负载及用户的业务情况,自适应切换参数配置。传统方法一般基于瞬时测量值来进行切换决策,可以使用大数据分析算法,充分挖掘历史信息及预测信息在切换中的作用,帮助进行智能决策。

4）智能跨层优化

现有的无线通信的协议栈、传输层和应用层是分开透明设计的,不直接进行网络和业务信息的交互,可能会造成无线资源的浪费和业务性能的下降。由于传输层无法感知无线网络的实时情况,传输层发包窗口大小的调整具有一定的尝试性和盲目性,严重时会有伪超时现象出现,造成无线资源的浪费。由于无线侧对于业务信息的不感知,协议栈无法实现针对不同业务而实现的最佳(灵活)功能配置,很可能会造成处理时延的增加和资源的浪费。应用层由于无法直接感知无线侧实时波动情况,很多应用无法进行及时准确的调整,例如通过无线网络观看视频,当链路质量变差时,服务器反应比较缓慢,相当长一段时间内依然按照发送高码率视频源,用户观看时会出现卡顿。

基于网络和业务信息感知及无线大数据使能的智能跨层优化可以很好地解决这些问题。无线侧可提供历史和实时的传输能力、剩余缓存空间和基站负载等信息给传输层,辅助传输层进行优化设计。例如,可通过海量数据分析和机器学习算法来优化传输层发包窗口。传输层可以获得一个比较稳定的发包速率,可作为一个阶段的最佳发包速率,系统整体的吞吐率也因此维持在一个较高的水平。这样不仅减小了无线资源的浪费,也很大程度上避免了超时,可明显减少重传的发生。

同时,无线侧可通过大数据分析实现流量业务类型识别,并结合业务感知,无线网络协议栈可动态选择最佳的功能配置。如针对超低时延高可靠的应用层小数据量业务,协议栈可通过特殊的调度机制,在保证可靠性的基础上实现时延的有效降低,以提高用户体验。

5)无线网络覆盖和容量优化

CCO(覆盖和容量优化)是无线接入网络中的一个重要任务。CCO的目标是在保证区域覆盖的前提下提升网络容量。它通过一种自动调整的方式来最小化小区间的干扰并保证可接受的QoS。在此过程中,小区天线的功率和天线配置(例如导频功率、天线下倾角、方位角及Massive MIMO模式等RF参数)扮演着至关重要的角色。固定的RF参数配置对于千变万化的无线网络环境,并不能都带来最优的网络覆盖和网络性能。CCO动态地调整这些RF参数来适应无线网络变化,通过提升本小区的接收信号强度并降低对邻区的干扰来提升网络性能。

由于无线网络环境的复杂性,实际上很难通过RF参数优化来提高网络覆盖能力和网络容量性能,而且这些参数维度很高,即使是很有经验的网络性能专家也不能给出最优的参数配置。采用基于增强学习和神经网络的方法来实现CCO的在线自动调整,算法能基于当前的网络状态给出使得网络性能最优的RF参数修改动作。神经网络可用于建立网络状态、RF参数和网络性能之间的关系,相比于传统方法,有更好的泛化能力,能更好地应对无线网络的变化。算法中还可以引入KPI保障。基于CCO的RF优化可以用于很多场景,例如CA、节能、单频网等。

6)基于智能栅格的无线网络性能优化

虚拟栅格是指信号栅格。相对于传统的地理栅格,虚拟栅格不需要根据实际的地理位置划分栅格,而是使用多个小区的系统测量,比如RSRP来定义栅格。

在异频异系统多频点组网场景中,将当前小区级的算法粒度细化到栅格级,可以提升CA、负载均衡、基于覆盖的异频异系统切换、语音回落等特性的性能。例如CA场景中,通常是盲配,这虽然减少了异频间隔(让UE离开当前的频点到其他频点测量的时间段)测量,但是所选载波和PCI不一定最优,甚至不能盲配SCC(副载波)成功,这种情况可以通过栅格方法提升优选增益。

7）基于用户画像的无线用户体验优化

用户画像是指给定特征,基于真实的数据对用户进行分类。无线网络中,通过大量的无线网络特征和数据对用户细化分类,可以有的放矢地按需提供相应的服务,保障用户体验并提高网络利用率。

2. 基于 AI 的 5G 网络优化

AI 是一门融合了计算机科学、统计学、脑神经学和社会科学的前沿综合性学科。着眼于通信行业,由于移动互联网、智能终端等技术的快速发展,数据呈现爆发式增长,电信运营商在大数据发展中扮演重要角色。运营商处理的海量数据涵盖了用户基本信息、通话数据、上网数据、网络运行数据等多方面,人工智能技术的引入提升了通信大数据的分析、挖掘速度和管理效率,使网络智能化变得更为现实,给网络运营成本、效率和管理带来新的突破方向。

网络智能化是未来网络的必然发展趋势,运维优化作为电信网络运营的重要环节,对人工智能技术的引入也有着强烈的需求。随着 5G 等无线接入技术的应用,运营商网络变得越来越复杂,用户网络行为和网络性能也比以往更动态化而难以预测。与此同时,由于移动通信业务的多样化和个性化,网络的运营优化焦点也逐渐从网络性能转变为用户体验。

传统的运维优化生产模式以工程师的经验为准则,借助人工路测、网络 KPI 分析、告警信息等手段处理网络问题并进行优化调整,其缺点伴随着网络发展越来越明显,如生产效率低、处理周期长、优化效果存在片面性。

人工智能可根据网络承载、网络流量、用户行为和其他参数来不断优化网络配置,进行实时主动式的网络自我校正和优化,同时通过人工智能为复杂的无线网络和用户需求提供强大的决策能力,从而驱动网络的智能化转型。

1）智能运维

现网中如果网络设备出现故障和告警,一般由运维工程师根据历史经验和理论知识归纳总结出来的相关规则进行处理。传统运维方式存在处理效率低、实时性不强、运维成本高、问题前瞻性不够等缺点。为了解决上述问题,可以人工智能技术为基础,结合运维工程师的经验,构建一种智能化、自动化的故障处理监控系统/功能模块,能够在通信网络中实现对故障告警的全局监控、处理,实时采集告警和网管数据并关联分析处理,进行灵活过滤、匹配、分类、溯源,对网络故障快速诊断,配合相应的通信业务模型和网络拓扑结构实现故障的精准定位和原因分析,并通过历史数据不断自学习实现故障预测,提升处理效率和准确性。

2）智能优化

网络优化的主要作用是保障网络的全覆盖及网络资源的合理分配,提升网络质量,保证用户体验,所以运营商在网络优化工作中投入了大量人力物力。网络优化涉及多个方面,如无线覆盖优化、干扰优化、容量优化、端到端优化等,传统网络优化工作一般依靠路测、系统统计数据分析、投诉信息等手段采集相关数据信息,再结合网优工程师的专家经验进行问题诊断和优化调整。在网络复杂化和业务多样化的趋势下,传统网优工作模式显得被动,处理问题片面化,难以保证优化质量,而且生产效率低,在网络动态变化的情况下难以保证实时性。采用人工智能技术可对网优大数据进行训练,并将大量的专家经验模型化,构建智能优化引擎,模拟专家思维驱动网络主动实时做出决策,进行主动式优化和调整,使网络处于最佳工作状态。

本章习题

7-1　简述无线网络规划流程。

7-2　无线网络如何进行覆盖规划？

7-3　无线网络如何进行容量规划？

7-4　无线网络规划中的无线小区参数如何设计？

7-5　如何进行单站优化？

7-6　如何进行无线覆盖优化？

7-7　试分析引起覆盖空洞的原因及解决的方法。

7-8　试分析引起越区覆盖的原因及解决的方法。

7-9　试分析引起重叠覆盖的原因及解决的方法。

7-10　谈一谈你所了解的 5G 智能优化。

第 8 章

下一代移动通信系统

学习重点和要求

本章主要介绍下一代移动通信系统,内容包括发展现状、应用愿景、关键性能及关键技术。要求:

- 了解下一代移动通信系统的发展现状;
- 了解下一代移动通信的关键性能指标;
- 了解下一代移动通信系统的关键技术。

5G 网络已经商用,全球 6G 研究已启动,ITU 基本明确了 6G 标准工作计划,正在开展未来技术趋势研究,2021 年 3 月,6G 愿景需求工作组成立,3GPP 6G 技术预研与国际标准化预计 2025 年后启动,2030 年前后实现商用。

8.1 6G 的发展现状

ITU-R WP5D(国际电信联盟无线电通信部门 5D 工作组)负责 IMT(国际移动通信)无线通信研究和标准化,在 2021 年分别启动了《IMT 愿景》建议书和《100GHz 以上频段的 IMT 技术可行性》报告的相关工作。

《IMT 愿景》建议书对 6G 的用例、应用趋势、使用场景及彼此的关系展开广泛讨论,并将逐步开展 6G 关键能力、演进目标等议题。同时在网络方面,ITU-T 负责电信标准的 SG13 工作组将开展多项 IMT-2030 网络架构及关键技术的标准化工作,包括确定性网络技术、天地融合网络技术、算力网络技术、基于意图的网络技术、网络人工智能技术、区块链安全技术等。

除了标准组织,以政府为代表的区域性组织及各类国际性组织,均在从事 6G 的相关活动。欧盟在 Horizon 2020(地平线 2020)框架下成立了以诺基亚牵头的 Hexa-X 项目,提出"通过 6G 技术搭建网络连接人、物理和数字世界"的愿景,关注的重点技术方向为太赫兹技术、高精度定位和无线成像、AI/ML(机器学习)驱动的无线接入网技术、未来网络架构等。

北美 ATIS(电信行业解决方案联盟)主导成立了面向 6G 的"Next G"(下一代)联盟,着力开展支持 AI 的高级网络和服务、多接入网络服务技术、智能医疗保健网络服务、多感测应用、触觉互联网和超高分辨率 3D 影像等研究方向。此外,美国 FCC(美国联邦通信委员会)及多个高校正在从事太赫兹技术的研究,Space-X(空间 X)、OneWeb(一网)、Amazon(亚马逊)等纷纷推出卫星互联网计划,作为后续 6G 的潜在赋能技术。

日本成立了 B5G 推进联盟,将太赫兹技术列为"国家支柱技术十大重点战略目标"之首,把"光半导体"作为支撑 6G 的信息处理技术,积极开展多项技术研发试验。

韩国的 5G Forum(5G 论坛)发布了 6G 愿景 1.0 版本,积极推进卫星通信、量子密码和通信、6G 通信和自主导航业务、100GHz 以上超高频段无线器件等技术研发。

6G Flagship(6G 旗舰)依托芬兰 Oulu(奥卢)大学开展了三届 6G 技术峰会,具有浓厚的学术色彩,推出了远程区域的连接、6G 网络、6G 无线通信网的机器学习、边缘智能、宽带连接、安全、低时延高可靠和大连接机器通信、定位和感知、频谱等多个方向的 6G 白皮书。

在各个组织中,传统的通信技术仍在进一步增强和演进,如 MIMO 技术、NTN(非地面网络)、高精度定位等,未来也期待这些演进的技术在 6G 中开拓更深厚的土壤。5G 后期进一步加快了 2C(商家对顾客)和 2B(商家对商家)领域业务的发展,推动了 ICT 等领域融合,6G 可持续发展也离不开与 IT(信息技术)、DT(数据技术)和 OT(运营技术)领域技术融合的深化,而智能化也贯穿于各领域及其融合深化。

8.2 6G 应用场景及关键性能

8.2.1 6G 愿景与需求

1. 6G 愿景

人类社会进入智能化时代,社会服务均衡高端化,社会治理科学精准化,社会发展绿色节能化。6G 的总体愿景是 6G 移动通信系统将面向 2030 及未来,6G 将构建一张人机物智慧互联、智能体高效互通的智慧网络,全频谱高效利用,空天地全域覆盖,宏观与微观网络深度连接,将驱动人类社会进入智能化时代。

2. 驱动力和市场需求

5G 能够为更多种类的设备和用户提供更高的数据传输速率,满足消费者预期的容量增长需求以及行业的生产力需求,随着 5G 的发展,物联网等领域的重要性正在不断凸显。与5G 相比,6G 的定义不能仅仅考虑其商业价值,更需要全面的定义来满足社会对未来通信的要求,包括从通信技术角度确定未来社会面临的趋势、需求、挑战以及塑造未来世界形态的力量。在 5G 时代,移动网络运营商依然是网络部署的主导者,而 6G 时代可能会出现由更多市场参与者推动的超高效、短距离连接解决方案,在传统移动网络运营之外产生新的生态系统,这也将使 6G 网络更具包容性。

1)社会结构变革驱动力

(1) 收入结构失衡要求数字技术提升普惠包容;

(2) 人口结构失衡呼唤数字技术提升人力资本及配置效率;

(3) 社会治理结构变化倒逼社会治理能力现代化。

2)经济高质量发展驱动力

(1) 经济可持续发展需要新技术注入新动能;

(2) 服务的全球化趋势要求进一步降低全方位信息沟通成本。

3)环境可持续发展驱动力

(1) 降低碳排放,推动"碳中和"提升能效,实现绿色发展;

(2) 极端天气、不可预知等重大事件驱动建立更广泛的感知能力和更密切的智能协同能力。

在 6G 时代,服务于超高效、短距离传输的网络新频段将会开放,各参与者将在新频段上以垂直行业为目标进行网络部署,以吸引新的参与者、投资者等共同打开市场。以往重叠的超密集网络将不再可行,不同的参与者在一个设施内只部署单个网络来满足多个用户组和服务的需求,参与者将借助软件化、网络功能的虚拟化以及接口的开放来共享网络连接层和数据层。在此背景下,频谱接入权、网络、网络资源、设施和客户的所有权变更将导致多种技术要求和技术架构组合,大大增加网络接入的复杂性。同时,频谱使用的全球协调也需要各方共同努力去推进解决。

长远来看,6G 将比任何事物更深入地渗透到社会和人们的生活中,为避免过高的运营成本,6G 相关软件都将运行在具有高度自动化水平的云端上,这也将促使责任部门改进监管系统。

8.2.2　6G 应用场景

智能手机已成为人们生活中不可或缺的一部分,但随着新的显示技术、传感和成像设备以及低功耗专用处理器的飞速发展,硬件设备将进入一个新时代。设备将与感官和运动控制无缝结合在一起。虚拟现实(VR)、增强现实(AR)和混合现实(MR)技术正在融合到交叉现实(XR)中,该技术包含穿戴的显示装置以及产生并保持感知错觉的交互机制。

未来 6G 业务将呈现出沉浸化、智慧化、全域化等新发展趋势,形成的沉浸式云 XR、全息通信、感官互联、智慧交互、通信感知、普惠智能、数字孪生、全域覆盖等业务应用场景。6G 全网覆盖场景主要包括广域覆盖,强调未来支持超大覆盖半径、全球覆盖和立体覆盖为特征的移动覆盖,关注大覆盖范围与部署经济性间的平衡;移动宽带覆盖,强调注重频谱效率,关注传输速率与覆盖范围平衡的移动宽带传输场景;热点覆盖,强调以高速峰值传输、小范围覆盖为特征的场景。

(1) 沉浸化业务。扩展现实(XR)是 VR、AR 和 MR 等技术的统称。云化作为通用业务将赋能工业、文化、教育等领域,助力行业数字化转型;云 XR 要求端到端时延小于 10ms,用户体验速率达吉比特每秒量级。

(2) 全息通信。全息通信通过自然逼真的视觉还原,实现人、物及周边环境的三维动态交互,满足人类对于人与人、人与物、人与环境之间的沟通需求。全息通信可打通虚拟与真实场景界限,为用户提供身临其境的沉浸体验。全息通信要求用户吞吐量达到太比特每秒量级。

(3) 感官互联。除视觉和听觉外,触觉、嗅觉和味觉等更多感官信息的传输将成为通信手段的一部分,感官互联可能会成为未来主流的通信方式。不同感官传输的一致性和协调性,需要毫秒级时延保证,触觉的反馈信息对定位精度提出较高要求,安全性需用户隐私保护来实现。

(4) 智慧交互。6G 网络将助力情感交互和脑机交互等全新研究方向,具有感知、认知能力的智能体将取代传统的智能交互设备,变革人类交互方式。智能体对人类的实时交互和反馈要求时延小于 1ms,用户体验速率大于 10Gb/s,可靠性达到 99.99999%。

(5) 智慧化业务。到 2030 年,越来越多的个人和家用设备、城市传感器、无人驾驶车辆、智能机器人等都将成为新型智能终端,这些智能体通过不断学习、合作、更新,将实现对物理世界的高效模拟、预测。6G 网络的自学习、自运行、自维护都将构建在 AI 和机器学习之上,以应对各种实时变化,通过自主学习和设备间协作,为社会赋能赋智。

（6）通信感知。6G 网络可利用通信信号实现对目标的检测、定位、识别、成像等感知功能，获取周边环境信息，挖掘通信能力，增强用户体验。毫米波、太赫兹等更高频段的使用将加强对环境和周围信息的获取。6G 利用通信信号的感知功能提高定位精度，实现动作识别等高精度感知服务、环境监测等。

（7）数字孪生。数字孪生是指物理世界中的实体将在数字世界中得到镜像复制，人与人、人与物、物与物之间可凭借数字世界中的映射实现智能交互，通过在数字世界中对物理实体或过程进行模拟、验证、预测和控制，可以获得物理世界的最优状态。数字孪生对 6G 网络架构和能力提出诸多挑战，如万亿级的设备连接能力、亚毫秒级时延、太比特每秒量级传输速率以及数据隐私和安全需求等。

（8）全域化业务。目前全球仍有超过 30 亿人基本没有互联网接入，无人区、远洋海域无法通过地面网络实现信号覆盖，地面蜂窝网与卫星、高空平台、无人机等空间网络融合，构建起全球广域覆盖的天地空一体化三维立体网络进行全域覆盖，6G 网络将为偏远地区、飞机、汽车、轮船等提供宽带接入，为全球没有地面网络覆盖的地区提供广域物联网接入，并且提供高精度定位，实现高精度导航、精准农业、应急救援等服务。

6G 典型场景如图 8-1 所示。

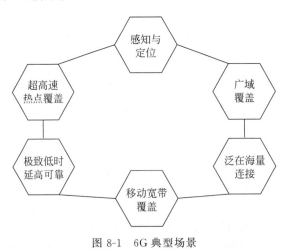

图 8-1　6G 典型场景

8.2.3　6G 关键性能

5G 是移动物联网时代，而 6G 则是万物深度智联时代。从已有的技术指标上看，5G 的关键指标也适用于 6G，但必须对这些指标进行严格审查并增添新的内容。除了已有指标，新的 6G 指标大致可以分为两类，一类是技术和生产力驱动的指标，包括时延、抖动、链路预算、扩展范围/覆盖范围、三维地图保真度、位置精度和更新的速度、成本和能源等；另一类是可持续发展和社会驱动的指标，包括在定义需求和标准化中包含垂直参与者、透明度（例如与 AI 相关的指标）、隐私/安全/信任、面向应用程序接口的全球用例、联合国可持续发展目标激励、开源及道德指标等。5G 与 6G 关键性能对比如表 8-1 所示。

表 8-1 5G 与 6G 关键性能对比

性　　能	说　　明	5G	6G
峰值速率	单用户在理想条件下的最大可达数据速率,该指标与天线传输流数、编码码率、调制阶数及频谱带宽直接相关	吉比特每秒量级(常规要求 10Gb/s,特殊场景 20Gb/s)	1Tb/s
流量密度	单位面积内的总流量数,衡量移动网络在一定区域范围内的数据传输能力	数十太比特/s/km²	2～3 倍(相较于 5G)
谱效	包含峰值谱效、平均谱效和 5% 用户谱效	3 倍(相对于 IMT-A)	2～3 倍(相较于 5G 移动宽带场景)
网络能效	单位能耗单位面积下所能传输的数据量	100 倍(相对于 IMT-A)	100 倍(相对于 5G)
连接密度	表征单位区域内支持的满足特定服务质量的设备数量	1/m²	10/m²
时延	采用发送端到接收端接收数据之间的间隔或者发送端到发送端数据从发送到确认的时间间隔	1ms(用户面空口)	0.1ms(有些场景为 μs)
移动性	在满足一定系统性能的前提下,通信双方最大相对移动速度	500km/h	1000km/h
频谱效率	给定信道带宽下可传送的信息量	3 倍(相对于 IMT-A)	3 倍(相对于 5G)
用户体验速率	单位时间内用户获得的 MAC 层用户面数据传送量	100Mb/s(部分场景 1Gb/s)	10Gb/s
小区覆盖范围	保证在小区边缘能够实现通信要求	250m	1000km
时延抖动	保证数据包到达的偏差时间范围	1ms	1μs
定位精度	空间实体位置信息(通常为坐标)与其真实位置之间的接近程度	<1～3m(普通的商业应用场景);<0.2～1m(工业物联网场景)	1～5cm
可靠性	在预定的时间内传输一定量业务包并达到高成功率的能力	99.999%	99.99999%

要实现表 8-1 中的性能,需要先进的网络架构、无线接入技术、多址技术、信号处理技术、移动性管理技术、超维度天线技术、AI 技术、新型波形和双工技术、先进的编码和调制技术及超高频点(太赫兹)等。

传统移动通信网络覆盖半径有限,主要针对人口密集区域。6G 支持天地融合全域立体覆盖,可将小区覆盖大幅提升,通过星地融合通信,期待单小区覆盖最大半径至少达到 1000km。在广域覆盖场景中,单小区覆盖能力指标最为重要,而增强的谱效、移动性对于宽带移动场景,超高速率、较低时延对于热点覆盖高速率场景更为关键。在泛在海量连接场景,在较低时延的前提下,支持更高数量的设备接入是迫切需要的,而且相对于 5G 只能支持低速率的海量传输,6G 支持的速率将进一步增强。在确定性低时延、高可靠场景,低时延、高可靠是基本要求,同时为了满足工业确定性传输要求,时延抖动、稳定性至关重要。

8.3 6G 关键技术

在关键技术方面,6G 将在 5G 的基础上,继续深度挖掘低频段的潜力,提高系统的频谱效率,深耕毫米波频段,提高传输速率及系统的鲁棒性,并向太赫兹直至光频段,拓展无线通信的频谱资源,提供超高容量、超大规模移动通信服务。6G 将探索新的物理维度,引入创新型的智能超表面等无线传输技术,融合感知与通信,形成通信感知一体化的新范式。6G 还将拓展向空中延展,实现空天地海一体化的全覆盖信息传输,形成立体无缝覆盖,与大数据、人工智能等智能方法和技术深度融合,形成内生智能的新型网络架构,支撑万物智联。

8.3.1 新型空口技术

1. 新型编码技术

6G 网络更加多样化的应用场景及多元化的性能指标,需要对调制编码、新波形和新型多址等技术进行针对性的设计。相比于 5G,6G 对编码方案提出更高要求,在吞吐量方面支持最高 1Tb/s 数据传输,在时延方面支持远低于 1ms 空口传输时延,可靠性达到99.99999%或者更高,并要求更低复杂度、更低处理功耗。此外,未来 6G 将出现大量机器、AI 智能体之间的通信,现有基于信源信道分离原则设计的编译码方案可能不再是最佳解决途径。6G 编码将有可能支持更低时延、更高可靠的短码,支持极高吞吐量的信道编/译码,将 AI 辅助信道编译码设计及信源信道联合编码相结合。

2. 新型多址技术

业界不仅预期利用新型多址技术提升用户数,还预期在谱效提升、时延降低等多个维度发挥重要作用。对于 6G,通过万物互联/智联真正全面实现数字化社会,要支持每平方米10 个以上终端的巨量泛在连接场景及空天地融合场景,非正交多址接入技术将成为热点技术。

3. 全双工方式

在相同载频上同时收发电磁波信号,可有效提升频谱效率,实现资源的灵活管控。小功率、小规模天线单站全双工已具备实用化基础,但大规模天线的全双工及器件仍面临较大挑战。

4. 超大规模 MIMO 技术

增大天线规模是提升系统频谱效率的最有效手段之一。未来 6G 系统,基站可以在三维空间形成具有高空间分辨能力的高增益波束,能够提供更灵活的空间复用能力,改善接收信号质量并更好地抑制用户间的干扰,实现更高的系统容量、频谱利用效率和传输可靠性。

5. 灵活频谱共享技术

和 5G 相比,更高频段的引入将使得 6G 网络趋于超密集化,部署成本将急剧上升。因此,动态频谱分配共享策略对提高网络频谱利用率及优化网络的部署至关重要。针对 6G的大带宽、太比特每秒量级的传输速率及空天地融合等更多场景的需求,可以通过 AI 与动态频谱分配共享策略相结合,达到频谱的智能化共享和管控的效果。6G 不同频段性能指标如表 8-2 所示。

表 8-2 6G 不同频段性能指标

参　　数	中　低　频	毫　米　波	太赫兹频段	可　见　光	6G 需求
频点	Sub10GHz	10～100GHz	100GHz~1THz	400～800THz	—
调制带宽	100MHz	400MHz	>10GHz	<1GHz	—

续表

参 数	中 低 频	毫 米 波	太赫兹频段	可 见 光	6G需求
下行峰值速率	2Gb/s（256QAM&4流）	8Gb/s（4Gb/s，根据实际信道环境而定）	>100Gb/s	6.3Gb/s	1Tb/s
单站平均速率（按10%峰值速率）	200Mb/s	800Mb/s	10Gb/s	630Mb/s	—
覆盖区域面积/m²	500×500×30	20×20×3	20×20×3	2×2×3	—
流量密度	27b/s/m²	667kb/s/m²	8.3Mb/s/m²	52.5Mb/s/m²	>100Mb/s/m²

6. 太赫兹与可见光通信技术

太赫兹频段位于微波和光波之间，频谱资源丰富，具有传输速率高、抗干扰能力强和易于实现通信探测一体化等特点，满足6G网络太比特量级超高传输速率需求，可作为现有空口传输的有效补充。在天气晴朗、视野开阔的空旷区域，利用太赫兹频段可以实现长距离的高速数据通信；在人群、车辆等遮挡物众多的常用通信场景，利用太赫兹频段仅能实现较短距离的通信。可见光通信指利用400～800THz频谱的高速通信方式，具有免授权、高保密、绿色无辐射等特点，适合室内场景、空间通信、水下通信等特殊场景，以及医院、加油站等电磁敏感场景。

7. 通信感知一体化

通信感知一体化是指让无线感知和无线通信两个功能在同一系统内实现且互利互惠，通信系统提供感知服务，感知结果助力提高通信质量。未来6G网络的更高频点、更大带宽、更大天线孔径等为通信系统集成感知功能提供了可能。通感一体化信号波形、信号及数据处理算法、定位和感知联合设计感知辅助通信等将成为未来通信感知一体化的重要研究方向。

8.3.2 新型网络架构

从面向垂直行业的差异化、碎片化业务的应用拓展来看，6G网络架构需要有更大的突破才能真正灵活地适应未来网络能力指标范围更为动态的业务发展需求。6G网络架构演进和发展的驱动力主要来自三方面。

（1）随着业务与应用的不断演进与发展，5G网络能力总是会遭遇瓶颈，需要新的能力去满足新业务、新应用的需求。

（2）6G网络需要解决的问题包括：①现有的分层空口协议架构很难再进一步降低空口时延；②单一的固化网络结构导致网络成本越来越高；③5G支持切片后，是否能很好地适应差异化和碎片化的垂直行业应用需求还有待验证，其端到端的切片编排和自动化管理能力还需要进一步完善；④从1G、2G到现在的5G，网络管理维护的自动化水平一直没有太大提升，随着运营商网络部署规模的快速增长，网络运维的复杂度和成本快速增长，成为5G网络发展面临的主要挑战之一。

（3）OICDT（运营、信息、通信、数据、技术）的融合发展趋势。随着5G的发展，IT、CT、DT及OT（运营技术）正在走向深度融合，5G核心网已经开始实现ICDT（信息、通信、数据、技术)的深度融合,6G 如何充分利用 OT、IT 和 DT 的成熟技术,设计一个更加高效、灵活、成本可控的移动通信网络,是 6G 网络需要研究的重要方向。

1. 内生智能的新型网络

内生智能的新型网络将深度融合 AI/ML 技术,打破现有无线空口模块化的设计框架,实现环境、资源、干扰、业务等多维特性的深度挖掘和利用,提升无线网络性能,实现网络自主运行和自我演进;利用网络节点的通信、计算和感知能力,通过分布式学习、群智式协同和云边端一体化算法部署,实现更强大的网络智能,支撑各类智慧应用。

2. 分布式自治网络架构

6G 网络将具有巨大规模,可提供极致网络体验,支持多样化场景接入,实现面向全场景的泛在网络;6G 网络将构建覆盖陆海空天的立体融合网络;6G 将支持 OICDT 深度融合,构建多元化生态系统和多样化商业模式。

3. 星地一体化网络

星地一体化网络是天基、空基、陆基网络的深度融合,需构建统一终端、统一空口协议和组网协议的服务化网络架构,满足天基、空基、陆基等各类用户同一终端设备的随时随地接入与应用。

4. 确定性网络

为了满足垂直行业应用对 6G 网络的差异化需求,6G 网络需要提供端到端的确定性服务。确定性能力涉及接入网、核心网和传输网的系统性优化。确定性网络需要端到端地提供确定性服务,由应用层、管控层和转发层构成。其中确定性网络应用层负责针对应用和业务的通信特征和要求进行输入和建模,计算出网络传输的确定性要求;确定性网络的管控层通过获取应用层的确定性要求信息,收集和维护底层的拓扑与资源信息,制定合理的管控机制,如服务保护、资源管控、路径选择等,实现对数据流的管控策略,以满足应用的确定性需求;确定性网络的转发层由支持确定性转发能力的用户面设备组成,执行确定性管控层下发的网络策略。

5. 算力感知网络

6G 算力感知网络将实现泛在计算和服务感知新能力,通过扩展现有的网络体系架构,实现各类计算、存储资源的按需传递和流动。算力网络可以包括算力服务层、算力管控层和算力资源层。网络与计算融合成为新的发展趋势,将云边端的算力进行连接与协同,实现计算与网络的深度融合及协同感知,达到算力服务的按需调度和高效共享。算力网络可以根据 6G 业务需求,综合考虑实时的网络、算力、存储等多维度资源状态,灵活匹配调度最佳的资源节点,从而实现全网资源的最优化配置,提高资源利用率。

本章习题

8-1 简述 6G 愿景。

8-2 6G 的关键性能指标有哪些?

8-3 6G 的关键技术有哪些?

8-4 6G 的空口技术有哪些要求?

附录 A 缩略语英汉对照表

表 A-1 缩略语英汉对照

数　字

英 文 缩 写	英 文 全 称	中 文 含 义
1G	the 1st Generation	第一代移动通信系统
2B	Business to Business	商家对商家
2C	Business-to-Customer	商家对顾客
2G	the 2nd Generation	第二代移动通信系统
3G	the 3rd Generation	第三代移动通信系统
3GPP	the 3rd Generation Partnership Project	第三代合作伙伴计划
3GPP2	the 3rd Generation Partnership Project 2	第三代合作伙伴计划 2
4G	the 4th Generation	第四代移动通信系统
5G	the 5th Generation	第五代移动通信系统
5GC	5G Core	5G 核心网

A

英 文 缩 写	英 文 全 称	中 文 含 义
AAU	Active Antenna Unit	有源天线单元
AB	Access Burst	接入突发
ACK	Acknowledge Character	确认字符
AFC	Automatic Frequency Control	自动频率控制
AGW	Access Gateway	接入网关
AKA	Authentication and Key Agreement	认证和密钥协商
AM	Amplitude Modulation	调幅
AM	Acknowledged Mode	确认模式
AMBR	Aggregate Maximum Bit Rate	聚合最大比特速率
AMC	Adaptive Modulation and Coding	自适应调制编码
AMF	Access and Mobility Management Function	接入及移动管理功能
AMPS	Advanced Mobile Phone System	先进移动电话系统
AMRC	Adaptive Multi-Rate Code	自适应多速率编码
AMRCWB	Adaptive Multi-Rate Code Wide Band	宽带自适应多速率编码
AOA	Angle of Arrival	分量到达角
AOD	Angle of Departure	离开角
AP	Access Point	接入点
APN	Access Point Name	接入点名
ARP	Allocation and Retention Priority	分配保留优先级

英文缩写	英文全称	中文含义
ARQ	Automatic Repeat Request	自动重传请求
AS	Access Stratum	接入层
ASC	Access Service Class	接入业务等级
ASK	Amplitude Shift Keying	幅移键控
ATIS	Alliance for Telecommunications Industry Solution	电信行业解决方案联盟
ATM	Asynchronous Transfer Mode	异步传输模式
AUC	Authentication Center	鉴权中心
B		
BBU	Building Baseband Unit	基带处理单元
BCCH	Broadcast Control Channel	广播控制信道
BCH 码	Bose、Ray-Chaudhuri 与 Hocquenghem 的缩写	BCH 码
BCH	Broadcast Channel	广播信道
BDA	Bi-directional Amplifier	双向放大器
BEC	Binary Erasure Channel	二进制删除信道
BF	Beam Forming	波束赋型
BLER	Block Error Rate	误块率
BP(BPL)	Baseband Processing Board	基带处理板
BP	Bhattacharyya Parameter	巴氏参数
BSC	Base Station Controller	基站控制器
BSS	Base Station Subsystem	基站子系统
BSS	Business Support System	业务支撑系统
BTS	Base Transceiver Station	基站收发机
BWP	Bandwidth Part	部分载波带宽
C		
CA	Carrier Aggregation	载波聚合
CAPEX	Capital Expenditure	资本支出
CC	Coset Code	陪集编码
CC	Component Carrier	成员载波
CC	Chase Combing	追踪合并
CCCH	Common Control Channel	公共控制信道
CCE	Control Channel Element	控制信道粒子
CCFD	Co-frequency Co-time Full Duplex	同频同时全双工
CCH	Control Channel	控制信道
CCIR	International Radio Consultative Committee	国际无线电咨询委员会
CCO	Cell Change Order	小区更改命令
CCO	Coverage and Capacity Optimization	覆盖和容量优化
CDF	Cumulative Distribution Function	累积分布函数
CDD	Cyclic Delay Diversity	循环延时分集
CDMA	Code Division Multiple Access	码分多址
CDN	Content Distribution Network	内容分发网络
CELP	Code-Excited Linear Prediction	码激励线性预测
CEPT	Confederation of European Posts and Telecommunications	欧洲邮电管理委员会

续表

英 文 缩 写	英 文 全 称	中 文 含 义
CGI	Cell Global Identity	小区全球标识
CI	Cell Identity	小区编号
CINR	Carrier to Interference plus Noise Ratio	载波干扰噪声比
CM	Connection Management	接续管理
CMAS	Commercial Mobile Alert System	商业移动警报系统
CoMP	Coordinated Multiple Points Transmission /Reception	多点协作传输
CP	Control Plane	控制面
CP	Cyclic Prefix	循环前缀
CPCH	Common Packet Channel	公共分组信道
CPICH	Common Pilot Channel	公共导频信道
CPRI	Common Protocol Radio Interface	通用无线协议接口
CQI	Channel Quality Indicator	信道质量指示
CQT	Call Quality Test	通话质量测试
C-RAN	Centralized Radio Access Network	集中化无线接入网
C-RAN	Cloud Radio Access Network	云化无线接入网
CRB	Common Resource Block	公共资源块
CRC	Cyclic Redundancy Check	循环冗余校验码
C-RNTI	Cell RNTI	小区无线网络临时标识
CRS	Cell Reference Signal	小区参考信号
CS	Circuit Switch	电路交换
CSI	Channel State Information	信道状态信息
CSMA/CD	Carrier Sense Multiple Access with Collision Detection	载波侦听多路访问/冲突检测
CU	Centralized Unit	集中单元
D		
DAMPS	Digital Advanced Mobile Phone System	数字的先进移动电话系统
DAS	Distributed Antenna System	分布式天线系统
DAU	Day Active User	日活跃用户
D-BLAST	Diagonally Bell Labs Layered Space-Time	对角线（贝尔实验室）分层空时码
DCI	Downlink Control Information	下行控制信息
DCCH	Dedicated Control Channel	专用控制信道
DCH	Dedicated Channel	专用信道
DE	Density Evolution	密度进化
DFE	Decision Feedback Equalizer	判决反馈均衡器
DFT-S-OFDM	Discrete Fourier Transform Spread OFDM	离散傅里叶变换扩展正交频分复用
DHCP	Dynamic Host Configuration Protocol	动态主机配置协议
DL	Downlink	下行链路
DL-SCH	Downlink Synchronization Channel	下行同步信道
DLL	Data Link Layer	数据链路层
DPDCH	Dedicated Physical Data Channel	专用物理数据信道
DPCCH	Dedicated Physical Control Channel	专用物理控制信道

英 文 缩 写	英 文 全 称	中 文 含 义
DPDCH	Dedicated Physical Data Channel	专用物理数据信道
DMRS	Demodulation Reference Signal	解调参考信号
DPSD	Doppler Power Spectral Density	多普勒功率谱密度
DRB	Data Radio Bearer	数据无线承载
DRS	Dedicated Reference Signal	终端专用参考信号
DRX	Discontinuous Reception	非连续接收
DSCH	Downlink Shared Channel	下行共享信道
DSCP	Differentiated Services Code Point	差分服务代码点
DSS	Dynamic Spectrum Sharing	动态频谱共享
DSSS	Direct Sequence Spread Spectrum	直接序列扩频
DT	Driver Test	路测
DT	Data Technology	数据处理技术
DTCH	Dedicated Traffic Channel	专用业务信道
DTX	Discontinuous Transmission	不连续发射
DU	Distribute Unit	分布单元
DwPTS	Downlink Pilot Time Slot	下行导频时隙
E		
ECGI	E-UTRAN Cell Global Identifier	U-UTRAN 小区全局标识
ECM	EPS Connection Management	EPS 连接管理
EDGE	Enhanced Data rates for GSM Evolution	GSM 演进的增强数据速率
EFR	Enhanced Full Rate	增强型全速率
eHRPD	Evolved High Rate Packet Data	演进的高速分组数据
eICIC	Enhanced Inter-cell Interference Coordination	增强型小区间干扰协调
EIRP	Effective Isotropic Radiated Power	等效全向辐射功率
eMBB	Enhance Mobile Broadband	增强型移动宽带
EMM	EPS mobility management	EPS 移动性管理
eNodeB	evolved Node B	演进的节点 B
EPC	Evolved Packet Core	演进的分组核心网
EPF	Enhanced Proportional Fair	增强型比例公平算法
EPRE	Energy per Resource Element	每个 RE 上的能量
EPS	Evolved Packet System	演进分组系统
E-RAB	EUTRAN Radio Access Beared	EUTRAN 无线接入承载
ESM	EPS Session Management	EPS 会话管理
ETSI	European Telecommunications Standards Institute	欧洲电信标准化协会
ETWS	Earthquake and Tsunami Warning System	地震海啸预警系统
EUTRAN	Evolved Universal Terrestrial Radio Access Network	演进的通用陆地无线接入网
EV-DO	Evolution Data Only	仅数据演进
F		
FACH	Forward Access Channel	前向接入信道
FB	Frequency Correction Burst	频率校正突发
FBI	Feedback Information	反馈信息
FCC	Federal Communications Commission	美国联邦通信委员会

续表

英 文 缩 写	英 文 全 称	中 文 含 义
FDD	Frequency Division Duplexing	频分双工
FDMA	Frequency Division Multiple Access	频分多址
FEC	Forward Error Correction	前向纠错码
FFH	Fast Frequency Hopping	快调频
FFR	Partial Frequency Reuse	部分频率复用
FHICH	Physical Hybrid ARQ Indicator Channel	物理 HRAQ 指示信道
FHSS	Frequency Hopping Spread Spectrum	跳频扩频
FM	Frequency Modulation	调频
FN	Frame Number	帧号
FR	Frequency Range	频率范围
FRLS	Fast Recursive Least Squares	快速递归最小二乘法
FSK	Frequency Shift Keying	频移键控
FSTD	Frequency Switched Transmit Diversity	频率切换传输分集
FPLMTS	Future Public Land Mobile Telecommunication Systems	未来公用陆地移动通
G		
GA	Gaussian Approximation	高斯近似
GBR	Guaranteed Bit Rate	恒定的比特速率
GF	Galois Field	有限域或称伽罗瓦域
GGSN	Gateway GPRS Support Node	网关 GPRS 支持节点
GMSC	Gateway MSC	网关移动交换中心
GMSK	Gaussian Filtered Minimum Shift Keying	高斯滤波最小移频键控
GOS	Grade of Service	服务等级
GPRS	General Packet Radio Service	通用分组无线业务
GRLS	Gradient Recursive Least Squares	梯度最小二乘法
GSCN	Global Synchronization Channel Number	全局同步信道号
GSM	Global System for Mobile Communication	全球移动通信系统
GTP	GPRS Tunnel Protocol	GPRS 隧道节点
GTP-U	GPRS Tunneling Protocol for User Plane	用户面的 GPR 隧道协议
GUTI	Globally Unique Temporary UE Identity	全球唯一临时 UE 标识
H		
HARQ	Hybrid Automatic Repeat reQuest	混合自动请求重传
HCS	Hierarchical Cell Structure	分层小区结构
HF	Half Frame	半帧
HLR	Home Location Register	归属位置寄存器
HSDPA	High Speed Downlink Packet Access	高速下行分组接入
HSS	Home Subscriber Server	归属用户服务器
HSUPA	High Speed Uplink Packet Access	高速上行分组接入
I		
ICDT	Information Communication Data Technology	信息通信数据技术融合
ICI	Inter Carrier Interference	载波间干扰
ICT	Information and Communications Technology	信息与通信技术

英 文 缩 写	英 文 全 称	中 文 含 义
IDMA	Interleaving Division Multiple Access	交织分割多址接入
IDRQ	Identity Request	身份请求认证
IE	Information Element	信息元素
IEEE	Institute of Electrical and Electronics Engineers	电气和电子工程师协会
IMEI	International Mobile Equipment Identity	国际移动设备识别码
IMEISV	IMEI Software Version	国际移动设备识别码软件版本
IM	Interference Mitigation	干扰抑制
IMS	IP Multimedia Subsystem	IP多媒体子系统
IMSI	International Mobile Subscriber Identity	国际移动用户识别码
IMT	International Mobile Telecommunications	国际移动通信
IMT-2000	International Mobile Telecom System-2000	国际移动电话系统-2000
IMT-Advanced	International Mobile Telecommunications-Advanced	先进的国际移动电话系统
loT	Internet of Things	物联网
IoT	Interference rise over thermal noise	热噪声干扰
IP	Internet Protocol	互联网协议
IR	Incremental Redundancy	增量冗余
IRC	Interference Rejection Combining	干扰抑制合并
IS-95	Interim Standard NO. 95	美国CDMA蜂窝系统标准
ISDN	Integrated Services Digital Network	综合业务数字网
ISI	Inter Symbol Interference	符号间干扰
IT	Information Technology	信息技术
ITU	International Telecommunication Union	国际电信联盟
IWF	Inter Working Function	互通功能体
K		
KPI	Key Performance Indicator	关键性能指标
KQI	Key Quality Indicators	关键质量指标
L		
LA	Location Area	位置区域
LAU	Location Update	位置更新
LDPC	Low Density Parity Check Code	低密度奇偶校验码
LMS	Least Mean Square Error	最小均方误差
LOS	Line of Sight	视距
LSTC	Layered Space Time Coding	分层空时编码
LTE	Long Term Evolution	长期演进
M		
MAC	Medium Access Control	媒体访问控制
MANO	Management and Orchestration	管理和编排
MAP	Maximum A Posteriori	最大后验概率
MAPL	Maximum Allowed Path Loss	最大允许路径损耗
MBR	Maximum Bit Rate	最大比特速率
MBMS	Multimedia Broadcast and Multicast Service	多媒体广播和组播业务
MBSFN	Multicast Broadcast Single Frequency Network	多播/组播单频网络

续表

英文缩写	英文全称	中文含义
MCC	Mobile user Country Code	移动用户国家识别码
MCH	Multicast Channel	多播信道
MCS	Modulation and Coding Scheme	调制与编码策略
MEC	Mobile Edge Computing	移动边缘计算
MGW	Media Gateway	媒体网关
MIB	Master Information Block	主信息块
MIMO	Multiple Input Multiple Output	多输入多输出
MISO	Multiple Input Single Output	多输入单输出
MLSD	Maximum Likelihood Sequence Detection	最大似然符号检测器
MLSE	Maximum-Likelihood Sequence Estimation	最大似然序列估值器
MME	Mobility Management Entity	移动管理实体
MMEI	MME Identifier	MME 标识
MMEGI	MME Group Identifier	MME 组标识
MMEC	MME Code	MME 编号
mMTC	Massive Machine Type of Communication	海量机器类通信
mmWave	Millimeter Wave	毫米波
MNC	Mobile Network Code	移动网络号码
MOS	Mean Opinion Score	平均意见值
MO-SMS	Mobile Originated SMS	移动台发起的短消息业务
MSC	Mobile Switching Center	移动交换中心
MSIN	Mobile Subscriber Identity	移动用户识别码
MSISDN	Mobile Subscriber ISDN Number	移动台国际用户识别码
MSK	Minimum Shift Keying	最小频移键控
MT-SMS	Mobile Terminated SMS	移动台终止的短消息业务
M-TMSI	MME-Temporary Mobile Subscriber Identity	MME 临时用户识别码
MTBF	Mean Time Between Failures	平均故障间隔时间
MTRF	Mobile Terminating Roaming Forwarding	移动终端漫游转发
MU-MIMO	Multi User Multiple Input Multiple Output	多用户多输入多输出
MUSA	Multiple User Sharing Access	多用户共享多址接入
N		
NAS	Network Access Server	网络接入服务器
NAS	Non Access Stratum	非接入层
NB	Normal Burst	常规突发
NFV	Network Function Virtualization	网络功能虚拟化
NGAP	NG Application Protocol	NG 应用协议
NGC	Next Generation Core	下一代核心网
NG-RAN	Next Generation Radio Access Network	下一代无线接入网
NMT	Nordic Mobile Telephone	北欧移动电话
NOMA	Non-Orthogonal Multiple Access	非正交多址接入
NR	New Radio	新空口
NSA	Non Stand Alone	非独立组网
NSS	Network Subsystem	网络子系统

英文缩写	英文全称	中文含义
NTN	Non-Terrestrial Networks	非地面网络
NTP	Network Time Protocol	网络时间协议
O		
O&M	Operation and Maintenance	操作与维护
OFDM	Orthogonal Frequency Division Multiplexing	正交频分复用
OFDMA	Orthogonal Frequency Division Multiplexing Access	正交频分多址
OICDT	Operation Information Communication Data Technology	运营信息通信数据技术融合
OMC	Operation Maintenance Center	操作维护中心
OPEX	Operating Expense	运营成本
OSS	Operation Support System	运营支撑系统
OT	Operational Technology	运营技术
OVSF	Orthogonal Variable Spreading Factor	正交可变扩频因子
P		
PA	Power Amplifier	功率放大器
PAR	Peak to Average Ratio	峰均比
PAS	Power Azimuth Spectrum	功率角度谱
PBCH	Physical Broadcast Channel	物理广播信道
PCC	Primary Carrier Component	主载波单元
PCCC	Parallel cascaded convolutional code	并行级联卷积码
PCCH	Paging Control Channel	寻呼控制信道
PCFICH	Physical Control Format Indicator Channel	物理控制格式指示信道
PCH	Paging Channel	寻呼信道
PCI	Physical Cell Indentifier	物理小区标识
PCPCH	Physical Common Packet Channel	物理公共分组信道
PCRF	Policy and Charging Enforcement Function	策略和计费执行功能
PCSCF	Proxy Call Session Control Function	代理呼叫会话控制功能
PDC	Personal Digital Cellular	个人数字蜂窝电话
PDCCH	Physical Downlink Control Channel	物理下行控制信道
PDCP	Packet Data Convergence Protocol	分组数据汇聚协议
PDN	Packet Data Network	分组数据网
PD-NOMA	Power Division Based ON NOMA	基于功率分配的 NOMA
PDMA	Pattern Division Multiple Access	图样分割多址接入
PDP	Power Delay Profile	功率时延分布
PDSCH	Physical Downlink Shared Channel	物理下行共享信道
PDU	Packet Data Unit	分组数据单元
PDU	Protocol Data Unit	协议数据单元
PF	Paging Frame	寻呼帧
PF	Proportional Fair	比例(部分)公平
P-GW	PDN Gateway	分组数据网网关
PH	Power Headroom	功率余量
PHICH	Physical HARQ Indicator Channel	物理 HARQ 指示信道
PHY	Physical Layer	物理层

续表

英 文 缩 写	英 文 全 称	中 文 含 义
PLMN	Public Land Mobile Network	公共陆地移动通信网
PM	Phase Modulation	调相
PMCH	Physical Multicast Channel	物理多播信道
PMI	Precoding Matrix Indicator	预编码矩阵指示
PN	Pseudo Noise Code	PN 码(伪随机序列码)
PO	Paging Occasion	寻呼时刻
PRACH	Physical Random Access Channel	物理随机接入信道
PRB	Physical Resource Block	物理资源块
PRN	Provide Roaming Number	提供漫游号码
P- RNTI	Paging RNTI	寻呼 RNTI
PRS	Positioning Reference Signals	定位参考信号
PS	Packet Switch	分组交换
P-SCH	Primary Synchronization Channel	主同步信道
PSHO	Packet Service Handover	分组业务切换
PSK	Phase Shift Keying	相移键控
PSTD	Phase Sweeping Transmitter Diversity	相位扫描分集
PSS	Primary Synchronization Signal	主同步信号
PSTN	Public Switched Telephone Network	公共交换电话网
PUCCH	Physical Uplink Control Channel	物理上行控制信道
PUSCH	Physical Uplink Shared Channel	物理上行共享信道
Q		
QAM	Quadrature Amplitude Modulation	正交幅度调制
QCI	QoS Class Identifier	QoS 级别标识符
QoE	Quality of Experience	体验质量
QoS	Quality of Service	业务质量
R		
RA	Routing Area	路由区域
RACH	Random Access Channel	随机接入信道
RAN	Radio Access Network	无线接入网
RA-RNTI	Random Access RNTI	随机接入 RNTI
RAT	Radio Access Technology	无线接入技术
RAU	Routing Area Update	路由区域更新
RB	Resource Block	资源块
RB	Radio Bearer	无线承载
RE	Resource Element	资源粒子
REG	Resource Element Group	资源粒子组
RF	Radio Frequency	射频
RG	Resource Grid	资源格栅
RI	Rank Indication	秩指示
RIM	Radio Information Management	无线信息管理
RLC	Radio Link Control	无线链路控制
RLS	Recursive Least Squares	递归最小二乘法

英文缩写	英文全称	中文含义
RNC	Radio Network Control	无线网络控制器
RNTI	Radio Network Temporary Identity	无线网络临时标识
ROHC	Robust Header Compression	健壮性头压缩
RPE-LTP	Regular Pulse Excitation Long Term Prediction	规则脉冲激励长期预测
RR	Round Robin	轮询算法
RRB	Reference Resource Block	参考资源块
RRC	Radio Resource Control	无线资源控制
RRM	Radio Resource Management	无线资源管理
RRU	Radio Remote Unit	射频拉远单元
RS	Reference Signal	参考信号
RS 码	Reed Solomon Codes	里德所罗门，简称 RS 编码
RSC	Recursive System Code	递归系统编码
RSMA	Resource Spread Multiple Access	资源扩展多址接入
RSRP	Reference Signal Receiving Power	参考信号接收功率
RSRQ	Reference Signal Receiving Quality	参考信号接收质量
RSSI	Received Signal Strength Indicator	接收信号强度指示
RTT	Round Trip Time	往返时延
S		
SA	Stand Alone	独立组网
SAE	System Architecture Evolution	系统架构演进
SB	Synchronization Burst	同步突发
SCC	Secondary Carrier Component	副载波单元
SCCH	Synchronization Control Channel	同步控制信道
SCH	Synchronization Channel	同步信道
SC-FDMA	Single Carrier FDMA	单载波 FDMA
SCM	Spatial Channel Model	空间信道模型
SCMA	Sparse Code Multiple Access	稀疏码多址接入
SCS	Subcarrier Spacing	子载波间隔
SCTP	Stream Control Transmission Protocol	流控制传输协议
SDF	Service Data Flow	业务数据流
SDL	Supplementary Downlink	辅助下行链路
SDMA	Space Division Multiple Access	空分多址
SDN	Software Defined Network	软件定义网络
SDR	Software Defined Radio	软件无线电
SDU	Service Data Unit	服务数据单元
SFBC	Space Frequency Block Code	空频块码(空频发射分集)
SFH	Slow Frequency Hopping	慢跳频
SFI	Slot Format Indication	时隙格式指示
SFN	System Frame Number	系统帧号
SFR	Soft Frequency Reuse	软频率复用
SGSN	Serving GPRS Support Node	服务 GPRS 支持节点
S-GW	Serving Gateway	服务网关

续表

英 文 缩 写	英 文 全 称	中 文 含 义
SgNB	Secondary gNodeB	辅基站
SHCCH	Shared Channel Control Channel	共享信道控制信道
SI	System Information	系统信息
SIB	System Information Block	系统信息块
SIC	Successive Interference Cancellation	串行干扰消除
SIL	Scheduling Information List	调度信息表
SIMO	Single Input Multiple Output	单输入多输出
SINR	Signal to Interference and Noise Ratio	信号与干扰和噪声之比
SIP	Session Initiation Protocol	会话初始协议
SIR	Signal to Interference Ratio	信号与干扰之比
SI-RNTI	System Information RNTI	系统消息 RNTI
SISO	Single Input Single Output	单输入单输出
SISO	Soft Input Soft Output	软入软出
SMF	Session Management Function	会话管理功能
SMS	Short Message Service	短消息业务
SMS-IWMSC	Interworking MSC for SMS	具有短消息功能的移动
SN	Sequence Number	序列号
SOVA	Soft-decision Output Viterbi Algorithm	软输出 Viterbi 算法
SPM	Standard Propagation Model	通用传播模型
SPS-CRNTI	Semi Persistence Scheduling CRNT	半静态调度 CRNTI
SR	Scheduling Request	调度请求
SRB	Signal Radio Bearer	信令无线承载
SRI	Scheduling Request Indication	（上行）调度请求指示
SRS	Sounding Reference Signal	探测参考信号
SSB	Synchronization Signal and PBCH Block	同步信号和 PBCH 块
SSS	Secondary Synchronization Signal	从同步信号
STBC	Space Time Block Codes	空时分组编码
STTC	Space Time Trellis Codes	空时网格编码
STTD	Space Time Block Coding Based Transmit Antenna Diversity	空时发射分集
S-TMSI	SAE-Temporary Mobile Subscriber Identity	SAE 临时移动用户识别码
SUL	Supplemental UpLink	辅助上行链路
SU-MIMO	Single User Multiple Input Multiple Output	单用户 MIMO
SVD	Singular Value Decomposition	奇异值分解
T		
TA	Time Advance	时间提前量
TA	Tracking Area	跟踪区域
TAC	Tracking Area Code	跟踪区域编码
TACS	Total Access Communication System	全接入通信系统
TAI	Tracking Area Identity	跟踪区域标识
TAL	Tracking Area List	跟踪区域列表
TAU	Tracking Area Update	跟踪区域更新
TB	Transport Block	传输块

英文缩写	英文全称	中文含义
TBCC	Tail Biting Convolutional Code	咬尾卷积码
TCH	Traffic Channel	业务信道
TCM	Trellis Coded Modulation	网格编码调制
TCP	Transmission Control Protocol	传输控制协议
T-CRNTI	Temporary Cell RNTI	临时小区级无线网络临时标识符
TDD	Time Division Duplex	时分双工
TDM	Time Division Multiplexing	时分复用技术
TDMA	Time Division Multiple Access	时分多址
TD-SCDMA	Time Division Synchronous Code Division Multiple Access	时分同步码分多址
TEID	Tunnel Endpoint Identifier	隧道终结点标识
TF	Transport Format	传输格式
TFCI	Transport Format Combination Indicator	传输格式组合指示
TFM	Tamed Frequency Modulation	平滑调频
TFT	Traffic Flow Template	业务流模板
THSS	Time Hopping Spread Spectrum	跳时扩频
TM	Transparent Mode	透明模式
TOA	Time of Arrival	到达时间
TPC	Transmit Power Control	发射功率控制
TSG	Technical Specification Groups	技术规范组
TSTD	Time Switched Transmit Diversity	时间切换传输分集
TTI	Transmission Time Interval	传输时间间隔
U		
UE-RS	UE-specific Reference Signal	终端专用参考信号
UDN	Ultra Dense Network	超密集网络
UDP	User Datagram Protocol	用户数据报协议
UE	User Equipment	用户设备
UHF	Ultra High Frequency	特高频
UL	Uplink	上行链路
UL-SCH	Uplink Synchronization Channel	上行同步信道
UM	Unacknowledged Mode	非确认模式
UMTS	Universal Mobile Telecommunication System	通用移动通信系统
URLLC	Ultra Reliable and Low Latency Communications	超可靠低时延通信
UTD	Uniform Theory of Diffraction	致性绕射理论
UTRAN	UMTS Terrestrial Radio Access Network	UMTS 的无线接入网络
UP	User Plane	用户面
UPF	User Plane Function	用户平面功能
UpPTS	Uplink Pilot Time Slot	上行导频时隙
UWB	Ultra Wide Band	超宽带
V		
V-BLAST	Vertical Bell Labs Layered Space Time	垂直(贝尔实验室)分层空时
VHF	Very High Frequency	甚高频

续表

英 文 缩 写	英 文 全 称	中 文 含 义
VIM	Virtualized Infrastructure Managers	虚拟化基础设施管理者
VLR	Visitor Location Register	拜访位置寄存器
VNFM	Virtualized Network Functions Management	虚拟网络功能管理
VoIP	Voice over Internet Protocol	基于 IP 的语音通信
VoLTE	Voice over LTE	基于 IMS 的语音业务
VRB	Virtual Resource Block	虚拟资源块
W		
WARC	World Administrative Radio Conference	世界无线电管理会议
WCDMA	Wide-band CDMA	宽带码分多址
WiMAX	Worldwide Interoperability for Microwave Access	全球互通微波存取
WLAN	Wireless Local Area Network	无线局域网
X		
xDSL	x Digital Subscriber Line	x 数字用户线
XnAP	Xn Application Protocol	Xn 应用协议

参 考 文 献

[1] 李建东,郭梯云,邬国杨.移动通信[M].4 版.西安:西安电子科技大学出版社,2006.

[2] 蔡跃明,吴启晖,田华,等.现代移动通信[M].4 版.北京:机械工业出版社,2019.

[3] 李兆玉,何维,戴翠琴.移动通信[M].北京:电子工业出版社,2017.

[4] 崔海滨,杜永生,陈巩.5G 移动通信技术[M].西安:西安电子科技大学出版社,2020.

[5] 罗涛,乐光新.多天线无线通信原理与应用[M].北京:北京邮电大学出版社,2005.

[6] 王晓海,黄开枝.空时编码技术[M].北京:机械工业出版社,2004.

[7] 张国珍.MIMO 系统中的空时编码技术的研究[D].乌鲁木齐:新疆大学,2006.

[8] 宋铁成,宋晓勤.移动通信技术[M].北京:人民邮电出版社,2018.

[9] 吴伟陵,牛凯.移动通信原理[M].北京:电子工业出版社,2006.

[10] 沈嘉,索士强,全海洋,等.3GPP 长期演进(LTE)技术原理与系统设计[M].北京:人民邮电出版社,2008.

[11] Ojanpera T,Prasad R. An overview of air interface multiple access for IMT-2000/UMTS[J]. IEEE Communications Magazine,1998,36(9):82-86.

[12] Host-Madsen A,Yu J C. Hybrid semi-blind multi-user detectors:Subspace tracking methods[C]. 1999 IEEE International Conference on Acoustics,Speech,and Signal Processing. Proceedings,1999.

[13] Paulraj A,Rohit A P, Nabar R, et al. Introduction to space-time wireless communications[M]. Cambridge:Cambridge University Press,2003.

[14] Kai Y. Modeling of Multi-Input Multi-output Radio Propagation Channel[C]. Sweden:Royal Institute of Technology,2002.

[15] Anderson H R. A ray-tracing propagation model for digital broadcast systems in urban areas[J]. IEEE Transactions on Broadcasting,1993,39(3):309-317.

[16] Oestges C,Erceg V,Paulraj A J. A physical scattering model for MIMO macrocellular broadband wireless channels[J]. IEEE Journal on Selected Areas in Communications,2003,21(5):721-729.

[17] 尤肖虎,潘志文,高西奇,等.5G 移动通信发展趋势与若干关键技术[J].中国科学:信息科学,2014(5):551-563.

[18] 闫实,王文博.云无线接入网的系统架构和技术演进[J].电信科学,2014,30(3):49-53.

[19] 陈鹏,刘洋,赵嵩,等.5G 关键技术与系统演进[M].北京:机械工业出版社,2016.

[20] 陈威兵,张刚林,冯璐,等.移动通信原理[M].2 版.北京:清华大学出版社,2019.

[21] 黄钟明.5G 网络架构设计与标准化进展[J].信息通信,2018(4):270-271.